AF711372

ÉCOLE STE-THÉRÈSE
5305 EST TECUMSEH
WINDSOR, ONT. N8T 1C5
TEL: 945-2628

Chenelière Mathématiques 6

Peggy Morrow
Ralph Connelly
Don Jones
Michael Davis
Bryn Keyes
Jason Johnston
Steve Thomas
Jeananne Thomas
Nora Alexander
Ray Appel
Cynthia Pratt Nicolson
Linda Edwards
Carole Saundry
Ken Harper
Trevor Brown
Maggie Martin Connell
Sharon Jeroski

Consultante à l'édition française

Wilda Audet

Traduit de l'anglais par

Nadia Leroux
Lucie Plamondon

Chenelière Éducation

Chenelière Mathématiques 6

Traduction de : *Math Makes Sense 6* de Peggy Morrow et coll.
© 2006 Pearson Education Canada Inc., Toronto, Ontario
(ISBN 0-321-11823-5)

© 2006 Les Éditions de la Chenelière inc.

Édition : Martine Des Rochers
Coordination : Johanne L. Massé
Révision linguistique : Nicole Blanchette
Correction d'épreuves : Richard Lavallée
Infographie : Claude Bergeron

Conception graphique : Word & Image Design Studio Inc.

Chenelière Éducation

7001, boul. Saint-Laurent
Montréal (Québec)
Canada H2S 3E3
Téléphone : (514) 273-1066
Télécopieur : (514) 276-0324
clientele@cheneliere.ca

Tous droits réservés.

Toute reproduction, en tout ou en partie, sous quelque forme et par quelque procédé que ce soit, est interdite sans l'autorisation écrite préalable de l'Éditeur.

ISBN 2-7650-0479-X

Dépôt légal : 1er trimestre 2006
Bibliothèque nationale du Québec
Bibliothèque et Archives Canada

Imprimé au Canada

4 5 ITIB 10 09 08

Nous reconnaissons l'aide financière du gouvernement du Canada par l'entremise du Programme d'aide au développement de l'industrie de l'édition (PADIÉ) pour nos activités d'édition.

Gouvernement du Québec – Programme de crédit d'impôt pour l'édition de livres – Gestion SODEC.

L'Éditeur a fait tout ce qui était en son pouvoir pour retrouver les copyrights. On peut lui signaler tout renseignement menant à la correction d'erreurs ou d'omissions.

DANGER
LE PHOTOCOPILLAGE TUE LE LIVRE

Consultants et conseillers

Consultants

Craig Featherstone
Maggie Martin Connell
Trevor Brown

Consultante en évaluation
Sharon Jeroski

Consultant en mathématiques au primaire
John A. Van de Walle

Conseillers

Ont participé aux discussions, à la révision et aux expérimentations liées au matériel de la collection :

Anthony Azzopardi
Sandra Ball
Victoria Barlow
Lorraine Baron
Bob Belcher
Judy Blake
Steve Cairns
Christina Chambers
Daryl M.J. Chichak
Lynda Colgan
Marg Craig
Jennifer Gardner
Florence Glanfield
Linden Gray
Pamela Hagen
Dennis Hamaguchi
Angie Harding
Andrea Helmer
Peggy Hill
Auriana Kowalchuk
Gordon Li
Werner Liedtke
Jodi Mackie
Lois Marchand
Betty Milne
Cathy Molinski
Bill Nimigon
Stephen Parks
Eileen Phillips
Evelyn Sawicki
Leyton Schnellert
Shannon Sharp
Michelle Skene
Lynn Strangway
Mignonne Wood

Consultants à l'édition française pour la collection

Wilda Audet
(Ontario)
Francine Charette-Poirier
(Ontario)
Ann Donahue
(Colombie-Britannique)
Annick Ducharme
(Ontario)
Diane Gervais
(Ontario)
Margaret Gillespie deGooyer
(Nouvelle-Écosse)
Catherine Hamel
(Colombie-Britannique)
Antoine Jarjoura
(Nouvelle-Écosse)
Marcel Martin
(Ontario)
Roland Pantel
(Manitoba)
Roxane Parent
(Ontario)
Michel Perron
(Ontario)
Richard Rice
(Nouveau-Brunswick)
Carmen Turcot
(Ontario)
Allan Wilson
(Colombie-Britannique)

Révision du matériel

Expérimentation en classe

Des enseignantes et des enseignants ainsi que leurs élèves ont expérimenté le matériel de la collection avant sa publication. Ils ont aussi contribué à développer du matériel de qualité pour l'apprentissage des mathématiques.

Réviseurs autochtones

Steven Daniel
Liz Fowler
Margaret Erasmus
Territoires du Nord-Ouest

Réviseurs pour le niveau 6

Emi Bakaic
Ontario

L. Peggy Bergmann
Alberta

Richard Bridges
Alberta

Catherine Robinson Buyukozer
Ontario

Margo Cahn
Alberta

Mirella Cristello
Alberta

Mary Cuylle
Ontario

Betty Fancy
Ontario

Bev Ferner
Saskatchewan

Dennis Giesbrecht
Colombie-Britannique

Katherine L. Hunter
Ontario

Robert W. Kay
Ontario

Carla Kozak
Alberta

Karen Letwin
Alberta

Anthony Levy
Ontario

Catherine Lord
Ontario

David MacLean
Colombie-Britannique

Rob Madunicky
Alberta

Jason Mann
Ontario

Kim Meyers
Ontario

Mary Middleton
Ontario

James Moreau
Ontario

Carol Ann Myronuk
Colombie-Britannique

Denise Oliver
Ontario

Jennifer Paziuk
Ontario

Alison Pikula
Ontario

Kathryn Scheurwater
Alberta

Ann Marie Slak
Ontario

Debbie Sprentz
Ontario

Nancy Stavert
Ontario

Mariella Stradiotto
Ontario

Don Wood
Ontario

Jonathan Young
Ontario

Table des matières

MODULE 3

La géométrie

MODULE 4

Les nombres décimaux

MODULE 5

Le traitement des données

MODULE 6

La mesure

MODULE 7

Les transformations géométriques

ÉCOLIERS
ARRÊT

Bienvenue dans le monde de
Chenelière Mathématiques 6

Les mathématiques t'aident à comprendre ce que tu vois et ce que tu fais chaque jour.

Ce manuel te permettra de découvrir l'utilisation que tu peux faire des mathématiques dans ta vie quotidienne.

Dans chaque module :

- Une mise en situation te rappelle des notions de mathématiques que tu connais.

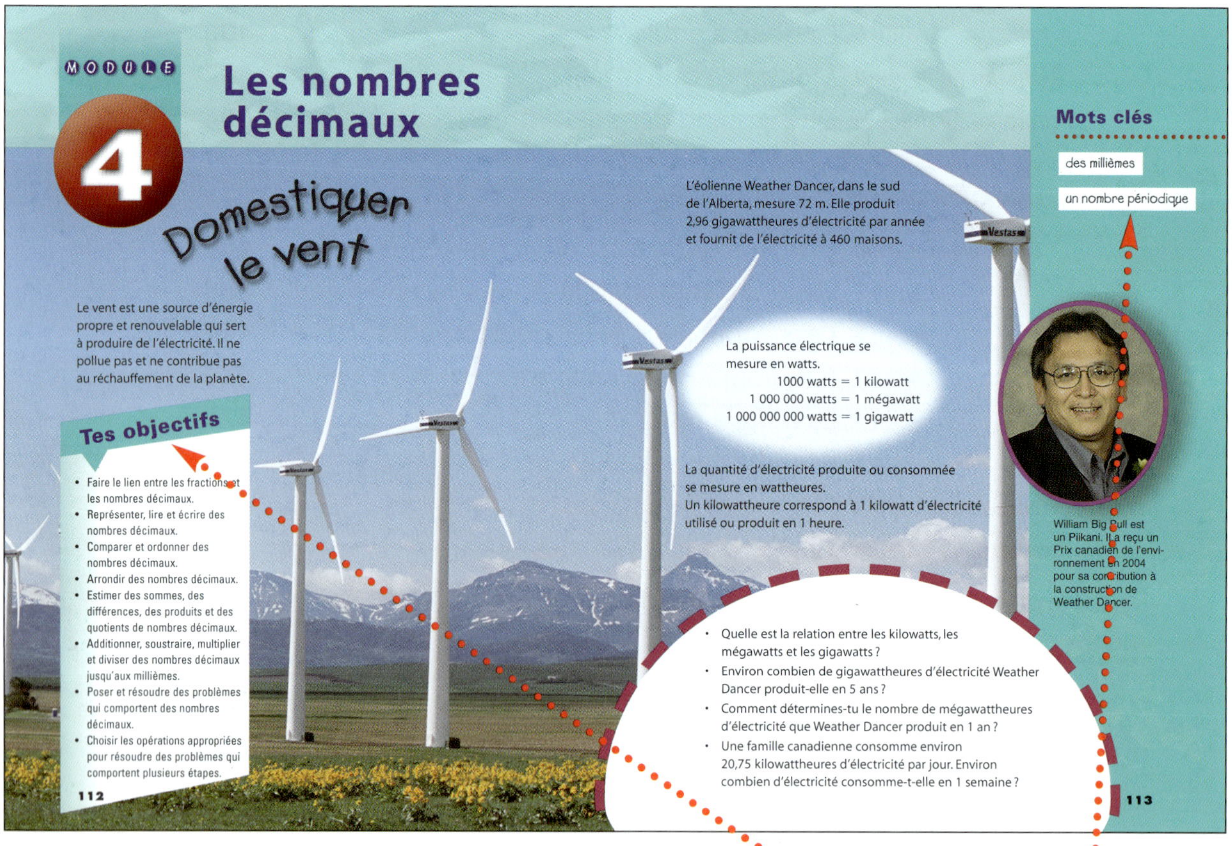

MODULE 4

Les nombres décimaux

Domestiquer le vent

Le vent est une source d'énergie propre et renouvelable qui sert à produire de l'électricité. Il ne pollue pas et ne contribue pas au réchauffement de la planète.

Tes objectifs

- Faire le lien entre les fractions et les nombres décimaux.
- Représenter, lire et écrire des nombres décimaux.
- Comparer et ordonner des nombres décimaux.
- Arrondir des nombres décimaux.
- Estimer des sommes, des différences, des produits et des quotients de nombres décimaux.
- Additionner, soustraire, multiplier et diviser des nombres décimaux jusqu'aux millièmes.
- Poser et résoudre des problèmes qui comportent des nombres décimaux.
- Choisir les opérations appropriées pour résoudre des problèmes qui comportent plusieurs étapes.

112

L'éolienne Weather Dancer, dans le sud de l'Alberta, mesure 72 m. Elle produit 2,96 gigawattheures d'électricité par année et fournit de l'électricité à 460 maisons.

La puissance électrique se mesure en watts.
1000 watts = 1 kilowatt
1 000 000 watts = 1 mégawatt
1 000 000 000 watts = 1 gigawatt

La quantité d'électricité produite ou consommée se mesure en wattheures.
Un kilowattheure correspond à 1 kilowatt d'électricité utilisé ou produit en 1 heure.

- Quelle est la relation entre les kilowatts, les mégawatts et les gigawatts ?
- Environ combien de gigawattheures d'électricité Weather Dancer produit-elle en 5 ans ?
- Comment détermines-tu le nombre de mégawattheures d'électricité que Weather Dancer produit en 1 an ?
- Une famille canadienne consomme environ 20,75 kilowattheures d'électricité par jour. Environ combien d'électricité consomme-t-elle en 1 semaine ?

Mots clés

des millièmes

un nombre périodique

William Big Bull est un Piikani. Il a reçu un Prix canadien de l'environnement en 2004 pour sa contribution à la construction de Weather Dancer.

113

Pour savoir ce que tu vas apprendre dans le module, lis les sections **Tes objectifs** et **Mots clés.**

Dans chaque leçon :

Explore une idée ou un problème, en général avec une ou un camarade. Tu utiliseras souvent du matériel pour trouver des solutions.

Forme une équipe avec le nombre d'élèves représenté par ce pictogramme pour faire l'activité.

Réponds aux questions de la rubrique **À ton tour.** Ces questions t'aident à mettre tes apprentissages en pratique et à t'en souvenir.

Réponds dans tes propres mots et avec des dessins ou des nombres lorsque tu vois ce pictogramme : .

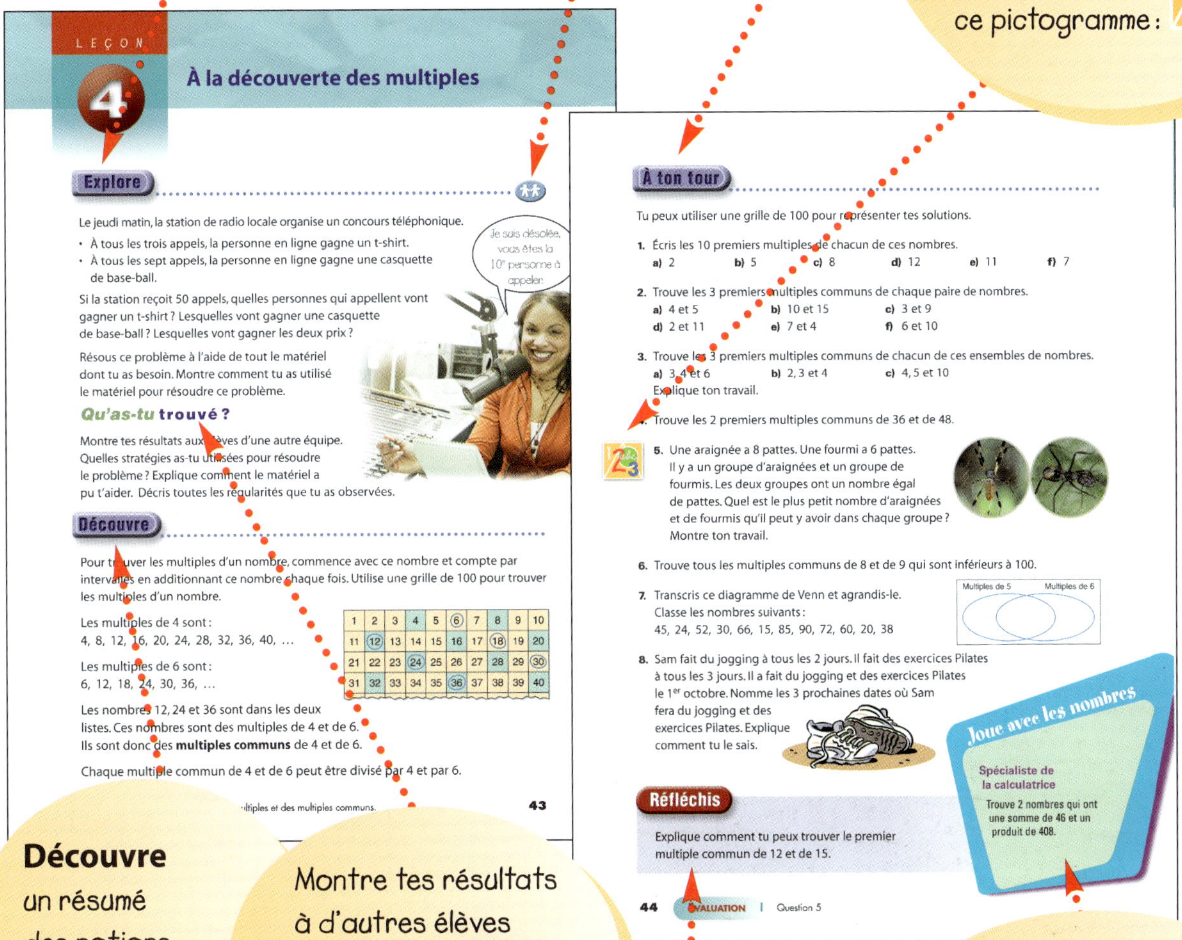

LEÇON 4 À la découverte des multiples

Explore

Le jeudi matin, la station de radio locale organise un concours téléphonique.
- À tous les trois appels, la personne en ligne gagne un t-shirt.
- À tous les sept appels, la personne en ligne gagne une casquette de base-ball.

Si la station reçoit 50 appels, quelles personnes qui appellent vont gagner un t-shirt ? Lesquelles vont gagner une casquette de base-ball ? Lesquelles vont gagner les deux prix ?

Résous ce problème à l'aide de tout le matériel dont tu as besoin. Montre comment tu as utilisé le matériel pour résoudre ce problème.

Qu'as-tu trouvé ?

Montre tes résultats aux élèves d'une autre équipe. Quelles stratégies as-tu utilisées pour résoudre le problème ? Explique comment le matériel a pu t'aider. Décris toutes les régularités que tu as observées.

Découvre

Pour trouver les multiples d'un nombre, commence avec ce nombre et compte par intervalles en additionnant ce nombre chaque fois. Utilise une grille de 100 pour trouver les multiples d'un nombre.

Les multiples de 4 sont :
4, 8, 12, 16, 20, 24, 28, 32, 36, 40, …

Les multiples de 6 sont :
6, 12, 18, 24, 30, 36, …

1	2	3	4	5	6	7	8	9	10
11	12	13	14	15	16	17	18	19	20
21	22	23	24	25	26	27	28	29	30
31	32	33	34	35	36	37	38	39	40

Les nombres 12, 24 et 36 sont dans les deux listes. Ces nombres sont des multiples de 4 et de 6. Ils sont donc des **multiples communs** de 4 et de 6.

Chaque multiple commun de 4 et de 6 peut être divisé par 4 et par 6.

…ltiples et des multiples communs. 43

À ton tour

Tu peux utiliser une grille de 100 pour représenter tes solutions.

1. Écris les 10 premiers multiples de chacun de ces nombres.
   a) 2 b) 5 c) 8 d) 12 e) 11 f) 7
2. Trouve les 3 premiers multiples communs de chaque paire de nombres.
   a) 4 et 5 b) 10 et 15 c) 3 et 9
   d) 2 et 11 e) 7 et 4 f) 6 et 10
3. Trouve les 3 premiers multiples communs de chacun de ces ensembles de nombres.
   a) 3, 4 et 6 b) 2, 3 et 4 c) 4, 5 et 10
   Explique ton travail.
4. Trouve les 2 premiers multiples communs de 36 et de 48.
5. Une araignée a 8 pattes. Une fourmi a 6 pattes. Il y a un groupe d'araignées et un groupe de fourmis. Les deux groupes ont un nombre égal de pattes. Quel est le plus petit nombre d'araignées et de fourmis qu'il peut y avoir dans chaque groupe ? Montre ton travail.
6. Trouve tous les multiples communs de 8 et de 9 qui sont inférieurs à 100.
7. Transcris ce diagramme de Venn et agrandis-le. Classe les nombres suivants :
   45, 24, 52, 30, 66, 15, 85, 90, 72, 60, 20, 38

8. Sam fait du jogging à tous les 2 jours. Il fait des exercices Pilates à tous les 3 jours. Il a fait du jogging et des exercices Pilates le 1er octobre. Nomme les 3 prochaines dates où Sam fera du jogging et des exercices Pilates. Explique comment tu le sais.

Réfléchis

Explique comment tu peux trouver le premier multiple commun de 12 et de 15.

Joue avec les nombres

Spécialiste de la calculatrice

Trouve 2 nombres qui ont une somme de 46 et un produit de 408.

44 ÉVALUATION | Question 5

Découvre un résumé des notions mathématiques.

Montre tes résultats à d'autres élèves en faisant l'activité de la rubrique **Qu'as-tu trouvé ?**

Réfléchis sur les idées principales de la leçon.

Joue avec les nombres pour améliorer tes compétences.

- Dans chaque leçon **La boîte à outils,** tu découvriras des stratégies qui t'aideront à réussir en mathématiques.

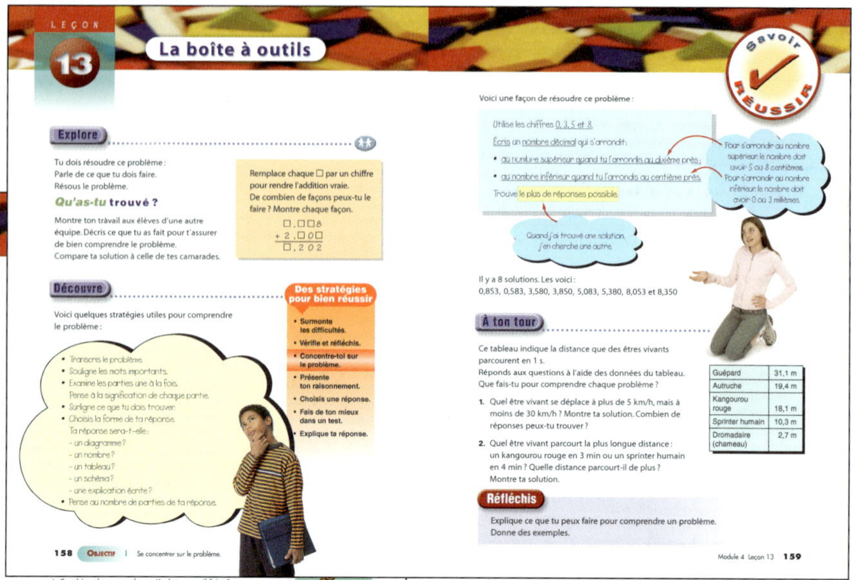

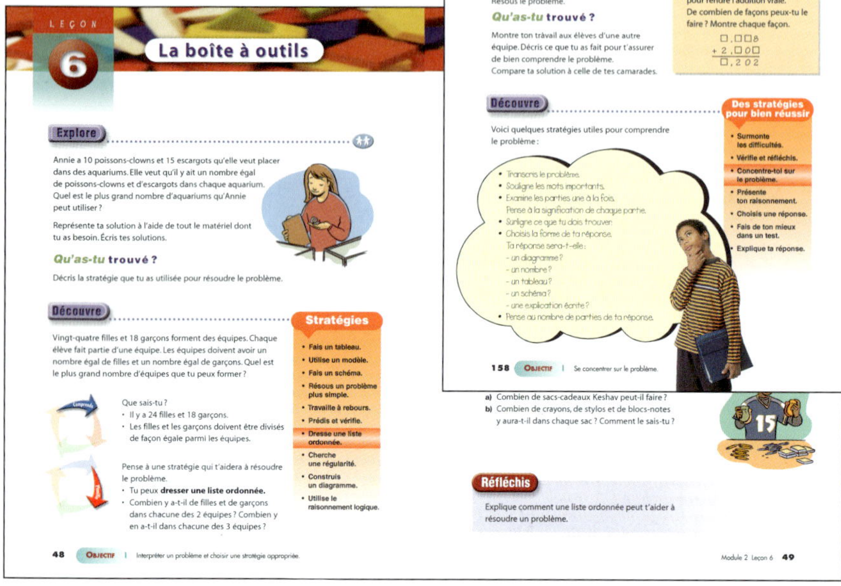

- Vérifie la qualité de tes apprentissages dans les rubriques **Montre ce que tu sais** et **Révision cumulative.**

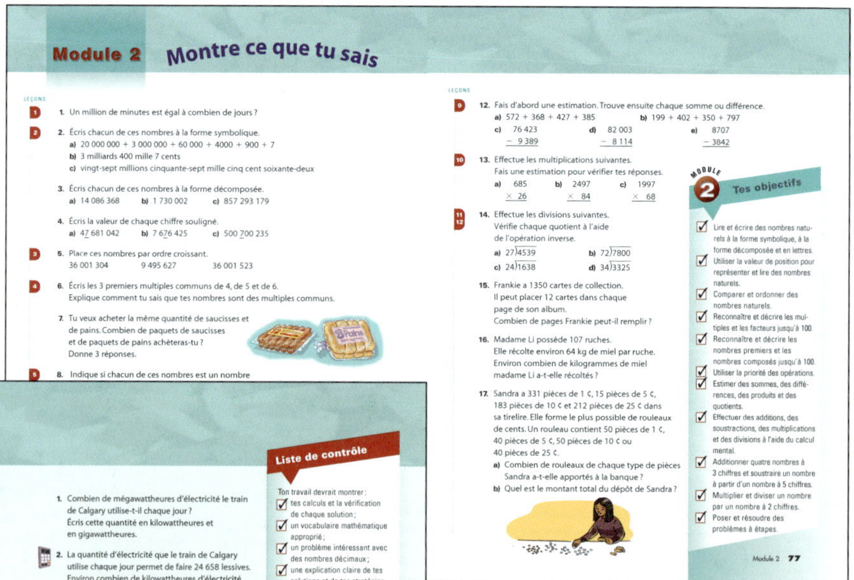

- Le **Problème du module** fait un retour sur la mise en situation du module. Il te propose de résoudre un problème ou de réaliser un projet. Tu mets ainsi en pratique les notions que tu as vues dans le module.

- Explore certaines notions intéressantes grâce au **Problème multidomaine.**

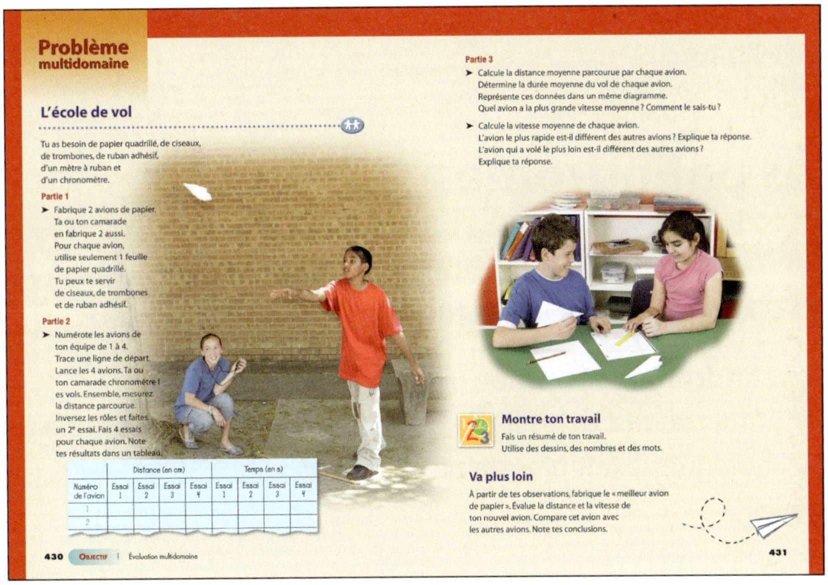

Problème multidomaine

L'école de vol

Tu as besoin de papier quadrillé, de ciseaux, de trombones, de ruban adhésif, d'un mètre à ruban et d'un chronomètre.

Partie 1

➤ Fabrique 2 avions de papier. Ta ou ton camarade en fabrique 2 aussi. Pour chaque avion, utilise seulement 1 feuille de papier quadrillé. Tu peux te servir de ciseaux, de trombones et de ruban adhésif.

Partie 2

➤ Numérote les avions de ton équipe de 1 à 4. Trace une ligne de départ. Lance les 4 avions. Ta ou ton camarade chronomètre les vols. Ensemble, mesurez la distance parcourue. Inversez les rôles et faites un 2e essai. Fais 4 essais pour chaque avion. Note tes résultats dans un tableau.

Numéro de l'avion	Distance (en cm) Essai 1	Essai 2	Essai 3	Essai 4	Temps (en s) Essai 1	Essai 2	Essai 3	Essai 4
1								
2								

Partie 3

➤ Calcule la distance moyenne parcourue par chaque avion. Détermine la durée moyenne du vol de chaque avion. Représente ces données dans un même diagramme. Quel avion a la plus grande vitesse moyenne ? Comment le sais-tu ?

➤ Calcule la vitesse moyenne de chaque avion. L'avion le plus rapide est-il différent des autres avions ? Explique ta réponse. L'avion qui a volé le plus loin est-il différent des autres avions ? Explique ta réponse.

Montre ton travail

Fais un résumé de ton travail. Utilise des dessins, des nombres et des mots.

Va plus loin

À partir de tes observations, fabrique le « meilleur avion de papier ». Évalue la distance et la vitesse de ton nouvel avion. Compare cet avion avec les autres avions. Note tes conclusions.

430 Objectif Évaluation multidomaine 431

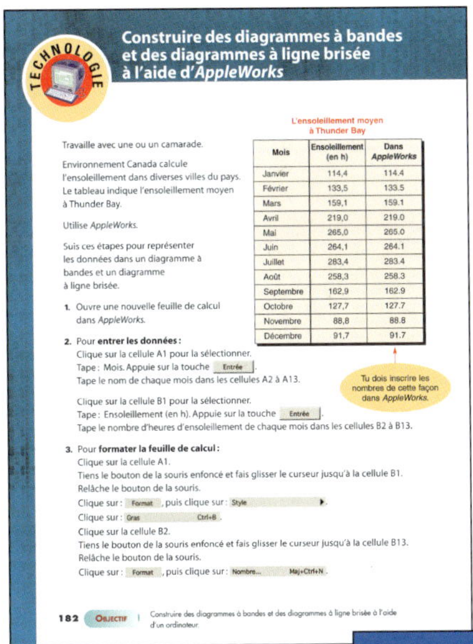

Construire des diagrammes à bandes et des diagrammes à ligne brisée à l'aide d'*AppleWorks*

Travaille avec une ou un camarade.

Environnement Canada calcule l'ensoleillement dans diverses villes du pays. Le tableau indique l'ensoleillement moyen à Thunder Bay.

Utilise *AppleWorks*.

Suis ces étapes pour représenter les données dans un diagramme à bandes et un diagramme à ligne brisée.

L'ensoleillement moyen à Thunder Bay

Mois	Ensoleillement (en h)	Dans *AppleWorks*
Janvier	114,4	114.4
Février	133,5	133.5
Mars	159,1	159.1
Avril	219,0	219.0
Mai	265,0	265.0
Juin	264,1	264.1
Juillet	283,4	283.4
Août	258,3	258.3
Septembre	162,9	162.9
Octobre	127,7	127.7
Novembre	88,8	88.8
Décembre	91,7	91.7

Tu dois inscrire les nombres de cette façon dans *AppleWorks*.

1. Ouvre une nouvelle feuille de calcul dans *AppleWorks*.
2. Pour **entrer les données :** Clique sur la cellule A1 pour la sélectionner. Tape : Mois. Appuie sur la touche Entrée. Tape le nom de chaque mois dans les cellules A2 à A13. Clique sur la cellule B1 pour la sélectionner. Tape : Ensoleillement (en h). Appuie sur la touche Entrée. Tape le nombre d'heures d'ensoleillement de chaque mois dans les cellules B2 à B13.
3. Pour **formater la feuille de calcul :** Clique sur la cellule A1. Tiens le bouton de la souris enfoncé et fais glisser le curseur jusqu'à la cellule B1. Relâche le bouton de la souris. Clique sur : Format, puis clique sur : Style. Clique sur : Gras Ctrl+B. Clique sur la cellule B2. Tiens le bouton de la souris enfoncé et fais glisser le curseur jusqu'à la cellule B13. Relâche le bouton de la souris. Clique sur : Format, puis clique sur : Nombre... Maj+Ctrl+N.

182 Objectif Construire des diagrammes à bandes et des diagrammes à ligne brisée à l'aide d'un ordinateur.

- Utilise la **Technologie.** Suis les étapes et apprends à utiliser une calculatrice ou un ordinateur pour résoudre des problèmes.

Recherche les pictogrammes  ou .

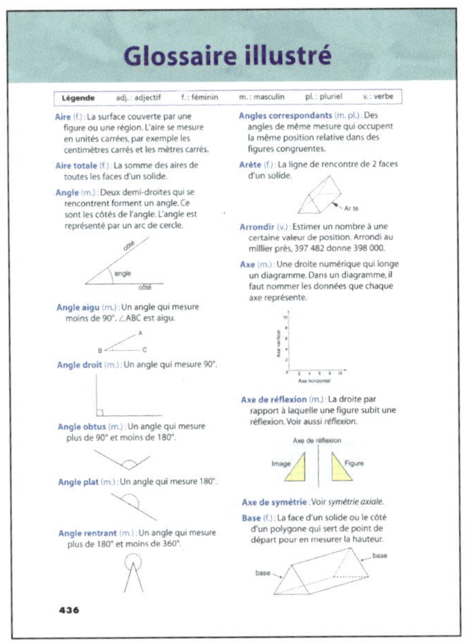

Glossaire illustré

Légende adj. : adjectif f. : féminin m. : masculin pl. : pluriel v. : verbe

Aire (f.) : La surface couverte par une figure ou une région. L'aire se mesure en unités carrées, par exemple les centimètres carrés et les mètres carrés.

Aire totale (f.) : La somme des aires de toutes les faces d'un solide.

Angle (m.) : Deux demi-droites qui se rencontrent forment un angle. Ce sont les côtés de l'angle. L'angle est représenté par un arc de cercle.

Angle aigu (m.) : Un angle qui mesure moins de 90°. ∠ABC est aigu.

Angle droit (m.) : Un angle qui mesure 90°.

Angle obtus (m.) : Un angle qui mesure plus de 90° et moins de 180°.

Angle plat (m.) : Un angle qui mesure 180°.

Angle rentrant (m.) : Un angle qui mesure plus de 180° et moins de 360°.

Angles correspondants (m. pl.) : Des angles de même mesure qui occupent la même position relative dans des figures congruentes.

Arête (f.) : La ligne de rencontre de 2 faces d'un solide.

Arrondir (v.) : Estimer un nombre à une certaine valeur de position. Arrondi au millier près, 397 482 donne 398 000.

Axe (m.) : Une droite numérique qui longe un diagramme. Dans un diagramme, il faut nommer les données que chaque axe représente.

Axe de réflexion (m.) : La droite par rapport à laquelle une figure subit une réflexion. Voir aussi *réflexion*.

Axe de symétrie : Voir *symétrie axiale*.

Base (f.) : La face d'un solide ou le côté d'un polygone qui sert de point de départ pour en mesurer la hauteur.

436

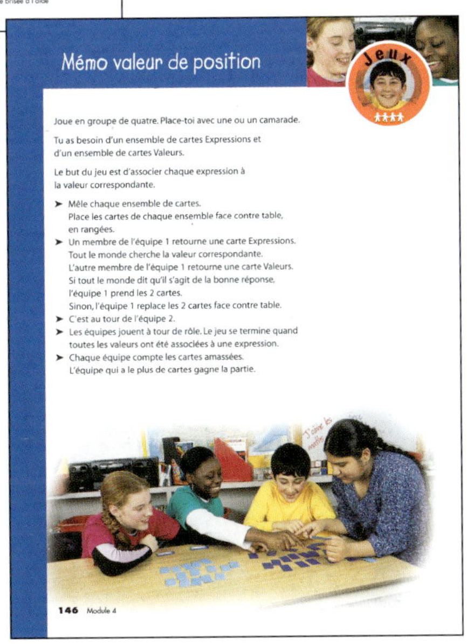

Mémo valeur de position

Joue en groupe de quatre. Place-toi avec une ou un camarade.

Tu as besoin d'un ensemble de cartes Expressions et d'un ensemble de cartes Valeurs.

Le but du jeu est d'associer chaque expression à la valeur correspondante.

➤ Mêle chaque ensemble de cartes. Place les cartes de chaque ensemble face contre table, en rangées.

➤ Un membre de l'équipe 1 retourne une carte Expressions. Tout le monde cherche la valeur correspondante. L'autre membre de l'équipe 1 retourne une carte Valeurs. Si tout le monde dit qu'il s'agit de la bonne réponse, l'équipe 1 prend les 2 cartes. Sinon, l'équipe 1 replace les 2 cartes face contre table.

➤ C'est au tour de l'équipe 2.

➤ Les équipes jouent à tour de rôle. Le jeu se termine quand toutes les valeurs ont été associées à une expression.

➤ Chaque équipe compte les cartes amassées. L'équipe qui a le plus de cartes gagne la partie.

146 Module 4

- **Le monde du travail** et **Jeux** te feront faire d'autres découvertes.

- Le **Glossaire illustré** définit des mots importants en lien avec les mathématiques.

Problème
multidomaine

Les palindromes

Tu as besoin d'une grille de 100 et de crayons de couleur.

Un **palindrome** est un mot, une phrase ou un nombre identiques quand tu les lis de gauche à droite et de droite à gauche. Voici quelques exemples de palindromes :

- rêver
- radar
- Karine alla en Irak
- 3663

Beaucoup de nombres sont des palindromes, comme 7, 11 et 232.
Si un nombre n'est pas un palindrome, utilise la méthode suivante pour en faire un palindrome.

Inverse les chiffres.
Additionne le nombre inversé au nombre de départ.

$$\begin{array}{r} 67 \\ +\ 76 \\ \hline 143 \end{array}$$

Inverse ensuite les chiffres de la somme et additionne les deux nombres.
Refais la même chose au besoin pour obtenir un palindrome.

$$\begin{array}{r} 143 \\ +\ 341 \\ \hline 484 \end{array}$$

Si tu utilises cette méthode, tous les nombres de 1 à 100 deviennent des palindromes à un moment donné.

Partie 1

➤ Utilise une grille de 100.
Colorie en jaune les nombres qui sont des palindromes.
Inverse les chiffres de chaque nombre qui n'est pas un palindrome. Additionne le nombre obtenu au nombre de départ pour obtenir un palindrome.
Colorie les nombres qui deviennent des palindromes :
– en 1 étape, en bleu ;
– en 2 étapes, en orange ;
– en 3 étapes, en vert ;
– en 4 étapes, en rouge ;
– en plus de 4 étapes, en violet.

➤ Quel lien y a-t-il entre les nombres qui deviennent des palindromes en 1 étape ? en 2 étapes ? en 3 étapes ? en 4 étapes ? Décris les régularités que tu observes.

Partie 2

➤ Le nombre décimal 63,36 est un palindrome.
Le nombre décimal 8,48 n'est pas un palindrome. Pourquoi ?

➤ Transforme les nombres décimaux suivants en palindromes décimaux. Utilise la méthode de la partie 1.
7,1 6,5 4,7 3,65 4,81
Compare les palindromes de 6,5 et de 4,7 aux palindromes de 65 et 47. Que remarques-tu ?

Montre ton travail

Résume ton travail à l'aide de dessins, de nombres et de mots.

Va plus loin

Les années 1991 et 2002 sont des palindromes.
Il y a 11 années entre les deux.
Quelle sera la prochaine paire d'années palindromes séparées par 11 années ? Quelle était la paire précédente ?
En général, combien d'années séparent les années palindromes ?

MODULE

1 Les suites numériques

Déchiffre le code !

Guglielmo Marconi a reçu la première communication sans fil transatlantique le 12 décembre 1901.
La lettre « s » en code morse a été transmise de Poldhu, en Angleterre, à Signal Hill, St. John's, à Terre-Neuve-et-Labrador.

Tes objectifs

- Écrire la régularité d'une suite numérique.
- Reconnaître, prolonger et créer des suites.
- Poser et résoudre des problèmes à l'aide de régularités.
- Explorer les règles de divisibilité à l'aide de régularités.
- Trouver la valeur d'un nombre manquant dans une équation.
- Explorer les nombres entiers à l'aide de régularités.

Mots clés

- une suite récursive
- les règles de divisibilité
- résoudre une équation
- des opérations inverses
- un nombre entier

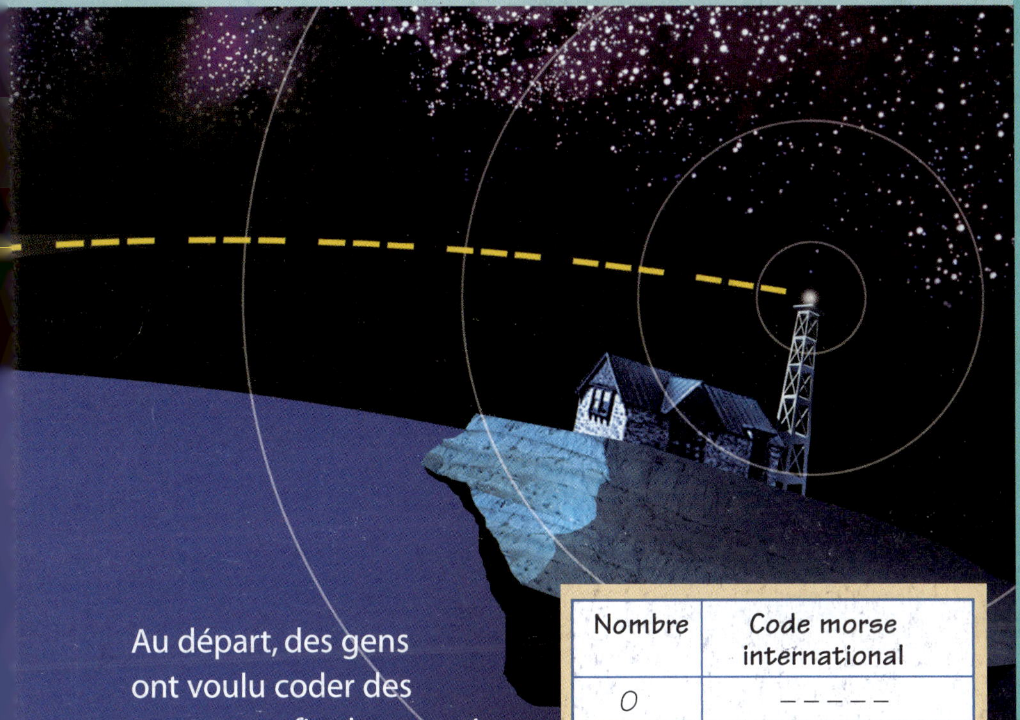

Au départ, des gens ont voulu coder des messages afin de pouvoir communiquer sans utiliser la langue parlée.

Samuel Morse a inventé le code morse il y a presque 175 ans.

Ce code représente les lettres, les nombres et la ponctuation par des points et des tirets.

Nombre	Code morse international
0	– – – – –
1	• – – – –
2	• • – – –
3	• • • – –
4	• • • • –
5	• • • • •
6	– • • • •
7	– – • • •
8	– – – • •
9	– – – – •

- Peux-tu nommer d'autres raisons de coder des messages ? Lesquelles ?
- Quelles régularités observes-tu dans le code morse pour les nombres ?
- Comment peux-tu écrire le nombre 503 en code morse ?

LEÇON 1

Des machines d'entrée-sortie

Cette machine d'entrée-sortie multiplie par 7 tous les nombres d'entrée. Les nombres de sortie sont des multiples de 7.

Si tu entres le nombre 9, quel sera le nombre de sortie ?

Explore

➤ Dessine une machine d'entrée-sortie semblable à celle qui suit.

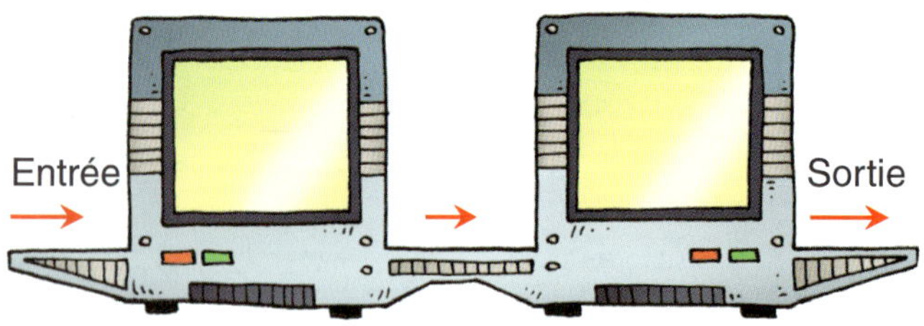

Choisis un nombre et une opération pour la première partie de la machine.
Choisis un autre nombre et une autre opération pour la deuxième partie de la machine.

➤ Utilise les nombres de 1 à 5 comme nombres d'entrée.
Trouve le nombre de sortie dans chaque cas.
Écris les nombres d'entrée et de sortie dans un tableau.

➤ Décris la régularité des nombres de sortie.
Quel lien y a-t-il entre chaque nombre de sortie et son nombre d'entrée ?

Qu'as-tu trouvé ?

Montre ton travail aux élèves d'une autre équipe.
Trouve les 3 prochains nombres de sortie de la machine d'entrée-sortie de tes camarades.

 OBJECTIF | Explorer des machines d'entrée-sortie à deux opérations.

Découvre

➤ Cette machine d'entrée-sortie multiplie le nombre d'entrée par 2, puis elle ajoute 6.
Quand tu entres le nombre 1, tu obtiens le nombre 8.
Quand tu entres le nombre 4, tu obtiens le nombre 14.

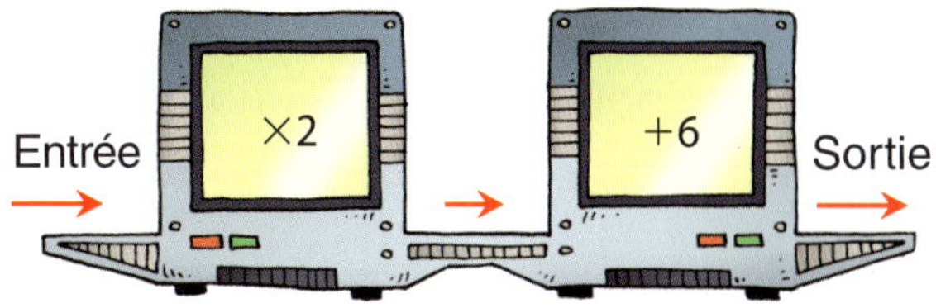

Entrée	Sortie
1	8
2	10
3	12
4	14

La régularité des nombres de sortie est :

À partir du nombre 8, additionne 2 chaque fois.

➤ Le tableau indique les nombres d'entrée et de sortie de cette machine.
Trouve les nombres et les opérations que la machine utilise.

Entrée	Sortie
1	1
2	4
3	7
4	10
5	13

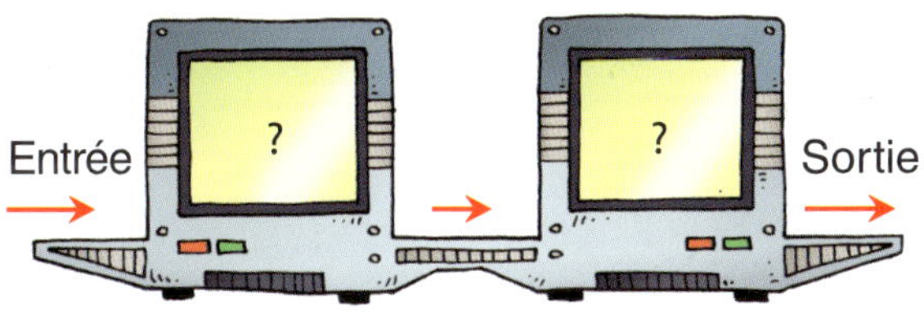

Pense :

ÉCOLE STE-THÉRÈSE
5305 EST TECUMSEH
WINDSOR, ONT. N8T 1C5
TEL: 945-2628

La régularité des nombres de sortie est :

À partir du nombre 1, additionne 3 chaque fois.
Cela porte à croire que les nombres d'entrée sont multipliés par 3.

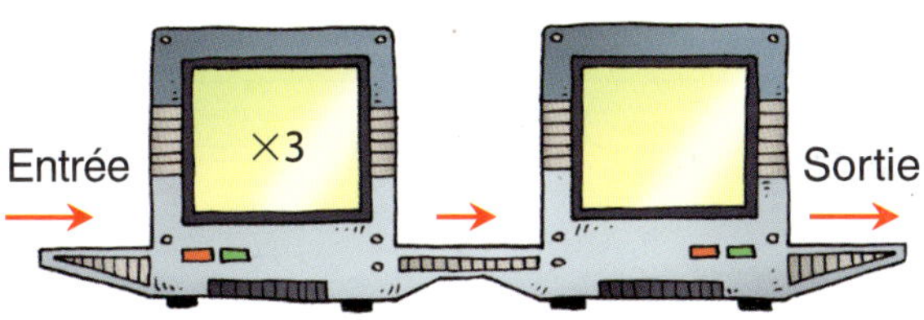

Les nombres de sortie augmentent par 3.
Tu peux supposer que les nombres d'entrée sont multipliés par 3.

Examine le nombre d'entrée 2. Multiplie-le par 3.
$2 \times 3 = 6$
Cependant, le nombre de sortie est 4.
Devine le nombre et l'opération qui se trouvent dans la deuxième partie de la machine. Essaie -2.
$6 - 2 = 4$

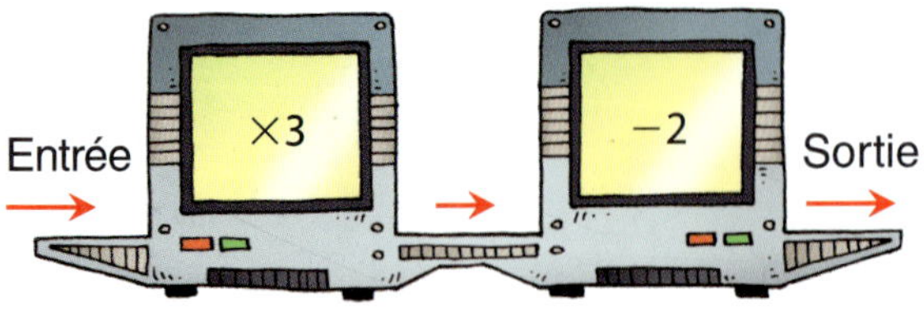

Cette machine d'entrée-sortie multiplie chaque nombre d'entrée par 3, puis elle soustrait 2 du résultat.

À ton tour

1. Copie et remplis le tableau pour chaque machine d'entrée-sortie.

a)

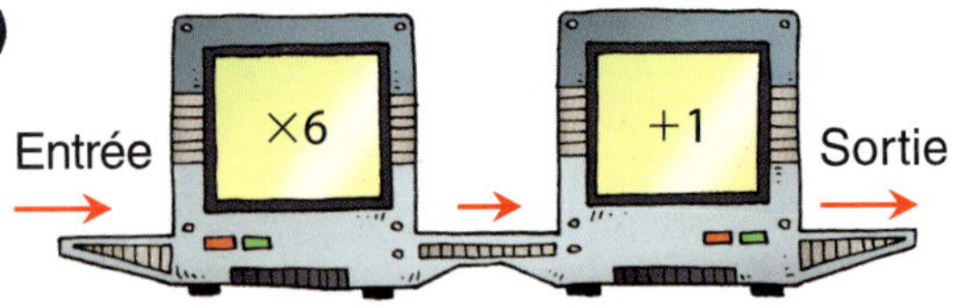

b)

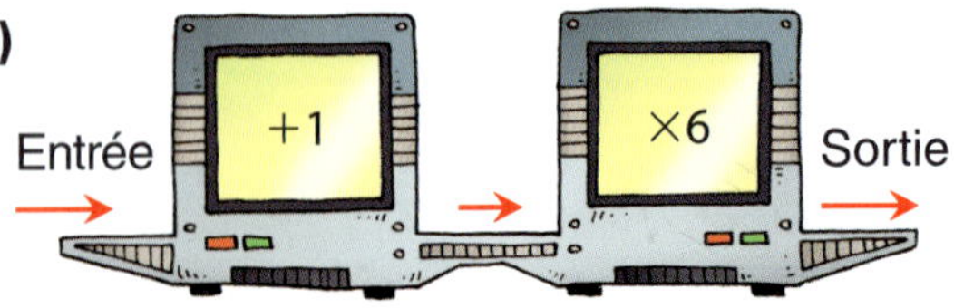

Entrée	Sortie
1	
2	
3	
4	
5	

2. Fais un retour sur la question 1 et sur tes tableaux.

a) Quelles ressemblances y a-t-il entre les deux machines d'entrée-sortie ? Quelles différences y a-t-il ?

b) Compare les nombres de sortie des deux machines. Que remarques-tu ?

c) Peut-il y avoir plus d'un nombre de sortie pour chaque nombre d'entrée ? Comment le sais-tu ?

3. Copie et remplis le tableau pour cette machine d'entrée-sortie.

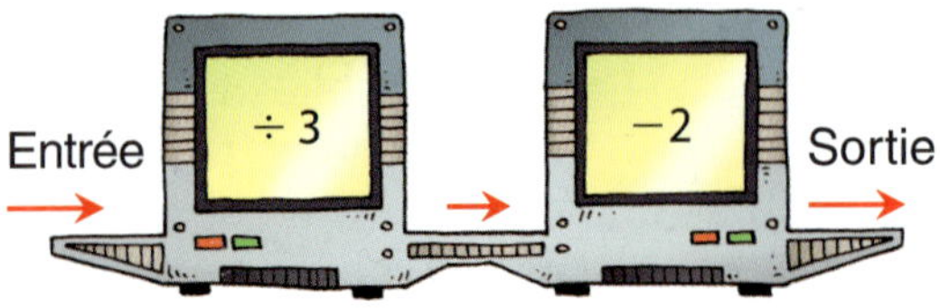

Entrée	Sortie
30	
60	
90	
120	
150	

4. Une machine d'entrée-sortie divise le nombre d'entrée par 6, puis elle additionne 5 au résultat. Vérifie les données du tableau d'entrée-sortie. Trouve les nombres de sortie erronés. Comment sais-tu qu'ils sont erronés ? Montre ton travail.

Entrée	Sortie
6	6
12	7
30	10
42	2
54	15

5. Ce tableau montre les nombres d'entrée et de sortie d'une machine à deux opérations.
   a) Trouve les nombres et les opérations que la machine utilise.
   b) Choisis quatre autres nombres d'entrée. Trouve les nombres de sortie correspondants.

Entrée	Sortie
1	5
2	9
3	13
4	17
5	21
6	25

6. Refais la question 5 avec ce tableau.

Entrée	Sortie
5	4
10	5
15	6
20	7
25	8
30	9

7. a) Dessine une machine d'entrée-sortie à deux opérations. Choisis deux nombres et deux opérations pour ta machine.
   b) Choisis cinq nombres d'entrée. Trouve les nombres de sortie correspondants.
   c) Efface les nombres d'entrée. Échange ton tableau contre celui d'une ou d'un camarade. Trouve les nombres d'entrée du tableau que tu reçois.

Réfléchis

Quand tu observes un tableau d'entrée-sortie, quelles stratégies utilises-tu pour trouver les nombres et les opérations que la machine utilise ?

Joue avec les nombres

Spécialiste de la calculatrice

La touche 5 de ta calculatrice ne fonctionne plus. Comment peux-tu trouver chaque résultat ?

225×14

$10{,}5 - 3{,}2$

LEÇON 2

Les suites numériques

Voici quelques suites numériques :

- 99, 88, 77, 66, 55, ...
- 10, 6, 11, 7, 12, ...
- 1, 10, 12, 120, 122, 1220, 1222, ...

Comment peux-tu trouver la régularité de chaque suite ?

Explore

➤ Décris la régularité de chaque suite numérique.
Écris les 3 prochains termes de chaque suite. Utilise une calculatrice au besoin.

- 1, 5, 13, 29, 61, ...
- 3, 10, 31, 94, 283, ...
- 300, 298, 296, 294, 292, ...

➤ Construis une suite semblable.
Écris les 6 premiers termes de ta suite. Décris la régularité.

Qu'as-tu trouvé ?

Échange ta suite contre celle des élèves d'une autre équipe.
Trouve la régularité de la suite que tu reçois.

Découvre

Tu as déjà examiné de nombreuses suites numériques récursives.
Dans une **suite récursive,** il suffit d'appliquer la régularité à un terme pour trouver le terme suivant.

➤ Écris les 5 premiers termes d'une suite récursive qui commence par le nombre 7.

La régularité est :

À partir du nombre 7, multiplie par 2, puis additionne 1 chaque fois.

$7 \times 2 + 1 = 15$ $15 \times 2 + 1 = 31$ $31 \times 2 + 1 = 63$ $63 \times 2 + 1 = 127$

Voici les 5 premiers termes de la suite : 7, 15, 31, 63, 127

 OBJECTIF | Reconnaître, prolonger et créer des suites numériques.

➤ Voici une suite numérique récursive :
1, 6, 11, 16, 21, …

Pour trouver la régularité, calcule la différence de chaque paire de termes consécutifs.

1 6 11 16 21

6 − 1 = 5 11 − 6 = 5 16 − 11 = 5 21 − 16 = 5

La différence entre chaque terme et le terme qui le précède est 5.

La différence de chaque paire de termes consécutifs est 5. Additionne 5 à chaque terme pour trouver le terme suivant.

La régularité est :
À partir du nombre 1, additionne 5 chaque fois.

Pour prolonger la suite, continue à additionner 5.
$21 + 5 = 26$ $26 + 5 = 31$
Les 2 prochains termes sont 26 et 31.

➤ Voici une autre suite numérique récursive :
6, 13, 34, 97, 286, …

Pour trouver la régularité, calcule la différence de chaque paire de termes consécutifs.

6 13 34 97 286

13 − 6 = 7 34 − 13 = 21 97 − 34 = 63 286 − 97 = 189

Chaque différence est trois fois plus grande que la différence précédente. Cela laisse supposer que l'opération × 3 fait partie de la régularité.

Prends le premier terme, 6.
$3 \times 6 = 18$
Le deuxième terme de la suite est 13.
Soustrais 5 de 18 pour obtenir 13.
$18 - 5 = 13$

La régularité est :
À partir du nombre 6, multiplie par 3, puis soustrais 5 chaque fois.

Pour prolonger la suite, continue à multiplier par 3, puis à soustraire 5.
$286 \times 3 - 5 = 853$ $853 \times 3 - 5 = 2554$
Les 2 prochains termes sont 853 et 2554.

À ton tour

Utilise une calculatrice au besoin pour trouver les régularités.

1. Écris les 6 premiers termes de chaque suite.
Utilise chaque fois le nombre 10 comme premier terme.

a) Multiplie par 2, puis soustrais 5 chaque fois.
b) Multiplie par 5, puis soustrais 2 chaque fois.
c) Soustrais 5, puis multiplie par 2 chaque fois.
d) Soustrais 2, puis multiplie par 5 chaque fois.

2. Examine tes suites de la question 1.
Quelles sont les ressemblances ? Quelles sont les différences ?

3. Décris chaque régularité.
Écris les 2 prochains termes de chaque suite, puis trouve le 10e terme.

a) 2, 4, 10, 28, 82, … **b)** 250, 230, 210, 190, 170, …
c) 3, 4, 6, 10, 18, … **d)** 2, 5, 11, 23, 47, …

4. Examine ces suites. Lesquelles sont récursives ?
Comment le sais-tu ?

a) 3, 6, 12, 24, 48, 96, …
b) 1, 4, 9, 16, 25, 36, …
c) 1, 3, 9, 27, 81, 243, …
d) 4, 9, 19, 39, 79, 159, …

5. Combien de suites récursives peux-tu construire avec 4 et 7 comme premiers termes ?
Écris les 5 premiers termes de chaque suite.
Décris ensuite la régularité.

6. Copie ces suites. Trouve les nombres manquants.
Décris la régularité de chaque suite, puis trouve le 8e terme.

a) 5, 12, 26, □, 110, 222, …
b) 300, 281, 262, □, 224, 205, …

Math +

Autour de toi

Tu peux estimer la distance qui te sépare d'un orage. Compte les secondes entre le moment où tu vois l'éclair et celui où tu entends le tonnerre. Divise le nombre de secondes par 3. Tu obtiens la distance approximative en kilomètres.

Réfléchis

Explique comment tu peux trouver la régularité d'une suite récursive.
Donne des exemples.

Joue avec les nombres

Calcul mental

Effectue ces soustractions.

1000 − 945
551 − 43
175 − 87
231 − 123

Quelles stratégies as-tu utilisées ?

LEÇON

3 Les régularités de la division

Examine les nombres suivants. Quels nombres sont divisibles par 2 ?
Comment le sais-tu ?

- 64
- 21
- 309
- 4164
- 8200
- 72
- 105
- 9974

Dans cette leçon, tu vas apprendre à déterminer si un nombre naturel est divisible par différents nombres.

Explore

Tu as besoin d'une calculatrice.

➤ Choisis 15 nombres consécutifs à 2 chiffres.
Divise chaque nombre par 3.
Écris la division chaque fois.
Recommence avec 15 nombres consécutifs à 3 chiffres.

Dresse la liste des nombres qui sont divisibles par 3.
Pour chaque nombre, trouve la somme de ses chiffres.
Que remarques-tu ?

Choisis 4 autres nombres divisibles par 3, selon toi.
Divise chaque nombre par 3 pour vérifier.

Les nombres divisibles par 3 sont des multiples de 3.

➤ Écris les 35 premiers multiples de 4.
Dresse la liste de tous les multiples de 4 entre 200 et 240.
Dresse la liste de tous les multiples de 4 entre 500 et 540.
Que remarques-tu au sujet de tous les multiples de 4 ?

Choisis 4 nombres divisibles par 4, selon toi.
Divise chaque nombre par 4 pour vérifier.

Qu'as-tu trouvé ?

Montre ton travail aux élèves d'une autre équipe.
Comment as-tu choisi 4 nombres divisibles par 3, puis 4 nombres divisibles par 4 ? Sans diviser, comment peux-tu savoir si un nombre est divisible par 3 et s'il est divisible par 4 ?

OBJECTIF | Explorer les règles de divisibilité à l'aide de régularités.

Découvre

Tu peux utiliser des suites pour trouver les **règles de divisibilité** de différents nombres.

➤ Voici quelques multiples de 5 :
5, 10, 15, 20, 25, 30, 35, ..., 150, 155, 160, ...
Les chiffres des unités forment une suite répétitive.
La partie répétitive est : 5, 0

Le chiffre des unités de chaque multiple de 5 est 0 ou 5. Tout multiple de 5 est divisible par 5.

➤ Ce diagramme de Venn montre des nombres divisibles par 2 et par 3.

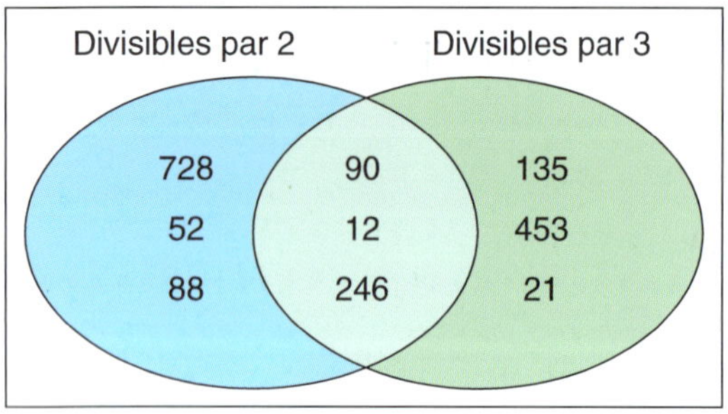

Un nombre divisible par 2 et par 3 est aussi divisible par 6.

Les nombres inscrits dans la partie commune aux deux ensembles sont divisibles par 2 et par 3. Ils sont aussi divisibles par 6.

➤ Puisque 1000 est divisible par 8, les multiples de 1000 sont divisibles par 8.

$1000 \div 8 = 125$

Pour un nombre naturel à 4 chiffres ou plus, il suffit d'observer les 3 derniers chiffres.
Pour le nombre 12 480 : $480 \div 8 = 60$
Les 3 derniers chiffres sont divisibles par 8. Donc, le nombre 12 480 est divisible par 8.

Règles de divisibilité

Un nombre naturel est divisible par :

2 si le nombre est pair ;

3 si la somme des chiffres est divisible par 3 ;

4 si le nombre formé par le chiffre des dizaines et le chiffre des unités est divisible par 4 ;

5 si le chiffre des unités est 0 ou 5 ;

6 si le nombre est divisible par 2 et par 3 ;

8 si le nombre formé par les chiffres des centaines, des dizaines et des unités est divisible par 8 ;

9 si la somme des chiffres est divisible par 9 ;

10 si le chiffre des unités est 0.

À ton tour

1. Quels nombres sont divisibles par 3 ? Quels nombres sont divisibles par 4 ? Comment le sais-tu ?

a) 432	**b)** 2452	**c)** 3315
d) 105	**e)** 228	**f)** 3138

2. Explique pourquoi un nombre qui a 0 comme chiffre des unités est divisible par 10.

3. Dresse une liste de 20 multiples de 9.
À l'aide de ces multiples, explique la règle de divisibilité par 9.

4. Quels nombres sont divisibles par 6 ? Quels nombres sont divisibles par 9 ? Comment le sais-tu ?

a) 150	**b)** 1197	**c)** 23 598
d) 498	**e)** 594	**f)** 568

5. Écris 3 nombres divisibles par 6.
Comment as-tu choisi tes nombres ?

6. Construis un diagramme de Venn à 3 ensembles.
Nomme les ensembles : « Divisibles par 2 », « Divisibles par 4 » et « Divisibles par 8 ».
   a) Explique comment tu as construit ce diagramme de Venn et pourquoi.
   b) Place ces nombres dans le diagramme de Venn.

1046	322	460	1784	28
54	1088	224	382	3662

   Comment sais-tu où va chaque nombre ?
   c) Trouve 3 autres nombres à 4 chiffres. Place-les dans le diagramme de Venn.

7. Une élève utilise l'astuce suivante pour vérifier si un nombre à 3 chiffres est divisible par 7 :
   - enlever le dernier chiffre et le multiplier par 2,
   - soustraire ce nombre des chiffres qui restent,
   - si la différence est divisible par 7, le nombre est divisible par 7.

   Est-ce que cette astuce fonctionne ?
   Donne des exemples.

Réfléchis

Choisis un nombre à 4 chiffres.
Trouve par quels nombres de 2 à 9 tu peux diviser ton nombre. Montre ton travail.

Joue avec les nombres

Stratégie numérique

Trouve chaque produit.

25×300

50×120

60×70

13×21

LEÇON

4 Résoudre des équations

Une expression d'égalité est un énoncé mathématique qui indique une égalité.
Une équation est une expression d'égalité où il manque un terme.
Examine ces énoncés. Lesquels sont des expressions d'égalité ?

$5 + 8 = 13$	$7 \times 3 = 21$	$4 + 9 - 7$
$19 = 25 - 6$	$42 - 21 + 18$	$63 \div 7 = 3 \times 3$

Explore

Jeu

Devine mon nombre

Tu as besoin d'un tétraèdre numéroté de 1 à 4 et de jetons de 2 couleurs. Ton enseignante ou ton enseignant va te remettre un plateau de jeu. Chaque case du plateau présente une équation.

Jouez à tour de rôle.

- Lance le tétraèdre 2 fois.
  Le premier nombre indique une rangée du plateau de jeu.
  Le deuxième nombre indique une colonne.
- Trouve le nombre manquant dans l'équation de la case déterminée par le tétraèdre. Note ton travail.
  Ta ou ton camarade vérifie ta réponse.
  Si tu as la bonne réponse, place un jeton sur la case.
  Si tu n'as pas la bonne réponse, ta ou ton camarade tente de résoudre l'équation.
  Si elle ou il réussit, elle ou il place un jeton sur la case.
  Si tu arrives sur une case déjà couverte par un jeton, lance le tétraèdre de nouveau.
- La première personne qui couvre toutes les cases d'une rangée, d'une colonne ou d'une diagonale gagne la partie.

Le nombre obtenu avec le tétraèdre indique le numéro de la rangée ou de la colonne.

OBJECTIF | Trouver la valeur d'un nombre manquant dans une équation.

Qu'as-tu **trouvé ?**

Compare tes réponses avec celles des élèves d'une autre équipe. Discutez des stratégies que vous avez utilisées pour trouver les nombres manquants.

Découvre

Voici quelques méthodes pour trouver un nombre manquant dans une équation :

➤ Prédis et vérifie.
Trouve le nombre manquant.
163 = □ + 49

Prédis 100 : 100 + 49 = 149
Cette somme est trop basse.

Prédis 115 : 115 + 49 = 164
Cette somme a 1 de trop.

Prédis 114 : 114 + 49 = 163

Le nombre manquant est 114.

➤ Utilise l'opération inverse.
Résous cette équation.
□ ÷ 6 = 144

Pense à la multiplication.
Le nombre que tu dois diviser par 6 pour obtenir 144 est : 144 × 6 = 864

Donc, 864 ÷ 6 = 144

La solution est 864.

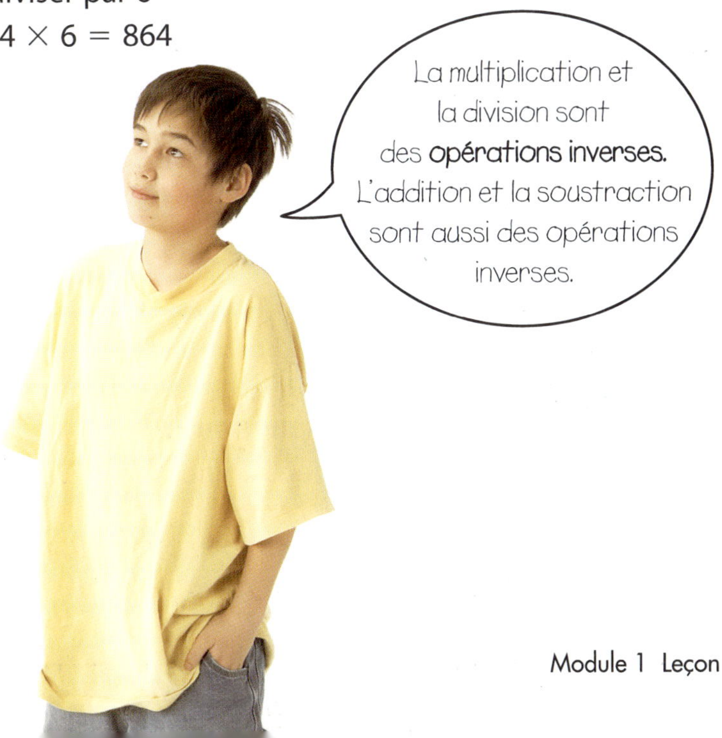

À ton tour

1. Transcris chaque équation.
   Trouve les nombres manquants.
   a) $\square - 26 = 15$ **b)** $378 = 9 \times \square$ **c)** $74 + \square = 216$
   d) $354 \div \square = 6$ **e)** $16 = 37 - \square$ **f)** $\square + 87 = 142$

2. Transcris cette équation : $\square \times \triangle = 36$
   Remplace le $\square$ et le $\triangle$ par un nombre pour former une expression d'égalité.
   Combien de solutions trouves-tu ?
   Écris-les.

3. Résous chaque équation.
   a) $\square - 3 = 10 - 4$ **b)** $7 + 2 = 5 + \square$
   c) $10 + 4 = \square + 2$ **d)** $8 - \square = 6 - 2$
   e) $4 \times 3 = 2 \times \square$ **f)** $\square \times 10 = 8 \times 5$

4. Briana veut construire un enclos rectangulaire avec une aire de 176 m^2.
   L'enclos doit mesurer 16 m de longueur.
   a) Quelle sera la largeur de l'enclos ?
   b) Écris une équation pour représenter ce problème.

5. Transcris chaque équation.
   Trouve les nombres manquants.
   Comment as-tu choisi les nombres ?
   Montre ton travail.
   a) $\square - \triangle = 7 - 4$ **b)** $5 + 3 = \square + \triangle$
   c) $16 \times 3 = \square \times \triangle$ **d)** $8 - 6 = \square - \triangle$

6. Deux côtés d'un triangle mesurent 7 cm et 13 cm de longueur.
   Le périmètre du triangle est de 30 cm.
   a) Écris une équation pour représenter la situation.
   b) Quelle est la longueur du troisième côté ?

Réfléchis

Quelles stratégies peux-tu utiliser pour trouver la valeur d'un nombre manquant dans une équation ?
Donne des exemples.

Joue avec les nombres

Calcul mental

Effectue les additions.
Quelles stratégies as-tu utilisées ?

1289 + 2025

4104 + 5222

Enquêteuse ou enquêteur sur les fraudes

Des centaines de millions de transactions financières ont lieu chaque jour. Des personnes malhonnêtes profitent de ce grand nombre de transactions pour voler sans se faire remarquer. Les enquêteuses et les enquêteurs sur les fraudes ont comme mission de repérer ces vols cachés parmi des millions de transactions. Comment y arrivent-ils ?

Au cours des années 1920 et 1930, le scientifique Frank Benford a étudié les 4 premiers chiffres de milliers de nombres de la vie de tous les jours. Il a découvert que, dans chaque tranche de 100 nombres, 31 commençaient par le chiffre 1, 19 commençaient par le chiffre 2 et seulement 5 commençaient par le chiffre 9. Il a établi une théorie aujourd'hui appelée la « loi de Benford ». Depuis quelque temps, les enquêteuses et les enquêteurs sur les fraudes utilisent la loi de Benford pour déceler les fraudes.

Quand des gens commettent une fraude, ils changent ou inventent les nombres sur des chèques ou d'autres documents financiers. Les enquêteuses et les enquêteurs sur les fraudes examinent tous les montants des chèques. À l'aide de logiciels, ils déterminent la fréquence à laquelle différents chiffres occupent la première position dans les montants inscrits sur les chèques. En cas de fraude, certains chiffres occupent plus souvent la première position qu'ils ne le devraient selon la loi de Benford. Cela guide les enquêteuses et les enquêteurs vers des transactions à examiner de plus près.

Les personnes qui se servent des nombres pour frauder et voler peuvent aussi se faire prendre à cause de ces mêmes nombres !

LEÇON

5 À la découverte des nombres entiers

La température se mesure en degrés Celsius (°C).
L'eau gèle à 0 °C.

Pendant une journée d'été typique à Saskatoon, la température peut atteindre 24 degrés Celsius au-dessus de zéro.

Pendant une journée d'hiver typique à Saskatoon, la température peut atteindre 18 degrés Celsius sous zéro.

Une température supérieure à 0 °C est positive.
Tu écris : 24 °C.
Tu dis : « vingt-quatre degrés Celsius ».

Une température inférieure à 0 °C est négative.
Tu écris : −18 °C.
Tu dis : « moins dix-huit degrés Celsius ».

Explore

L'altitude est la distance verticale par rapport au niveau de la mer.
Elle se mesure habituellement en mètres (m).
Pour chaque tranche de 150 m au-dessus du niveau de la mer, la température diminue d'environ 1 °C.

Kayla et Sébastien font de l'escalade.
Ils commencent leur escalade à une altitude de 1000 m. La température est de 6 °C.
Ce tableau indique les variations de l'altitude.

Altitude (en m)	Température (en °C)
1000	6
1300	
1600	

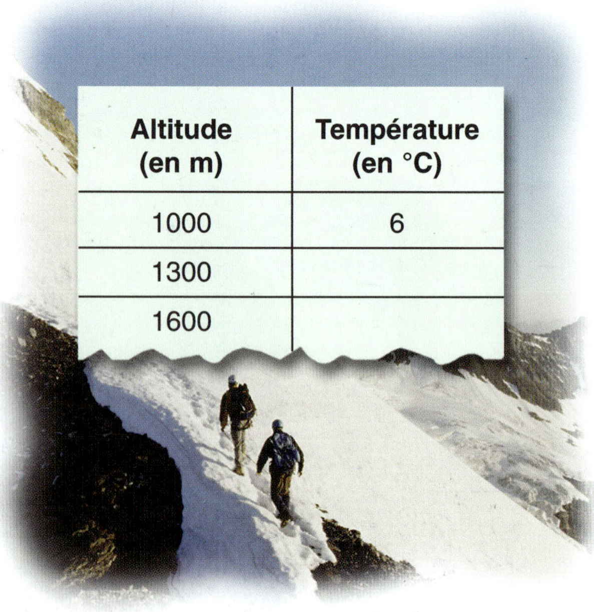

➤ Copie-le et prolonge-le pour les altitudes jusqu'à 2500 m. Trouve chaque température.

➤ Décris la régularité des altitudes.
Décris la régularité des températures.

 OBJECTIF | Utiliser des nombres entiers pour décrire des quantités positives et négatives.

Qu'as-tu **trouvé ?**

Montre tes régularités aux élèves d'une autre équipe. Prédis à quelle altitude la température tombera sous 0 °C.

Joue avec les nombres

Calcul mental

Trouve 3 nombres consécutifs dont la somme et le produit sont identiques.

Découvre

Des nombres comme 24 et −18 sont des **nombres entiers.**

➤ Tu peux représenter des nombres entiers sur une droite numérique. Cette droite numérique peut être verticale ou horizontale.

Un thermomètre est une droite numérique verticale.

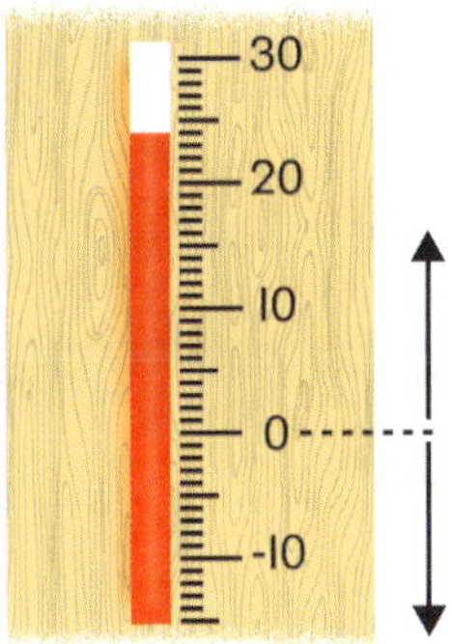

Ce thermomètre indique 24 °C.

Tu as déjà utilisé des droites numériques horizontales pour comparer et ordonner des nombres naturels. Tu peux prolonger une droite numérique à gauche du 0 pour représenter des nombres négatifs.

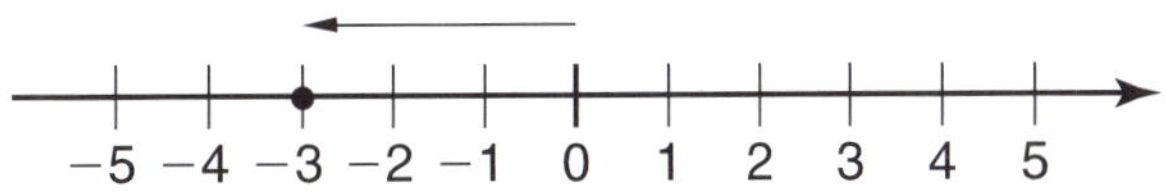

Le point sur la droite numérique représente −3.

➤ Tu peux utiliser des nombres entiers pour représenter des quantités positives et négatives.

- Mark a dépensé 25 $.
  Tu peux dire : −25 $.
- Jeanne a fait 5 pas en avant.
  Tu peux dire : +5 pas ou 5 pas.
- Un plongeur descend à une profondeur de 50 m.
  Tu peux dire : −50 m.

Quand il n'y a pas de signe, le nombre entier est positif.

À ton tour

1. Écris un nombre entier pour représenter chaque situation.
   a) Sacha creuse un trou de 1 m de profondeur.
   b) Vincent dépose 50 $ dans son compte bancaire.
   c) Un avion vole à une altitude de 11 000 m.
   d) Un sous-marin se déplace à une profondeur de 400 m.

2. Décris une situation que chaque nombre entier peut représenter.
   a) +125 b) −22 c) −900 d) +42 000 e) +4

3. Le chemin de fer Brienzer-Rothorn se trouve à Brienz, en Suisse. Le train possède une locomotive à vapeur et à crémaillère. Il prend les passagers à une altitude de 566 m et les amène jusqu'à une altitude de 2244 m, sur le mont Rothorn.

   a) Imagine que tu prends ce train. Il fait 23 °C au pied de la montagne, quand tu montes à bord. Prédis la température qu'il fera au sommet de la montagne.
   b) S'il fait 9 °C au pied de la montagne, la température au sommet sera-t-elle au-dessus de 0 °C ou sous 0 °C ? Comment le sais-tu ?

4. Le grillon de Fulton crie à un rythme plus au moins rapide selon la température. Pour estimer la température en degrés Celcius :
   • compte les cris émis par un grillon en 15 s ;
   • multiplie le nombre obtenu par 0,45 ;
   • additionne 10.

   Estime la température pour chaque nombre de cris en 15 s.
   a) 17 cris b) 12 cris
   c) 30 cris d) 37 cris

Réfléchis

Comment les nombres entiers aident-ils à décrire des quantités positives et négatives ? Donne des exemples.

À la maison

Décris 2 situations dans lesquelles tu peux utiliser des nombres entiers à la maison.

Le base-ball des équations

Tu as besoin d'un dé numéroté, d'un jeu de cartes Le base-ball des équations, d'un plateau de jeu et de pièces de jeu de couleurs différentes.

Il y a un nombre encerclé sur chaque carte. Ce nombre indique de combien de buts tu peux avancer si tu as une bonne réponse. Chaque fois qu'une personne traverse le marbre sur le plateau de jeu, elle obtient un point.

- Mêle les cartes.
  Place-les face contre table au milieu du plateau de jeu.
- Chaque personne place une pièce de jeu sur le marbre.
- Chaque personne lance le dé.
  La personne qui obtient le plus grand nombre commence la partie.
- Jouez à tour de rôle.
  Retourne une carte et montre-la aux autres.
  Résous l'équation. Les autres vérifient ta réponse.
  Si tu as la bonne réponse, déplace ta pièce de jeu, dans le sens des aiguilles d'une montre, selon le nombre encerclé sur la carte.
  Mets la carte de côté.
  Si tu n'as pas la bonne réponse, mets la carte de côté.
- C'est au tour de la prochaine personne de jouer.
- La personne qui a le plus de points quand il n'y a plus de cartes gagne la partie.

LEÇON 6

La boîte à outils

Explore

Yulia commence à résoudre ce problème.
Elle regarde la première équation.
Elle sait que 2 + 6 = 8.
Elle prédit que $\square = 2$ et que $\triangle = 6$.
Dans la deuxième équation, elle trouve que $\bigcirc = 12$.

$$\square + \triangle = 8$$

$$\triangle + \triangle = \bigcirc$$

$$\triangle + \square + \bigcirc = 14$$

Quand Yulia insère les nombres dans la troisième équation, elle obtient une somme de 20, et non de 14.
Yulia ne sait plus quoi faire.
Fais quelques suggestions pour aider Yulia à surmonter cette difficulté.
Résous le problème.

Qu'as-tu **trouvé ?**

Montre ton travail aux élèves d'une autre équipe.
Compare les stratégies que vous avez utilisées pour résoudre le problème.

Découvre

Voici quelques stratégies utiles quand tu éprouves des difficultés à résoudre un problème de mathématiques :

Représente les renseignements d'une autre façon.

Par exemple :
- Récris la question dans tes propres mots.
- Organise les données autrement.
- Fais un schéma ou utilise un tableau.

Des stratégies pour bien réussir

- **Surmonte les difficultés.**
- **Vérifie et réfléchis.**
- **Concentre-toi sur le problème.**
- **Représente ton raisonnement.**
- **Choisis une réponse.**
- **Fais de ton mieux dans un test.**
- **Explique ta réponse.**

Pense à ce que tu sais déjà.

Pose-toi ces questions :

- Quelles sont les données ?
- Quels problèmes semblables ai-je déjà résolus ?
- Quelles connaissances peuvent m'aider ?
- Quelles réponses puis-je éliminer ?

Applique une stratégie de résolution de problèmes.

Par exemple :

- Fais un schéma.
- Fais un tableau.
- Cherche une régularité.

Collabore (sauf dans un test !).

À ton tour

1. Écris les trois prochains termes de cette suite numérique.
   Qu'est-ce qui change chaque fois ? Explique ta réponse.
   1, 3, 5, 9, 15, 25, …

2. Dans ces équations, chaque figure représente un nombre différent.
   Trouve le nombre que chaque figure représente.

   $\triangle - \bigcirc = 4$

   $\bigcirc + \bigcirc = \triangle$

   $\triangle + \square + \bigcirc = 17$

Réfléchis

Pense à un problème de mathématiques qui était difficile à résoudre. Décris les stratégies que tu as utilisées pour surmonter les difficultés.

Module 1 Montre ce que tu sais

LEÇONS

1 **1.** Copie et remplis le tableau pour cette machine d'entrée-sortie.
Prolonge le tableau de 3 rangées.

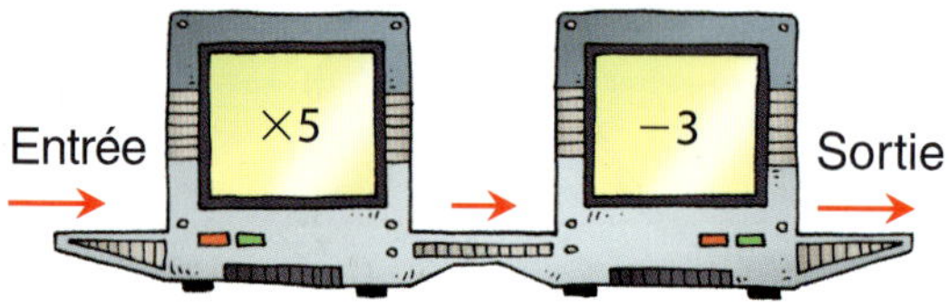

Entrée	Sortie
1	
2	
3	
4	
5	

2. Ce tableau indique les nombres d'entrée et de sortie de cette machine.

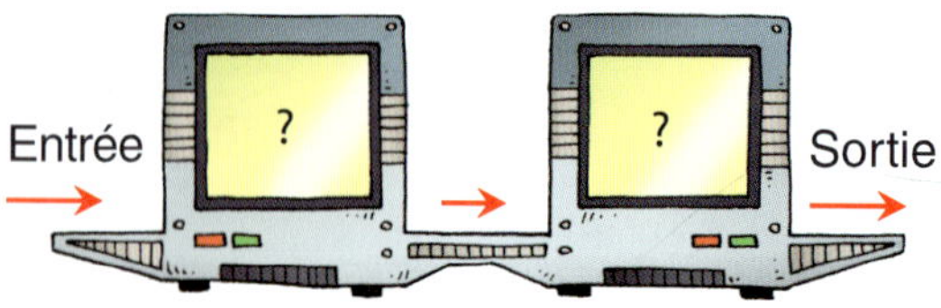

Entrée	Sortie
2	2
3	5
4	8
5	11
6	14

Indique les nombres et les opérations que la machine utilise.

2 **3.** Écris les 5 premiers termes de chaque suite numérique.
Le premier terme de chaque suite est 7.
a) Additionne 4 chaque fois.
b) Multiplie par 3 chaque fois.
c) Multiplie par 3, puis soustrais 2 chaque fois.
d) Multiplie par 2, puis additionne 1 chaque fois.

4. Écris les 2 prochains termes de chaque suite.
Décris la régularité de chaque suite, puis indique le 9e terme.
a) 5, 14, 22, 29, …
b) 470, 445, 420, 395, …
c) 3, 5, 9, 17, …
d) 1, 2, 5, 14, …

5. Examine ces suites. Lesquelles sont des suites récursives ?
Explique comment tu le sais.
a) 1, 11, 111, 1111, 11 111, …
b) 1, 11, 21, 31, 41, …
c) 1, 11, 20, 30, 39, …
d) 1, 11, 31, 71, 151, …

6. **a)** Écris une suite récursive. Les deux premiers termes sont 2 et 9.
b) Écris les 6 premiers termes de cette suite, puis décris la régularité.

LEÇONS

3 **7.** Quels nombres sont divisibles par 5 ? Quels nombres sont divisibles par 8 ? Comment le sais-tu ?

a) 12 680 **b)** 9185 **c)** 776
d) 9709 **e)** 67 200 **f)** 8210

8. Construis un diagramme de Venn à 2 ensembles.
Nomme les ensembles « Divisibles par 6 » et « Divisibles par 9 ».

a) Les ensembles doivent-ils se chevaucher ?
Explique ta réponse.

b) Place ces nombres dans le diagramme de Venn.

330	639	5598	10 217
2295	858	187	12 006

Comment sais-tu où placer chaque nombre ?

9. Pour chaque question :
si ta réponse est oui, écris le nombre ;
si ta réponse est non, explique pourquoi tu ne peux pas écrire un nombre.

a) Peux-tu écrire un nombre qui est divisible par 3, mais qui n'est pas divisible par 6 ?

b) Peux-tu écrire un nombre qui est divisible par 6, mais qui n'est pas divisible par 3 ?

4 **10.** Prédis et vérifie pour résoudre chaque équation.
Montre ton travail.

a) $156 - \square = 27$ **b)** $529 = \square + 407$
c) $73 = 438 \div \square$ **d)** $108 = \square \times 27$

11. Transcris chaque équation.
Trouve les nombres manquants.
Comment as-tu trouvé chaque nombre ?

a) $7 + \square = 15$ **b)** $48 = 3 \times \square$
c) $\square - 12 = 5$ **d)** $\square - 9 = 4$
e) $14 + 3 = \square + 5$ **f)** $15 \times 2 = 5 \times \square$

12. Un rectangle a un périmètre de 34 cm.
Il mesure 5 cm de largeur.
Quelle est la longueur du rectangle ?

5 **13.** Représente chaque situation à l'aide d'un nombre entier.

a) Sandra a parcouru 100 m à reculons en patins.

b) Karl a gagné 140 $ à tondre des pelouses.

MODULE 1

Tes objectifs

- ✓ Écrire la régularité d'une suite numérique.
- ✓ Reconnaître, prolonger et créer des suites.
- ✓ Poser et résoudre des problèmes à l'aide de régularités.
- ✓ Explorer les règles de divisibilité à l'aide de régularités.
- ✓ Trouver la valeur d'un nombre manquant dans une équation.
- ✓ Explorer les nombres entiers à l'aide de régularités.

Problème du module

Déchiffre le code !

Notre système de numération est un système en base 10. La valeur de position dans les nombres naturels suit une régularité de droite à gauche.

Cette régularité est :

À partir du nombre 1, multiplie par 10 chaque fois.

1 dizaine de milliers, c'est 10 milliers. → Dizaines de milliers
1 millier, c'est 10 centaines. → Milliers
1 centaine, c'est 10 dizaines. → Centaines
1 dizaine, c'est 10 unités. → Dizaines

Dizaines de milliers	Milliers	Centaines	Dizaines	Unités

Les ordinateurs fonctionnent selon un système de numération binaire, ou en base 2. Les seuls chiffres qu'ils utilisent sont 0 et 1. La valeur de position dans les nombres binaires suit une régularité de droite à gauche.

Cette régularité est :

À partir du nombre 1, multiplie par 2 chaque fois.

seize, c'est 2 fois huit. → Seize
huit, c'est 2 fois quatre. → Huit
quatre, c'est 2 fois deux. → Quatre
deux, c'est 2 unités. → Deux

Nombres en base 10	Seize	Huit	Quatre	Deux	Unités	Nombres en base 2
1					1	1
2				1	0	10
3				1	1	11
4			1	0	0	100

Dans un nombre en base 2, il faut nommer chaque chiffre. Pour 10, tu dis : « un, zéro ».

Partie 1

Copie le tableau de valeur de position pour les nombres en base 2. Prolonge ce tableau pour qu'il indique l'équivalent en base 2 des nombres de 1 à 10 en base 10.

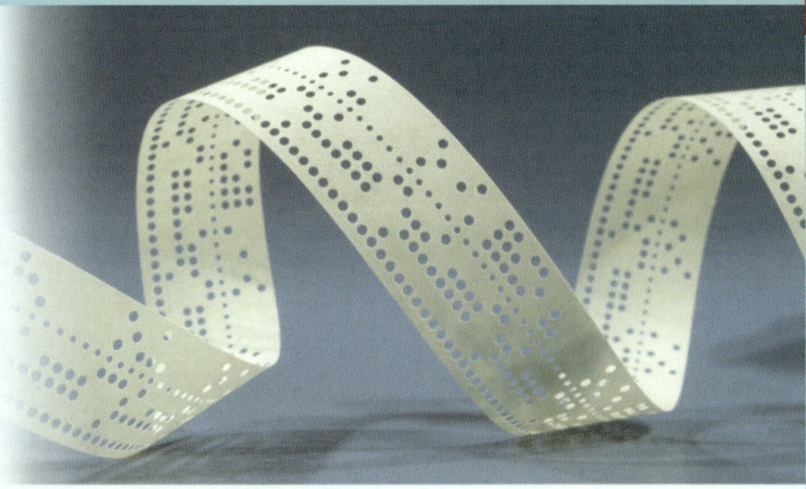

Liste de contrôle

Ton travail devrait montrer :

- ☑ le tableau de valeur de position rempli ;
- ☑ les messages décodés ;
- ☑ la façon dont tu as utilisé les suites numériques pour déchiffrer et rédiger des messages en code binaire ;
- ☑ une explication claire de ta démarche et de tes résultats.

Partie 2

Voici un message en code binaire :

10011 1111 10101 10010 1001 10011

Chaque lettre de l'alphabet porte le numéro de son rang, de A = 1 à Z = 26.
Les nombres en base 10 ont été convertis en base 2.
Déchiffre le message !

Partie 3

Utilise le code binaire.
Invente ton propre message secret.
Échange ton message contre celui d'une ou d'un camarade.
Déchiffre le message que tu reçois.

Retour sur le module

Décris les façons dont tu as utilisé les suites dans ce module.

MODULE

2 Les nombres naturels

L'apiculture

Tes objectifs

- Lire et écrire des nombres naturels à la forme symbolique, à la forme décomposée et en lettres.
- Utiliser la valeur de position pour représenter et lire des nombres naturels.
- Comparer et ordonner des nombres naturels.
- Reconnaître et décrire les multiples et les facteurs jusqu'à 100.
- Reconnaître et décrire les nombres premiers et les nombres composés jusqu'à 100.
- Utiliser la priorité des opérations.
- Estimer des sommes, des différences, des produits et des quotients.
- Effectuer des additions, des soustractions, des multiplications et des divisions à l'aide du calcul mental.
- Additionner quatre nombres à 3 chiffres et soustraire un nombre à partir d'un nombre à 5 chiffres.
- Multiplier et diviser un nombre par un nombre à 2 chiffres.
- Poser et résoudre des problèmes à étapes.

Les abeilles produisent du miel depuis plus de 150 millions d'années. Les abeilles recueillent le nectar des fleurs. Elles transforment ce nectar en miel et l'entreposent dans la ruche. Ce miel leur servira de nourriture. Une colonie d'abeilles produit plus de miel qu'il ne lui en faut pour se nourrir. Depuis 6000 ans, les gens récoltent le miel qu'ils aiment tant.

- Lesley Haynes a 20 ruches. Environ 75 000 abeilles vivent dans chaque ruche. Comment peux-tu trouver le nombre total d'abeilles que Lesley possède ?
- Une abeille parcourt environ 195 km, soit 50 allers-retours, afin d'amasser suffisamment de nectar pour produire 1 g de miel. Environ quelle distance une abeille parcourt-elle en un aller-retour ? Comment le sais-tu ?
- Que sais-tu d'autre sur les abeilles de Lesley ?

Mots clés

- un million
- un milliard
- un billion
- des multiples communs
- un nombre premier
- un facteur premier
- un nombre composé
- des expressions

LEÇON 1

À la découverte d'un million

Imagine que tu dois amasser 1 million de quelque chose. Les personnes aux cheveux bruns ont environ 100 000 cheveux. Tu aurais donc besoin des cheveux bruns d'environ 10 personnes pour amasser 1 million de cheveux.

Explore

Voici quelques questions sur 1 million :

- Choisis une de ces questions ou écris ta propre question.
- Amasse le matériel dont tu as besoin.
- Estime la réponse à ta question.
  Invente ensuite une stratégie et utilise-la pour trouver la réponse.

OBJECTIF | Explorer et décrire un million.

Qu'as-tu trouvé ?

Montre ta question, ton estimation et ta réponse aux élèves d'une autre équipe. Décris la stratégie que tu as utilisée pour trouver ta réponse. Ta réponse est-elle exacte ou approximative ? Donne une explication.

Découvre

Un **million** équivaut à 1000 milliers. C'est un très grand nombre ! Voici quelques repères qui peuvent t'aider à imaginer ce que peut représenter 1 million.

À ton tour

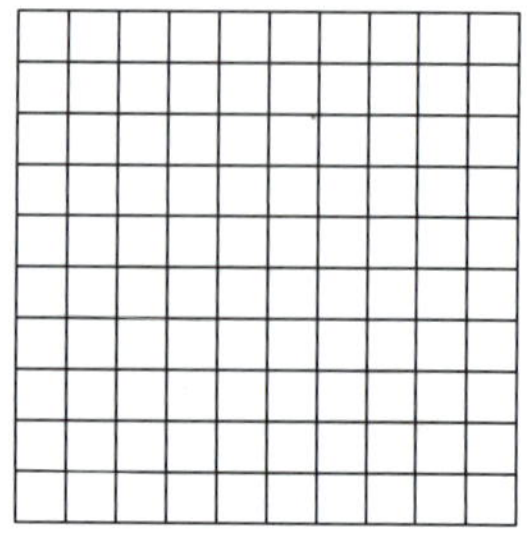

1. **a)** Combien y a-t-il de petits carrés dans ce quadrillage ?
   b) Combien de petits carrés y a-t-il dans 10 quadrillages ?
   Combien de petits carrés y a-t-il dans 100 quadrillages ?
   Quelle stratégie as-tu utilisée pour trouver tes réponses ?
   c) Suppose que tu as besoin de 1 million de petits carrés.
   Estime le nombre de quadrillages qu'il te faut. Trouve le nombre de quadrillages qu'il te faut pour obtenir 1 million de carrés.

2. Quelle est la longueur d'une ligne de 1 million de centicubes ? Écris ta réponse à l'aide du plus grand nombre d'unités de mesure conventionnelles possible. Montre ton travail.

3. **a)** Tu veux utiliser une calculatrice pour compter par intervalles de 100 000 jusqu'à 1 000 000. Combien de fois vas-tu appuyer sur la touche [=] ?
   Vérifie ta réponse à l'aide d'une calculatrice.
   b) Combien de fois vas-tu appuyer sur la touche [=] pour compter par intervalles de 10 000 jusqu'à 1 000 000 ?
   Vérifie ta réponse à l'aide d'une calculatrice.

4. Imagine que tu dépenses chacun de ces montants par jour.
   Combien de jours te faudra-t-il pour dépenser 1 000 000 $?
   a) 100 000 $ **b)** 10 000 $ **c)** 1000 $
   d) 100 $ **e)** 10 $
   Montre ton travail.

5. Estime la longueur de 1 million de pailles placées bout à bout. Trouve la réponse. Montre ton travail. Ton estimation est-elle élevée ou basse ? Explique ta réponse.

6. Rédige ton propre problème qui comprend le nombre 1 million. Échange ton problème contre celui d'une ou d'un camarade. Résous le problème que tu reçois.

7. Suppose que ton coeur bat 70 fois par minute. Combien de temps lui faudra-t-il pour battre 1 million de fois ?

Réfléchis

Explique comment tu peux trouver le nombre de jours qu'il y a dans 1 million de secondes.

Joue avec les nombres

Calcul mental

Pour chacun des nombres suivants, écris une fraction équivalente.

- 0,5
- 2,90
- 31,70
- 694,3

LEÇON 2

Comprendre de grands nombres

Parmi tous les livres protégés par le droit d'auteur, le *Livre Guinness des records* est le plus vendu de tous les temps. Entre octobre 1955 et juin 2002, 94 767 083 exemplaires ont été vendus.

Tu peux prolonger le tableau de valeur de position suivant pour représenter le nombre 94 767 083.

Centaines de millions	Dizaines de millions	Millions	Centaines de milliers	Dizaines de milliers	Milliers	Centaines	Dizaines	Unités
	9	4	7	6	7	0	8	3

Explore

Voici quelques records du monde parus dans le *Livre Guinness des records 2004* :

- Le plus gros sac de biscuits a été fabriqué à London, en Ontario. Il contenait 100 152 biscuits aux grains de chocolat.
- La plus grande foule qui a assisté à des Jeux olympiques comptait 5 797 923 personnes. Ces Jeux olympiques ont eu lieu à Los Angeles en 1984.
- Un groupe a réussi à faire basculer le plus grand nombre de dominos, soit 3 847 295, sur une possibilité de 4 000 000. Cet exploit s'est déroulé lors du Domino Day, à Leeuwarden, aux Pays-Bas.
- Le prénom le plus répandu au monde est Li. En Chine seulement, 87 000 000 de personnes portent ce nom.

➤ À tour de rôle, lisez les records à voix haute.

➤ Choisis 2 nombres parmi ces records. Représente chaque nombre du plus de façons possible.

Qu'as-tu trouvé ?

Montre ton travail aux élèves d'une autre équipe.
Discute des façons dont tu as représenté tes nombres.

Découvre

➤ Ceci peut t'aider à lire et à écrire de grands nombres naturels :

- Tu peux diviser un tableau de valeur de position de droite à gauche en tranches de 3 chiffres.
- Utilise les mots « centaines », « dizaines » et « unités » dans chaque tranche pour lire les chiffres d'un nombre.

Le tableau de valeur de position suivant représente le nombre de pochettes d'allumettes qui composent la plus grande collection au monde, soit 3 159 119 pochettes.

Tranche des millions			Tranche de milliers			Tranche des unités		
Centaines	Dizaines	Unités	Centaines	Dizaines	Unités	Centaines	Dizaines	Unités
		3	1	5	9	1	1	9
		↑ 3 000 000	↑ 100 000	↑ 50 000	↑ 9000	↑ 100	↑ 10	↑ 9

Voici comment tu dois lire ce nombre :
trois *millions* cent cinquante-neuf *mille* cent dix-neuf

Quand je lis un grand nombre, je nomme le nom de la tranche après chaque tranche, sauf pour la tranche des unités.

Quand le nombre écrit à la forme symbolique a plus de 4 chiffres, il y a un espace entre les tranches.

Tu peux écrire ce nombre :

- à la forme symbolique : 3 159 119
- à la forme décomposée : 3 000 000 + 100 000 + 50 000 + 9000 + 100 + 10 + 9
- en lettres : 3 millions 159 mille 119

Un millier de millions est égal à un **milliard.**
Un millier de milliards est égal à un **billion.**

➤ Tu peux prolonger le tableau de valeur de position vers la gauche pour représenter de plus grands nombres naturels. Ce tableau de valeur de position représente le nombre approximatif de cellules qui se trouvent dans le corps humain.

Billions			Milliards			Millions			Milliers			Unités		
C	D	U	C	D	U	C	D	U	C	D	U	C	D	U
	5	0	0	0	0	1	0	0	0	0	0	0	0	0

Tu écris : 50 000 100 000 000.
Tu dis : cinquante billions cent millions.

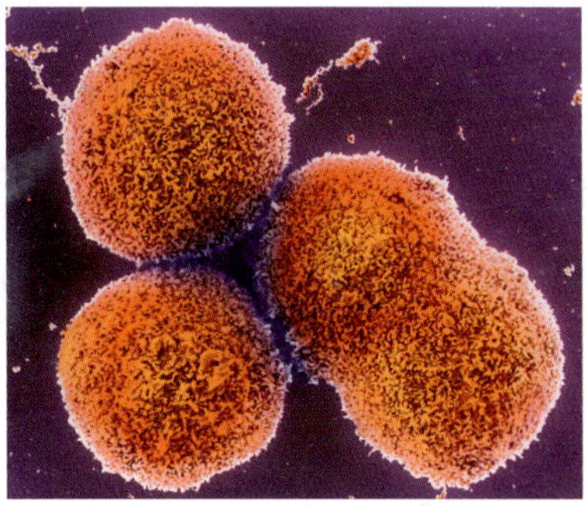

À ton tour

1. Écris chacun de ces nombres à la forme symbolique.
   a) 6 millions 276 mille 89
   b) 20 000 000 + 4 000 000 + 300 000 + 40 000 + 2000 + 500 + 80 + 4
   c) deux milliards quatre cent soixante millions soixante-neuf mille dix-huit

2. Compare un million avec un millier. Compare un million avec dix milliers. Vérifie tes réponses à l'aide d'une calculatrice.

3. Écris chacun de ces nombres à la forme décomposée.
   a) 75 308 403 **b)** 64 308 470 204 **c)** 99 300 327

4. Écris la valeur de chaque chiffre souligné.
   a) 6<u>2</u>7 384
   b) 5<u>4</u> 286 473
   c) 41 <u>9</u>62 014
   d) 2<u>5</u> 041 304 000

5. Écris le nombre qui a :
   a) 10 000 de plus que 881 462.
   b) 100 000 de moins que 2 183 486.
   c) 1 000 000 de plus que 746 000.
   d) 1 000 000 de moins que 624 327 207.
   Explique tes réponses.

Joue avec les nombres

Stratégie numérique

Arrondis chacun de ces nombres à la centaine la plus proche, au millier le plus proche et à la dizaine de milliers la plus proche.

- 475 498
- 3 045 349
- 40 469
- 16 944 500

6. La Chine est le pays le plus populeux au monde. En 2001, sa population était estimée à un milliard deux cent soixante-quatorze millions neuf cent quinze mille. Écris ce nombre à la forme symbolique et à la forme décomposée.

7. Le plus gros insecte préhistorique connu est une espèce de libellule. Cet insecte a vécu il y a environ 280 000 000 d'années. Écris ce nombre en lettres.

8. Le plus grand centre commercial du monde se trouve à Edmonton, en Alberta. Il couvre une aire de 492 386 m^2. Son coût de construction a été d'environ 1 200 000 000 $. Écris ces nombres dans un tableau de valeur de position.

9. Une élève lit le nombre 3 000 146 comme ceci : « trois mille cent quarante-six ». Comment peux-tu lui expliquer son erreur ?

10. Je suis un nombre entre 7 000 000 et 8 000 000. Tous mes chiffres sont impairs. Tous mes chiffres de la tranche des milliers sont identiques. Tous mes chiffres de la tranche des unités sont identiques. La somme de mes chiffres est 31. Quel nombre suis-je ? Donne le plus de réponses possible. Quelles stratégies as-tu utilisées pour trouver ce nombre mystère ?

Réfléchis

Explique comment tu connais la valeur de chaque chiffre dans le nombre 5 487 302.

À la maison

Consulte des journaux et des magazines afin de trouver de grands nombres. Sous quelle forme les nombres sont-ils écrits ?

LEÇON

3

Comparer et ordonner des nombres

Le Paraguay a une superficie de 406 752 km^2. Le Japon a une superficie de 377 835 km^2. Tu peux représenter ces nombres sur une droite numérique.

Quel pays occupe la plus grande superficie ? Comment le sais-tu ?

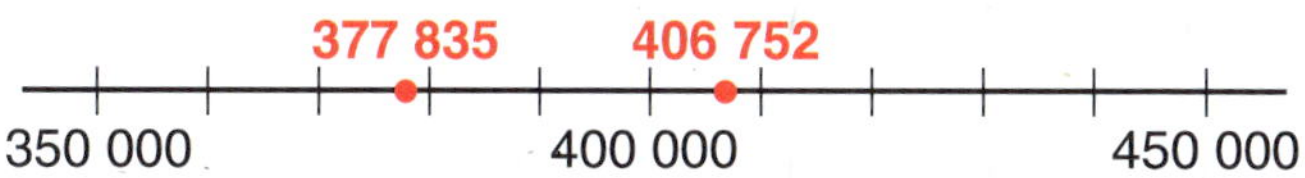

Explore

Utilise le tableau. Il représente la superficie de 10 pays. Dessine un tableau de valeur de position pour écrire chaque nombre.

- ➤ L'élève A trouve le plus grand nombre dans le tableau et le lit à voix haute. L'élève B écrit le nombre dans un tableau de valeur de position.
- ➤ L'élève B trouve le deuxième plus grand nombre et le lit à voix haute. L'élève A écrit le nombre dans le tableau de valeur de position.
- ➤ Continue jusqu'à ce que tous les nombres soient placés par ordre décroissant. Ordonne ces pays selon leur superficie, de la plus grande à la plus petite.

Pays	Superficie (km^2)
Argentine	2 766 890
Australie	7 686 850
Brésil	8 511 970
Canada	9 984 670
Chine	9 596 960
Égypte	1 001 450
État-Unis	9 629 090
Groenland	2 175 600
Inde	3 287 590
Russie	17 075 200

Objectif | Comparer et ordonner des nombres naturels.

Qu'as-tu **trouvé ?**

Montre tes résultats aux élèves d'une autre équipe. Comment as-tu déterminé le nombre de colonnes dans ton tableau de valeur de position ?
Quel nom as-tu donné à chaque colonne ?
Quelles stratégies as-tu utilisées pour choisir les nombres ?
Où peux-tu placer la superficie du Paraguay dans la liste des pays classés par ordre décroissant ?
Où peux-tu placer la superficie du Japon ?

Découvre

Voici un tableau qui représente la superficie de 3 autres pays :

Pays	Superficie (km^2)
Colombie	1 138 910
Afrique du Sud	1 219 912
Thaïlande	514 000

Ordonne ces pays selon leur superficie.
Place-les par ordre décroissant.
Utilise un tableau de valeur de position.

	Millions			Milliers			Unités		
Pays	**Centaines**	**Dizaines**	**Unités**	**Centaines**	**Dizaines**	**Unités**	**Centaines**	**Dizaines**	**Unités**
Colombie			1	1	3	8	9	1	0
Afrique du Sud			1	2	1	9	9	1	2
Thaïlande				5	1	4	0	0	0

Les nombres 1 219 912 et 1 138 910 sont chacun composés de 1 million. Le nombre 1 219 912 a 219 milliers. Le nombre 1 138 910 a 138 milliers. Donc, 1 219 912 est le plus grand nombre.

Le nombre 514 000 n'a pas de million. C'est le plus petit nombre.

Donc, 1 219 912 > 1 138 910 > 514 000
Voici l'ordre décroissant de ces superficies :
1 219 912 km^2, 1 138 910 km^2, 514 000 km^2

L'ordre décroissant des pays selon leur superficie est le suivant :
Afrique du Sud, Colombie, Thaïlande

Math +

Études sociales

Le Japon est l'un des partenaires commerciaux du Canada. En 2001, les exportations du Japon se chiffraient à 403 496 000 $ US. La même année, les exportations du Canada se chiffraient à 259 858 000 $ US.

À ton tour

1. Transcris et complète les énoncés suivants.
Remplace chaque □ par le symbole > ou <.

a) 11 208 464 □ 9 289 500 **b)** 83 617 □ 1 327 090

c) 50 985 362 □ 27 041 **d)** 2 004 023 □ 385 008

2. Place ces nombres par ordre croissant.

595 032 461 99 426 322 3 217 530

84 620 1 300 124 685 428

3. Le tableau suivant représente une estimation de la population de certaines villes en 2015.

Ville	Population probable en 2015
Dhaka (Bangladesh)	22 766 000
Mumbai (Inde)	22 577 000
Tokyo (Japon)	27 190 000

a) Selon toi, pourquoi les nombres sont-ils arrondis ?

b) Quelle ville aura probablement la plus grande population en 2015 ? Quelle ville aura la plus petite population ? Comment le sais-tu ?

4. Écris cinq nombres à 7 chiffres entre 8 000 000 et 9 000 000. Utilise les chiffres 1, 2, 4, 6, 7, 8 et 9 une seule fois dans chaque nombre. Place les nombres par ordre croissant. Quelles stratégies as-tu utilisées pour former tes nombres ? Peux-tu écrire plus de 5 nombres ? Explique ta réponse.

5. Ce tableau représente la superficie approximative des océans du monde.

Océan	Superficie (km^2)
Arctique	9 485 000
Atlantique	86 557 000
Indien	73 427 000
Pacifique	166 241 000

Ordonne ces océans selon leur superficie. Place-les par ordre décroissant.

6. Carl et Olivia s'amusent à un jeu sur ordinateur. Le résultat final d'Olivia est 2 306 421 et celui de Carl est 2 302 972. Représente ces nombres sur une droite numérique. Qui a le résultat le plus élevé ? Comment le sais-tu ?

7. Ce tableau indique la population approximative de certaines provinces du Canada en 2002.

Province	Population
Alberta	3 113 600
Colombie-Britannique	4 141 300
Manitoba	1 150 000
Nouveau-Brunswick	756 700
Nouvelle-Écosse	944 800
Ontario	12 068 300
Terre-Neuve-et-Labrador	531 600

a) Quelle province avait la plus petite population ? Laquelle avait la plus grande population ?
b) Quelles provinces avaient une population supérieure à 1 million ? Lesquelles avaient une population inférieure à 1 million ?
c) Quelle province avait une population d'environ 4 millions ? Laquelle avait une population d'environ un demi-million ?
d) En 2002, la population de la Saskatchewan était de 1 011 800 personnes. Quelle province avait une population environ 3 fois plus grande que celle de la Saskatchewan ?

8. De combien de façons peux-tu remplacer □ par un chiffre pour rendre chaque énoncé vrai ? Montre ton travail.
a) 3 267 001 < 3 □34 379
b) 6 481 736 > 6 □82 159

Réfléchis

La population du Manitoba était de 1 123 900 personnes en 1994 et de 1 119 583 personnes en 2001. La population a-t-elle augmenté ou diminué de 1994 à 2001 ? Comment le sais-tu ?

Joue avec les nombres

Stratégie numérique

Place ces nombres décimaux par ordre croissant.

9,46 ; 4,96 ; 6,49 ;
6,94 ; 9,64 ; 4,69

LEÇON

4 À la découverte des multiples

Explore

Le jeudi matin, la station de radio locale organise un concours téléphonique.

- À tous les trois appels, la personne en ligne gagne un t-shirt.
- À tous les sept appels, la personne en ligne gagne une casquette de base-ball.

Si la station reçoit 50 appels, quelles personnes qui appellent vont gagner un t-shirt ? Lesquelles vont gagner une casquette de base-ball ? Lesquelles vont gagner les deux prix ?

Résous ce problème à l'aide de tout le matériel dont tu as besoin. Montre comment tu as utilisé le matériel pour résoudre ce problème.

Qu'as-tu trouvé ?

Montre tes résultats aux élèves d'une autre équipe. Quelles stratégies as-tu utilisées pour résoudre le problème ? Explique comment le matériel a pu t'aider. Décris toutes les régularités que tu as observées.

Découvre

Pour trouver les multiples d'un nombre, commence avec ce nombre et compte par intervalles en additionnant ce nombre chaque fois. Utilise une grille de 100 pour trouver les multiples d'un nombre.

Les multiples de 4 sont :
4, 8, 12, 16, 20, 24, 28, 32, 36, 40, …

Les multiples de 6 sont :
6, 12, 18, 24, 30, 36, …

1	2	3	4	5	6	7	8	9	10
11	12	13	14	15	16	17	18	19	20
21	22	23	24	25	26	27	28	29	30
31	32	33	34	35	36	37	38	39	40

Les nombres 12, 24 et 36 sont dans les deux listes. Ces nombres sont des multiples de 4 et de 6. Ils sont donc des **multiples communs** de 4 et de 6.

Chaque multiple commun de 4 et de 6 peut être divisé par 4 et par 6.

OBJECTIF | Reconnaître des multiples et des multiples communs.

À ton tour

Tu peux utiliser une grille de 100 pour représenter tes solutions.

1. Écris les 10 premiers multiples de chacun de ces nombres.
   a) 2 **b)** 5 **c)** 8 **d)** 12 **e)** 11 **f)** 7

2. Trouve les 3 premiers multiples communs de chaque paire de nombres.
   a) 4 et 5 **b)** 10 et 15 **c)** 3 et 9
   d) 2 et 11 **e)** 7 et 4 **f)** 6 et 10

3. Trouve les 3 premiers multiples communs de chacun de ces ensembles de nombres.
   a) 3, 4 et 6 **b)** 2, 3 et 4 **c)** 4, 5 et 10
   Explique ton travail.

4. Trouve les 2 premiers multiples communs de 36 et de 48.

5. Une araignée a 8 pattes. Une fourmi a 6 pattes. Il y a un groupe d'araignées et un groupe de fourmis. Les deux groupes ont un nombre égal de pattes. Quel est le plus petit nombre d'araignées et de fourmis qu'il peut y avoir dans chaque groupe ? Montre ton travail.

6. Trouve tous les multiples communs de 8 et de 9 qui sont inférieurs à 100.

7. Transcris ce diagramme de Venn et agrandis-le. Classe les nombres suivants :
   45, 24, 52, 30, 66, 15, 85, 90, 72, 60, 20, 38

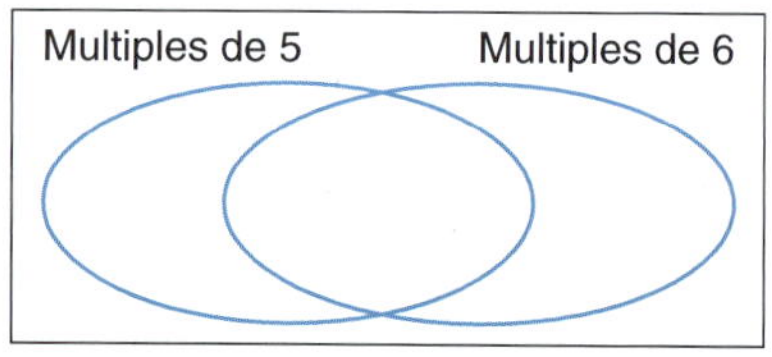

8. Sam fait du jogging à tous les 2 jours. Il fait des exercices Pilates à tous les 3 jours. Il a fait du jogging et des exercices Pilates le 1er octobre. Nomme les 3 prochaines dates où Sam fera du jogging et des exercices Pilates. Explique comment tu le sais.

Réfléchis

Explique comment tu peux trouver le premier multiple commun de 12 et de 15.

Joue avec les nombres

Spécialiste de la calculatrice

Trouve 2 nombres qui ont une somme de 46 et un produit de 408.

LEÇON 5

Les nombres premiers et les nombres composés

Les nombres que tu multiplies pour trouver un produit sont des facteurs de ce produit.

8

2 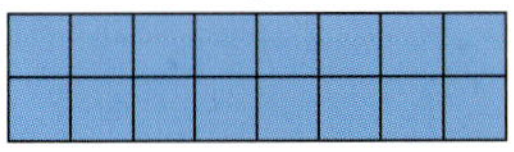

$$2 \times 8 = 16$$

facteur facteur produit

Les nombres 2 et 8 sont des facteurs de 16.
Quels autres facteurs de 16 peux-tu nommer ?

Explore

Tu as besoin de carreaux de couleur ou de carrés congruents et de papier quadrillé.

- Trouve tous les rectangles que tu peux construire avec de 2 à 20 carreaux. Dessine chaque rectangle sur du papier quadrillé. Écris une multiplication qui décrit le nombre de carreaux qu'il y a dans chaque rectangle.
- Avec combien de carreaux peux-tu construire 1 seul rectangle ? Avec combien de carreaux peux-tu construire plus de 1 rectangle ?

Qu'as-tu **trouvé ?**

Montre ton travail aux élèves d'une autre équipe.
Quels sont les facteurs de 2 ? Quels sont les facteurs de 3 ?
Quels sont les facteurs de 16 ? Quels sont les facteurs de 20 ?
Comment peux-tu trouver les facteurs d'un nombre sans construire de rectangles ?

OBJECTIF | Explorer les facteurs, les nombres premiers et les nombres composés.

Découvre

➤ Suppose que tu as 23 carreaux de couleur.
Tu peux construire 1 seul rectangle avec les 23 carreaux.

Le nombre 23 a 2 facteurs : 1 et 23. Un nombre qui a exactement 2 facteurs, soit le nombre 1 et lui-même, est appelé un **nombre premier.**
Le nombre 23 est un nombre premier.

> Un nombre premier est un nombre plus grand que 1 que tu peux diviser seulement par 1 et par lui-même.

➤ Suppose que tu as 24 carreaux de couleur.
Tu peux construire 4 rectangles différents avec 24 carreaux.

$1 \times 24 = 24$

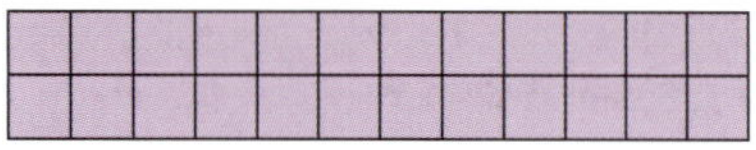

$2 \times 12 = 24$

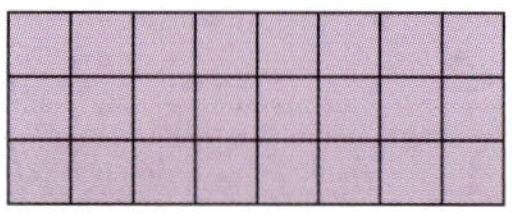

$3 \times 8 = 24$

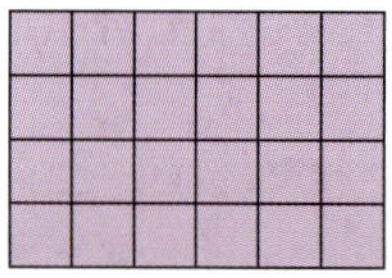

$4 \times 6 = 24$

> Tu peux écrire un nombre composé comme le produit de facteurs premiers :
> $24 = 2 \times 2 \times 2 \times 3$

Le nombre 24 a 8 facteurs : 1, 2, 3, 4, 6, 8, 12 et 24.
Les **facteurs premiers** de 24 sont 2 et 3. Un nombre qui a plus de 2 facteurs est un **nombre composé.**

À ton tour

Tu peux utiliser des carreaux de couleur ou des jetons pour représenter tes solutions.

1. Écris tous les facteurs de chacun de ces nombres. Lesquels sont des facteurs premiers ?
a) 25 **b)** 30 **c)** 12 **d)** 50
e) 28 **f)** 100 **g)** 20 **h)** 63

2. Écris 3 nombres entre 30 et 50 qui ont :
a) exactement 2 facteurs chacun. **b)** plus de 2 facteurs chacun.

3. Écris 3 nombres inférieurs à 100 qui ont exactement 4 facteurs chacun.

4. Indique si chaque nombre est un nombre premier ou un nombre composé. Comment le sais-tu ? Écris chaque nombre composé comme le produit de facteurs premiers.
a) 59 **b)** 93 **c)** 97 **d)** 87 **e)** 73 **f)** 45

5. Entre 20 et 28 élèves se sont inscrits au club d'échecs. Il est impossible de diviser les élèves en groupes de 2, de 3, de 4 ou de 5. Combien d'élèves se sont inscrits au club d'échecs ? Montre ton travail.

6. Il y a trois nombres premiers entre 70 et 80. Quels sont ces nombres ? Explique comment tu sais qu'il s'agit de nombres premiers.

7. Combien de jours au mois de septembre correspondent à des nombres premiers ? Combien de jours correspondent à des nombres composés ? Montre comment tu le sais.

8. Comment peux-tu affirmer que les nombres 32 et 95 ne sont pas des nombres premiers sans trouver leurs facteurs ?

9. Carmine et Nasra jouent avec cette roulette. Carmine marque un point si la flèche s'arrête sur un nombre premier. Nasra marque un point si la flèche s'arrête sur un nombre composé. Ce jeu est-il équitable ? Comment le sais-tu ?

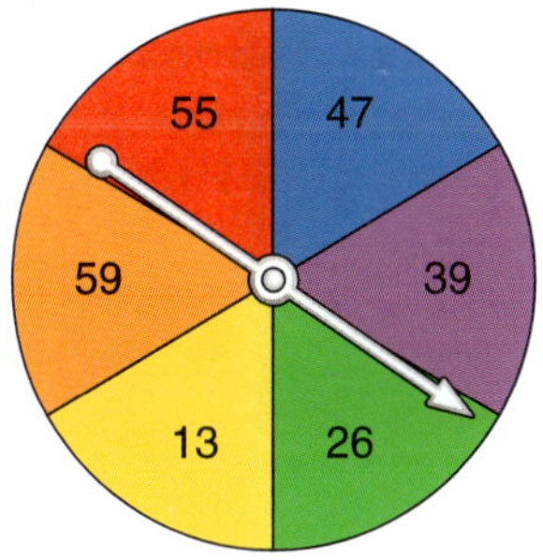

10. Alexis dit : « Tous les nombres premiers sont impairs, sauf le nombre 2. Donc, tous les nombres impairs sont des nombres premiers. » Es-tu d'accord avec l'affirmation d'Alexis ? Explique ta réponse.

11. Transcris le tableau suivant.

	Nombre premier	Nombre composé
Pair		
Impair		

Classe les nombres 2 à 30 dans ton tableau.

Réfléchis

Pierre pense que le nombre 1 n'est pas un nombre premier ni un nombre composé. Montre pourquoi tu es en accord ou en désaccord avec lui.

Joue avec les nombres

Stratégie numérique

Arrondis chacun de ces nombres à la centaine de millier la plus proche et au million le plus proche.

- 46 201 988
- 9 998 765
- 10 040 678
- 52 061 215

LEÇON 6

La boîte à outils

Explore

Annie a 10 poissons-clowns et 15 escargots qu'elle veut placer dans des aquariums. Elle veut qu'il y ait un nombre égal de poissons-clowns et d'escargots dans chaque aquarium. Quel est le plus grand nombre d'aquariums qu'Annie peut utiliser ?

Représente ta solution à l'aide de tout le matériel dont tu as besoin. Écris tes solutions.

Qu'as-tu **trouvé ?**

Décris la stratégie que tu as utilisée pour résoudre le problème.

Découvre

Vingt-quatre filles et 18 garçons forment des équipes. Chaque élève fait partie d'une équipe. Les équipes doivent avoir un nombre égal de filles et un nombre égal de garçons. Quel est le plus grand nombre d'équipes que tu peux former ?

Que sais-tu ?
- Il y a 24 filles et 18 garçons.
- Les filles et les garçons doivent être divisés de façon égale parmi les équipes.

Pense à une stratégie qui t'aidera à résoudre le problème.
- Tu peux **dresser une liste ordonnée.**
- Combien y a-t-il de filles et de garçons dans chacune des 2 équipes ? Combien y en a-t-il dans chacune des 3 équipes ?

Stratégies
- **Fais un tableau.**
- **Utilise un modèle.**
- **Fais un schéma.**
- **Résous un problème plus simple.**
- **Travaille à rebours.**
- **Prédis et vérifie.**
- **Dresse une liste ordonnée.**
- **Cherche une régularité.**
- **Construis un diagramme.**
- **Utilise le raisonnement logique.**

OBJECTIF | Interpréter un problème et choisir une stratégie appropriée.

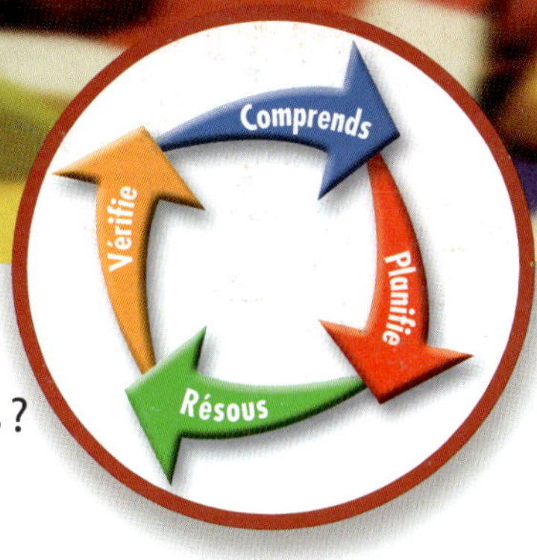

Peux-tu former 4 équipes ? 5 équipes ? 6 équipes ? Explique ta réponse. Quel est le plus grand nombre d'équipes que tu peux former ? Combien y aura-t-il de filles et de garçons dans chaque équipe ?

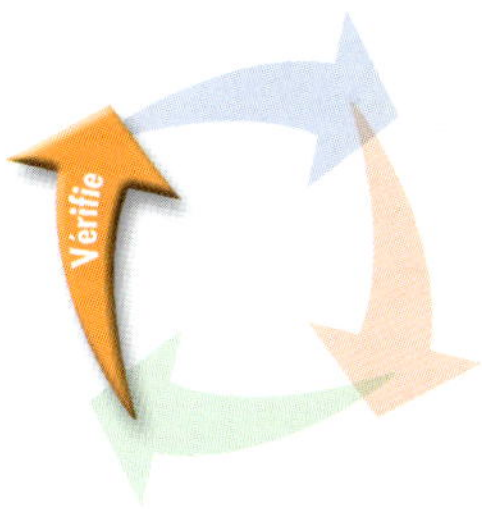

Vérifie ton travail. As-tu trouvé le plus grand nombre d'équipes que tu peux former ? Est-ce que chaque équipe comprend le même nombre de filles et le même nombre de garçons ? Comment peux-tu utiliser les facteurs communs pour résoudre ce problème ?

À ton tour

Choisis une des **Stratégies**

1. Projecta a 36 photos de sa vedette de rock préférée. Elle veut disposer ses photos en groupes qui auront un nombre égal de rangées et de colonnes. Combien de groupements différents Projecta peut-elle faire ? Montre ton travail.

2. Keshav prépare des sacs-cadeaux pour le Jour des jeux. Il a 40 crayons, 32 stylos et 16 blocs-notes qu'il utilise comme cadeaux. Keshav veut faire le plus de sacs-cadeaux possible. Il veut que chaque sac contienne les mêmes cadeaux.
   a) Combien de sacs-cadeaux Keshav peut-il faire ?
   b) Combien de crayons, de stylos et de blocs-notes y aura-t-il dans chaque sac ? Comment le sais-tu ?

Réfléchis

Explique comment une liste ordonnée peut t'aider à résoudre un problème.

LEÇON 7

Utiliser le calcul mental

Explore

Martha et Sonia font un voyage en vélo. Elles parcourent 39 km par jour pendant 7 jours. Quelle distance ont-elles parcourue en 7 jours ? Trouve la réponse à l'aide du calcul mental. Écris ta réponse.

Qu'as-tu trouvé ?

Montre ta solution à une ou à un camarade. Comparez les stratégies de calcul mental que vous avez utilisées.

Découvre

➤ Additionne à l'aide du calcul mental : 60 + 35 + 40
Change l'ordre des nombres. Utilise des nombres compatibles. Des nombres compatibles sont des paires de nombres faciles à calculer.

$$60 + 35 + 40 = (60 + 40) + 35$$
$$= 100 + 35$$
$$= 135$$

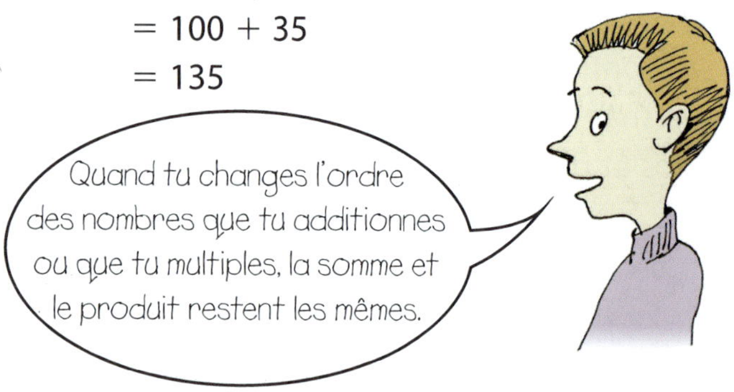

➤ Soustrais à l'aide du calcul mental : 687 − 464
Quand tu n'as pas besoin de faire de groupement, soustrais à partir de la gauche.

687 − 464 = 223

Pense :

600 − 400 = 200
80 − 60 = 20
7 − 4 = 3

 OBJECTIF | Utiliser le calcul mental pour résoudre des problèmes avec des nombres naturels.

➤ Multiplie à l'aide du calcul mental : $4 \times 19 \times 25$

Change l'ordre des nombres.
Utilise des nombres compatibles.

$$
\begin{aligned}
4 \times 19 \times 25 &= 19 \times (4 \times 25) \\
&= 19 \times 100 \\
&= 1900
\end{aligned}
$$

Les nombres 25 et 4 sont des nombres compatibles. Il est facile de multiplier leur produit (100) avec un autre facteur.

➤ Multiplie à l'aide du calcul mental : 6×27
Décompose un des nombres pour obtenir des nombres faciles à calculer.

$$
\begin{aligned}
6 \times 27 &= 6 \times (20 + 7) \\
&= (6 \times 20) + (6 \times 7) \\
&= 120 + 42 \\
&= 162
\end{aligned}
$$

Pense à l'aire d'un rectangle.

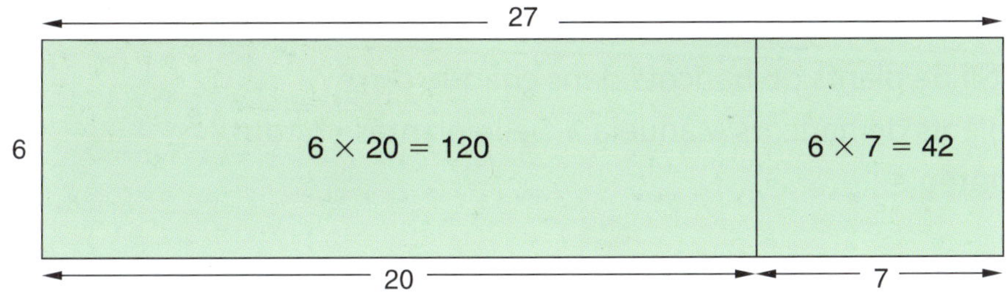

À ton tour

Utilise le calcul mental.

1. Effectue les additions suivantes. Utilise des nombres compatibles au besoin.

a) $25 + 18 + 75$ **b)** $170 + 130 + 67$ **c)** $525 + 375 + 80$
d) $33 + 20 + 280$ **e)** $350 + 146 + 250$ **f)** $390 + 110 + 62$

2. Effectue les soustractions suivantes. Dans quels cas vas-tu commencer à soustraire à partir de la gauche ?

a) $527 - 416$ **b)** $3170 - 250$ **c)** $786 - 585$
d) $2468 - 2157$ **e)** $311 - 205$ **f)** $477 - 372$

3. Effectue les multiplications suivantes. Dans quels cas vas-tu utiliser des nombres compatibles ?

a) $5 \times 36 \times 20$ **b)** $65 \times 50 \times 10$ **c)** 27×4
d) 7×59 **e)** 17×5 **f)** $250 \times 18 \times 4$

4. Une collectionneuse de timbres veut vendre 6 timbres rares au prix de 59 $ chacun. Quel est le prix total que la collectionneuse demande ? Résous ce problème de 2 façons. Quelle méthode est la plus facile à utiliser ? Pourquoi ?

5. Harland a 140 billes rouges, 86 billes vertes et 60 billes multicolores. Combien de billes Harland a-t-il en tout ?

6. Ben résout un problème de soustraction. Il obtient le nombre 396 comme réponse. Ben a résolu son problème à l'aide du calcul mental. Il a commencé à soustraire à partir de la gauche.
Quel peut être le problème que Ben a résolu ? Combien de problèmes différents peux-tu écrire ? Montre ton travail.

7. Rédige un problème de multiplication que tu peux résoudre à l'aide du calcul mental en décomposant un des nombres. Résous ton problème.

8. Manuela plante 5 carrés de haricots.
Chaque carré contient 8 rangées de 27 plants.

a) Combien y a-t-il de plants de haricots dans chaque carré ?

b) Combien de plants de haricots Manuela a-t-elle plantés en tout ? Explique ta stratégie.

9. Effectue les multiplications suivantes.

a) 9×79 **b)** 9×80 **c)** 9×81

d) 8×68 **e)** 8×70 **f)** 8×72

g) 7×57 **h)** 7×60 **i)** 7×63

Quelles régularités observes-tu dans ces multiplications ?
Écris quelques multiplications qui ont une régularité semblable.
Trouve chaque produit.

10. Rédige un problème de multiplication que tu peux résoudre à l'aide de nombres compatibles. Résous ton problème.

Réfléchis

Tu veux multiplier 86 par 30 à l'aide du calcul mental. Quel nombre vas-tu décomposer ? Explique ta réponse.

Joue avec les nombres

Stratégie numérique

Est-ce que chacun de ces produits sera supérieur ou inférieur au produit de 765×21 ? Comment le sais-tu ?

800×20
750×20
770×25

Buzz!

Tu as besoin d'une montre ou d'une horloge qui a une aiguille de secondes.

La dernière personne qui reste dans le jeu gagne la partie. En groupe, décidez du nombre de secondes qui s'écouleront entre les nombres pendant que vous comptez. Décidez qui sera l'élève A, l'élève B et l'élève C.

- L'élève B choisit un nombre cible entre 2 et 9.
- L'élève C compte le temps et s'assure que la réponse de l'élève A est juste. L'élève A est éliminée ou éliminé si elle ou il :
  - dit « buzz ! » au mauvais moment ;
  - ne dit pas « buzz ! » au bon moment.
- L'élève B commence à compter par 1 à partir de 1 selon la vitesse choisie. L'élève A doit dire « buzz ! » chaque fois que l'élève B arrive à un multiple du nombre cible.
  Par exemple, si le nombre cible est 5, le jeu doit se dérouler ainsi :
  1, 2, 3, 4, « buzz ! », 6, 7, 8, 9, « buzz ! », ...
  L'élève B arrête de compter à 120 si l'élève A n'a pas fait d'erreur.
- Inversez les rôles et jouez de nouveau. Si une personne est éliminée, elle devient l'élève C. La nouvelle ou le nouvel élève B choisit le nombre cible pour la nouvelle ou le nouvel élève A.
  Jouez jusqu'à ce qu'il ne reste plus qu'une seule personne dans le jeu.

LEÇON

8 La priorité des opérations

Tu as additionné, soustrait, multiplié et divisé des nombres naturels. L'addition, la soustraction, la multiplication et la division sont des opérations.

Dans cette leçon, tu vas faire des calculs avec plus d'une opération.

Explore

Pour gagner un concours, le père de Harry doit répondre correctement à cette question d'habileté :

$9 + 3 \times 6 - 4 =$ _____

- ➤ Trouve la réponse du plus de façons possible.
- ➤ Écris la stratégie que tu as utilisée pour trouver chaque réponse.
- ➤ La réponse est 23. Quelle stratégie permet d'obtenir cette réponse ?

Qu'as-tu trouvé ?

Montre ton travail à une ou à un camarade. Discutez de la façon dont vous pouvez réécrire le problème pour que la seule réponse possible soit 23.

Découvre

Quand tu résous un problème qui comprend plus d'une opération, la réponse peut varier selon l'ordre dans lequel tu exécutes les opérations.

Résous cette équation : $3 + 6 \times 4 =$ _____
Si tu additionnes en premier, tu obtiens : $9 \times 4 = 36$
Si tu multiplies en premier, tu obtiens : $3 + 24 = 27$

Quand tu trouves le terme manquant d'une équation, tu résous l'équation.

Pour éviter d'obtenir deux réponses, tu dois suivre une règle bien simple. Tu dois toujours multiplier avant d'additionner.

Donc, $3 + 6 \times 4 = 3 + 24 = 27$, qui est la réponse exacte.

 OBJECTIF | Utiliser la priorité des opérations.

Les parenthèses indiquent les opérations qui doivent être effectuées en premier. Pour s'assurer que tous les élèves obtiennent la même réponse quand ils résolvent une expression, il faut respecter la priorité des opérations suivante :

- Effectue les opérations qui sont entre parenthèses.
- Multiplie et divise en ordre, de gauche à droite.
- Puis, additionne et soustrais en ordre, de gauche à droite.

➤ Résous : $16 - 14 \div 2$

$16 - 14 \div 2$

$= 16 - 7$

$= 9$

➤ Résous : $18 - 10 + 6$

$18 - 10 + 6$

$= 8 + 6$

$= 14$

➤ Résous : $7 \times (4 + 8)$

$7 \times (4 + 8)$

$= 7 \times 12$

$= 84$

À ton tour

1. Résous chacune des équations suivantes.
Respecte la priorité des opérations.

a) $18 + 4 \times 2 =$ ____ **b)** $25 - 12 \div 3 =$ ____ **c)** $24 + 36 \div 9 =$ ____
d) $12 - 8 - 4 =$ ____ **e)** $50 - 7 \times 6 =$ ____ **f)** $7 \times (2 + 9) =$ ____
g) $81 \div 9 - 6 =$ ____ **h)** $25 \div (9 - 4) =$ ____ **i)** $13 - 6 + 8 =$ ____

2. Certaines calculatrices respectent la priorité des opérations.
Certaines calculatrices ne la respectent pas.
Appuie sur les touches : 9 [+] 6 [×] 3 [=]
Ta calculatrice respecte-t-elle la priorité des opérations ?
Explique comment tu le sais.

3. Bianca appuie sur les touches 52 [+] 8 [×] 2 [=] de sa calculatrice. Elle obtient 120 comme réponse.
Dans quel ordre la calculatrice de Bianca a-t-elle fait les opérations ? Comment le sais-tu ?

4. Résous les équations suivantes à l'aide du calcul mental.

a) $20\,000 - 4000 \times 2 =$ ____ **b)** $6 + 125 \div 25 =$ ____
c) $(1000 + 6000) \times 3 =$ ____ **d)** $60 \times 3 \div 9 =$ ____
e) $5 \times (4 + 11) =$ ____ **f)** $50 + 50 \div 50 =$ ____
g) $(50 + 50) \div 50 =$ ____ **h)** $(9 \times 10) - (30 + 30) =$ ____
i) $16 \div 2 \times 9 =$ ____ **j)** $200 - (200 \div 20) =$ ____

5. Résous les équations suivantes à l'aide du calcul mental.

a) $4 \times 7 - 2 + 1 =$ ____ **b)** $4 \times (7 - 2) + 1 =$ ____
c) $4 \times 7 - (2 - 1) =$ ____ **d)** $4 \times (7 - 2 + 1) =$ ____
e) $(4 \times 7 - 2) + 1 =$ ____ **f)** $4 \times 7 - (2 + 1) =$ ____

Quelle équation donne la réponse la plus élevée ?
Quelle équation donne la réponse la plus basse ?

6. Écris une expression qui est égale à chacun de ces nombres.
Utilise les nombres 2, 3 et 4 ainsi que des opérations et des parenthèses.

a) 9 **b)** 10 **c)** 14 **d)** 20 **e)** 6

Essaie de répondre à chaque question de plus d'une façon.

7. Si tu insères une paire de parenthèses dans l'expression suivante, combien de réponses différentes peux-tu obtenir ?
$10 + 6 - 4 \div 2 \times 3$
Écris chaque équation possible, puis résous-la.

8. Alexandre achète 5 t-shirts à 12 $ chacun et 3 paires de chaussettes à 2 $ la paire. Quelle expression représente le montant qu'Alexandre a dépensé en dollars ? Explique ta réponse.

a) $5 \times 12 \times 3 \times 2$

b) $5 \times 12 + 3 \times 2$

c) $(5 + 3) \times (12 + 2)$

9. Résous chacune de ces équations à l'aide du calcul mental, d'une calculatrice ou de papier et d'un crayon. Explique pourquoi tu as choisi chaque méthode.

a) $238 - (2 \times 73) =$ ____ **b)** $47 \times (16 \times 18) =$ ____

c) $(36 + 14) \div 10 =$ ____ **d)** $36 \times (48 \times 8) =$ ____

e) $60 \times (4 \div 2) =$ ____ **f)** $(200 + 50) \times (9 \div 3) =$ ____

10. Monsieur Boucher achète 2 boîtes de barres aux fruits pour ses 3 enfants. Chaque boîte contient 6 barres aux fruits. Les enfants se partagent les barres de façon égale. Combien de barres aux fruits chaque enfant reçoit-il ? Écris un énoncé qui représente la priorité des opérations que tu as utilisée.

11. Transcris chacun des énoncés suivants. Ajoute des parenthèses pour rendre chaque énoncé vrai.

a) $36 \div 4 \times 3 = 3$

b) $20 \div 5 \times 2 + 3 = 5$

c) $10 - 4 \div 2 - 1 = 6$

Réfléchis

Pourquoi faut-il respecter des règles pour résoudre des opérations ? Explique ta réponse à l'aide d'exemples.

Joue avec les nombres

Stratégie numérique

Écris chacun des nombres suivants à la forme décomposée et en lettres.

- 26 408 579
- 103 568 904
- 400 017
- 9 872 003
- 89 000 200

Ooops Bingo!

Tu as besoin :
- de cartes de jeu ;
- de jetons ;
- d'un ensemble de cartes d'expressions ;
- d'un sac de papier ;
- d'une feuille de notation.

Le but du jeu est d'être la première personne à couvrir correctement toute sa carte de jeu.

Découpe les cartes d'expressions et place-les dans le sac de papier. En équipe, choisissez la personne qui sera responsable des cartes.

➤ La personne responsable des cartes tire une carte d'expression et la montre aux autres.
Tous les élèves trouvent la valeur de l'expression et notent leur travail. La personne responsable des cartes couvre la réponse d'un jeton sur la feuille de notation.
Chaque élève couvre la réponse d'un jeton si elle se trouve sur sa carte de jeu.

➤ Le jeu se termine quand une ou un élève a correctement couvert toute sa carte de jeu.

➤ Inversez les rôles. Jouez de nouveau.

Environnementaliste

Tous les environnementalistes du monde travaillent avec ardeur pour suivre la trace de la population de différentes espèces. Ils veulent comprendre pourquoi les populations changent et être en mesure d'intervenir au besoin.

Les environnementalistes ne peuvent pas compter tous les animaux et toutes les plantes. Ils comptent plutôt des populations dans de petites aires, puis ils multiplient pour estimer des populations régionales et même mondiales. Par exemple, quand les environnementalistes explorent les conséquences de la pêche commerciale, ils peuvent compter un échantillon de poissons, puis estimer le nombre total de poissons pêchés. Ils soustraient ensuite ce nombre de la population totale estimée de poissons.

Le bon état de l'environnement local et de la chaîne alimentaire est essentiel à la survie des espèces. Chaque donnée recueillie par les environnementalistes aide à lutter contre les extinctions.

LEÇON 9

Additionner et soustraire des nombres naturels

Explore

Ce tableau représente les ventes de téléphones cellulaires de la société Cellulaires pas chers pour les 4 premiers mois de l'année.

- Combien de téléphones cellulaires ont été vendus en tout pendant les 4 premiers mois de l'année ?
- À la fin de l'année, 12 854 téléphones cellulaires ont été vendus. Combien de téléphones l'entreprise a-t-elle vendus de mai à décembre ?

Ventes de téléphones cellulaires

Mois	Nombre de téléphones
Janvier	765
Février	847
Mars	939
Avril	808

Qu'as-tu trouvé ?

Montre ton travail aux élèves d'une autre équipe. Comment as-tu choisi les opérations que tu as utilisées pour résoudre ton problème ? Avez-vous utilisé les mêmes méthodes ? Explique ta réponse. Comment peux-tu vérifier tes réponses ?

Découvre

➤ Le forfait téléphonique de Maha comprend 300 min de temps d'antenne par mois. Elle a utilisé 298 min en juin, 276 min en juillet, 287 min en août et 248 min en septembre. Combien de minutes Maha a-t-elle utilisées en 4 mois ?

Additionne : 298 + 276 + 287 + 248

Utilise la valeur de position pour additionner.

Additionne les unités :
29 unités
Échange les 29 unités contre 2 dizaines et 9 unités.

$$\begin{array}{r} {\scriptstyle 2} \\ 298 \\ 276 \\ 287 \\ +\ 248 \\ \hline 9 \end{array}$$

Additionne les dizaines :
30 dizaines
Échange les 30 dizaines contre 3 centaines et 0 dizaine.

$$\begin{array}{r} {\scriptstyle 3\,2} \\ 298 \\ 276 \\ 287 \\ +\ 248 \\ \hline 09 \end{array}$$

Additionne les centaines :
11 centaines

$$\begin{array}{r} {\scriptstyle 3\,2} \\ 298 \\ 276 \\ 287 \\ +\ 248 \\ \hline 1109 \end{array}$$

OBJECTIF | Utiliser la valeur de position pour additionner 4 nombres et pour soustraire un nombre à partir d'un nombre à 5 chiffres.

Fais une estimation pour vérifier si ta réponse est vraisemblable. Arrondis chaque nombre à la centaine près. Arrondis les nombres 298, 276 et 287 à 300. Arrondis le nombre 248 à 200.
$300 + 300 + 300 + 200 = 1100$
Le nombre 1109 est une réponse vraisemblable.

Maha a utilisé 1109 min.

➤ Voici une autre façon de trouver la somme de $298 + 276 + 287 + 248$:

Additionne : 298 + 276	Additionne : 574 + 287	Puis, additionne : 861 + 248
298 + 276 574	574 + 287 861	861 + 248 1109

➤ Le forfait de 3 ans de Maha lui donne un total de 10 800 min. Suppose qu'elle a utilisé 9586 min en 3 ans. Combien de minutes inutilisées Maha possède-t-elle ?

Soustrais : 10 800 − 9586
Utilise la valeur de position pour faire la soustraction.

Tu ne peux pas enlever 6 unités à 0 unité. Tu ne peux pas échanger une dizaine. Échange 1 centaine contre 10 dizaines. Échange 1 dizaine contre 10 unités.	Soustrais les unités. Soustrais les dizaines. Soustrais les centaines. Pour soustraire les milliers, échange 1 dizaine de milliers contre 10 milliers.
9 7 10 10 1 0 8 0 0 − 9 5 8 6	9 10 7 10 10 1 0 8 0 0 − 9 5 8 6 1 2 1 4

Fais une addition pour vérifier si ta réponse est vraisemblable. Le nombre total de minutes utilisées et de minutes inutilisées doit être égal au nombre total de minutes du forfait.
Additionne : 9586 + 1214
La somme doit être 10 800.
$9586 + 1214 = 10\,800$

La réponse est donc juste. Maha possède 1214 minutes inutilisées.

À ton tour

1. Effectue les additions suivantes. Fais une estimation pour vérifier chaque réponse.

a)
$$\begin{array}{r} 469 \\ 308 \\ 529 \\ +\ 637 \\ \hline \end{array}$$

b)
$$\begin{array}{r} 832 \\ 759 \\ 621 \\ +\ 500 \\ \hline \end{array}$$

c)
$$\begin{array}{r} 567 \\ 720 \\ 863 \\ +\ 144 \\ \hline \end{array}$$

d)
$$\begin{array}{r} 944 \\ 140 \\ 229 \\ +\ 687 \\ \hline \end{array}$$

e)
$$\begin{array}{r} 543 \\ 691 \\ 107 \\ +\ 420 \\ \hline \end{array}$$

f)
$$\begin{array}{r} 312 \\ 477 \\ 210 \\ +\ 390 \\ \hline \end{array}$$

2. Effectue les soustractions suivantes. Vérifie chaque réponse à l'aide de l'opération inverse.

a)
$$\begin{array}{r} 5326 \\ -\ 1417 \\ \hline \end{array}$$

b)
$$\begin{array}{r} 8004 \\ -\ 5361 \\ \hline \end{array}$$

c)
$$\begin{array}{r} 4094 \\ -\ 2397 \\ \hline \end{array}$$

d)
$$\begin{array}{r} 36\,187 \\ -\ 3\,829 \\ \hline \end{array}$$

e)
$$\begin{array}{r} 52\,109 \\ -\ 763 \\ \hline \end{array}$$

f)
$$\begin{array}{r} 23\,000 \\ -\ 422 \\ \hline \end{array}$$

3. Derek vide ses 4 pots de pièces de monnaie. Chaque pot contient des pièces de 1 ¢. Il compte 587 pièces de 1 ¢ dans le premier pot, 724 dans le deuxième pot, 611 dans le troisième pot et 801 dans le quatrième pot.

a) Combien de pièces de 1 ¢ Derek possède-t-il ?

b) Combien de dollars cette somme représente-t-elle ?

4. Le tableau suivant représente le nombre d'exemplaires de 4 livres qui se trouvent dans un entrepôt.

Livres	Nombre
Le travail du bois	425
Les papillons	631
La monarchie	214
La cuisine créative	523

a) Trouve le nombre total d'exemplaires de tous ces livres.

b) L'entrepôt contient 10 402 livres en réserve.
Quel est le nombre total d'exemplaires des autres livres en réserve ?
Montre comment tu le sais.

5. Rédige un problème que tu peux résoudre en soustrayant 4285 de 11 000. Échange ton problème contre celui d'une ou d'un camarade. Résous le problème que tu reçois.

6. Ce tableau représente l'assistance quotidienne au Festival multiculturel de cette année. Combien de personnes en tout ont assisté à ce festival ?

Assistance au Festival multiculturel

Jour	Assistance
Jeudi	428
Vendredi	637
Samedi	958
Dimanche	994

7. Jacinthe soustrait 9387 d'un nombre *x*. La différence est 3447. Quel est ce nombre *x* ? Explique comment tu as obtenu ta réponse.

8. La somme de quatre nombres à 3 chiffres est 3615. Quels peuvent être ces quatre nombres ?

9. La somme de quatre nombres consécutifs à 3 chiffres est 866. Quels sont ces quatre nombres ? Explique ta stratégie.

Des nombres consécutifs sont des nombres qui se suivent, comme 100, 101, 102, 103.

10. Trouve les chiffres manquants de l'addition suivante. De combien de façons peux-tu trouver les réponses ?

```
    □ 7 2
    3 □ 4
    □ 0 5
+   8 1 6
---------
  1 9 7 □
```

Réfléchis

Utilise le calcul mental pour trouver la différence de 12 000 − 5001. Explique pourquoi il est plus facile de soustraire à l'aide du calcul mental qu'avec du papier et un crayon.

Joue avec les nombres

Calcul mental

Trouve le produit de chacune de ces multiplications.

60×80

301×6

49×30

298×5

LEÇON

10 Multiplier des nombres naturels

Le champ de Reza mesure 89 m de longueur sur 48 m de largeur. Elle divise le champ en 4 sections.

Comment peux-tu trouver l'aire de chaque section du champ ? Comment peux-tu trouver l'aire de tout le champ ?

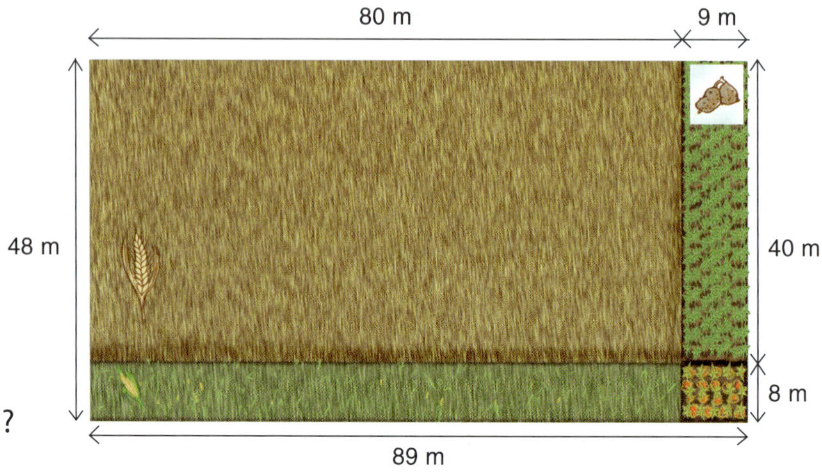

Explore

Le verger de Patrick est rectangulaire. Il mesure 198 m sur 82 m.
Trouve l'aire du verger de Patrick.
Fais une estimation pour vérifier ta réponse.

Qu'as-tu trouvé ?

Montre ta solution à une ou à un camarade.
Quelles sont les ressemblances entre multiplier un nombre à 3 chiffres par un nombre à 2 chiffres et multiplier un nombre à 2 chiffres par un nombre à 2 chiffres ? Quelles sont les différences ?

Découvre

Yolanda fait 68 boîtes de DVD. Elle place 197 DVD dans chaque boîte.
Combien de DVD Yolanda a-t-elle emballés ?

Le nombre total de DVD est 68×197.

➤ Tu peux utiliser un modèle pour multiplier.
Dessine le croquis d'un rectangle.
Écris la longueur et la largeur.

 OBJECTIF | Multiplier un nombre à 3 ou à 4 chiffres par un nombre à 2 chiffres.

Divise le rectangle suivant pour représenter des centaines, des dizaines et des unités.
Écris les dimensions de chaque section.
Trouve l'aire de chaque section.

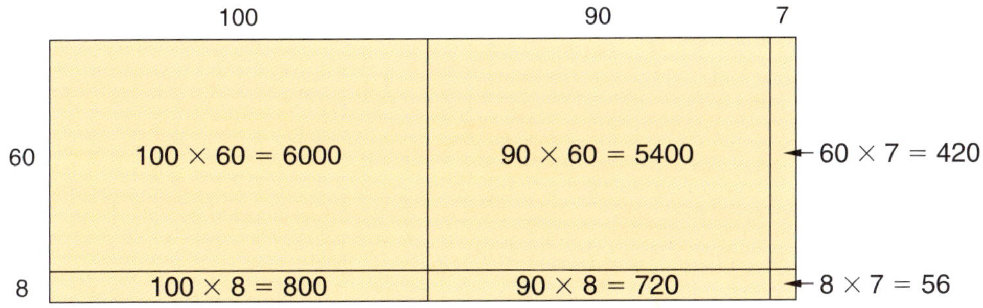

Additionne les aires :
6000 + 5400 + 420 + 800 + 720 + 56 = 13 396

68 × 197 = 13 396
Yolanda a emballé 13 396 DVD.

➤ Tu peux décomposer les nombres pour multiplier.

		197	(100 + 90 + 7)
		× 68	(60 + 8)
Multiplie :	8 × 7	56	
	8 × 90	720	
	8 × 100	800	
	60 × 7	420	
	60 × 90	5400	
	60 × 100	+ 6000	
Additionne :		13396	

➤ Tu peux multiplier à l'aide d'une méthode rapide.

		197
		× 68
Multiplie :	197 × 8	1576
Multiplie :	197 × 60	+ 11820
Additionne :		13396

➤ Fais une division pour vérifier ta réponse.
Le nombre total de DVD divisé par le nombre de DVD placés dans chaque boîte doit être égal au nombre de boîtes.

Divise : 13 396 ÷ 197 = 68
Donc, 13 396 est la réponse exacte.

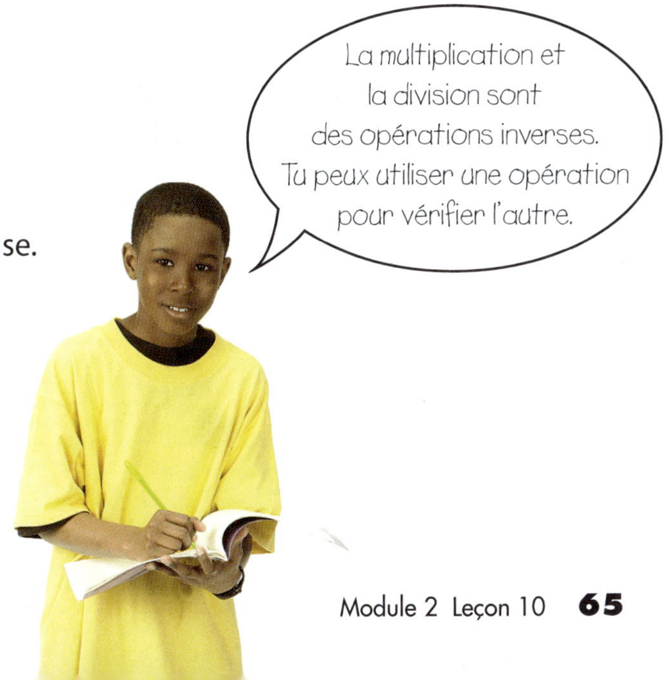

À ton tour

Utilise une calculatrice ou fais une estimation pour vérifier tes réponses.

1. Effectue les multiplications suivantes.

a) $\begin{array}{r} 576 \\ \times\ 28 \\ \hline \end{array}$ **b)** $\begin{array}{r} 408 \\ \times\ 53 \\ \hline \end{array}$ **c)** $\begin{array}{r} 907 \\ \times\ 18 \\ \hline \end{array}$ **d)** $\begin{array}{r} 631 \\ \times\ 87 \\ \hline \end{array}$

2. Effectue les multiplications suivantes.

a) 46×522 **b)** 71×534 **c)** 68×755 **d)** 36×494

e) 46×1522 **f)** 71×2534 **g)** 68×2755 **h)** 36×1494

3. Une bouteille contient 750 mL de limonade.
Combien de limonade 24 bouteilles contiennent-elles ?
Donne ta réponse à l'aide de 2 unités de mesure conventionnelles.

4. Rédige un problème que tu peux résoudre en multipliant un nombre à 3 chiffres par un nombre à 2 chiffres.
Résous ton problème. Montre ton travail.

5. Param a besoin de 375 g de grains de chocolat pour faire une fournée de biscuits.
Il a deux sacs de grains de chocolat de 2 kg chacun.
Param a-t-il assez de grains de chocolat pour faire 12 fournées de biscuits ? Explique ta réponse.

6. Trouve le produit de chacune de ces multiplications.

a) $\begin{array}{r} 825 \\ \times\ 52 \\ \hline \end{array}$ **b)** $\begin{array}{r} 837 \\ \times\ 29 \\ \hline \end{array}$ **c)** $\begin{array}{r} 66 \\ \times\ 77 \\ \hline \end{array}$ **d)** $\begin{array}{r} 744 \\ \times\ 32 \\ \hline \end{array}$

e) $\begin{array}{r} 397 \\ \times\ 17 \\ \hline \end{array}$ **f)** $\begin{array}{r} 45 \\ \times\ 92 \\ \hline \end{array}$ **g)** $\begin{array}{r} 807 \\ \times\ 28 \\ \hline \end{array}$ **h)** $\begin{array}{r} 583 \\ \times\ 23 \\ \hline \end{array}$

7. Trouve le produit de chacune de ces multiplications à l'aide de la méthode la plus appropriée. Explique pourquoi tu as choisi chaque méthode.

a) $\begin{array}{r} 1146 \\ \times\ 83 \\ \hline \end{array}$ **b)** $\begin{array}{r} 2500 \\ \times\ 25 \\ \hline \end{array}$ **c)** $\begin{array}{r} 1346 \\ \times\ 85 \\ \hline \end{array}$ **d)** $\begin{array}{r} 5400 \\ \times\ 60 \\ \hline \end{array}$

e) $\begin{array}{r} 2868 \\ \times\ 57 \\ \hline \end{array}$ **f)** $\begin{array}{r} 2843 \\ \times\ 41 \\ \hline \end{array}$ **g)** $\begin{array}{r} 1954 \\ \times\ 15 \\ \hline \end{array}$ **h)** $\begin{array}{r} 9250 \\ \times\ 18 \\ \hline \end{array}$

8. Tania et André multiplient 399 par 25.
La réponse de Tania est 2793. La réponse d'André est 9975.

a) Quelle réponse est vraisemblable ? Explique ton choix.

b) Explique l'erreur de l'autre élève.

9. Jeremy vend des billets pour un concert.
Il vend 357 billets pour adultes et 662 billets pour étudiants.
Combien d'argent a-t-il amassé ?

10. Estime le produit de 47×294.
Ce produit sera-t-il plus proche de 12 000 ou de 15 000 ?
Explique ta réponse.

11. Les 1854 élèves et les 58 enseignantes et enseignants de l'école secondaire de Fairview ont assisté à une représentation spéciale d'une pièce au théâtre local. Le théâtre comprend 49 rangées de 48 sièges chacune.

a) Y avait-il des sièges vides ? Comment le sais-tu ?

b) Si tu as répondu oui à la partie a), trouve le nombre de sièges vides.

12. Utilise les chiffres 2, 3, 4, 5, 6 et 7 pour former un nombre à 4 chiffres et un nombre à 2 chiffres qui donnent :

a) le plus grand produit ;

b) le plus petit produit.

Réfléchis

Tu veux multiplier un nombre à 4 chiffres par un nombre à 2 chiffres. Le produit peut-il être un nombre à 7 chiffres ?
Explique ta réponse à l'aide de nombres et de mots.

Joue avec les nombres

Calcul mental

Effectue les multiplications suivantes :

37×50

146×80

197×60

235×90

LEÇON 11

Diviser par un nombre à 2 chiffres

Quel est le diviseur dans la division ci-contre ? Quel est le dividende ? Quel est le quotient ?

$1437 \div 7 = 205\ r\ 2$

Explore

Utilise tout le matériel dont tu as besoin.

Gilbert collectionne les cartes de sports. Il en possède 15 paquets. Tous les paquets contiennent un nombre égal de cartes. Gilbert a 375 cartes de sports. Combien y a-t-il de cartes dans chaque paquet ? Montre ton travail.

Qu'as-tu trouvé ?

Montre ta solution aux élèves d'une autre équipe. Quelles stratégies as-tu utilisées pour résoudre le problème ?

Découvre

Mélodie a 2421 billes. Elle désire les partager également entre ses 13 cousines et cousins. Combien de billes chaque personne recevra-t-elle ?

Divise : $13\overline{)2421}$

➤ Tu peux utiliser du matériel de base dix et la valeur de position pour trouver le quotient de 2421 ÷ 13.

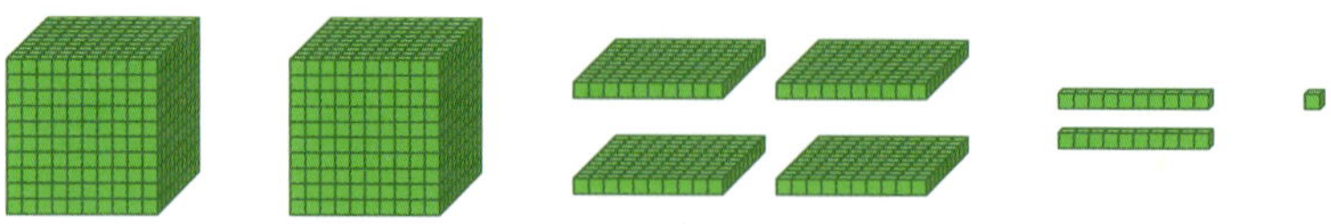

 OBJECTIF | Utiliser différentes stratégies pour diviser un nombre à 4 chiffres par un nombre à 2 chiffres.

Tu ne peux pas diviser 2 milliers en 13 groupes.
Échange 2 milliers contre 20 centaines.

20 centaines + 4 centaines = 24 centaines

Divise 24 centaines en 13 groupes.
Chaque groupe reçoit 1 centaine.
Il reste 11 centaines.

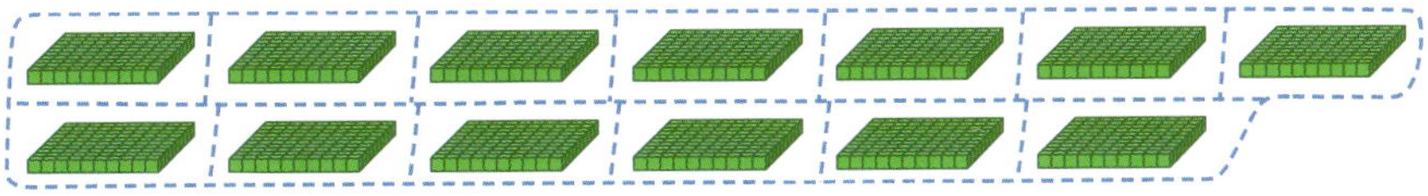

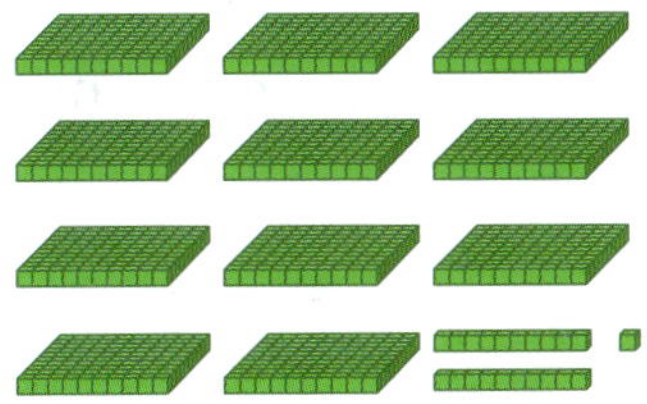

Échange 11 centaines contre 110 dizaines.

110 dizaines + 2 dizaines = 112 dizaines

Divise 112 dizaines en 13 groupes.
Chaque groupe reçoit 8 dizaines.
Il reste 8 dizaines.

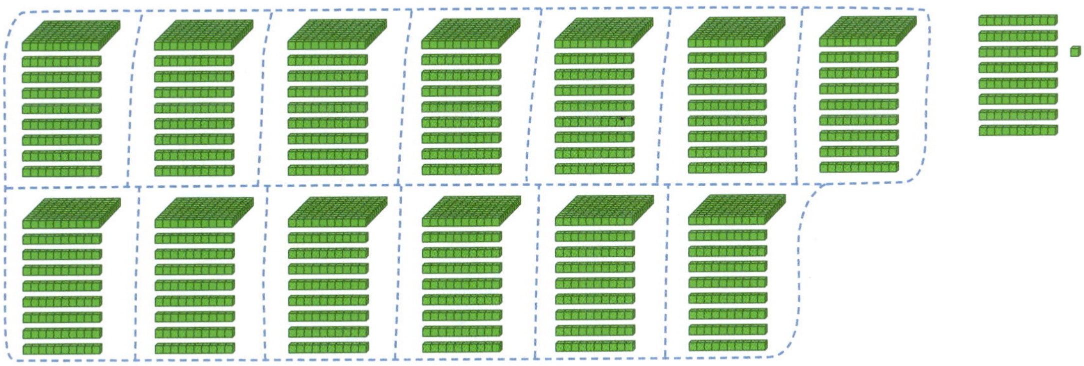

Échange 8 dizaines contre 80 unités.

80 unités + 1 unité = 81 unités

Divise 81 unités en 13 groupes.
Chaque groupe reçoit 6 unités.
Il reste 3 unités.

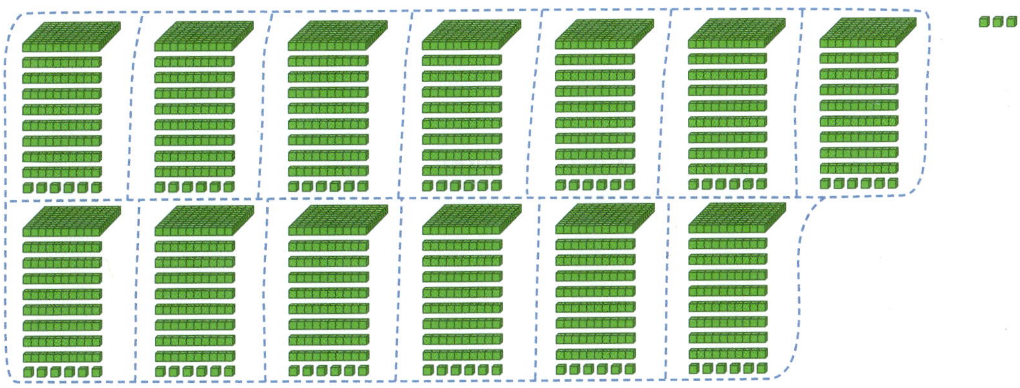

Donc, 2421 ÷ 13 = 186 *r* 3

➤ Voici une autre façon de diviser 2421 billes en 13 groupes égaux.

Place chaque total dans chaque groupe, puis soustrais : $13\overline{)2421}$

		2421	
• 100 billes	13 × 100	− 1300	100
		1121	
• 50 billes	13 × 50	− 650	50
		471	
• 20 billes	13 × 20	− 260	20
		211	
• 10 billes	13 × 10	− 130	10
		81	
• 5 billes	13 × 5	− 65	5
		16	
• 1 billes	13 × 1	− 13	+ 1
		3	186

$2421 \div 13 = 186\ r\,3$

Chaque personne reçoit 186 billes. Il reste 3 billes.

Pour vérifier la réponse, multiplie 186 par 13. Puis, additionne le reste, soit 3 billes :

$$\begin{array}{r} 186 \\ \times \quad 13 \\ \hline 558 \\ +\ 1860 \\ \hline 2418 \end{array} \qquad 2418 + 3 = 2421$$

Il s'agit du nombre de billes que tu avais au départ. La réponse est donc juste.

À ton tour

1. Effectue les divisions suivantes. Fais une multiplication pour vérifier chaque réponse.

a) $14\overline{)2487}$ **b)** $36\overline{)8543}$ **c)** $43\overline{)2623}$

d) $29\overline{)6480}$ **e)** $57\overline{)6069}$ **f)** $43\overline{)4900}$

2. Trouve le quotient de chacune de ces divisions. Vérifie chaque réponse.

a) $5604 \div 79$ **b)** $1368 \div 42$ **c)** $7603 \div 73$

d) $6870 \div 63$ **e)** $6914 \div 23$ **f)** $7727 \div 25$

3. Trouve le quotient de ces divisions à l'aide de la méthode la plus appropriée. Explique pourquoi tu as choisi chaque méthode.

a) $20\overline{)6000}$ **b)** $45\overline{)9068}$ **c)** $38\overline{)9768}$

d) $4045 \div 92$ **e)** $250 \div 25$ **f)** $1936 \div 12$

4. Les poules de monsieur Talby ont pondu 1098 oeufs le mois dernier. Cela fait combien de douzaines ?

5. Il y avait 4344 personnes à la partie de base-ball aujourd'hui. Chaque rangée de gradins peut recevoir 48 personnes. Combien de rangées de gradins étaient remplies ?

6. Une équipe de hockey a vendu 1246 billets de tirage en 45 jours. Environ combien de billets de tirage l'équipe a-t-elle vendus par jour ?

7. Transcris ces deux tableaux, puis remplis-les. Quelles régularités observes-tu ?

a)

Dividende	Diviseur	Quotient
1955	23	
	23	86
2001	23	

b)

Dividende	Diviseur	Quotient
2193	43	
2244	44	
2295		51

8. Transcris chacune de ces divisions. Remplace chaque □ par un nombre qui se trouve dans un des deux encadrés de droite pour rendre la division vraie. Montre ton travail.

a) □ ÷ □ = 44 *r* 3

b) □ ÷ □ = 63

c) □ ÷ □ = 101 *r* 11

d) □ ÷ □ = 31 *r* 53

Dividendes
2536
1851
3654

Diviseurs
58
42
25

9. La banque alimentaire a reçu 30 caisses de 24 boîtes de soupe et 20 caisses de 48 boîtes de soupe. Combien de paquets de 14 boîtes de soupe peut-on faire ?

10. Rédige un problème que tu peux résoudre en divisant un nombre à 4 chiffres par un nombre à 2 chiffres. Résous ton problème. Montre ton travail.

Réfléchis

Tu veux diviser un nombre naturel à 4 chiffres par un nombre naturel à 2 chiffres. Le quotient peut-il être un nombre naturel à 4 chiffres ? Explique ta réponse à l'aide de nombres et de mots.

Joue avec les nombres

Stratégie numérique

Place ces nombres par ordre croissant.

7 048 963, 71 048 963, 704 896, 7 408 963, 74 018 963, 7 840 369

LEÇON

12

Une autre méthode de division

Quand le temps se refroidit et que les jours raccourcissent, de nombreux animaux marins se déplacent vers des eaux plus chaudes. Les rorquals font une migration d'environ 8000 km de la mer de Béring et de l'océan Arctique jusqu'aux eaux plus chaudes de l'océan Indien. Leur voyage dure un mois ou plus.

Explore

Un rorqual parcourt 8055 km en 34 jours.
Environ quelle distance a-t-il parcourue par jour ?
Fais d'abord une estimation. Utilise ensuite la stratégie de ton choix pour résoudre ce problème. Montre ton travail.

Qu'as-tu trouvé ?

Compare ton travail avec celui des élèves d'une autre équipe.
Quelles stratégies as-tu utilisées ?
Qu'as-tu fait avec le reste de ton quotient ?

Découvre

Certains bélugas parcourent 4840 km en 58 jours le long de la côte arctique de la mer de Beaufort jusqu'aux eaux de l'île de Baffin.
Environ quelle distance les bélugas parcourent-ils chaque jour ?

Divise : $58\overline{)4840}$

➤ Fais d'abord une estimation :
Arrondis 58 à 60.
Arrondis 4840 à 4800.
Puisque $48 \div 6 = 8$, alors $4800 \div 60 = 80$.
Donc, le quotient de $4840 \div 58$ est environ 80.

Pour estimer, tu peux aussi penser à la multiplication.
$60 \times \mathbf{80} = 4800$
Donc, le quotient de $4840 \div 58$ est environ 80.

OBJECTIF | Utiliser une autre stratégie pour diviser un nombre par un nombre à 2 chiffres.

➤ Utilise la valeur de position pour diviser.

Étape 1

Tu ne peux pas diviser 4 milliers en 58 groupes.
Échange 4 milliers contre 40 centaines.

40 centaines + 8 centaines = 48 centaines

Tu ne peux pas diviser 48 centaines en 58 groupes.
Échange 48 centaines contre 480 dizaines.

480 dizaines + 4 dizaines = 484 dizaines

Arrondis pour faire une estimation.
Le nombre 58 est proche de 60.
Le nombre 484 dizaines est proche de 480 dizaines.

480 dizaines ÷ 60 = 8 dizaines

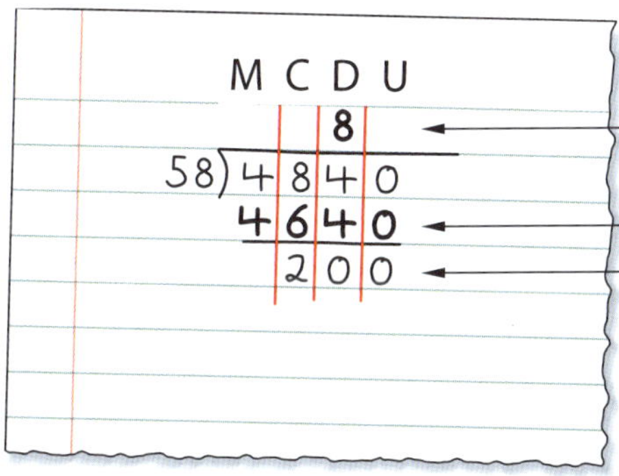

Écris 8 dizaines.

Multiplie 58 par 8 dizaines : 58 × 80 = 4640.

Soustrais. Il reste 200 unités.

Étape 2

Divise les 200 unités en 58 groupes égaux. Arrondis pour faire une estimation. Le nombre 200 se trouve entre 180 et 240.

180 ÷ 60 = 3   240 ÷ 60 = 4

Donc, le quotient de 200 ÷ 60 se trouve entre 3 et 4.

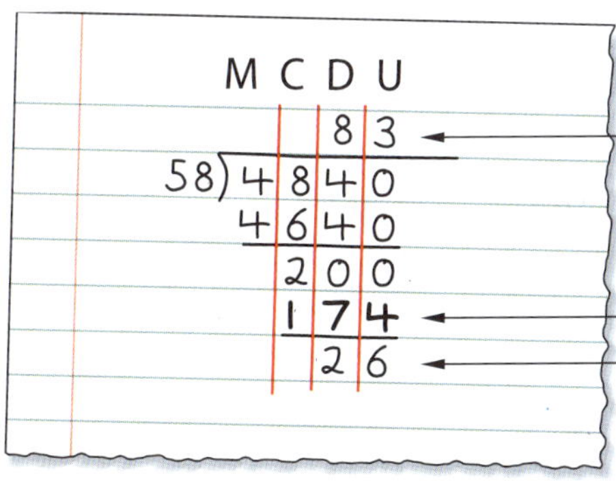

Écris 3 unités.

Multiplie 58 par 3 unités : 58 × 3 = 174.

Soustrais. Il reste 26 unités.

4840 ÷ 58 = 83 *r* 26

Tu écris 83 *r* 26 de cette façon : $83\frac{26}{58}$.
Tu ne veux pas donner une distance avec un reste ou sous la forme d'une fraction. La fraction $\frac{26}{58}$ est environ $\frac{30}{60}$, soit $\frac{1}{2}$ ou 0,5.
Donc, tu écris que $83\frac{26}{58}$ est environ 83,5.
Les bélugas parcourent environ 83,5 km par jour.

➤ Compare le quotient avec ton estimation :
Le nombre 83,5 est proche de 80.
Donc, 83,5 est une réponse vraisemblable.

➤ Pour vérifier ta réponse, multiplie 83 par 58, puis additionne le reste, soit 26 :

$$\begin{array}{r} 83 \\ \times \quad 58 \\ \hline 664 \\ +\ 4150 \\ \hline 4814 \end{array} \qquad 4814 + 26 = 4840$$

Donc, 83 *r* 26 est une réponse juste.

À ton tour

Utilise les restes au besoin.

1. Effectue les divisions suivantes. Vérifie ensuite tes réponses.

a) $73\overline{)8541}$ **b)** $62\overline{)9347}$ **c)** $45\overline{)6300}$ **d)** $38\overline{)3521}$

e) $58\overline{)6076}$ **f)** $97\overline{)1047}$ **g)** $42\overline{)8694}$ **h)** $60\overline{)6534}$

2. Estime le quotient de chacune de ces divisions. Effectue ensuite les divisions.

a) $93 \div 21$ **b)** $208 \div 73$ **c)** $3550 \div 50$

d) $9243 \div 46$ **e)** $6843 \div 15$ **f)** $7812 \div 93$

3. En automne, les papillons monarques migrent vers le centre du Mexique. Ils parcourent une distance d'environ 4000 km. Suppose qu'ils parcourent 75 km par jour. Environ combien de temps leur faudra-t-il pour se rendre au Mexique ?

4. L'arrière-grand-père de Lucinda a 1074 mois. Quel âge a-t-il en années ?

5. Le théâtre du Soleil de minuit possède 7875 sièges disposés en 75 rangées égales. Combien y a-t-il de sièges dans chaque rangée ?

6. Un lecteur DVD coûte 81 $, taxe incluse. Combien de lecteurs DVD peux-tu acheter avec 3000 $?

7. Sans diviser, prédis laquelle de ces divisions aura le plus grand quotient. Prédis ensuite la division qui aura le plus petit quotient. Explique tes prédictions. Effectue les divisions pour vérifier chaque prédiction.

a) $43\overline{)7638}$ **b)** $19\overline{)8614}$ **c)** $85\overline{)7689}$

8. Utilise le calcul mental, du papier et un crayon ou une calculatrice pour trouver le quotient de chacune de ces divisions. Explique pourquoi tu as choisi chaque méthode.

a) $68\overline{)4735}$ **b)** $12\overline{)6000}$ **c)** $5679\overline{)85\,185}$

9. Une sonde lunaire a pris 4316 photographies de la surface de la Lune.
Trente-deux photos ont été rejetées.
Les autres photographies ont été divisées entre 42 spécialistes pour qu'ils les étudient.
Combien de photos chaque scientifique étudiera-t-il ?

10. Les propriétaires d'un édifice rénovent 18 appartements.
La peinture coûte 5580 $ et les nouveaux luminaires, 3186 $.
Quel est le montant déboursé pour chaque appartement ?

11. a) Écris une division qui a un diviseur de 73, un quotient de 105 et un reste de 34.
b) Écris un problème à l'aide de ta division de la partie a). Résous ton problème.

12. Une feuille de carton rectangulaire mesure 64 cm sur 15 cm.
Tu veux changer la largeur pour 16 cm.
Quelle devra être la longueur du rectangle si tu veux conserver la même aire ?

13. Une imprimerie produit 8762 journaux. Chaque journal contient 16 pages.
Il est possible d'imprimer 6150 pages avec un rouleau de papier journal.
Combien de rouleaux de papier journal faut-il pour imprimer tous les journaux ?

14. Une station de radio a reçu 3815 appels téléphoniques en 35 minutes.
Combien d'appels la station peut-elle s'attendre à recevoir en 1 heure ?

15. Claude veut planter des graines dans son jardin rectangulaire de 22 m sur 14 m. Chaque sac de graines couvre 18 m^2.
De combien de sacs de graines Claude aura-t-il besoin ?

Réfléchis

Sans faire la division, comment peux-tu affirmer que le quotient de $3534 \div 57$ est un nombre à 2 chiffres ?
Explique ta réponse.

Joue avec les nombres

Spécialiste de la calculatrice

Trouve 3 nombres premiers qui ont un produit de 12 121 et une somme de 71.

Module 2 Montre ce que tu sais

LEÇONS

1 **1.** Un million de minutes est égal à combien de jours ?

2 **2.** Écris chacun de ces nombres à la forme symbolique.

a) 20 000 000 + 3 000 000 + 60 000 + 4000 + 900 + 7

b) 3 milliards 400 mille 7 cents

c) vingt-sept millions cinquante-sept mille cinq cent soixante-deux

3. Écris chacun de ces nombres à la forme décomposée.

a) 14 086 368 **b)** 1 730 002 **c)** 857 293 179

4. Écris la valeur de chaque chiffre souligné.

a) 4$\underline{7}$ 681 042 **b)** 7 6$\underline{7}$6 425 **c)** 500 $\underline{7}$00 235

3 **5.** Place ces nombres par ordre croissant.

36 001 304 9 495 627 36 001 523

4 **6.** Écris les 3 premiers multiples communs de 4, de 5 et de 6.
Explique comment tu sais que tes nombres sont des multiples communs.

7. Tu veux acheter la même quantité de saucisses et de pains. Combien de paquets de saucisses et de paquets de pains achèteras-tu ?
Donne 3 réponses.

5 **8.** Indique si chacun de ces nombres est un nombre composé ou un nombre premier. Comment le sais-tu ?
Écris chaque nombre composé comme le produit de facteurs premiers.

a) 13 **b)** 21 **c)** 46 **d)** 36

9. Un seul nombre premier est un nombre pair.
Quel est ce nombre ?
Comment sais-tu qu'il s'agit d'un nombre premier ?

7 **10.** Résous ces équations à l'aide du calcul mental.

a) 150 × 16 × 2 = ____ **b)** 240 + 83 + 160 = ____ **c)** 28 × 4 = ____

8 **11.** Résous ces équations en respectant la priorité des opérations.

a) 35 − 16 ÷ 4 = ____ **b)** 8 × (6 + 4) = ____ **c)** 86 − 9 × 9 = ____

ÉCOLE STE-THÉRÈSE
5305 EST TECUMSEH
WINDSOR, ONT. N8T 1C5
TEL: 945-2628

LEÇONS

9 **12.** Fais d'abord une estimation. Trouve ensuite chaque somme ou différence.

a) 572 + 368 + 427 + 385 **b)** 199 + 402 + 350 + 797

c) 76 423 − 9 389 **d)** 82 003 − 8 114 **e)** 8707 − 3842

10 **13.** Effectue les multiplications suivantes.
Fais une estimation pour vérifier tes réponses.

a) 685 × 26 **b)** 2497 × 84 **c)** 1997 × 68

11 12 **14.** Effectue les divisions suivantes.
Vérifie chaque quotient à l'aide de l'opération inverse.

a) 27)4539 **b)** 72)7800

c) 24)1638 **d)** 34)3325

15. Frankie a 1350 cartes de collection. Il peut placer 12 cartes dans chaque page de son album. Combien de pages Frankie peut-il remplir ?

16. Madame Li possède 107 ruches. Elle récolte environ 64 kg de miel par ruche. Environ combien de kilogrammes de miel madame Li a-t-elle récoltés ?

17. Sandra a 331 pièces de 1 ¢, 15 pièces de 5 ¢, 183 pièces de 10 ¢ et 212 pièces de 25 ¢ dans sa tirelire. Elle forme le plus possible de rouleaux de cents. Un rouleau contient 50 pièces de 1 ¢, 40 pièces de 5 ¢, 50 pièces de 10 ¢ ou 40 pièces de 25 ¢.

a) Combien de rouleaux de chaque type de pièces Sandra a-t-elle apportés à la banque ?

b) Quel est le montant total du dépôt de Sandra ?

MODULE 2 Tes objectifs

- ✓ Lire et écrire des nombres naturels à la forme symbolique, à la forme décomposée et en lettres.
- ✓ Utiliser la valeur de position pour représenter et lire des nombres naturels.
- ✓ Comparer et ordonner des nombres naturels.
- ✓ Reconnaître et décrire les multiples et les facteurs jusqu'à 100.
- ✓ Reconnaître et décrire les nombres premiers et les nombres composés jusqu'à 100.
- ✓ Utiliser la priorité des opérations.
- ✓ Estimer des sommes, des différences, des produits et des quotients.
- ✓ Effectuer des additions, des soustractions, des multiplications et des divisions à l'aide du calcul mental.
- ✓ Additionner quatre nombres à 3 chiffres et soustraire un nombre à partir d'un nombre à 5 chiffres.
- ✓ Multiplier et diviser un nombre par un nombre à 2 chiffres.
- ✓ Poser et résoudre des problèmes à étapes.

Problème du module

L'apiculture

Les abeilles ont 4 ailes qui battent à une vitesse moyenne de 11 400 fois par minute.

Une abeille vole à une vitesse d'environ 22 kilomètres à l'heure.

Une abeille visite environ 4400 fleurs afin de recueillir suffisamment de nectar pour produire 10 g de miel.

Pendant la saison active, la reine pond environ 1500 oeufs en 24 heures.

En 2000, il y avait 603 828 ruches au Canada. Le nombre moyen de ruches par apiculteur était de 61. La moyenne de miel recueillie par ruche était de 52 kg.

Liste de contrôle

Ton travail devrait montrer :

- ✓ que tu peux choisir la bonne opération pour résoudre un problème ;
- ✓ comment tu as calculé et vérifié tes solutions ;
- ✓ un problème intéressant qui comprend des nombres naturels ;
- ✓ une explication claire de tes solutions et de tes stratégies.

Réponds aux questions 1 à 3. Vérifie tes solutions. Montre ton travail.

1. Durant la saison active, environ combien d'oeufs la reine pond-elle par heure ?
Environ combien d'oeufs pond-elle par minute ?

2. Chaque jour, la reine mange une quantité de nourriture qui représente 80 fois sa masse.
Suppose que tu doives manger une quantité de nourriture qui représente 80 fois ta masse par jour.
Combien de kilogrammes de nourriture mangerais-tu par jour ?
Combien de kilogrammes de nourriture mangerais-tu par mois ?

3. Un Canadien typique mange environ 880 g de miel par année. Nadia a 12 ans. Elle estime avoir mangé environ 10,5 kg de miel durant toute sa vie. Nadia est-elle une mangeuse de miel canadienne typique ? Explique ta réponse.

4. Utilise les données sur les abeilles à la page précédente ou utilise d'autres données que tu peux trouver sur les abeilles.
Rédige un problème, puis résous-le.
Décris la stratégie que tu as utilisée.

Retour sur le module

Décris les méthodes que tu as utilisées (le calcul mental, un papier et un crayon, l'estimation ou la calculatrice) pour calculer avec des nombres naturels.
Illustre chaque méthode à l'aide d'un exemple.

MODULE

3

La géométrie

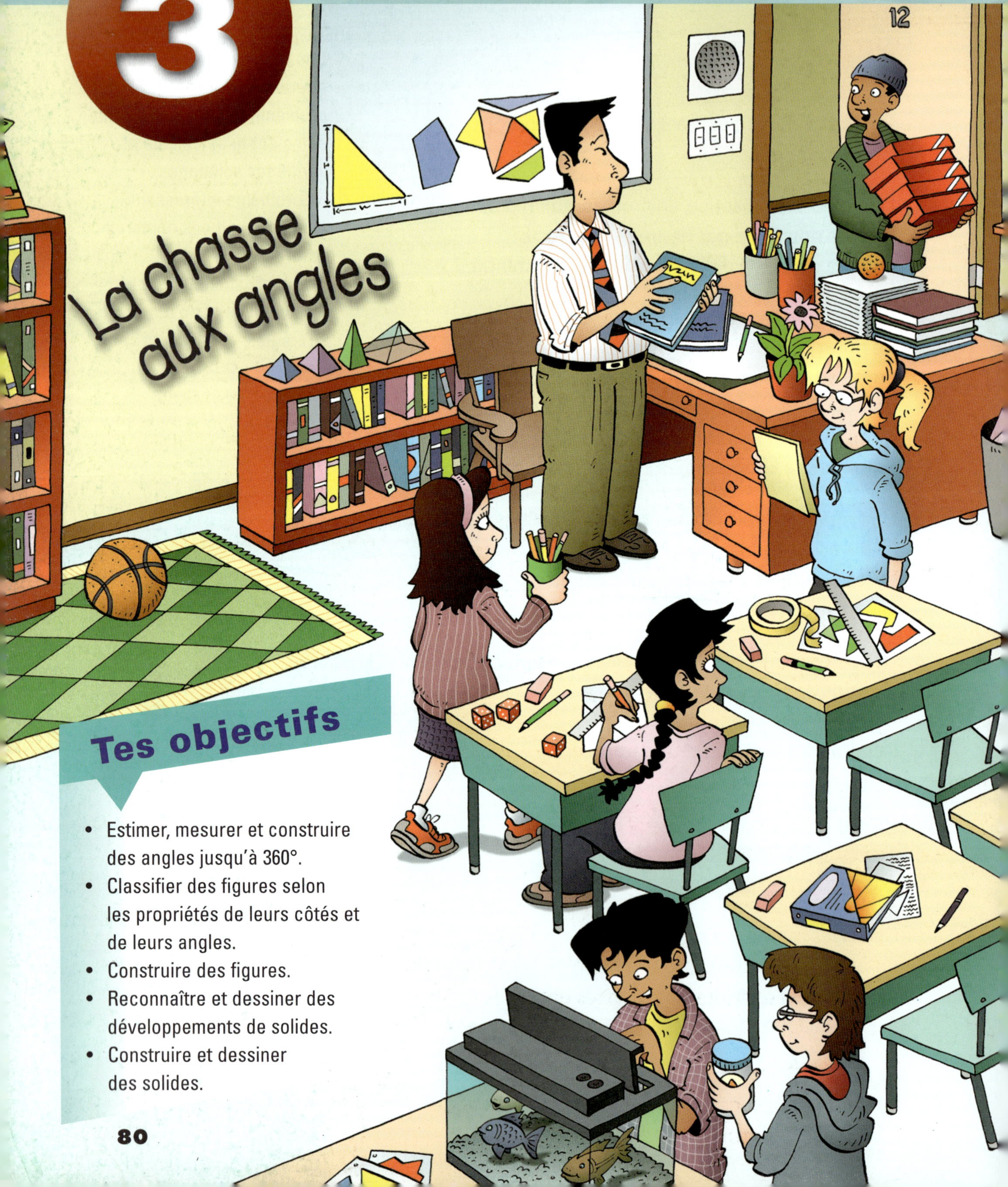

Tes objectifs

- Estimer, mesurer et construire des angles jusqu'à 360°.
- Classifier des figures selon les propriétés de leurs côtés et de leurs angles.
- Construire des figures.
- Reconnaître et dessiner des développements de solides.
- Construire et dessiner des solides.

Il y a des angles et des figures géométriques partout !

- Quelles figures remarques-tu ?
- Quelles sont les différences entre ces figures ? Quelles sont les ressemblances ?
- Quels types d'angles remarques-tu ?
- Quelles sont les différences entre ces angles ? Quelles sont les ressemblances ?

Mots clés

- un angle plat
- un angle rentrant
- un polygone convexe
- un polygone concave
- un dessin isométrique

LEÇON 1

Explorer les angles

Indique si chaque angle est aigu, obtus ou droit.

Explore

Ton enseignante ou ton enseignant va te remettre une copie agrandie de ces angles.

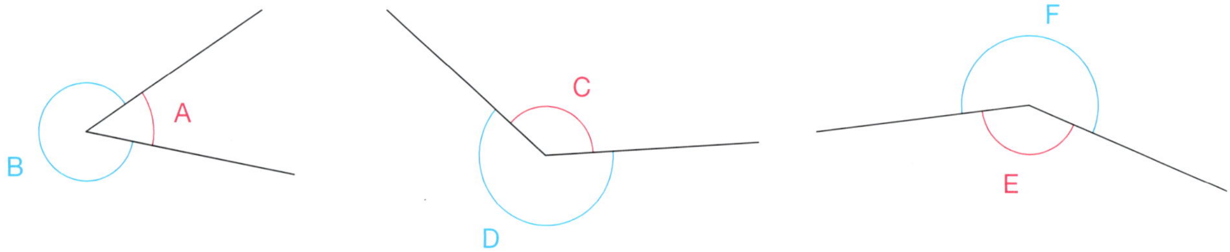

- Estime la mesure de chaque angle.
  Puis, détermine sa mesure exacte. Utilise le matériel de ton choix.
  Note tes estimations et les mesures des angles.
- Trouve la somme des angles de chaque paire :
  A et B　　C et D　　E et F
  Que remarques-tu au sujet des angles de chaque paire ?

Qu'as-tu **trouvé ?**

Montre ton travail à une ou à un camarade.
Comment as-tu estimé la mesure de chaque angle ?
Tes estimations étaient-elles vraisemblables ? Explique ta réponse. Décris comment tu as déterminé la mesure de chaque angle. Quelle est la somme des deux angles formés par deux demi-droites ?

Joue avec les nombres

Stratégie numérique

Ordonne les nombres de chaque ensemble du plus petit au plus grand.

- 123 321, 121 232, 123 231, 113 321
- 4 432 344, 4 344 342, 4 242 444, 4 432 413

 Objectif | Estimer, mesurer et construire des angles jusqu'à 360°.

Découvre

➤ Certains angles sont plus grands que 180° ou égaux à 180°.

Un **angle plat** mesure 180°.

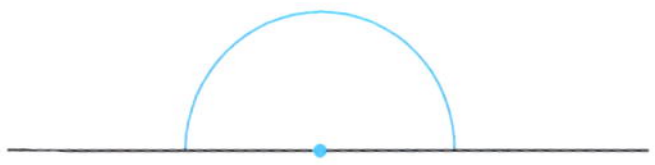

Un **angle rentrant** mesure plus de 180° et moins de 360°.

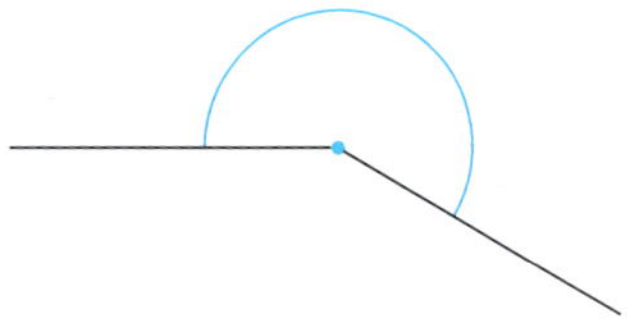

L'angle formé par un tour complet mesure 360°.

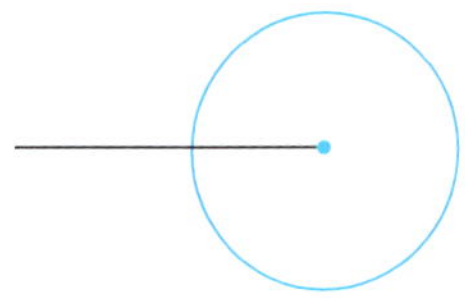

➤ Tu peux mesurer un angle rentrant à l'aide d'un rapporteur à 360°.

Étape 1
Place le rapporteur sur l'angle. Fais coïncider le sommet de l'angle avec le centre du rapporteur. Aligne un côté de l'angle avec la ligne de base du rapporteur, qui passe par 0°.

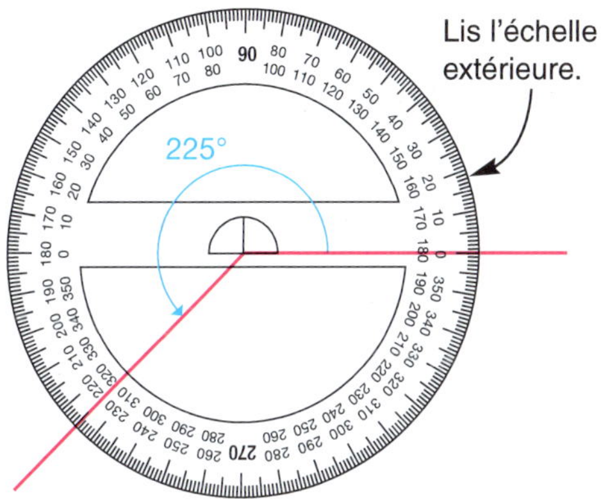

Étape 2
Utilise l'échelle où le côté qui longe la ligne de base se situe à 0°.
Lis la mesure au point de rencontre de l'autre côté de l'angle et du rapporteur.
Cet angle mesure 225°.

➤ Tu peux construire un angle de 300° à l'aide d'un rapporteur à 360°.

Étape 1
Trace un côté de l'angle à l'aide d'une règle.

Étape 2
Place le rapporteur sur le côté de l'angle. Fais coïncider une extrémité du côté avec le centre du rapporteur.
Aligne le côté avec la ligne de base du rapporteur.
Utilise l'échelle où le côté qui longe la ligne de base se situe à 0°.
Fais une marque à 300°.

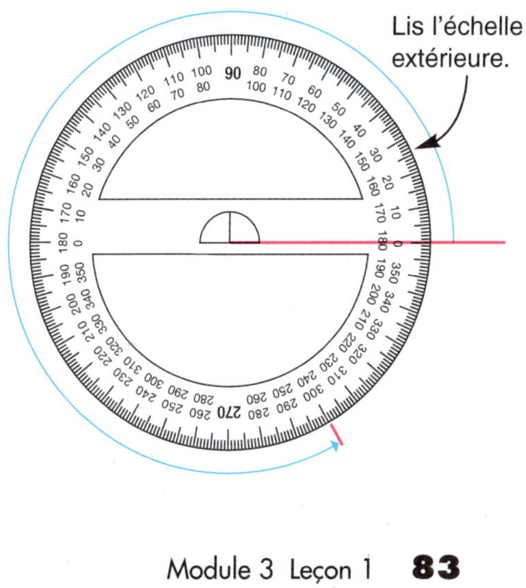

Étape 3
Enlève le rapporteur.
Trace l'autre côté.
Écris la mesure de l'angle.

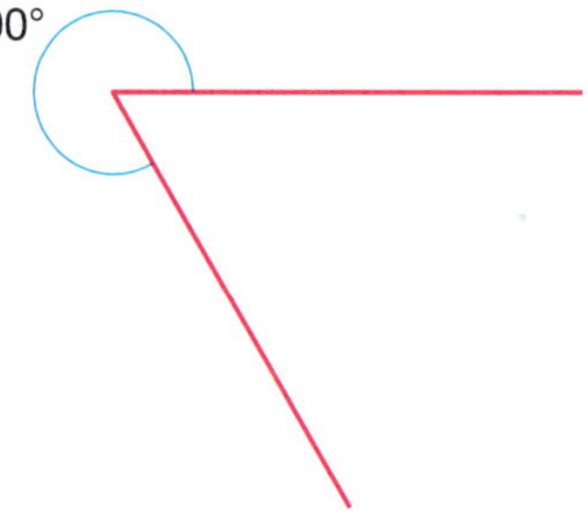

À ton tour

1. Pour chaque angle :
- indique s'il s'agit d'un angle aigu, droit, obtus, plat ou rentrant ;
- estime sa mesure ;
- mesure l'angle pour vérifier.

a)
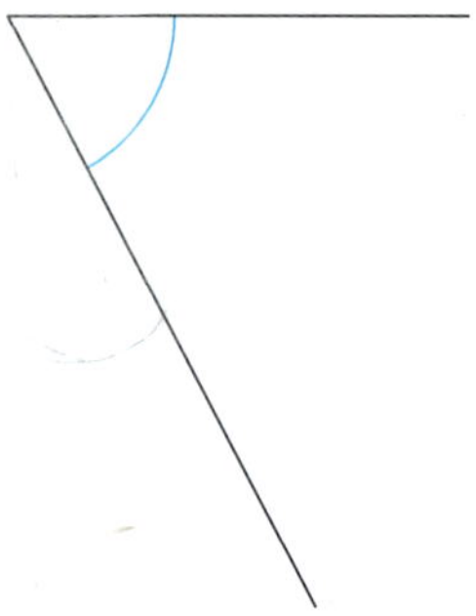

b)
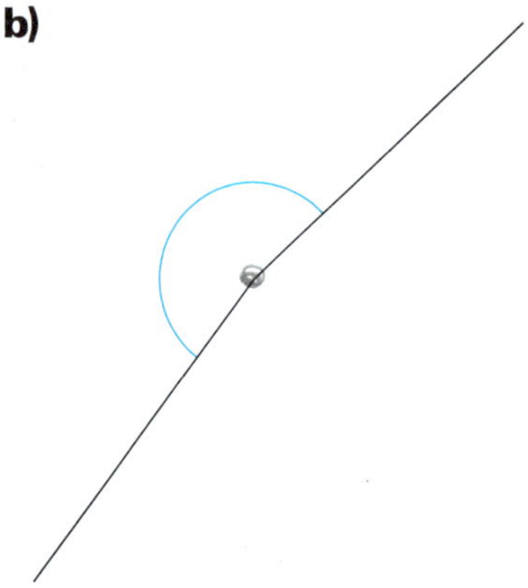

c)
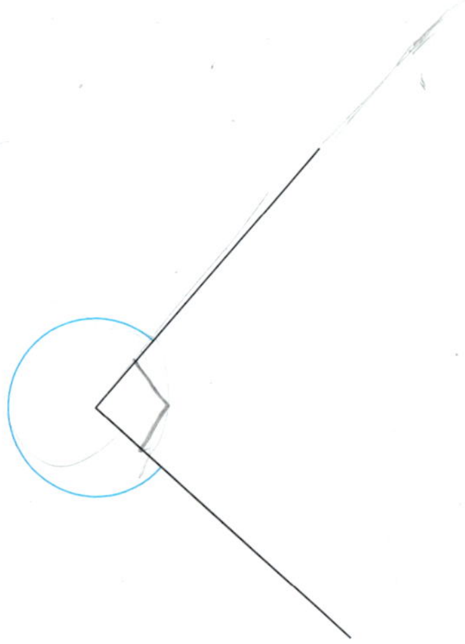

2. Construis un angle de chaque mesure à l'aide d'une règle et d'un rapporteur.

a) 205° **b)** 200° **c)** 270° **d)** 300° **e)** 350°

3. Le voilier se déplace vers l'est en direction d'une bouée située au point X.

a) Imagine que le voilier pivote dans le sens inverse des aiguilles d'une montre. Estime la mesure de l'angle qu'il doit former pour se diriger vers chacune des autres bouées.

b) Mesure chaque angle.

c) Compare tes estimations et les mesures des angles.

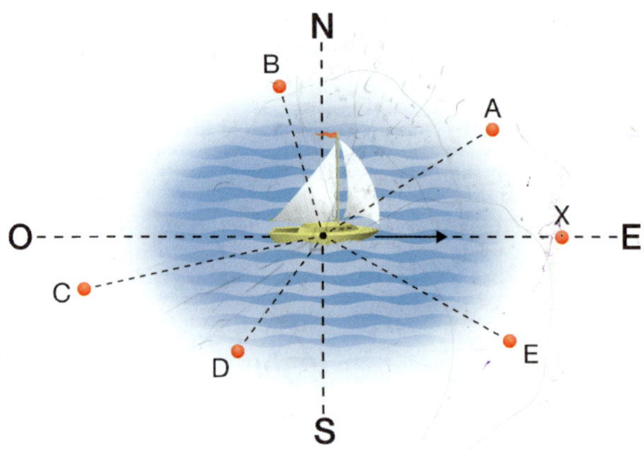

4. La Lune décrit une orbite autour de la Terre dans le sens inverse des aiguilles d'une montre. Voici les phases de la Lune pendant son orbite :

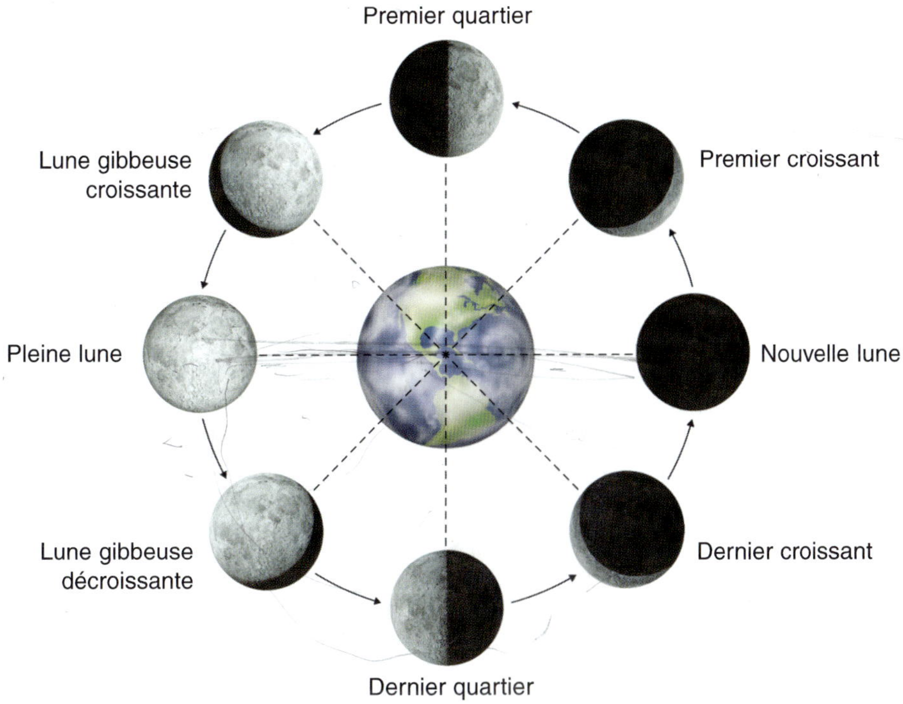

a) Estime l'angle de révolution de la Lune entre la pleine lune et chacune des autres phases.
Comment as-tu estimé chaque angle ?

b) Détermine la mesure de chaque angle.
Tes estimations étaient-elles proches ?

5. Est-ce possible de construire un angle rentrant tel que l'autre angle formé par les côtés est :
a) aigu ? **b)** obtus ? **c)** plat ?
Explique ta réponse à l'aide d'exemples.

6. Julie a un rapporteur à 180°.
a) Comment peut-elle mesurer un angle rentrant ?
b) Comment peut-elle construire un angle rentrant de 245° ?

Réfléchis

Quelle est la relation entre un angle rentrant et l'autre angle formé par les mêmes côtés ?
Donne des exemples.

À la maison

À la maison, cherche des angles de différentes mesures.
Dessine chaque angle et estime sa mesure.

LEÇON

2 Classifier des figures

Quelles figures sont régulières ? Quelles figures sont irrégulières ? Comment le sais-tu ?

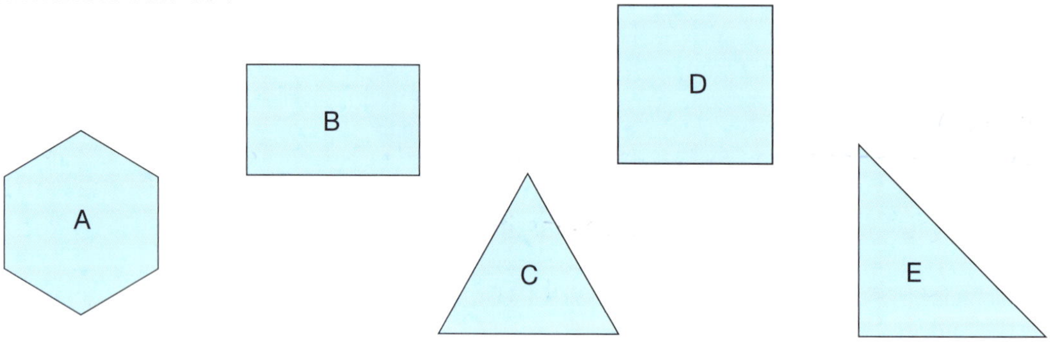

Explore

Tu as besoin de ciseaux, de papier de grand format et d'une copie agrandie de ces figures.

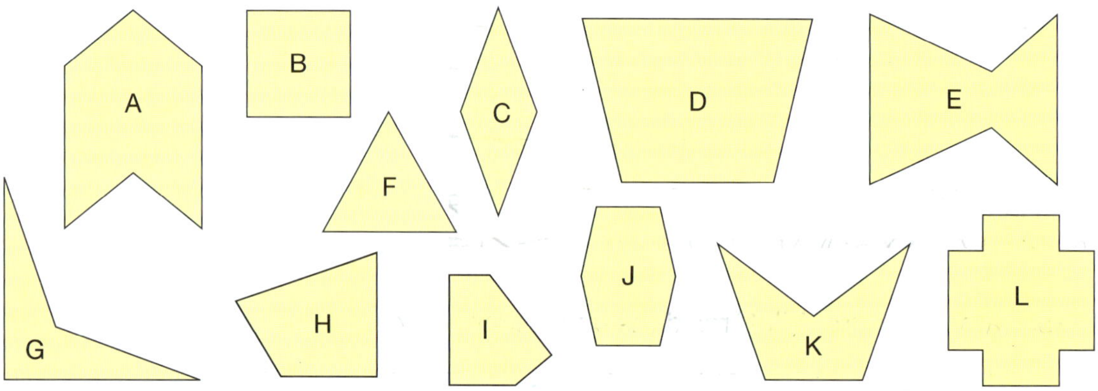

➤ Découpe les figures.
Sur du papier de grand format, construis un grand diagramme de Venn à deux ensembles. Nomme les ensembles selon deux attributs tirés de cette liste.

Figures régulières	Figures irrégulières	Triangles	Angles aigus
Quadrilatères	Pentagones	Hexagones	Angles droits
Côtés parallèles	Côtés congrus	Angles rentrants	Angles obtus

À tour de rôle, choisissez une figure et placez-la dans le diagramme de Venn.
Note ton travail.

 OBJECTIF | Classer et classifier des figures de différentes façons.

➤ Refais l'activité.
Cette fois, utilise des attributs qui te permettent de placer autant de figures que possible dans les ensembles.

Qu'as-tu **trouvé ?**

Montre ton classement aux élèves d'une autre équipe.
Quelle figure a le plus d'attributs ? Quelle figure a le moins d'attributs ?
Quel attribut décrit le plus de figures ? Pourquoi ?

Découvre

Il y a beaucoup de façons de classer et de classifier des figures.

➤ Tu peux classer des triangles selon le nombre de côtés congrus et la mesure des angles.

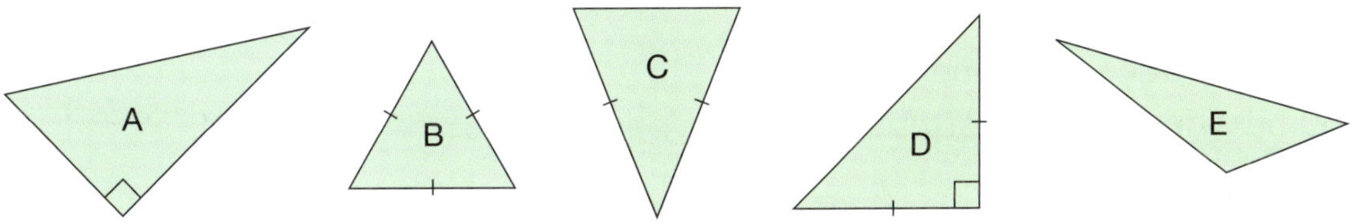

	Acutangle	Obtusangle	Rectangle
Scalène		E	A
Isocèle	C		D
Équilatéral	B		

➤ Tu peux classer des quadrilatères dans un diagramme de Venn.

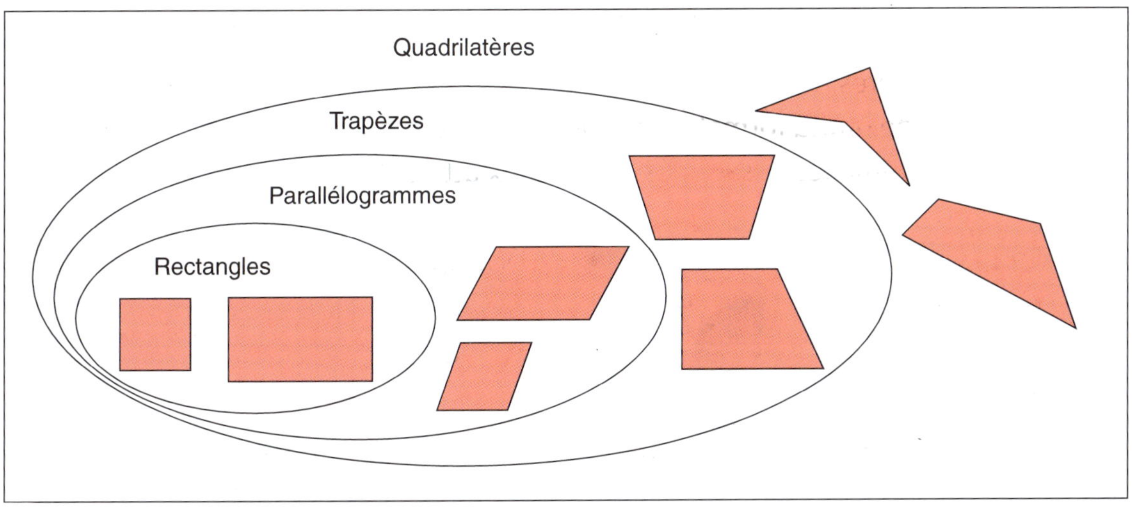

➤ Dans ces polygones, tous les angles sont plus petits que 180°. Ce sont des **polygones convexes.**

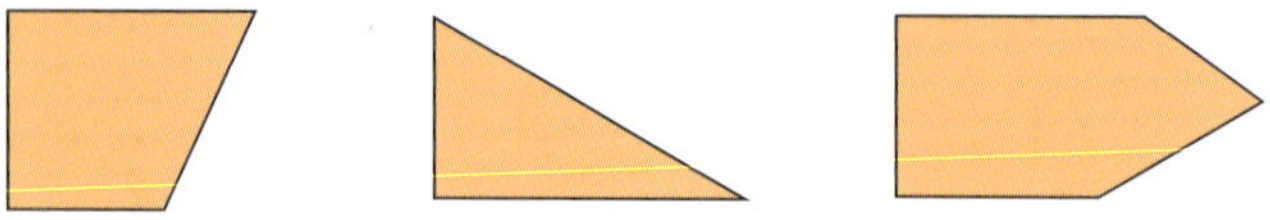

Dans ces polygones, il y a au moins un angle rentrant. Ce sont des **polygones concaves.**

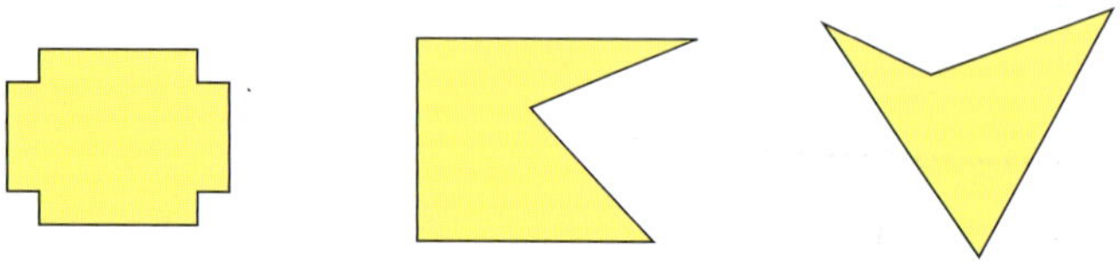

À ton tour

1. Nomme chaque polygone.
Énumère autant de ses attributs que tu le peux.

a)

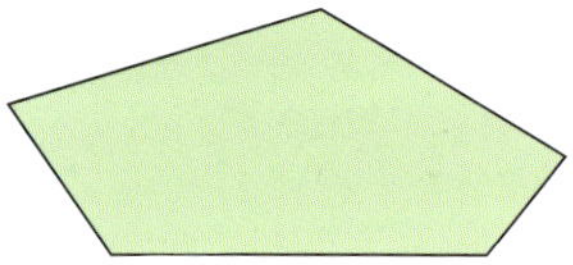

b)

c)

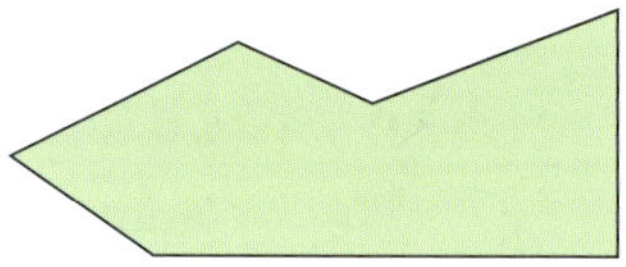

2. Trouve l'attribut mystère.

Tous ces polygones l'ont.	Aucun de ces polygones ne l'a.	Lesquels de ces polygones l'ont ?
	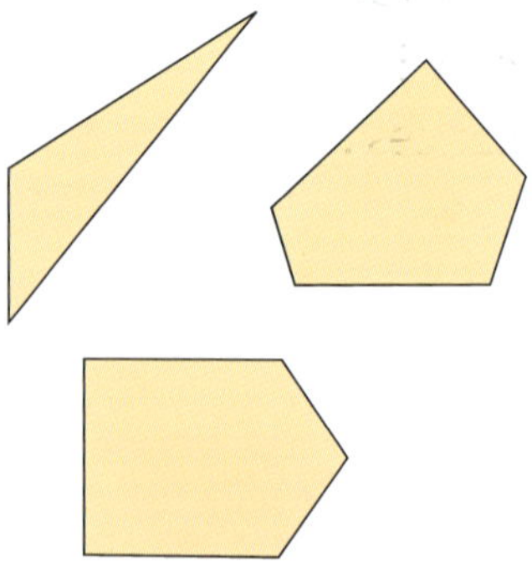	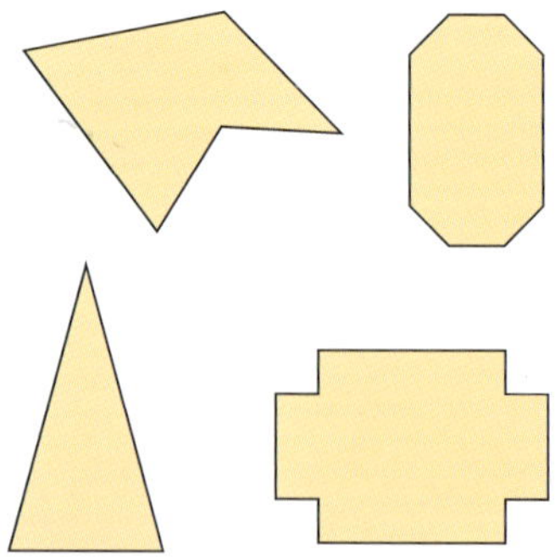

a) Quel est l'attribut ?
Comment le sais-tu ?

b) Dessine une autre figure qui a cet attribut.

Tu as besoin d'une copie agrandie de ces figures pour répondre aux questions 3 à 5.

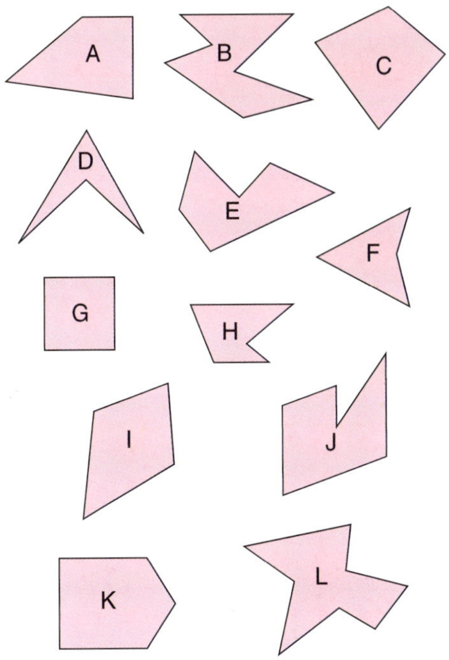

3. Classe ces figures dans un diagramme de Venn à 2 ensembles.
Comment as-tu choisi les attributs ?

4. **a)** Classe ces figures dans un diagramme de Venn à 3 ensembles.
Note ton travail.
b) Est-ce que des ensembles se chevauchent ?
Comment le sais-tu ?

5. **a)** Nomme les figures qui sont des quadrilatères.
b) À l'aide d'un rapporteur, mesure les angles de chaque quadrilatère.
Pour chaque quadrilatère, additionne les mesures obtenues.
Que remarques-tu ?

6. Utilise du papier à points.
Dessine 3 figures pour chaque ensemble d'indices.
Nomme chaque figure.
a) Je n'ai pas d'angle droit, et tous mes côtés ont la même longueur.
b) J'ai un angle rentrant et quatre côtés.
c) J'ai exactement deux côtés parallèles.

7. Utilise du papier à points.
a) Construis un polygone. Nomme-le « A ».
Énumère les attributs du polygone A.
b) Construis un polygone différent. Nomme-le « B ».
Énumère les attributs du polygone B.
c) Compare les polygones A et B.
Quelles sont les ressemblances ?
Quelles sont les différences ?

Réfléchis

Décris des façons de classer et de classifier des figures.
Explique ta réponse à l'aide de mots et de dessins.

Joue avec les nombres

Calcul mental

Estime chaque quotient.

$2343 \div 99$

$5456 \div 50$

$3620 \div 60$

$8405 \div 12$

LEÇON 3

La boîte à outils

Explore

Dessine un pentagone :
- qui n'a aucun axe de symétrie ;
- qui a exactement un angle obtus ;
- qui a exactement une paire de côtés parallèles.

La solution de Paolo est-elle bonne ? Comment le sais-tu ? Si tu as répondu non, décris ce qu'il peut changer pour que sa solution soit bonne.

Qu'as-tu trouvé ?

Montre ton travail à une ou à un camarade. Est-ce que plus d'une figure correspond à la description ? Explique ta réponse.

Découvre

➤ Maude dessine cette figure selon les consignes suivantes.

Dessine un pentagone concave :
- qui a au moins un angle droit ;
- qui n'a aucun côté parallèle.

Maude vérifie si sa figure respecte tous les critères.

- *Sa figure est un pentagone.* — *Oui*
- *Sa figure est concave.* — *Oui*
- *Sa figure a au moins un angle droit.* — *Non*
- *Sa figure n'a pas de côtés parallèles.* — *Oui*

Des stratégies pour bien réussir

- **Surmonte les difficultés.**
- **Vérifie et réfléchis.**
- **Concentre-toi sur le problème.**
- **Présente ton raisonnement.**
- **Choisis une réponse.**
- **Fais de ton mieux dans un test.**
- **Explique ta réponse.**

OBJECTIF | Vérifie et réfléchis.

La figure de Maude est un pentagone concave sans angle droit et sans côtés parallèles. Mais la figure demandée doit comporter au moins un angle droit.

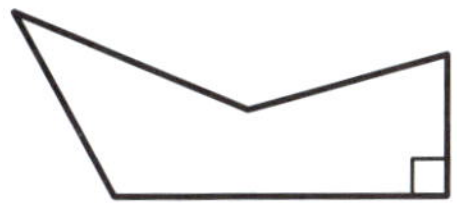

➤ Quand tu résous un problème, vérifie toujours ta solution.

- ✓ Qu'est-ce que je devais trouver ? Ai-je répondu à la question ?
- ✓ Ai-je inclus tous les éléments requis ?
- ✓ Ma réponse est-elle vraisemblable ?
- ✓ Mes calculs sont-ils bons ?
- ✓ Ma stratégie a-t-elle bien fonctionné ?

À ton tour

1. Trouve l'attribut mystère.
Montre comment tu as vérifié ta réponse.

Toutes ces figures l'ont.	Aucune de ces figures ne l'a.	Laquelle de ces figures l'a ?
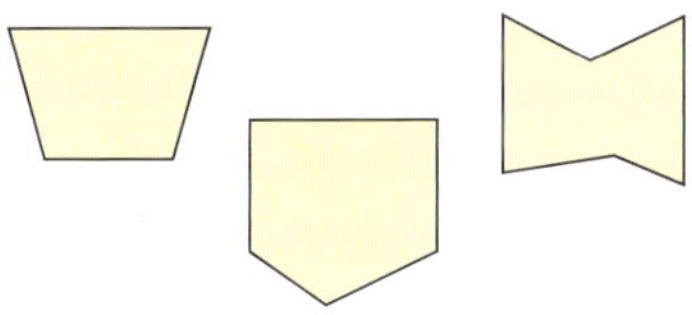	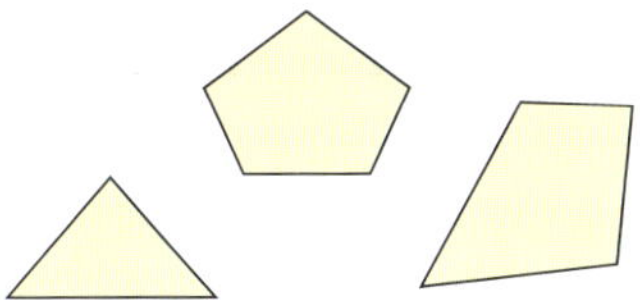	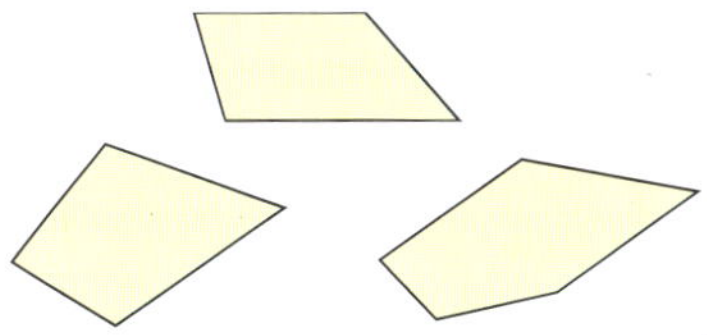

2. Un élève a trouvé le quotient de 2046 ÷ 13 de cette façon :

a) Sa réponse est-elle vraisemblable ? Comment le sais-tu ?

b) Sa réponse est-elle bonne ? Si tu réponds non, trouve l'erreur. Montre ton travail.

```
     1057
13 | 2046
     13↓|
      74
      65↓
       96
       91
        5
```

2046 ÷ 13 = 1057 r 5

Réfléchis

Pourquoi est-ce important de toujours vérifier la solution d'un problème ?

LEÇON

4

Construire des figures

Tu peux combiner des figures pour former une nouvelle figure.

Explore

Tu as besoin d'un tangram et d'un rapporteur.

Choisis 2 ou plusieurs pièces de tangram.
Avec ces pièces, forme un quadrilatère qui a deux angles de 135°.
Combien de quadrilatères avec deux angles de 135° peux-tu construire ?
Dessine chaque quadrilatère ou trace son contour.

Qu'as-tu trouvé ?

Montre tes quadrilatères aux élèves d'une autre équipe.
Décris tes quadrilatères.
Comment as-tu choisi les pièces de tangram ?

 OBJECTIF | Construire des figures à l'aide d'un rapporteur, d'une règle et d'un compas.

Découvre

Une autre façon de construire une figure consiste à utiliser une règle et un compas ou un rapporteur.

➤ Construis un $\triangle ABC$ où m $\overline{AB}$ = 6 cm, m $\overline{AC}$ = 5 cm et m $\overline{BC}$ = 4 cm.

Le symbole △ représente un triangle. Deux lettres surmontées d'un trait désignent un segment de droite ou un côté. Quand ces lettres sont précédées d'un « m », elles désignent la mesure du segment ou du côté.

Étape 1

Trace un segment AB de 6 cm à l'aide de la règle.

Étape 2

Prends le compas. Règle la distance entre le crayon et la pointe sèche à 5 cm.
Place la pointe du compas sur le point A.
Trace un arc de cercle.
Règle la distance entre le crayon et la pointe sèche du compas à 4 cm.
Place la pointe du compas sur le point B.
Trace un arc de cercle qui coupe le premier.
Nomme le point de rencontre des arcs « C ».

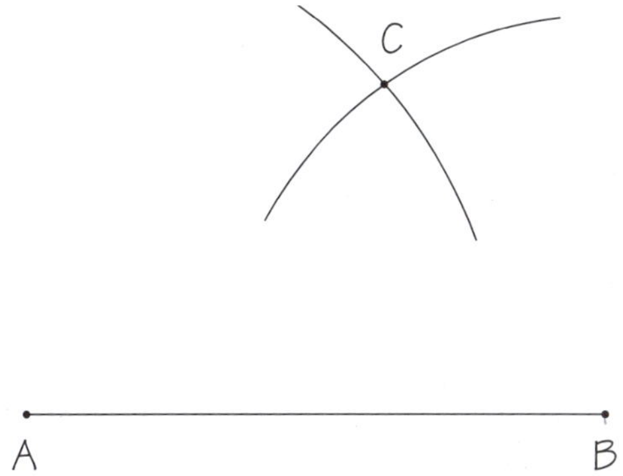

Étape 3

Trace $\overline{AC}$ et $\overline{BC}$ pour compléter le triangle.
Écris la longueur de chaque segment.

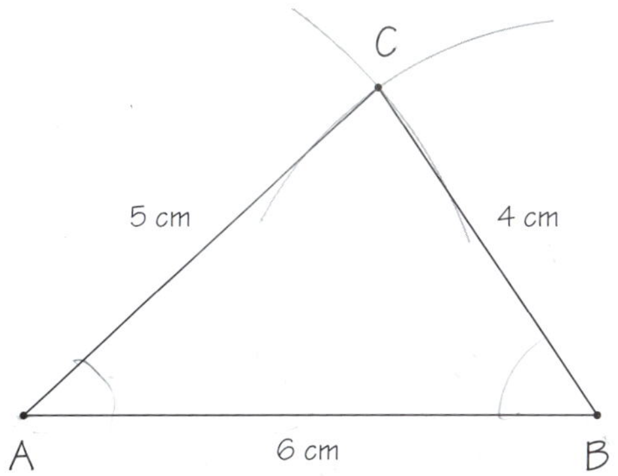

Quand tu désignes un angle par trois lettres, la lettre du milieu correspond au sommet de l'angle. Par exemple, ici, $\angle A$ se nomme aussi $\angle CAB$.

➤ À l'aide d'une règle et d'un rapporteur, construis un parallélogramme BACD où m $\overline{AC}$ = m $\overline{BD}$ = 5 cm, m $\overline{BA}$ = m $\overline{DC}$ = 2 cm, $\angle ABD = 120°$ et $\angle BDC = 60°$.

Étape 1

Trace un segment BD de 5 cm à l'aide de la règle.

Étape 2
Au point B, mesure 120° à l'aide du rapporteur.
Trace un segment BA de 2 cm.

Étape 3
Au point D, mesure 60° à l'aide du rapporteur.
Trace un segment DC de 2 cm.

Étape 4
Trace $\overline{AC}$ pour compléter le parallélogramme.
Écris chaque mesure.
Vérifie si $\overline{AC}$ mesure bien 5 cm.

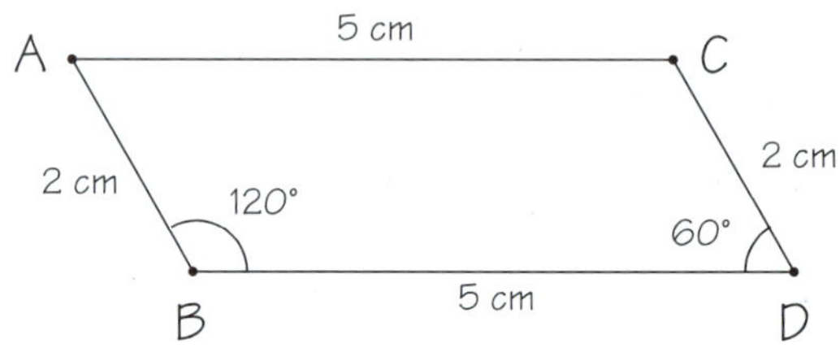

À ton tour

1. Utilise une règle et un rapporteur.
   Construis un carré PQRS avec des côtés de 8 cm de longueur.

2. Tu as besoin d'un tangram.
   a) Dispose 3 pièces pour former un quadrilatère.
   Trace le contour de ton quadrilatère.
   Mesure et note les longueurs de côtés et les angles.
   b) Construis le quadrilatère en a) à l'aide d'une règle et d'un rapporteur.

3. Construis chaque triangle à l'aide d'une règle et d'un compas.
   a) un $\triangle PQR$ où m $\overline{PQ} = 6$ cm, m $\overline{QR} = 8$ cm et m $\overline{PR} = 10$ cm
   b) un $\triangle CDE$ dont tous les côtés ont 65 mm de longueur
   c) un $\triangle LMN$ avec deux côtés de 7 cm de longueur et un côté de 4 cm de longueur
   Dans chaque cas, combien de triangles peux-tu construire ?
   Comment le sais-tu ?
   Classifie chaque triangle selon ses côtés et ses angles.

4. Construis un $\triangle FGH$ où $\angle HFG = 50°$,
   $\angle FGH = 60°$ et $\angle GHF = 70°$.
   Compare ton triangle avec celui d'une ou d'un camarade.
   Vos triangles sont-ils congruents ? Comment le sais-tu ?

5. À l'aide d'une règle et d'un compas, construis un $\triangle BCD$ où :
$m\ \overline{BD} = 85$ mm,
$m\ \overline{CD} = 80$ mm,
$m\ \overline{BC} = 43$ mm.
Mesure les angles du triangle.

6. Utilise du papier à points triangulé.
   a) Construis un hexagone concave.
   L'hexagone doit avoir au moins un angle de 60° et un angle de 240°.
   Au moins trois côtés doivent avoir 3 unités de longueur.
   Combien d'hexagones peux-tu dessiner ?
   b) Choisis un de tes hexagones.
   Explique comment tu as déterminé les longueurs des côtés et les mesures des angles.

7. Construis un quadrilatère CDEF où :
$\angle C = 110°$,
$\angle D = 130°$,
$\angle F = 50°$.
   a) Quelle est la mesure de $\angle E$?
   b) Peux-tu construire un quadrilatère CDEF différent ? Explique ta réponse.

8. Utilise une règle et un rapporteur.
Construis un trapèze STUV où $m\ \overline{TU} = 8$ cm, $m\ \overline{TS} = m\ \overline{VU} = 3$ cm et $\angle STU = \angle TUV = 70°$.
Quelle est la longueur de $\overline{SV}$?

9. Construis deux pentagones MNPQR où $m\ \overline{RQ} = m\ \overline{QP} = m\ \overline{PN} = 6$ cm, $m\ \overline{RM} = m\ \overline{MN} = 4$ cm et $\angle RQP = \angle QPN = 90°$.
   a) Pour chaque pentagone, trouve la mesure de $\angle QRM$, de $\angle RMN$ et de $\angle MNP$.
   b) Pourquoi peux-tu construire deux pentagones différents ?

Réfléchis

Explique comment tu peux construire un pentagone concave qui a 3 côtés congrus et un angle de 240° ?
Explique ta réponse à l'aide de dessins.

Joue avec les nombres

Stratégie numérique

Trouve chaque quotient.

$1530 \div 9$
$8575 \div 25$
$6344 \div 52$
$2136 \div 12$

TECHNOLOGIE

Construire et mesurer des polygones à l'aide du *Cybergéomètre*

Travaille avec une ou un camarade.

Utilise le logiciel *Cybergéomètre*.

Suis ces étapes pour construire des polygones et mesurer des angles.

1. Ouvre un nouveau document dans le *Cybergéomètre*.
   Clique sur : Fichier , puis clique sur : Nouvelle esquisse Ctrl+N .

2. Pour **construire un polygone,** choisis l'outil Règle, .
   Clique, tiens le bouton de la souris enfoncé et fais glisser le curseur jusqu'à la longueur désirée.
   Relâche le bouton de la souris.
   Place le curseur à une extrémité du segment, puis clique, tiens le bouton de la souris enfoncé et fais glisser le curseur pour tracer le prochain côté du polygone.
   Trace tous les autres côtés du polygone de cette façon.

3. Pour **nommer le polygone,** choisis l'outil Texte, .
   Le curseur ressemblera à ceci :

   Clique sur chaque sommet.
   Une lettre apparaîtra à côté de chaque sommet.

   Pour changer une lettre, double-clique dessus.
   Une boîte de dialogue apparaîtra.
   Tape la nouvelle lettre, puis clique sur : OK .
   Clique n'importe où à l'extérieur de la figure pour désélectionner le tout.

4. Pour **mesurer les côtés** du polygone, choisis l'outil Flèche de sélection, .
   Clique sur un côté du polygone pour le sélectionner.
   Clique sur : Mesures , puis clique sur : Longueur .
   La longueur du côté apparaîtra en haut à gauche de l'écran.
   Clique n'importe où à l'extérieur du polygone pour désélectionner le segment.

   Refais cette étape pour mesurer chaque côté du polygone.

 OBJECTIF | Construire des polygones et mesurer des côtés et des angles à l'aide d'un ordinateur.

5. Pour **mesurer les angles** du polygone, choisis l'outil Flèche de sélection, [icône].
Appuie sur la touche Majuscule, tiens-la enfoncée et clique sur 3 sommets, dans le sens des aiguilles d'une montre, pour les sélectionner.
Clique sur : Mesures, puis clique sur : Angle.
La mesure de l'angle apparaîtra en haut à gauche de l'écran.
Clique n'importe où à l'extérieur du polygone pour désélectionner l'angle.

Refais cette étape pour mesurer chaque angle du polygone.

6. Pour **modifier la forme** du polygone, choisis l'outil Flèche de sélection, [icône].
Clique sur un côté ou un sommet.
Tiens le bouton de la souris enfoncé.
Fais glisser le segment de droite ou le sommet jusqu'à l'endroit désiré.
Observe ce qui arrive aux longueurs des côtés et aux mesures des angles pendant que tu déplaces le côté ou le sommet.
Relâche le bouton de la souris.

7. Sauvegarde ton polygone.
Clique sur : Fichier, puis clique sur : Sauvegarder sous....
Nomme ton fichier.
Clique sur : Sauvegarder.

8. Imprime ton polygone.
Clique sur : Fichier, puis clique sur : Imprimer.
Clique sur : OK.

9. Refais les étapes 1 à 8 pour construire et mesurer des polygones dont le nombre de côtés varie.

Réfléchis

Quel avantage y a-t-il à construire un polygone à l'aide d'un ordinateur ?
Explique ta réponse à l'aide de mots et de dessins.

LEÇON 5

Des développements de solides

Explore

Tu as besoin de ciseaux et de ruban adhésif.
Ton enseignante ou ton enseignant va te remettre une copie agrandie de ces dessins.

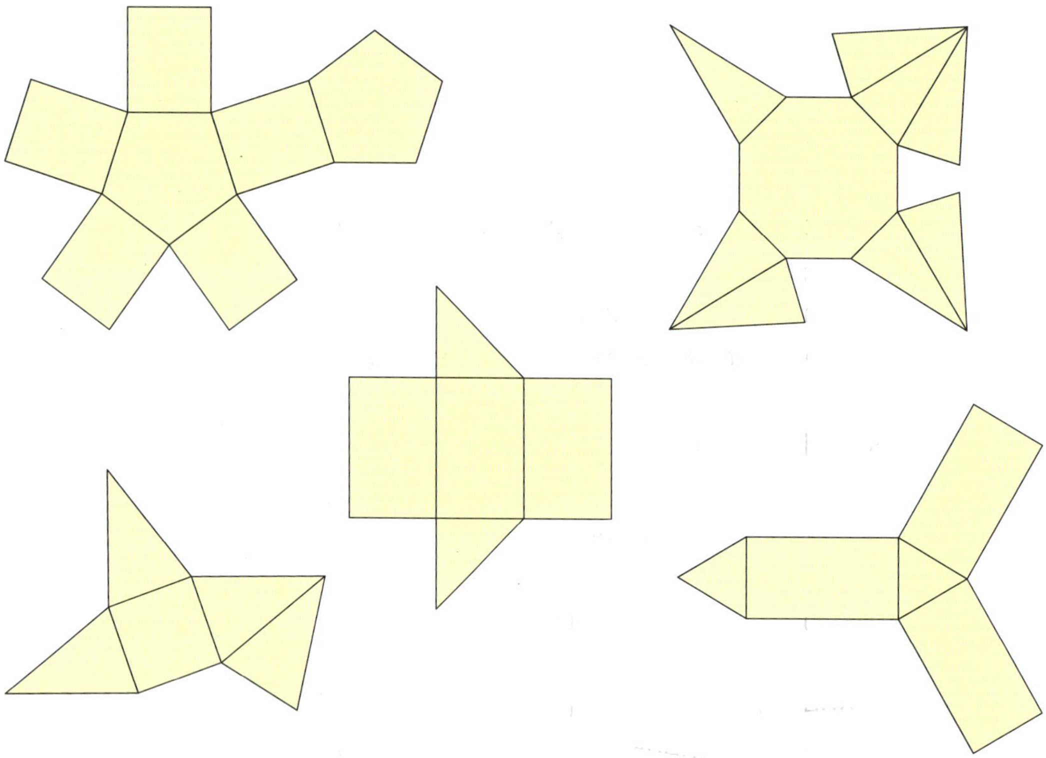

Est-ce que chaque dessin est le développement d'un solide ?
Si tu réponds oui, nomme le solide représenté.
Si tu réponds non, que peux-tu changer pour obtenir un développement ?

Qu'as-tu trouvé ?

Montre ton travail aux élèves d'une autre équipe.
Comment sais-tu qu'un dessin est le développement d'un solide ?
Comment reconnais-tu le solide ?

OBJECTIF | Reconnaître, concevoir et dessiner des développements de solides.

Découvre

Un développement montre toutes les faces d'un solide.
Chaque face est liée à une autre face le long d'une arête.
Une fois plié, le développement forme le solide.

Pour savoir si un dessin est un développement, examine chaque figure et sa position par rapport aux autres.

➤ Ceci *n'*est *pas* le développement d'un prisme rectangulaire.

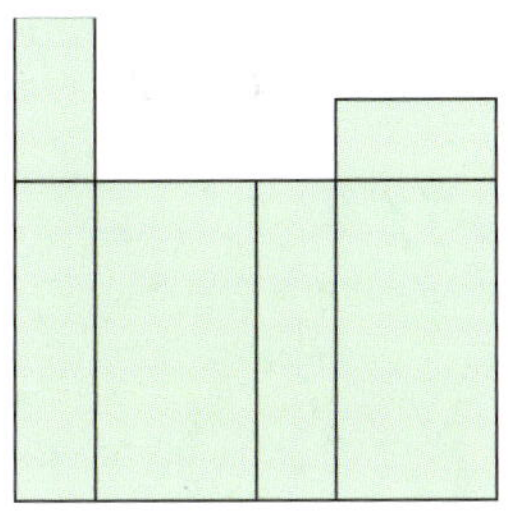

Les rectangles des faces des extrémités du prisme se trouvent du même côté du développement.
Si tu plies ce dessin, tu obtiendras une boîte ouverte à une extrémité.
À l'extrémité opposée, deux rectangles se chevaucheront.

➤ Voici le développement d'une pyramide à base pentagonale :
Le dessin montre 1 pentagone régulier et 5 triangles isocèles congruents.
Si tu plies ce dessin, tu obtiens une pyramide à base pentagonale.
Les paires de côtés alignés pour former une arête de la pyramide ont la même longueur.

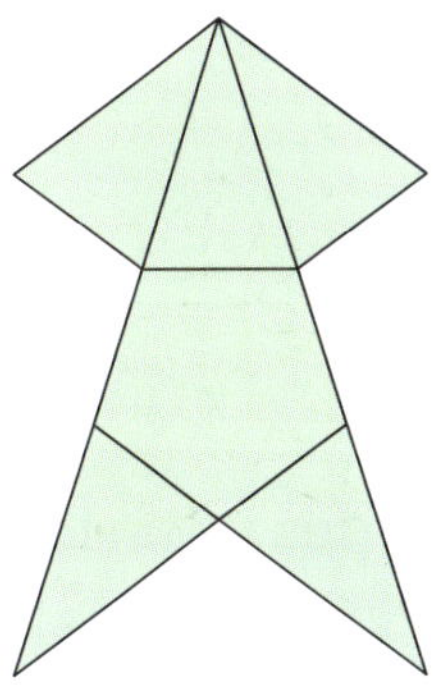

À ton tour

Tu as besoin de divers solides.

1. Nomme le solide qui correspond à chaque développement.

a)

b)

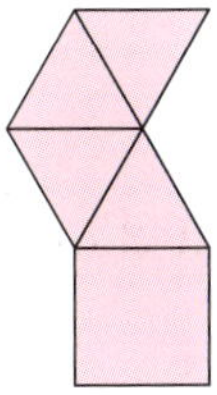

c)

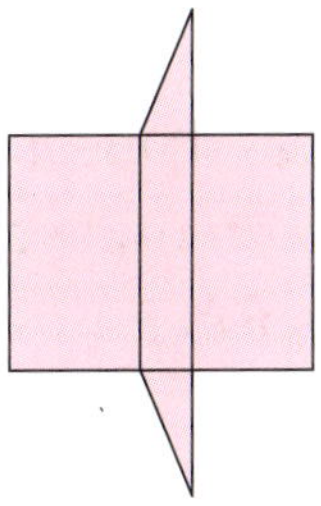

2. La base d'une pyramide est un octogone régulier.
Les autres faces de la pyramide sont des triangles isocèles.
Dessine le développement d'une pyramide à base octogonale.
Utilise des hachures pour indiquer les côtés de même longueur.
Comment sais-tu combien de faces congruentes tu dois dessiner ?

3. Quels dessins sont des développements ? Comment le sais-tu ?
Nomme le solide que chaque développement représente.

a) 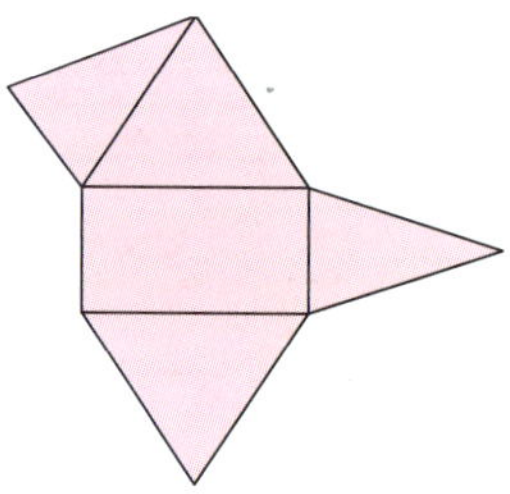

b) 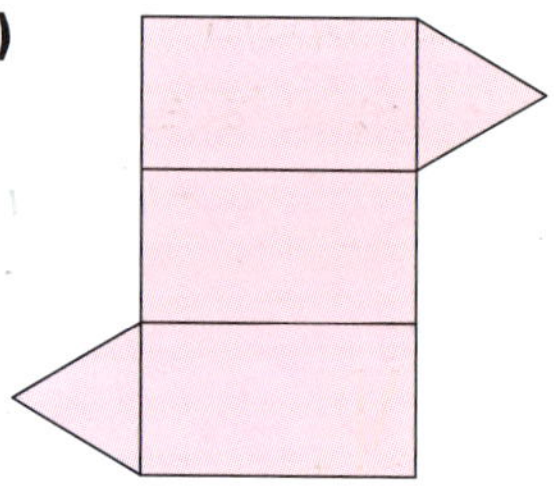

c) 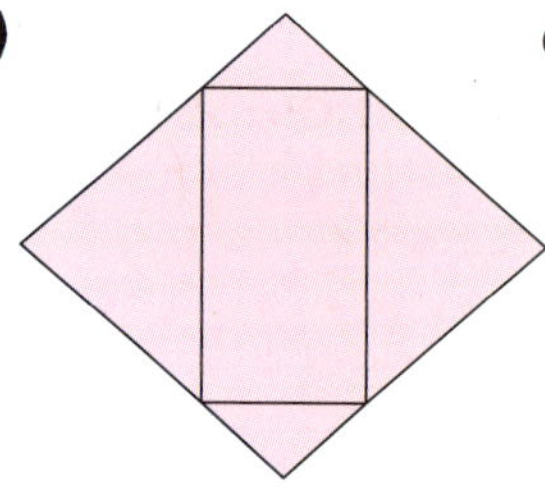

d) 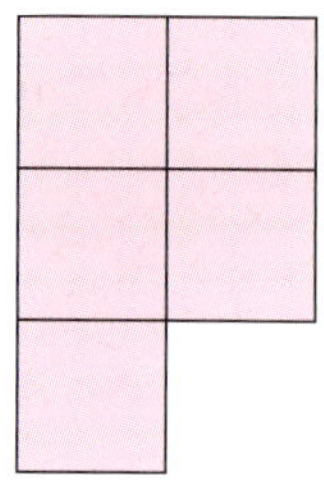

4. Dessine deux développements différents pour chaque solide.
Utilise des hachures pour indiquer les côtés de même longueur.

a) 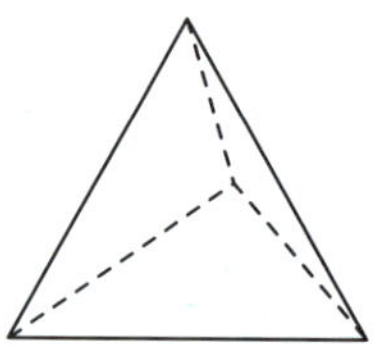

b) 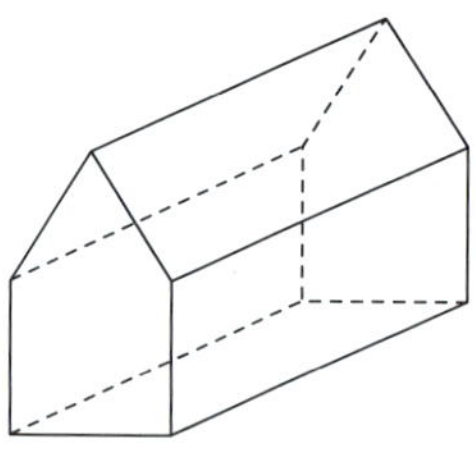

c) 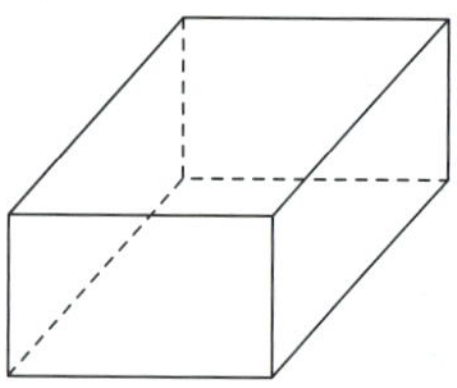

d) 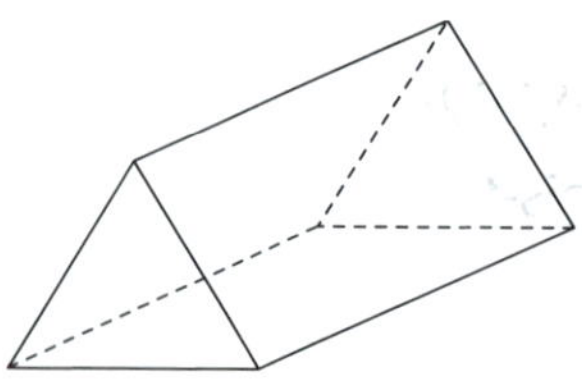

5. Nomme le solide qui correspond à chaque ensemble de faces. Dessine les faces pour former un développement. Comment sais-tu que tu as dessiné un développement ?
   a) quatre triangles équilatéraux et un carré
   b) deux carrés et quatre rectangles
   c) un rectangle et deux paires de triangles congruents
   d) cinq triangles et un pentagone
   e) quatre triangles équilatéraux

6. Tu as besoin de papier à points triangulé.
   a) Une pyramide à base triangulaire dont toutes les faces sont congruentes est un tétraèdre régulier. Dessine tous les développements possibles pour un tétraèdre régulier.
   b) Dessine tous les développements possibles pour une pyramide qui a une base triangulaire équilatérale et trois faces triangulaires isocèles.
   c) Compare tes développements en a) et en b). Explique les différences.

7. La somme des nombres sur les faces opposées d'un dé numéroté est partout la même. Reproduis chaque développement sur du papier quadrillé. Écris un nombre de 1 à 6 sur chaque face.

a)
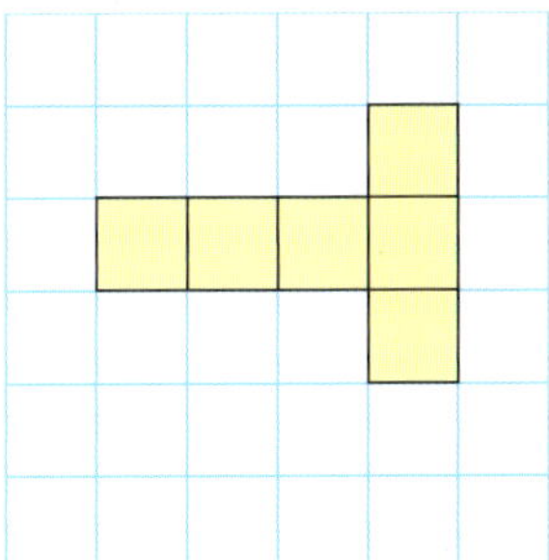

b)
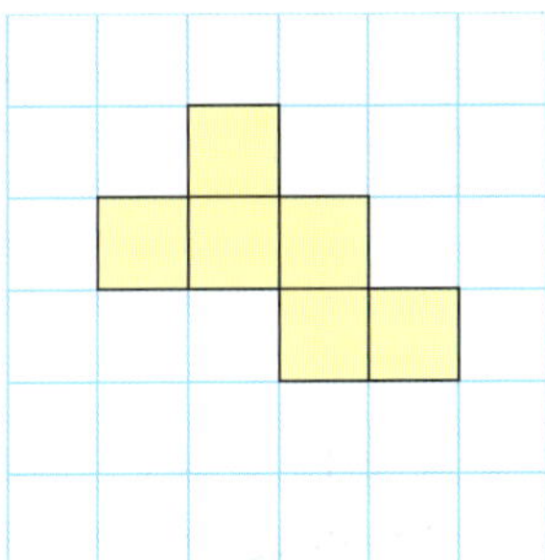

c)
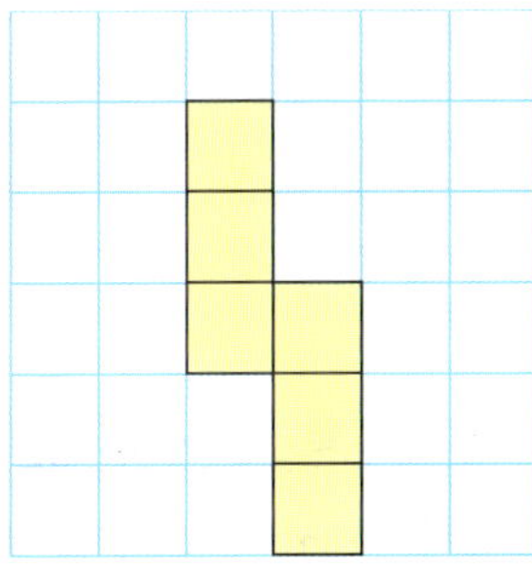

Réfléchis

Quand tu vois un dessin semblable à un développement, comment sais-tu s'il s'agit bien d'un développement ? Donne des exemples.

Joue avec les nombres

Stratégie numérique

Arrondis chaque nombre au millier le plus proche et à la centaine de milliers la plus proche.

- 4 682 364
- 803 091 531
- 9 989 899

LEÇON

6 Représenter des solides

Explore

Tu as besoin de cubes emboîtables, de papier à points triangulé et de papier quadrillé.

➤ Construis un prisme rectangulaire à l'aide de cubes emboîtables.
Dessine ce prisme sur du papier à points triangulé.
Ton dessin doit montrer la longueur, la largeur et la hauteur du prisme.

➤ Utilise du papier quadrillé.
Dessine les vues de dessus, de face et de côté de ton prisme.

Qu'as-tu trouvé ?

Échange tes dessins contre ceux des élèves d'une autre équipe.
Construis le prisme de tes camarades à l'aide de leur dessin ou des vues représentées sur le papier quadrillé.
Compare ton prisme avec celui de tes camarades.

Joue avec les nombres

Stratégie numérique

Écris 4 nombres qui ont un reste de 3 quand tu les divises par 5.
Comment as-tu trouvé ces nombres ?

Découvre

Voici un prisme fait de cubes emboîtables :

➤ Tu peux dessiner ce prisme sur du papier à points triangulé.

D'abord, relie 3 points pour former une arête verticale.

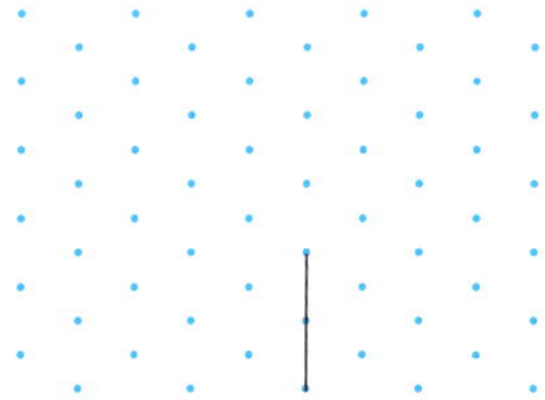

Relie 4 points pour former les arêtes des cubes qui semblent monter vers la droite. Relie 5 points pour former les arêtes des cubes qui semblent monter vers la gauche.

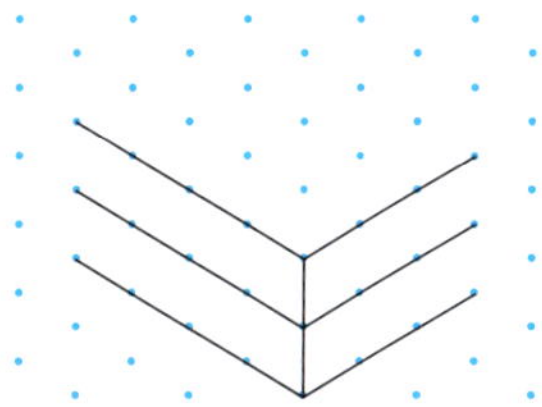

Relie ces points pour représenter les autres arêtes verticales des cubes.

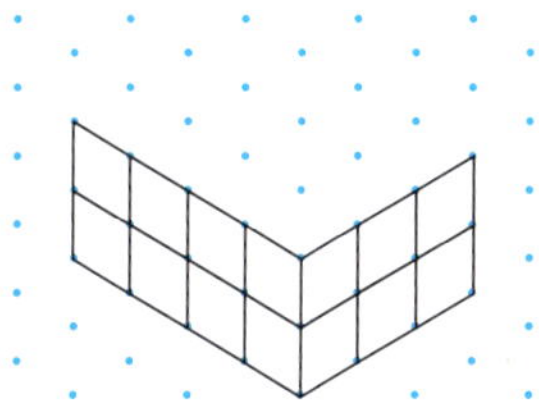

Relie les points pour compléter le prisme.

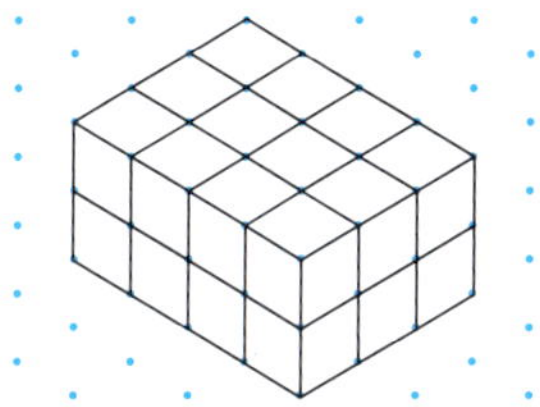

➤ Tu peux construire le prisme à partir de ses vues de dessus, de face et de côté.
Emboîte des cubes pour reproduire la vue de dessus.
Ajoute des cubes pour obtenir la vue de face.
Vérifie si la vue de côté correspond au prisme.

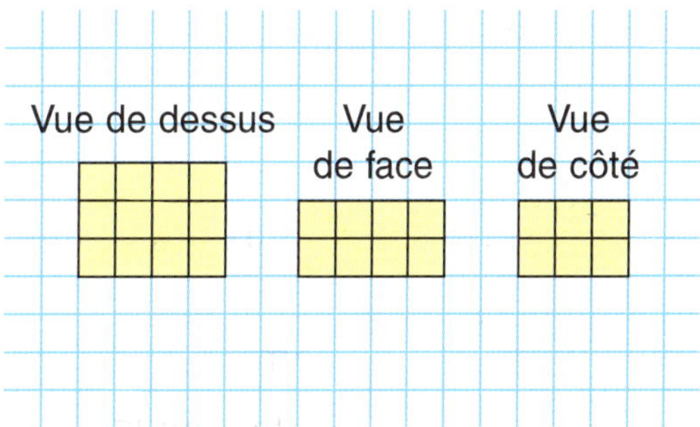

À ton tour

1. Construis chaque solide.
Puis, dessine chaque solide sur du papier à points triangulé.

a) 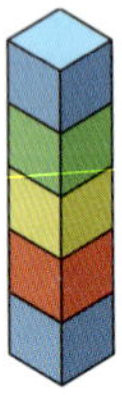

b) 

c) 

2. Dessine les vues de dessus, de face et de côté de chaque solide de la question 1.

3. Pour chaque ensemble de vues :
- construis le solide à l'aide de cubes emboîtables ;
- dessine le solide sur du papier à points triangulé.

a) 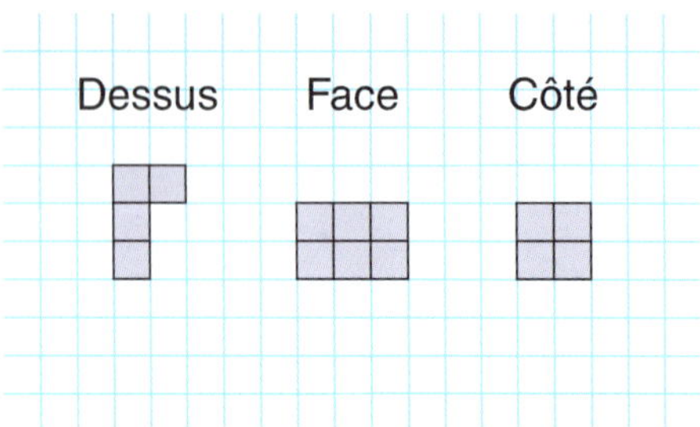

b) 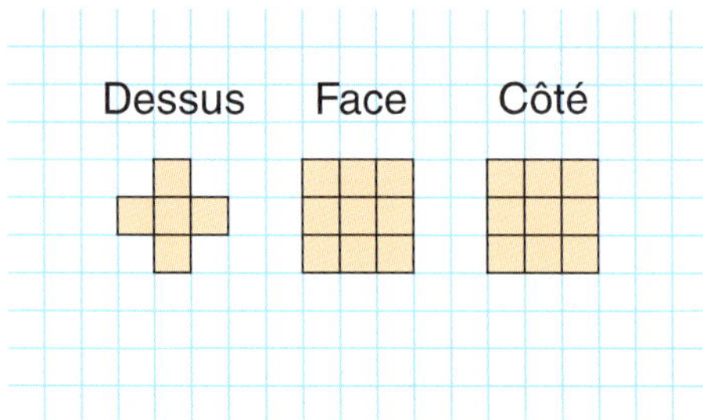

4. **a)** Construis le solide représenté.
b) Puis, dessine ses vues de dessus, de face et de côté.

Un dessin sur du papier à points triangulé s'appelle un **dessin isométrique.**

5. Construis un solide qui *n'*est *pas* un prisme rectangulaire, à l'aide de cubes emboîtables.
a) Dessine ses vues de dessus, de face et de côté.
b) Dessine le solide sur du papier à points triangulé.
c) Décris comment tu as fait tes dessins en a) et en b).

6. Pour chaque solide :
   - dessine ses vues de face et de côté ;
   - dessine le solide sur du papier à points triangulé.

a)

b)

7. Voici le développement d'un solide :

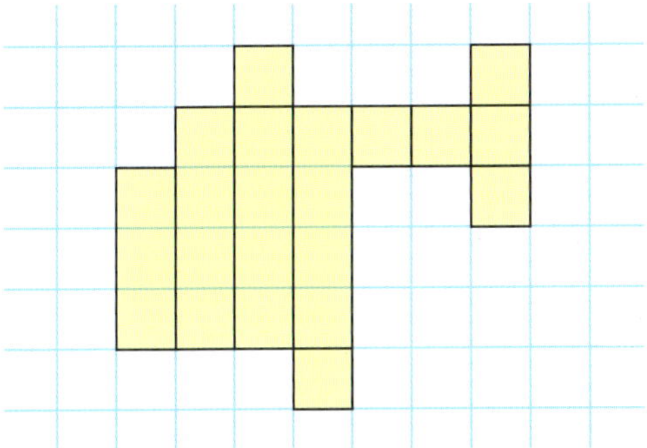

   a) Construis ce solide.
   b) Dessine le solide sur du papier à points triangulé.

Math +

Autour de toi

Beaucoup de métiers exigent de créer ou d'interpréter des dessins industriels.
Les dessins industriels représentent des objets.
Ils renseignent sur les dimensions d'un objet et le matériel requis pour le fabriquer.
Les dessins isométriques sont un type de dessin industriel.

Réfléchis

Comment dessines-tu un solide fait de cubes emboîtables ?

Module 3 Montre ce que tu sais

LEÇONS

1 **1.** Pour chaque angle :
- estime la mesure de l'angle ;
- indique si l'angle est aigu, droit, obtus ou rentrant ;
- mesure l'angle.

a)

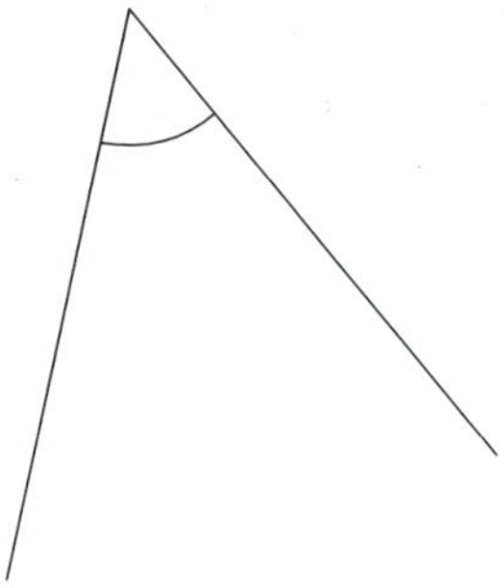

b)

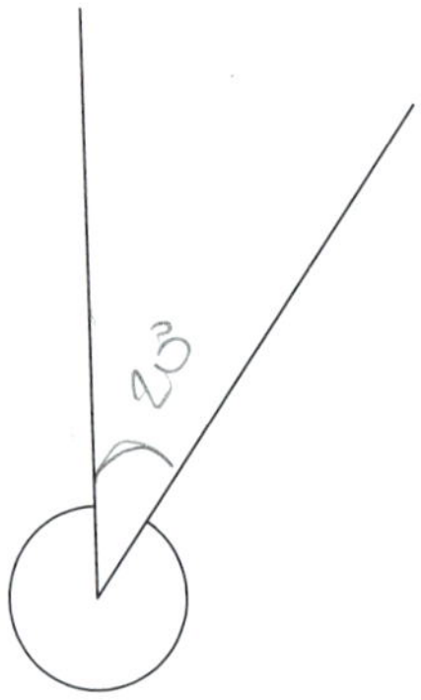

c)

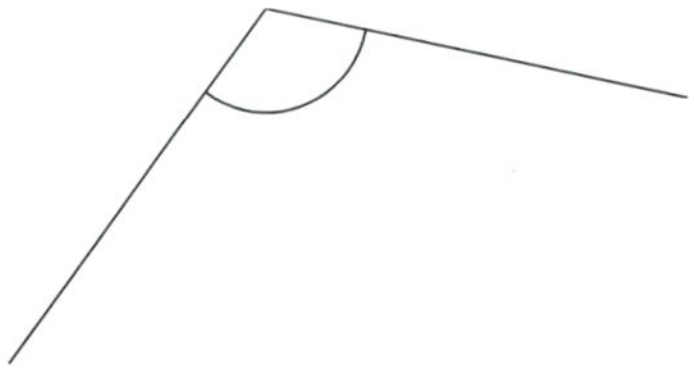

2. Utilise une règle et un rapporteur.
Construis un angle de chaque mesure.

a) 175° **b)** 210° **c)** 50° **d)** 350°

2 **3.** Toutes ces figures ont un attribut particulier.

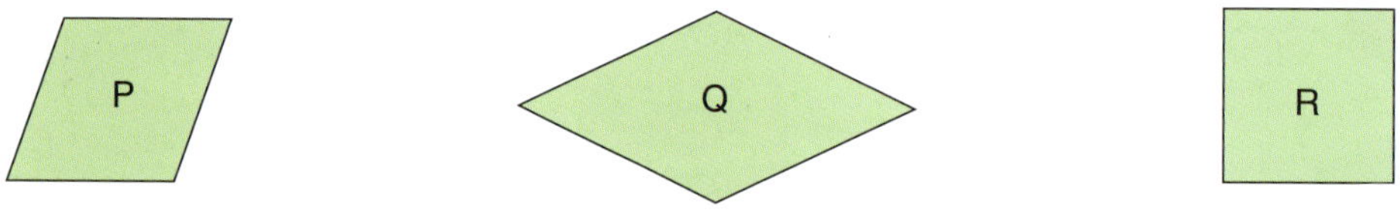

Aucune de ces figures n'a cet attribut.

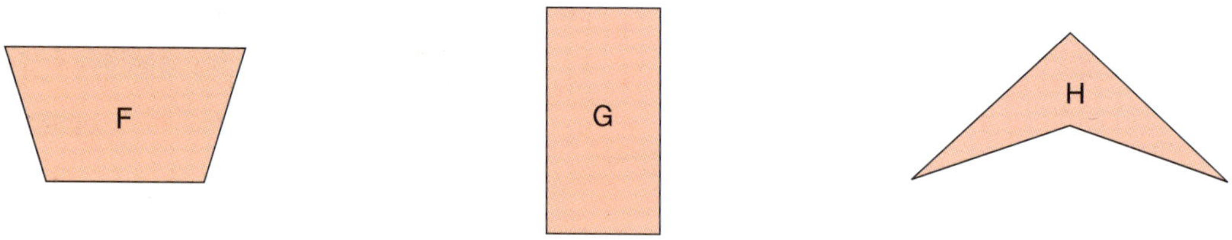

Laquelle de ces figures a l'attribut ?
Comment le sais-tu ?

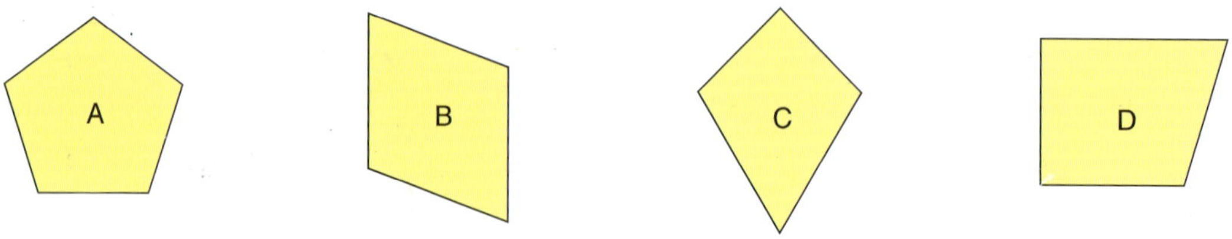

LEÇONS

4 **4.** Utilise une règle, un rapporteur et un compas.
Construis un rectangle KLMN où :
m $\overline{KL}$ = 8 cm et m $\overline{NK}$ = 4 cm.

5. Utilise une règle et un rapporteur.

a) Construis un parallélogramme avec un angle de 70° et un angle de 110°. Deux des côtés mesurent respectivement 9 cm et 5 cm de longueur.

b) Détermine les mesures des 2 autres angles et des 2 autres côtés.

5 **6.** Quels dessins sont des développements ?
Pour chaque développement, nomme le solide représenté.

a)

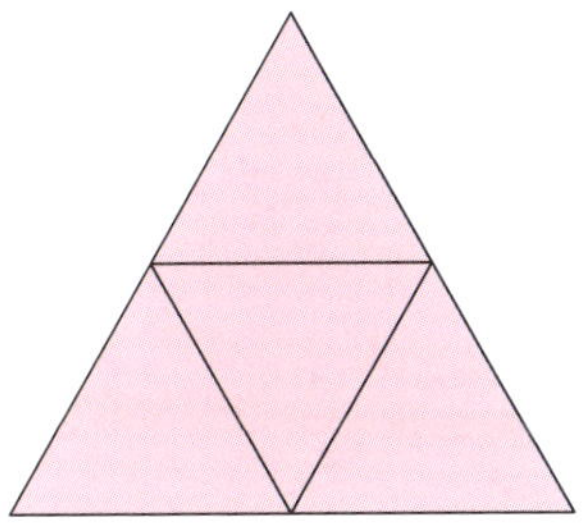

b)

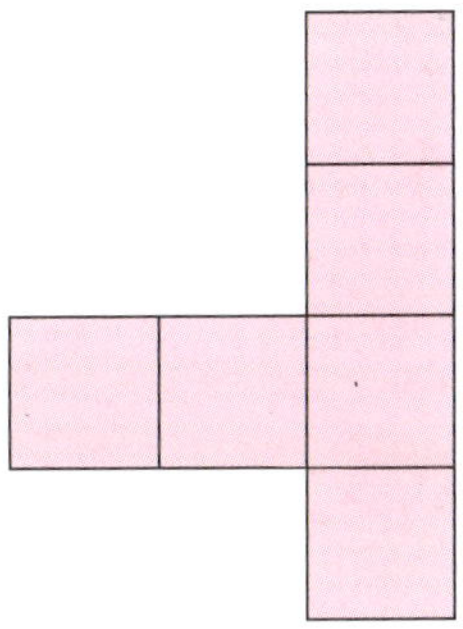

c)

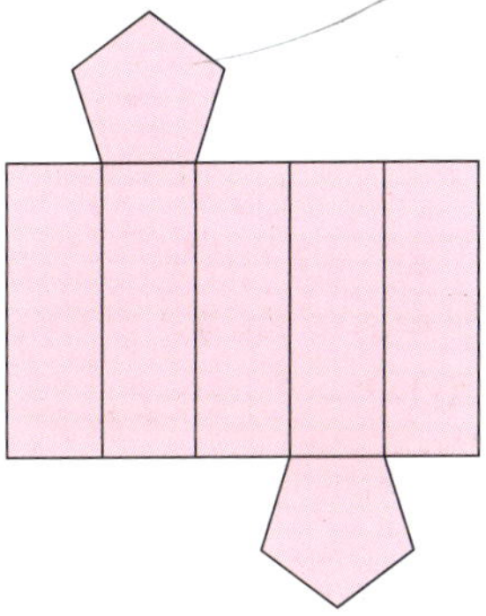

7. Dessine 2 développements différents pour chaque solide.

a)

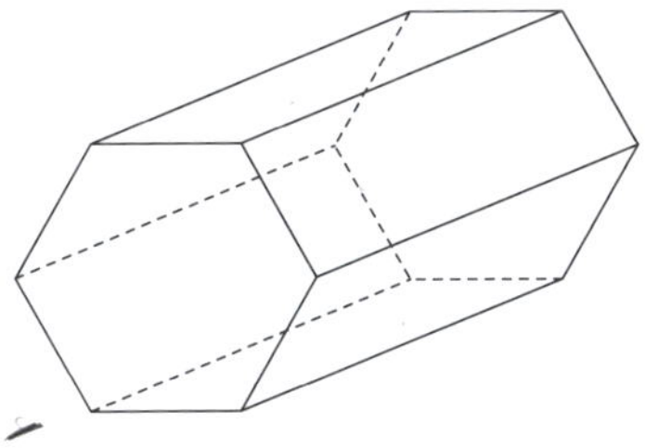

b)

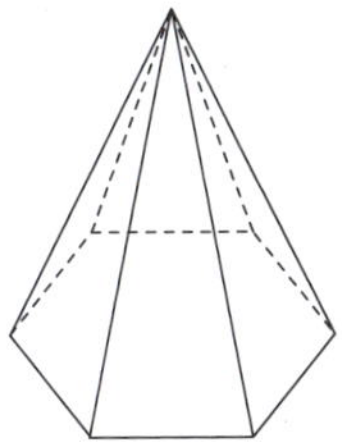

6 **8.** Construis un solide à l'aide de cubes emboîtables.

a) Dessine ton solide sur du papier à points triangulé.

b) Dessine les vues de dessus, de face et de côté de ton solide.

MODULE 3 **Tes objectifs**

- ☑ Estimer, mesurer et construire des angles jusqu'à 360°.
- ☑ Classifier des figures selon les propriétés de leurs côtés et de leurs angles.
- ☑ Construire des figures.
- ☑ Reconnaître et dessiner des développements de solides.
- ☑ Construire et dessiner des solides.

Problème du module

La chasse aux angles

Il y a des angles et des figures géométriques partout.
Tu vas jouer à un jeu où tu dois chercher des angles et des figures dans la classe. Ensuite, tu vas concevoir un autre jeu du même genre.

Tu as besoin d'un rapporteur, d'une règle, d'un crayon, de papier et des cartes du jeu. Travaille avec 3 camarades.

Partie 1

➤ Mêle les cartes.
Place les cartes face contre table, au centre de la table.
Avec tes camarades, décide qui commence.

➤ L'élève 1 tire une carte.
Si la carte porte la mention « trouve », l'élève 1 cherche une figure dans la classe qui correspond à la description.
Si la carte porte la mention « dessine », l'élève 1 dessine une figure qui a l'attribut indiqué.
Chaque figure peut servir une seule fois.
Les autres élèves nomment la figure et vérifient si l'élève 1 a une bonne réponse.
Si oui, l'élève 1 garde la carte et l'élève 2 joue à son tour.
Sinon, l'élève 2 joue avec la même carte.
La carte circule jusqu'à ce que quelqu'un réponde correctement.

➤ Jouez à tour de rôle. La partie se termine quand il n'y a plus de cartes.
La personne qui a le plus de cartes gagne la partie.

Partie 2

Fais une autre partie.

- Cette fois, l'élève 1 tire les 2 cartes du dessus. Elle ou il cherche une figure qui possède les 2 attributs. Si les 2 cartes demandent un dessin, l'élève dessine une figure qui possède les 2 attributs.
- Si la réponse est bonne, l'élève garde les 2 cartes. Si la combinaison est impossible, l'élève remet une carte sous la pile et tire une nouvelle carte.
- Si la réponse est erronée, l'élève 2 peut choisir de jouer avec les 2 cartes ou une seule. Les cartes en trop retournent sous la pile.

Liste de contrôle

Ton travail devrait montrer :

- ✓ ton habilité à reconnaître, à décrire et à classifier des angles et des figures ;
- ✓ des estimations et des mesures précises des angles ;
- ✓ une explication claire de la façon dont tu as conçu ton jeu ;
- ✓ une utilisation correcte des termes géométriques.

Partie 3

Conçois ton propre jeu de Chasse aux angles. Fabrique des cartes et rédige les règles du jeu.

Retour sur le module

Qu'as-tu appris sur les angles, les polygones et les solides ? Explique ta réponse à l'aide de mots et de dessins.

Problème
multidomaine

Les ziggourats

Les ziggourats sont des constructions anciennes d'Assyrie et de Babylonie.
Une ziggourat est un temple en forme de pyramide à étages.
Chaque étage d'une ziggourat est plus petit que le précédent.

Les étages sont des couches disposées une par-dessus l'autre.

Tu as besoin de cubes emboîtables et de papier à points triangulé.

Partie 1

➤ Utilise des cubes emboîtables.
Construis une ziggourat qui a :
1 étage   2 étages   3 étages
Chaque étage se trouve au centre du précédent.

Chaque cube couvre le cube qui se trouve en dessous.

C'est bon.

Ce n'est pas bon.

➤ Dessine chaque ziggourat sur du papier à points triangulé.

➤ Prédis le nombre de cubes nécessaires pour construire une ziggourat à 4 étages. Construis la ziggourat pour vérifier ta prédiction.

Partie 2

➤ Détermine le volume de chaque ziggourat de la partie 1.
Note le nombre d'étages et le volume de chaque ziggourat dans un tableau.
Définis une régularité pour les volumes.

➤ Applique la régularité.
Quel est le volume d'une ziggourat à 6 étages ? Explique ta réponse.

Montre ton travail

Résume ton travail.
Décris toutes les régularités que tu as utilisées.
Utilise des dessins, des nombres et des mots.

Va plus loin

Tu construis un escalier comme celui-ci.
Prédis une régularité pour le volume d'un escalier selon le nombre de marches.
Construis quelques escaliers pour vérifier ta prédiction.
Dessine chaque escalier sur du papier à points triangulé.

MODULE

4 Les nombres décimaux

Domestiquer le vent

Le vent est une source d'énergie propre et renouvelable qui sert à produire de l'électricité. Il ne pollue pas et ne contribue pas au réchauffement de la planète.

Tes objectifs

- Faire le lien entre les fractions et les nombres décimaux.
- Représenter, lire et écrire des nombres décimaux.
- Comparer et ordonner des nombres décimaux.
- Arrondir des nombres décimaux.
- Estimer des sommes, des différences, des produits et des quotients de nombres décimaux.
- Additionner, soustraire, multiplier et diviser des nombres décimaux jusqu'aux millièmes.
- Poser et résoudre des problèmes qui comportent des nombres décimaux.
- Choisir les opérations appropriées pour résoudre des problèmes qui comportent plusieurs étapes.

L'éolienne Weather Dancer, dans le sud de l'Alberta, mesure 72 m. Elle produit 2,96 gigawattheures d'électricité par année et fournit de l'électricité à 460 maisons.

La puissance électrique se mesure en watts.

1000 watts = 1 kilowatt
1 000 000 watts = 1 mégawatt
1 000 000 000 watts = 1 gigawatt

La quantité d'électricité produite ou consommée se mesure en wattheures.
Un kilowattheure correspond à 1 kilowatt d'électricité utilisé ou produit en 1 heure.

- Quelle est la relation entre les kilowatts, les mégawatts et les gigawatts ?
- Environ combien de gigawattheures d'électricité Weather Dancer produit-elle en 5 ans ?
- Comment détermines-tu le nombre de mégawattheures d'électricité que Weather Dancer produit en 1 an ?
- Une famille canadienne consomme environ 20,75 kilowattheures d'électricité par jour. Environ combien d'électricité consomme-t-elle en 1 semaine ?

Mots clés

des millièmes

un nombre périodique

William Big Bull est un Piikani. Il a reçu un Prix canadien de l'environnement en 2004 pour sa contribution à la construction de Weather Dancer.

LEÇON 1

Les nombres dans les médias

Les médias mentionnent souvent de grands nombres.

Découverte d'un fossile qui date de 2,1 milliards d'années

Un groupe de Montréal construit un mille-pattes avec 3 millions de pièces Lego

Des Hollandais font basculer 3,8 millions de dominos

Tu as déjà représenté des grands nombres à la forme symbolique, à la forme décomposée, en lettres et dans des tableaux de valeur de position.
Dans cette leçon, tu vas explorer une autre façon de représenter les grands nombres.

Explore

Tu as besoin de journaux et de magazines.

Trouve des grands nombres représentés de différentes façons.
Note chaque nombre que tu trouves.
Récris chaque nombre de toutes les façons que tu peux.

Qu'as-tu trouvé ?

Montre ton travail aux élèves d'une autre équipe.
Selon toi, quels nombres sont des estimations ? Explique ta réponse.

Découvre

Souvent, les médias arrondissent les nombres et les présentent sous une forme décimale ou fractionnaire.

➤ **2,25 millions de personnes votent au concours de la meilleure blague**

Écris 2,25 millions à la forme symbolique.
2,25 millions, c'est 2 millions plus 0,25 million.
0,25 million, c'est $\frac{1}{4}$ de million.

Pense : Il y a 1000 milliers dans 1 million.
Donc, il y a 250 milliers, ou 250 000, dans 0,25 million.

2,25 millions est le nombre de votes arrondi au centième de million près.

2,25 millions, c'est 2 250 000.

➤ **La population mondiale sera de $7\frac{1}{2}$ milliards de personnes en 2020**

Écris $7\frac{1}{2}$ milliards à la forme symbolique.
$7\frac{1}{2}$ milliards, c'est 7 milliards plus $\frac{1}{2}$ milliard.

Pense : Il y a 1000 millions dans 1 milliard.
Donc, il y a 500 millions, ou 500 000 000, dans $\frac{1}{2}$ milliard.

$7\frac{1}{2}$ milliards, c'est 7 500 000 000.

$7\frac{1}{2}$ milliards, c'est 7,5 milliards. Donc, $7\frac{1}{2}$ milliards est la population mondiale arrondie au dixième de milliard près.

➤ En 1961, la population du Canada était de 18 238 247 personnes.
Pour écrire un grand titre, arrondis ce nombre au dixième de million près.

Arrondis d'abord 18 238 247 à la centaine de milliers près : 18 200 000.
Ensuite, écris 18,2 millions.

$\frac{1}{10}$ de million, c'est 100 000.

La population du Canada était de 18,2 millions en 1961

À ton tour

1. Récris chaque nombre de toutes les façons que tu peux.
   a) 2,5 millions **b)** 3 750 000 **c)** 250 000 000
   d) 500 000 **e)** $9\frac{1}{4}$ millions **f)** 4,9 milliards

2. Écris chaque nombre à la forme symbolique.
   a) 7,8 milliards **b)** 2,35 millions **c)** $4\frac{1}{4}$ millions
   d) 5,1 milliards **e)** 6,15 milliards **f)** 3,6 millions

3. Utilise des nombres décimaux.
   Arrondis chaque nombre au dixième de million ou au dixième de milliard près.
   a) 7 097 284 **b)** 2 500 697 **c)** 17 914 351
   d) 5 693 482 201 **e)** 6 497 708 **f)** 27 578 684 000

4. Récris le nombre de chaque énoncé pour l'insérer dans un grand titre.
   a) En septembre 2000, des scientifiques ont découvert un trou dans la couche d'ozone au-dessus de l'Antarctique. Ce trou avait une aire d'environ 28 300 000 km^2.
   b) En novembre 2004, Google était le plus important moteur de recherche du monde, avec plus de 4 280 000 000 pages.
   c) La lumière se propage dans le vide à une vitesse d'environ 299 792 458 mètres par seconde.
   d) Charles Lindbergh a reçu environ 3 500 000 lettres du public après son vol transatlantique en solitaire en 1927.

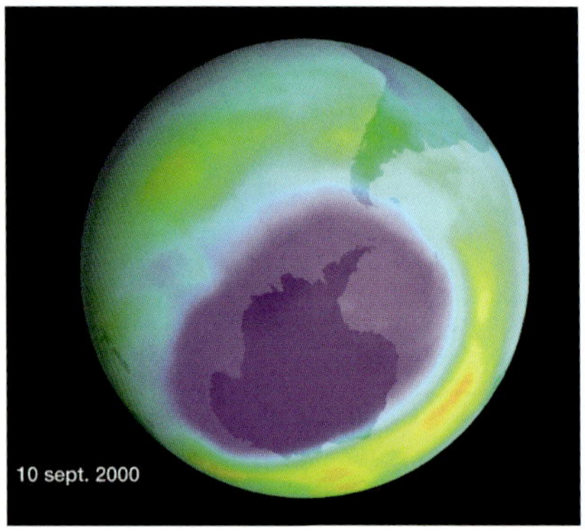

5. Écris 3 grands titres avec de grands nombres. Demande à une ou à un camarade d'écrire ces nombres à la forme symbolique.

Réfléchis

Souvent, les médias arrondissent les grands nombres et les expriment de façon non conventionnelle. Pourquoi ? Explique ta réponse.

Joue avec les nombres

Stratégie numérique

Écris chaque nombre à la forme décomposée.

947 503

20 807 476

2 458 289

LEÇON 2

Explorer les millièmes

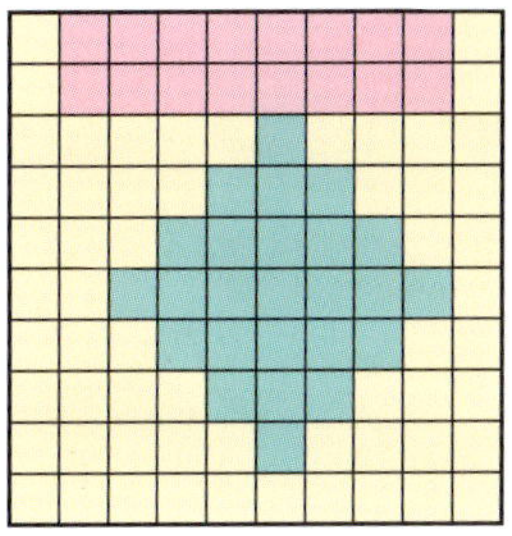

Cette grille contient 100 carreaux.
Chaque carreau représente un centième ($\frac{1}{100}$) de la grille.
Indique la fraction de la grille représentée par chaque couleur.

Explore

Tu as besoin de matériel de base dix et de crayons de couleur.
Ton enseignante ou ton enseignant va te remettre cet ensemble de grilles.

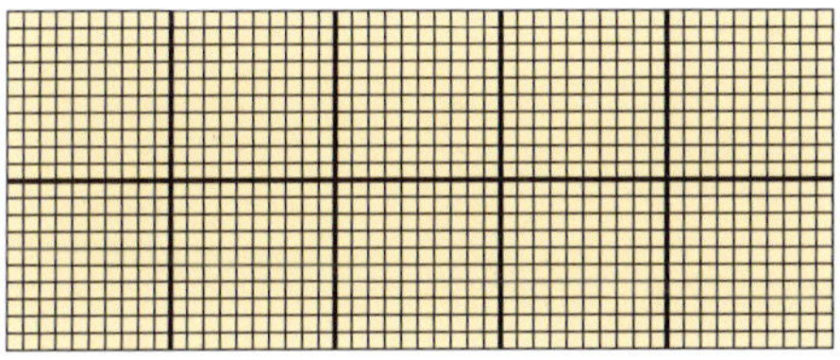

Chaque grille contient 1000 carrés congruents.

- Un cube 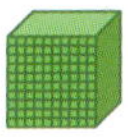 représente 1 tout.
  Que représente une planchette ?
  Que représente une réglette ?
  Que représente un cube-unité ?
- Représente chaque nombre à l'aide de matériel de base dix.
  Dans chaque cas, utilise le moins de pièces possible.

$\frac{700}{1000}$ $\frac{3}{10}$ $1\frac{41}{1000}$ $\frac{70}{100}$ $\frac{732}{1000}$ $\frac{1062}{1000}$ $\frac{300}{1000}$

- Colorie les grilles pour représenter chaque nombre.
  Écris chaque nombre en lettres.

Qu'as-tu trouvé ?

Montre ton travail aux élèves d'une autre équipe.
Comment as-tu déterminé la valeur de chaque pièce du matériel de base dix ?
Explique ta réponse. Pour quelles paires de nombres as-tu utilisé le même matériel ?
Pourquoi ? Pour quels nombres as-tu utilisé plus d'une grille ? Pourquoi ?

OBJECTIF | Explorer les nombres fractionnaires, les fractions et les nombres décimaux avec des millièmes.

Découvre

➤ Tu peux écrire les nombres avec des dixièmes et des centièmes comme des nombres décimaux.

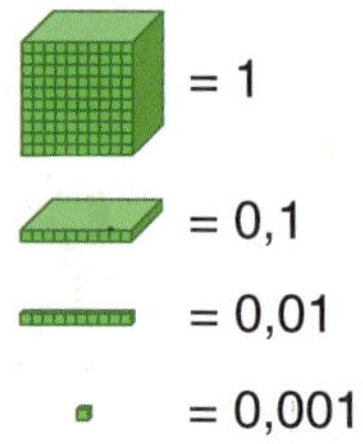

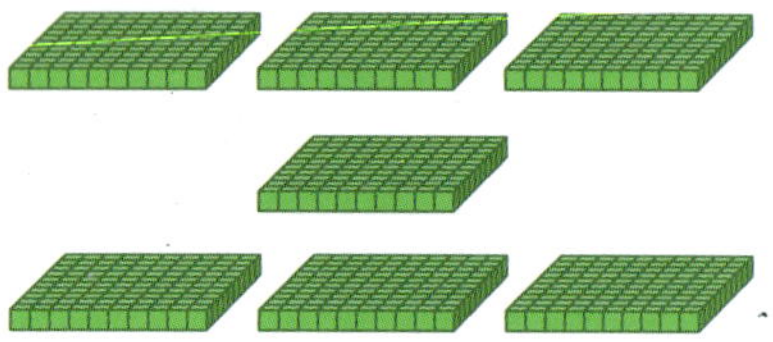

$\frac{7}{10}$ 0,7

sept dixièmes

$2\frac{36}{100}$ 2,36

deux et trente-six centièmes

Pour lire la virgule, dis : « et ».

➤ Tu peux aussi écrire les nombres avec des **millièmes** comme des nombres décimaux.

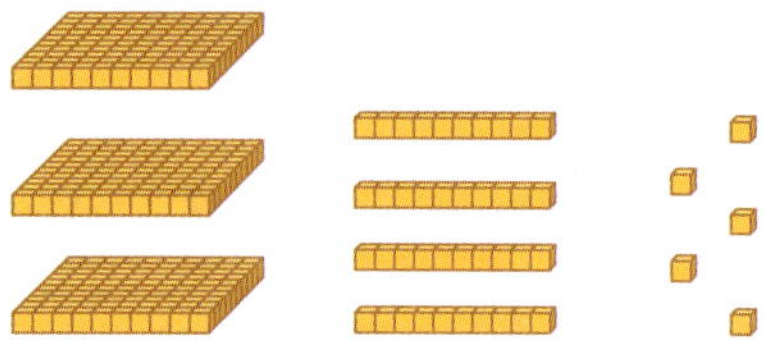

$\frac{345}{1000}$ 0,345

trois cent quarante-cinq millièmes

$\frac{21}{1000}$ 0,021

vingt et un millièmes

$\frac{8}{1000}$ 0,008

huit millièmes

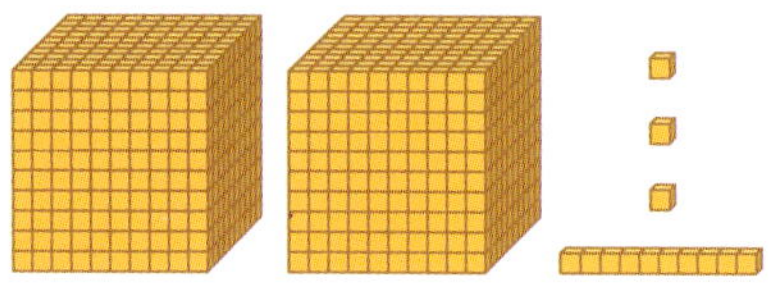

$2\frac{13}{1000}$ 2,013

deux et treize millièmes

➤ Tu peux prolonger un tableau de valeur de position pour représenter des nombres décimaux avec des millièmes.
Écris le nombre 3,248 dans un tableau de valeur de position.

Dizaines	Unités ,	Dixièmes	Centièmes	Millièmes	Dix-millièmes	Cent-millièmes
	3 ,	2	4	8		

Tu peux prolonger un tableau de valeur de position vers la droite pour y inscrire des parties fractionnaires plus petites.

➤ Tu peux écrire des nombres décimaux à la forme décomposée.
3,248 = 3 unités + 2 dixièmes + 4 centièmes + 8 millièmes
= 3 + 0,2 + 0,04 + 0,008

➤ Des nombres décimaux équivalents expriment une même quantité.
Voici une grille de millièmes. Elle représente 1 tout.
Elle contient 1000 carrés congruents.

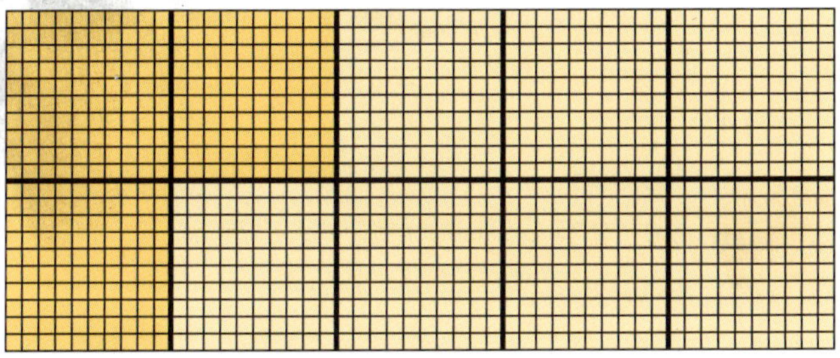

300 petits carrés, c'est $\frac{300}{1000}$ ou 0,300.
3 grands carrés, c'est $\frac{3}{10}$ ou 0,3.
300 petits carrés = 3 grands carrés
Donc, 0,300 = 0,3

À ton tour

Tu peux utiliser du matériel de base dix ou des grilles de millièmes pour représenter les nombres.

1. Écris une fraction ou un nombre fractionnaire ainsi qu'un nombre décimal pour chaque illustration.

a) 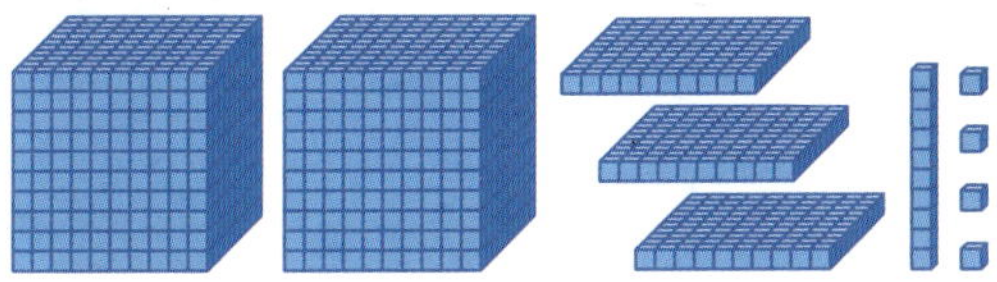

b) 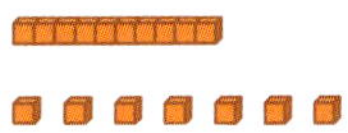

c) 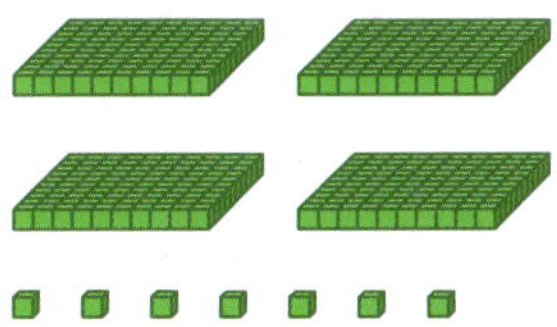

d) 

2. Représente chaque nombre décimal. Colorie des grilles de millièmes. Puis, écris chaque nombre décimal comme une fraction ou un nombre fractionnaire.

a) 0,358 **b)** 0,209 **c)** 0,001 **d)** 2,048

3. Examine les données du tableau. Écris le nombre qui a :

a) un 5 à la position des dixièmes.
b) un 2 à la position des millièmes.
c) un 6 à la position des centièmes.
d) un 6 à la position des unités.
e) un 5 à la position des millièmes.
f) un 0 à la position des dixièmes.

Animal	Longueur (en cm)
Mante religieuse	7,620
Araignée des jardins	2,412
Acarien de la poussière	0,015
Phasme	7,564
Mygale	6,943

4. Écris chaque nombre à la forme symbolique.
Écris ensuite le nombre dans un tableau de valeur de position.
   a) 85 millièmes
   b) 425 et 32 millièmes
   c) 2 et 408 millièmes
   d) 48 et 48 centièmes

5. Écris chaque nombre à la forme décomposée.
   a) 573 millièmes
   b) 86,093
   c) 6 et 240 millièmes
   d) 29 273
   e) 0,124
   f) 0,107

6. Écris chaque nombre comme un nombre décimal.
   a) $\frac{341}{1000}$
   b) $25\frac{16}{1000}$
   c) $2\frac{3}{1000}$
   d) $964\frac{24}{1000}$

7. Écris chaque nombre de la question 6 en lettres.

8. De tous les insectes observés, le plus rapide sur la terre se déplaçait à 5,407 km/h.
Écris ce nombre de toutes les façons que tu peux.

À une vitesse moyenne de 5,407 km/h, l'insecte parcourt 5,407 km en 1 h.

9. Il faut environ trois cent soixante-cinq jours et deux cent cinquante-six millièmes à la Terre pour faire le tour du Soleil.
Écris ce nombre comme un nombre fractionnaire et comme un nombre décimal.

10. Utilise les chiffres 0, 2, 5 et 8.
Écris un nombre plus petit que 5, mais plus grand que 1.
Trouve le plus de nombres possible.
Décris tes stratégies.

Réfléchis

Explique pourquoi 0,2 0,20 et 0,200 sont des nombres décimaux équivalents.

Joue avec les nombres

Stratégie numérique

Énumère tous les facteurs premiers de chaque nombre.

36
54
56
66
78

LEÇON 3

Comparer et ordonner des nombres décimaux

Le mont Logan, au Yukon, est le sommet le plus élevé du Canada.
Il a une altitude de 5,959 km !

Explore

Ce tableau indique l'altitude des sommets les plus élevés de certaines provinces et d'un territoire du Canada.
Utilise le matériel et les stratégies de ton choix.
Place les altitudes par ordre croissant.

Province/territoire	Mont	Altitude (en km)
Alberta	Columbia	3,747
Colombie-Britannique	Fairweather	4,663
Manitoba	Baldy	0,832
Nouveau-Brunswick	Carleton	0,817
Terre-Neuve-et-Labrador	Caubvick	1,652
Nunavut	Barbeau	2,616

Qu'as-tu trouvé ?

Montre tes résultats aux élèves d'une autre équipe.
Décris les stratégies que tu as utilisées pour ordonner les altitudes.
Une montagne sans nom, dans les Territoires du Nord-Ouest, a une altitude de 2,773 km.
Où va cette altitude dans ta liste ?
Explique pourquoi.

OBJECTIF | Comparer et ordonner des nombres décimaux jusqu'aux millièmes.

Découvre

Ce tableau indique la longueur de 4 micro-organismes dans un laboratoire.

Micro-organisme	Longueur (en mm)
Tardigrade	0,15
Euglène	0,139
Vorticelle	0,11
Paramécie	0,125

Voici 3 façons de placer les longueurs par ordre décroissant :

➤ Représente chaque nombre à l'aide de matériel de base dix. Ordonne les nombres.

	Unités	Dixièmes / Centièmes / Millièmes	
Tardigrade	,	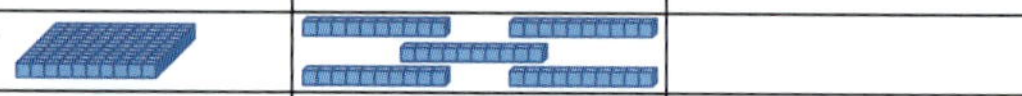	0,15
Euglène	,		0,139
Vorticelle	,		0,11
Paramécie	,	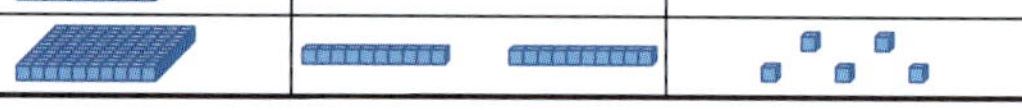	0,125

Voici les nombres en ordre décroissant : 0,15, 0,139, 0,125, 0,11.

➤ Écris chaque nombre décimal dans un tableau de valeur de position.

	Unités	Dixièmes	Centièmes	Millièmes
Tardigrade	0 ,	1	5	0
Euglène	0 ,	1	3	9
Vorticelle	0 ,	1	1	0
Paramécie	0 ,	1	2	5

Utilise des nombres décimaux équivalents.

15 centièmes, c'est 150 millièmes.

11 centièmes, c'est 110 millièmes.

Compare les unités. Les quatre nombres ont 0 unité.

Compare les dixièmes. Les quatre nombres ont 1 dixième.

Compare les centièmes. Le plus grand nombre de centièmes est 5, suivi de 3, de 2 et de 1.

Voici les nombres en ordre décroissant : 0,15, 0,139, 0,125, 0,11.

➤ Utilise une droite numérique.
Les nombres 0,15, 0,139, 0,11 et 0,125 se situent entre 0,1 et 0,2.
Écris 0,1 au début de la droite et 0,2 à la fin.
Divise la droite en intervalles pour représenter des centièmes.

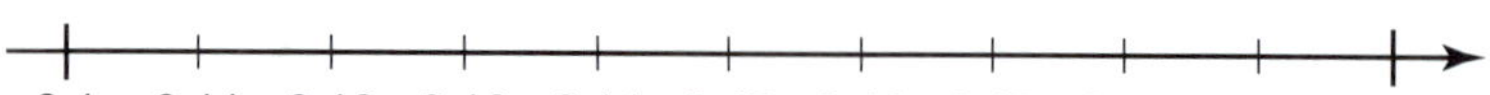

Divise les centièmes pour représenter des millièmes.
Représente chaque nombre par un point.

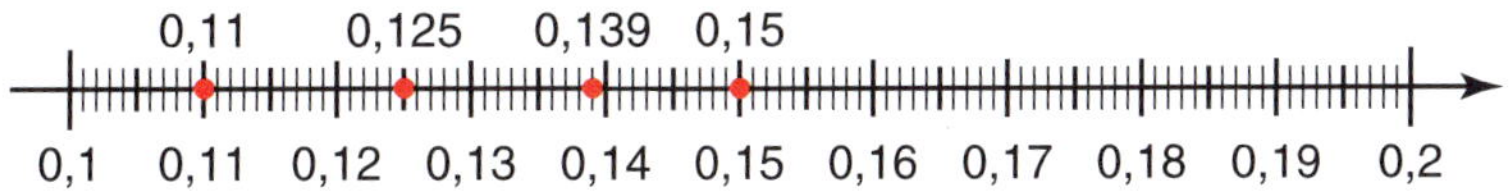

Plus un nombre se trouve vers la droite, plus il est élevé.
Il suffit donc de lire les nombres de droite à gauche pour obtenir les longueurs en ordre décroissant.

Voici les longueurs en ordre décroissant : 0,15 mm, 0,139 mm, 0,125 mm, 0,11 mm.

À ton tour

Représente tes solutions à l'aide de matériel de base dix, d'un tableau de valeur de position ou d'une droite numérique.

1. Copie et complète ces énoncés. Utilise >, < ou =.

a) 0,237 □ 0,209 **b)** 3,069 □ 3,068
c) 5,69 □ 5,690 **d)** 1,9 □ 1,931

2. Place ces nombres par ordre croissant.

a) 24,351, 24,762, 24,109 **b)** 0,59, 0,598, 0,5
c) 1,7, 1,639, 1,78 **d)** 0,4, 2,968, 2,84

3. Place ces nombres par ordre décroissant.

a) 0,571, 3,53 , 0,538 **b)** 1,002, 1,35, 1,267
c) 15,2, 15,012, 16 **d)** 2,041, 2,3, 2,76

4. Écris un nombre entre 6,73 et 6,741.
Comment as-tu choisi ton nombre ?

5. L'avion de papier de Lian parcourt 4,247 m. Celui de Maude parcourt 4,25 m.
Quel avion va le plus loin ? Montre comment tu le sais.

6. Écris deux nombres entre 1,51 et 1,52.
Comment as-tu choisi tes nombres ?

7. Ce tableau indique les résultats d'un concours de lancer de graines de pastèque.

a) Qui a lancé une graine le plus loin ?
b) Qui a lancé une graine le moins loin ?
c) Qui a lancé une graine plus loin que Paul, mais moins loin que Louis ?
d) Place les distances par ordre décroissant.

Nom	Distance (en m)
Vladimir	2,357
Abdoul	2,4
Paul	2,35
Suki	1,943
Cy	1,7
Louis	2,438

8. Utilise ce diagramme.
Voici des masses d'oeufs de colibri en grammes :
0,482, 0,44, 0,32, 0,56, 0,374
Quelle est la masse de l'oeuf :
a) du colibri de Costa ?
b) du colibri d'Hélène ?
c) du colibri à gorge noire ?

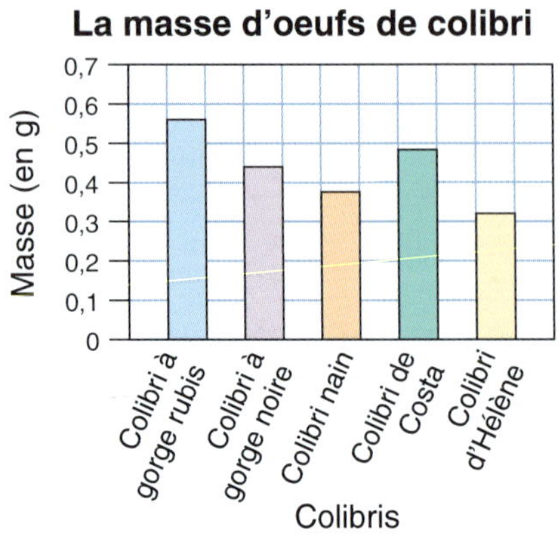

9. Quel nombre est le plus proche de 6 ?
Explique comment tu le sais.
5,014, 6,4, 6,002, ou 5,91

10. Copie ces énoncés.
Écris un nombre décimal avec des millièmes pour rendre chaque énoncé vrai.
a) 0,43 > □ **b)** 5,7 < □ **c)** 32,002 > □
d) 2,31 < □ **e)** 21,24 > □ **f)** 0,1 > □

11. Examine les données du tableau.
a) Quelle grenouille saute le plus loin ?
b) Quelle grenouille saute le moins loin ?
c) Examine la droite numérique.
Associe chaque lettre avec la grenouille correspondante.

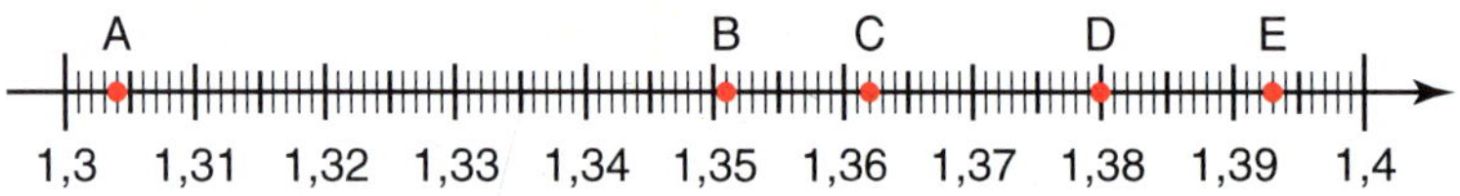

Les olympiades des grenouilles

Nom	Distance (m)
Ajax	1,393
Henri	1,362
Goliath	1,304
Zeus	1,351
Cléo	1,38

12. Tu as besoin d'une droite numérique.
Ordonne ces nombres sur la droite numérique :
1,27, 1,284, 1,236, 1,2, 1,279

Réfléchis

Martin dit que 7,52 est à gauche de 7,516 sur une droite numérique, car 52 est plus petit que 516.
Martin a-t-il raison ? Explique ta réponse.

Joue avec les nombres

Stratégie numérique

Trouve 6 nombres qui ont exactement 3 facteurs, y compris 1.
Qu'est-ce que ces nombres ont en commun ?

Courtière ou courtier en devises

Les exportateurs canadiens reçoivent généralement des dollars américains ($US) en paiement des biens qu'ils vendent à l'étranger. Il leur faut changer ces dollars américains contre des dollars canadiens. Quand ils achètent des biens d'autres pays, les importateurs paient habituellement en dollars américains. Pour aller à l'étranger, les Canadiennes et les Canadiens se procurent de la monnaie du pays visité. Les banques fournissent des devises étrangères aux entreprises et aux personnes.

Le travail de la courtière ou du courtier en devises consiste à acheter et à vendre des devises étrangères. Ces personnes doivent connaître les devises qui sont décimales (par exemple, le dollar canadien et le dollar américain) et celles qui ne le sont pas (par exemple, le yen). Le yen est l'unité monétaire du Japon. Il n'y a pas de fraction de yen.

Un yen (¥) vaut moins d'un dollar canadien ($CAN). Par exemple, en décembre 2004, 1 ¥ valait 0,01198 $CAN. Convertis 1 million de yens en dollars canadiens :
$1\,000\,000 \times 0{,}01198 = 11\,980$
Donc, 1 million de yens équivalent à 11 980 $CAN.
Tu as 10 $CAN. Comment peux-tu trouver l'équivalent en yens ?

LEÇON 4

Arrondir des nombres décimaux

Les plus longs cils de chien connus mesurent 11,94 cm de longueur.
Quelle est cette longueur au centimètre près ?

Explore

Ce tableau se base sur *Le livre Guinness des records 2005*. Il indique la longueur de certaines parties du corps de quelques animaux.
Utilise le matériel et les stratégies de ton choix.
Arrondis chaque longueur :

- au centimètre près ;
- au dixième de centimètre près.

Des records chez les animaux

Animal	Partie du corps	Longueur (en cm)
Chat	Moustaches	17,37
Chat	Corps	121,92
Chien	Oreilles	33,19
Lapin	Oreilles	79,06
Chèvre	Cornes	132,08

Qu'as-tu **trouvé ?**

Montre tes nombres arrondis aux élèves d'une autre équipe.
Quelles stratégies as-tu utilisées ?
Quelle est la ressemblance entre arrondir au dixième près et arrondir à l'unité près ?

Découvre

Tu peux arrondir des nombres pour faire une estimation ou pour obtenir une réponse moins précise que les données de la question.

Le plus petit os du corps humain est l'étrier.
C'est un os de l'oreille moyenne.
Un étrier mesure environ 2,84 mm de longueur.

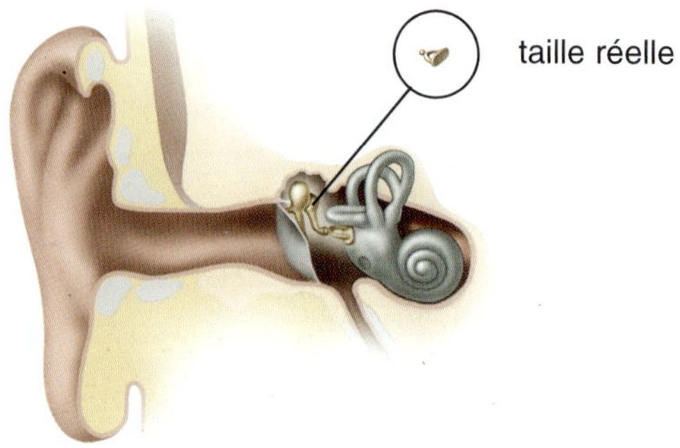

OBJECTIF | Arrondir des nombres décimaux à l'unité, au dixième et au centième près.

➤ Utilise une droite numérique pour arrondir 2,84 mm au millimètre près et au dixième de millimètre près.

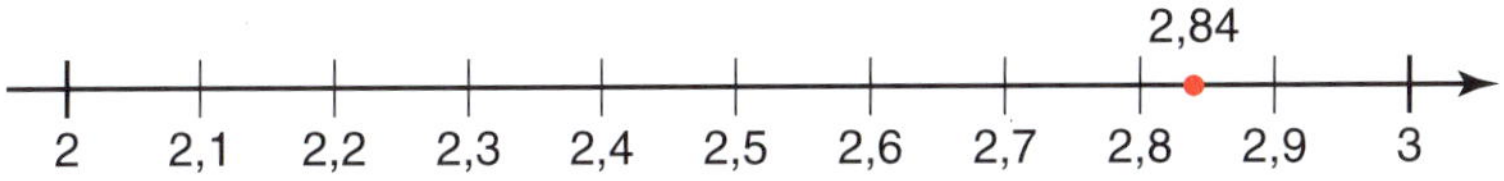

2,84 se situe entre 2 et 3, mais il est plus proche de 3. Donc, 2,84 arrondi au millimètre près donne 3 mm.

2,84 se situe entre 2,8 et 2,9, mais il est plus proche de 2,8. Donc, 2,84 arrondi au dixième de millimètre près donne 2,8 mm.

Le plus petit muscle du corps humain est le muscle de l'étrier. Il contrôle l'étrier et a environ 0,125 cm de longueur.

➤ Utilise une droite numérique pour arrondir 0,125 cm au centimètre près.

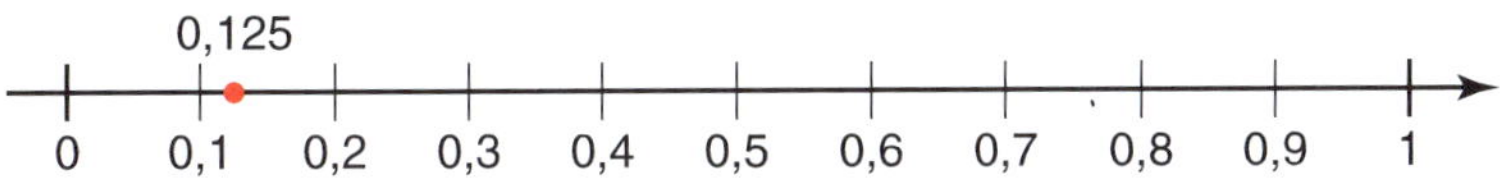

0,125 se situe entre 0 et 1, mais il est plus proche de 0. Donc, 0,125 arrondi au centimètre près donne 0 cm.

➤ Tu peux utiliser une droite numérique pour arrondir 0,125 au dixième de centimètre près et au centième de centimètre près.

Arrondir au dixième de centimètre près, c'est arrondir au millimètre près.

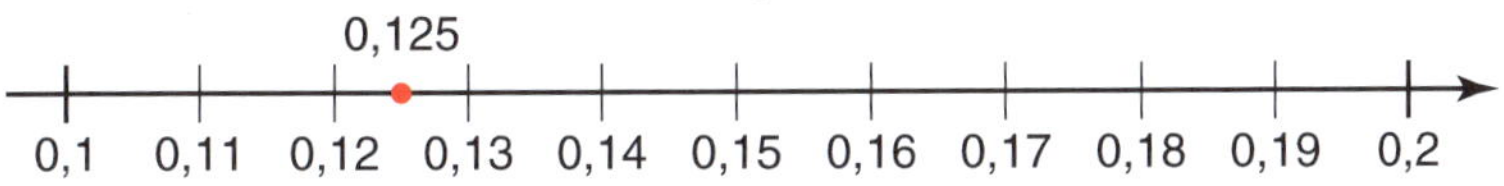

0,125 se situe entre 0,1 et 0,2, mais il est plus proche de 0,1. Donc, 0,125 arrondi au dixième de centimètre près donne 0,1 cm.

0,125 se situe à mi-chemin entre 0,12 et 0,13. Donc, 0,125 arrondi au centième de centimètre près donne 0,13 cm.

Quand un nombre est à mi-chemin, arrondis-le au nombre supérieur.

À ton tour

1. Arrondis ces nombres à l'unité près.

a) 2,09 **b)** 8,6 **c)** 5,318 **d)** 28,532
e) 2,845 **f)** 7,345 **g)** 9,508 **h)** 0,786

2. Arrondis ces nombres au dixième près.

a) 6,25 **b)** 8,62 **c)** 0,081 **d)** 1,98
e) 2,468 **f)** 38,097 **g)** 16,72 **h)** 4,685

3. Arrondis ces nombres au centième près.

a) 5,637 **b)** 100,584 **c)** 45,515 **d)** 5,555
e) 8,371 **f)** 0,745 **g)** 4,492 **h)** 0,768

4. Écris deux nombres décimaux qui donnent 1,38 quand tu les arrondis au centième près.

5. Un étrier a une masse d'environ 4,276 mg. Arrondis ce nombre au centième de milligramme près, au dixième de milligramme près et au milligramme près.

6. La langue d'un chien boxer nommé Brandy mesure 43,18 cm. Arrondis ce nombre au dixième de centimètre près et au centimètre près.

7. Écris deux nombres décimaux avec des millièmes. Ces nombres doivent donner 0,2 quand tu les arrondis au dixième près et 0,20 quand tu les arrondis au centième près.

8. Martine et Hassan arrondissent le nombre 7,483. Martine obtient un nombre supérieur à 7,483. Hassan obtient un nombre inférieur à 7,483. Selon toi, à quelle position Martine et Hassan ont-ils arrondi le nombre ? Explique ta réponse.

9. Ce tableau indique la longueur de trois araignées. Quelle mesure est la plus précise, selon toi ? Explique ta réponse.

Araignée	Longueur (en cm)
Patu Marplesi	0,4
Lycose	1,715
Orbitèle	1,89

10. Écris un nombre décimal formé des chiffres 1, 3, 5 et 7. Ce nombre doit s'arrondir à un nombre supérieur si tu l'arrondis au dixième près, mais s'arrondir à un nombre inférieur si tu l'arrondis au centième près. Trouve le plus de réponses possible.

Réfléchis

Explique comment tu arrondis 6,247 à l'unité près, au dixième près et au centième près.

Joue avec les nombres

Spécialiste de la calculatrice

Utilise les chiffres 1, 2, 3, 4, 5 et 6 une fois. Tu dois obtenir une différence aussi proche de 4 que possible.

```
  □,□□
– □,□□
```

LEÇON 5

Estimer des sommes et des différences

Explore

Utilise les données du tableau. Elles proviennent du *Livre Guinness des records 2005*.

➤ Choisis 2 fruits et estime leur masse totale.
Dis ton estimation à voix haute.
Demande à ta ou à ton camarade de deviner tes 2 fruits.
En cas de mauvaise réponse, fais une estimation plus précise. Inversez les rôles. Continuez à jouer avec d'autres paires de fruits.

➤ Refais cette activité.
Cette fois, estime la différence de masse entre 2 fruits.

Le record de masse pour divers fruits

Fruit	Masse (en kg)
Pomme	1,673
Pamplemousse	3,065
Citron	5,265
Mangue	1,940
Pêche	0,725
Fraise	0,231

Qu'as-tu trouvé ?

Discute de tes stratégies pour estimer des sommes et des différences.
Quelles stratégies ont donné l'estimation la plus proche de la réponse ?

Découvre

Selon *Le livre Guinness des records 2005,* le record de masse pour une tête d'ail est de 1,191 kg.
Le record de masse pour une pomme de terre est de 3,487 kg.

➤ Voici 3 façons d'estimer la masse totale :
Pour estimer la somme : 1,191 + 3,487

- Arrondis chaque nombre décimal à l'unité près.
  1 + 3 = 4
  Donc, 1,191 kg + 3,487 kg, c'est environ 4 kg.
- Arrondis 1 seul des 2 nombres décimaux à l'unité près.
  1 + 3,487 = 4,487
  Donc, 1,191 kg + 3,487 kg, c'est environ 4,487 kg.
- Arrondis chaque nombre décimal au dixième ou au centième près.
  1,2 + 3,5 = 4,7 ou 1,19 + 3,49 = 4,68
  Donc, 1,191 kg + 3,487 kg, c'est environ 4,7 kg ou 4,68 kg.

➤ Voici deux façons d'estimer la différence de masse entre la pomme de terre et la tête d'ail :
Pour estimer la différence : 3,487 − 1,191

- Arrondis le nombre décimal que tu soustrais à l'unité près.
  3,487 − 1 = 2,487
  Donc, 3,487 kg − 1,191 kg, c'est environ 2,487 kg.

- Arrondis les deux nombres décimaux au dixième ou au centième près.
  3,5 − 1,2 = 2,3 ou 3,49 − 1,19 = 2,30
  Donc, 3,487 kg − 1,191 kg, c'est environ 2,3 kg.

3,487 − 1,191 = 2,296
Si tu arrondis les deux nombres décimaux au centième près ou au dixième près, tu obtiens l'estimation la plus proche de la différence exacte.

À ton tour

1. Estime chaque somme. Décris tes stratégies.
   a) 7,6 + 2,23 **b)** 1,689 + 3,128
   c) 2,014 + 3,213 **d)** 4,405 + 2,167
   e) 3,8 + 2,67 **f)** 5,278 + 0,732
   g) 6,112 + 7,351 **h)** 6,204 + 3,009
   i) 5,641 + 1,318 **j)** 4,219 + 8,604

2. Estime chaque différence. Décris tes stratégies.
   a) 4,255 − 1,386 **b)** 6,593 − 4,991
   c) 8,737 − 5,837 **d)** 0,456 − 0,214
   e) 4,32 − 1,245 **f)** 3,104 − 0,892

3. La plus grande femme du monde mesurait 2,483 m.
   La plus petite femme du monde mesurait 0,61 m.
   Estime la différence de taille entre ces deux femmes.
   Montre ton travail.

4. Choisis la meilleure estimation. Explique ton choix.
   a) 2,225 + 6,95 8 ou 9 **b)** 83,1 − 34,016 50 ou 60
   c) 58,37 − 22,845 35 ou 36 **d)** 19,531 + 16,8 35 ou 36

Joue avec les nombres

Stratégie numérique

Dispose les nombres de 17 à 25 dans le quadrillage. Chaque colonne, rangée et diagonale doit donner la même somme.

5. Un piano à queue a une masse de 396,696 kg.
Un piano droit a une masse de 267,728 kg.
   a) Un monte-charge a une limite de 650 kg.
   Peux-tu y mettre les deux pianos ?
   Explique comment tu le sais.
   b) De combien la masse totale des deux pianos
   est-elle supérieure ou inférieure à 650 kg ?

6. Le mont Everest a une altitude de 8,850 km.
Le mont Logan a une altitude de 5,959 km.
Détermine la différence d'altitude approximative.

7. Le python réticulé est le plus long serpent du monde.
Le serpent minute est le plus petit serpent du monde.
Un centre de reptiles abrite un python réticulé de 6,248 m
de longueur et un serpent minute de 0,108 m de longueur.
Estime la différence de longueur entre les deux serpents.

8. Un magasin de jouets fait un solde.
Il paie la taxe pour tout achat de 25 $ ou plus.
Jessica achète un jeu d'ordinateur à 14,95 $ et des piles à 7,99 $.
Environ combien de plus devrait-elle dépenser pour éviter de payer la taxe ?

9. Tyrel et Josiane estiment la somme de 2,853 + 0,986.
Tyrel obtient 3,8 et Josiane obtient 3,853.
   a) Explique ce que Tyrel et Josiane ont fait.
   b) Quelle estimation est plus proche de la somme exacte ?
   Comment le sais-tu ?

Réfléchis

Décris une situation où il faut estimer la somme ou la différence de deux nombres décimaux.

À la maison

Parle avec les membres de ta famille. Quand estiment-ils des sommes ou des différences ? Quelles stratégies utilisent-ils ? Écris au sujet de tes découvertes.

LEÇON 6

Additionner et soustraire des nombres décimaux

Quand tu vas au cinéma, un système informatique enregistre ta présence et le prix d'entrée dans une base de données. Ce système amasse des données dans les cinémas du Canada et des États-Unis.

La plupart des studios de cinéma utilisent ces données pour prédire les recettes de leurs films.

Explore

Shrek 2 est l'un des films qui ont rapporté les plus grosses recettes en 2004.

Le tableau indique les recettes de *Shrek 2* au Canada et aux États-Unis pendant sa première semaine de diffusion dans les cinémas.
Les studios expriment leurs recettes en millions de dollars américains ($US).

Jour	Recettes (en millions de $US)
Le mercredi 19 mai	11,786
Le jeudi 20 mai	9,159
Le vendredi 21 mai	28,340
Le samedi 22 mai	44,797
Le dimanche 23 mai	34,901
Le lundi 24 mai	11,512
Le mardi 25 mai	8,023

➤ Fais d'abord une estimation.
Trouve ensuite les recettes totales :
- des 2 premiers jours ;
- du samedi et du dimanche ;
- des 7 jours.

➤ Fais d'abord une estimation.
Puis, détermine la différence entre les recettes :
- du jeudi et du vendredi ;
- du samedi et du dimanche ;
- du dimanche et du lundi ;
- les plus élevées et les plus basses.

Qu'as-tu **trouvé ?**

Montre tes résultats aux élèves d'une autre équipe.
Discute de tes stratégies pour estimer et calculer des sommes et des différences.

Découvre

Le film d'animation *Yu-Gi-Oh !* a été projeté dans les cinémas en 2004.
La première a eu lieu le vendredi 13 août.
Ce vendredi, le film a rapporté 4,328 millions de dollars américains dans les cinémas du Canada et des États-Unis.
Le lendemain, il a rapporté 3,019 millions de dollars américains.

➤ Pour trouver les recettes totales du vendredi et du samedi, effectue l'addition : 4,328 + 3,019
Voici deux façons de trouver la somme :

- Utilise du matériel de base dix.
  Représente 4,328 et 3,019 dans un tableau de valeur de position.

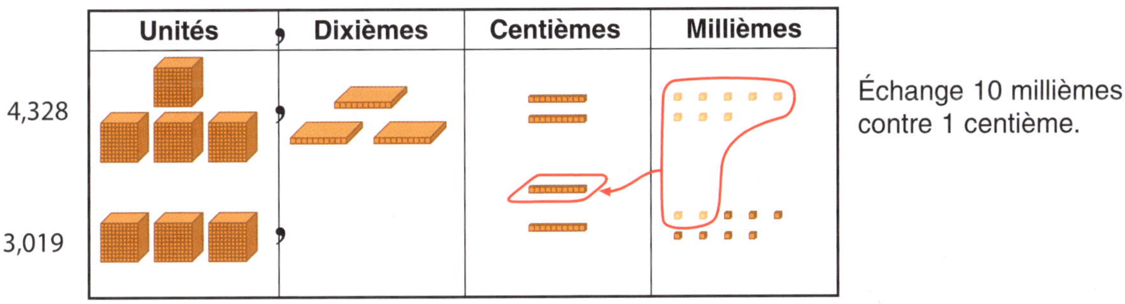

4,328 + 3,019 = 7,347

- Utilise la valeur de position.
  Étape 1 : Fais une estimation.
  Arrondis 3,019 à 3.
  Effectue l'addition : 4,328 + 3 = 7,328

  Étape 2 : Écris les nombres.
  Aligne les nombres comme le matériel de base dix.
  Fais l'addition comme s'il s'agissait de nombres naturels.

$$\begin{array}{r} {\scriptstyle 1} \\ 4{,}328 \\ +\ 3{,}019 \\ \hline 7{,}347 \end{array}$$

Le nombre 7,347 est proche de l'estimation 7,328 ; la réponse est donc vraisemblable.

Les recettes totales sont de 7,347 millions de dollars américains.

➤ Pour trouver la différence entre les recettes du vendredi et du samedi, effectue la soustraction : 4,328 − 3,019
Voici deux façons de trouver la différence :

- Utilise du matériel de base dix.
  Représente 4,328 dans un tableau de valeur de position.

Tu ne peux pas enlever 9 millièmes de 8 millièmes. Échange 1 centième contre 10 millièmes.

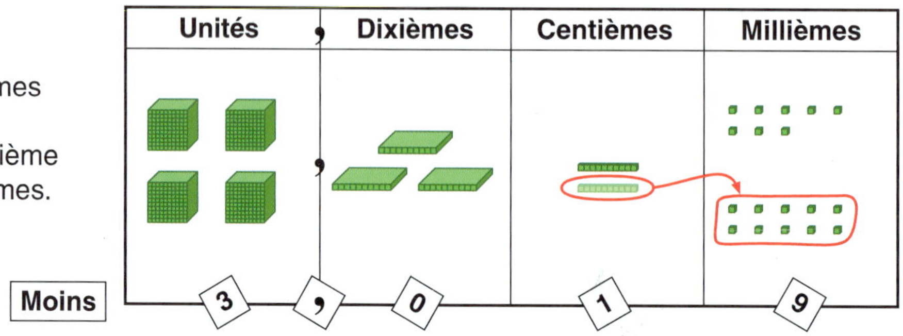

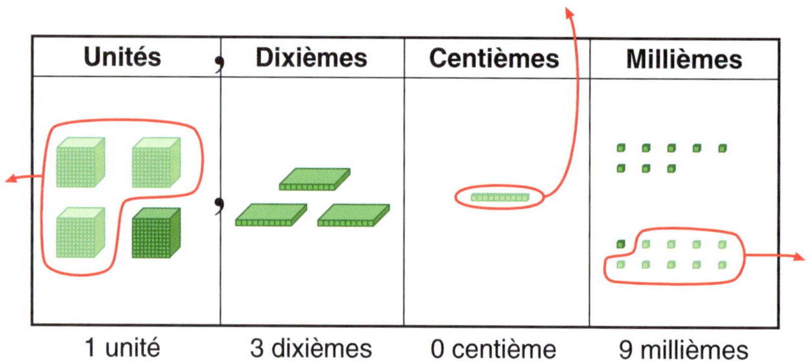

Enlève 9 millièmes.
Enlève 1 centième.
Enlève 3 unités.

- Utilise la valeur de position.

Étape 1 : Fais une estimation.
Arrondis 3,019 à 3.
Effectue la soustraction : 4,328 − 3 = 1,328

Étape 2 : Écris les nombres.
Aligne les nombres comme le matériel de base dix.
Soustrais comme s'il s'agissait de nombres naturels.

$$\begin{array}{r} {\scriptstyle 1\,18} \\ 4{,}3\not{2}\not{8} \\ -\ 3{,}019 \\ \hline 1{,}309 \end{array}$$

Le nombre 1,309 est proche de l'estimation 1,328 ; la réponse est donc vraisemblable.

Le film a rapporté 1,309 million de dollars américains de plus le vendredi que le samedi.

Vérifie ta réponse à l'aide de l'opération inverse.
Effectue l'addition : 3,019 + 1,309
La somme doit être 4,328.

$$\begin{array}{r} \scriptstyle 1 \\ 3{,}019 \\ +\ \underline{1{,}309} \\ 4{,}328 \end{array}$$

La réponse est exacte.

À ton tour

1. Effectue chaque addition ou soustraction.
Vérifie tes réponses à l'aide de l'opération inverse.

a) $\begin{array}{r} 3{,}251 \\ +\ \underline{8{,}960} \end{array}$ **b)** $\begin{array}{r} 17{,}324 \\ -\ \underline{9{,}166} \end{array}$ **c)** $\begin{array}{r} 84{,}032 \\ -\ \underline{8{,}263} \end{array}$

d) $\begin{array}{r} 4{,}629 \\ +\ \underline{0{,}576} \end{array}$ **e)** $\begin{array}{r} 28{,}63 \\ +\ \underline{14{,}97} \end{array}$ **f)** $\begin{array}{r} 10{,}003 \\ -\ \underline{6{,}897} \end{array}$

g) $\begin{array}{r} 0{,}124 \\ +\ \underline{0{,}986} \end{array}$ **h)** $\begin{array}{r} 7{,}285 \\ -\ \underline{5{,}019} \end{array}$ **i)** $\begin{array}{r} 15{,}194 \\ -\ \underline{8{,}017} \end{array}$

2. Fais une estimation, puis calcule les sommes et les différences.

a) 2,876 − 0,975 **b)** 71,382 + 9 **c)** 0,58 + 0,736
d) 0,14 + 4,038 **e)** 7 − 0,187 **f)** 0,999 − 0,99

3. Utilise les chiffres de 0 à 7 une fois.
Écris 2 nombres décimaux avec des millièmes. Leur somme doit être proche de 2 et leur différence doit être proche de 1.
Explique tes choix. Montre ton travail.

4. Je suis un nombre décimal.
- Si tu me doubles, tu obtiens un nombre entre 0,6 et 0,7, mais plus proche de 0,6.
- Mon chiffre des millièmes n'est pas 2.
Le chiffre des millièmes de mon double est 2.

Qui suis-je ?

5. Mirko fait du punch aux fruits.
Le contenu de ces trois contenants peut-il entrer dans un bol de 3 L ?
Explique ta réponse.

6. Utilise les données du tableau. Pour chaque animal, trouve la différence entre la plus grande masse et la plus petite.

Animal	Masse (en kg)	
	Plus petite	**Plus grande**
Lapin	0,397	11,991
Chien	0,113	155,582
Chat	1,361	44,452

7. Winsome va devenir chien-guide.
À sa naissance, elle avait une masse de 0,475 kg.
À 6 semaines, elle avait une masse de 4,06 kg.
À 12 semaines, elle avait une masse de 9,25 kg.

a) Quelle est la différence entre sa masse à la naissance et à 6 semaines ?

b) Quelle est la différence entre sa masse à 6 semaines et à 12 semaines ?

8. Rédige un problème que tu peux résoudre par la soustraction de deux nombres décimaux avec des millièmes.
Résous ton problème. Montre ton travail.

9. Utilise chaque chiffre de 0 à 7 une fois pour rendre cette addition vraie.
Trouve le plus de réponses possible.

$$\begin{array}{r} \square,\square\square\square \\ +\ \square,\square\square\square \\ \hline 5,788 \end{array}$$

10. Une élève additionne 0,523 et 2,36. Elle obtient 0,759.

a) Quelle erreur a-t-elle faite ?

b) Quelle est la bonne réponse ?

11. Deux contenants ont une différence de capacité de 0,653 L.
Quelle peut être la capacité de chaque contenant ?

12. Deux nombres ont un chiffre des millièmes autre que zéro. Peuvent-ils avoir une différence de 5,3 ?
Explique ta réponse.

Réfléchis

Quand Mahala soustrait 2,768 de 5,9, elle écrit 5,9 comme ceci : 5,900. Pourquoi ?

Joue avec les nombres

Calcul mental

Six pièces de monnaie ont une valeur totale de 38 ¢.

Quelles sont ces pièces ?

LEÇON 7

Multiplier des nombres décimaux par 10, par 100, par 1000 et par 10 000

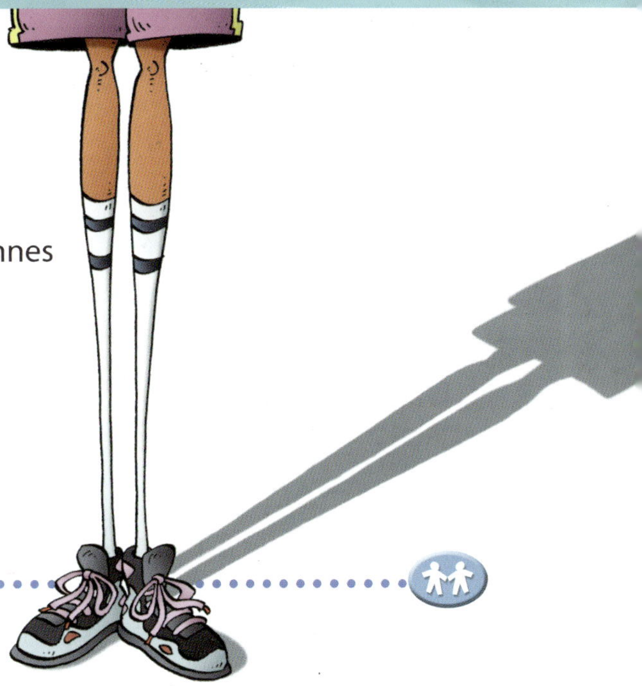

Margaret DeCiman a joué dans les équipes canadiennes féminines de basket-ball junior et senior.
Elle mesure 2,007 m.
Quelle est sa taille en décimètres ?
Quelle est sa taille en centimètres ?

Explore

Tu as besoin d'une calculatrice et d'un tableau de valeur de position.

➤ Trouve chaque produit à l'aide d'une calculatrice.
Note les produits dans un tableau de valeur de position.

Dizaines de milliers	Milliers	Centaines	Dizaines	Unités ,	Dixièmes	Centièmes	Millièmes
				,			

Cherche des régularités dans les produits.
Comment peux-tu effectuer des multiplications semblables sans calculatrice ?

38×10	$16{,}2 \times 10$	$9{,}04 \times 10$	$0{,}023 \times 10$
38×100	$16{,}2 \times 100$	$9{,}04 \times 100$	$0{,}023 \times 100$
38×1000	$16{,}2 \times 1000$	$9{,}04 \times 1000$	$0{,}023 \times 1000$

➤ Trouve les produits suivants à l'aide du calcul mental. Vérifie-les avec une calculatrice.

$2{,}134 \times 10$	$0{,}246 \times 1000$	$7{,}028 \times 100$
$25{,}489 \times 1000$	$7{,}89 \times 100$	6×1000

Qu'as-tu trouvé ?

Montre les régularités que tu as trouvées aux élèves d'une autre équipe.
Qu'arrive-t-il aux chiffres d'un nombre décimal quand tu le multiplies par 10, par 100 et par 1000 ?
Selon toi, qu'arrive-t-il aux chiffres d'un nombre décimal multiplié par 10 000 ?
Vérifie tes idées à l'aide d'une calculatrice.

OBJECTIF | Multiplier mentalement des nombres décimaux jusqu'aux millièmes par 10, par 100, par 1000 et par 10 000.

Découvre

Le plus grand homme connu du monde était Robert Wadlow. Il mesurait 2,721 m.
Écris sa taille en décimètres, en centimètres et en millimètres.

1 m = 10 dm
1 m = 100 cm
1 m = 1000 mm

Pour convertir des mètres en décimètres, multiplie par 10 : 2,721 × 10
Pour convertir des mètres en centimètres, multiplie par 100 : 2,721 × 100
Pour convertir des mètres en millimètres, multiplie par 1000 : 2,721 × 1000

➤ Tu peux multiplier mentalement un nombre décimal par 10, par 100 ou par 1000. Pense à la valeur de position.

	Milliers	Centaines	Dizaines	Unités	,	Dixièmes	Centièmes	Millièmes
				2	,	7	2	1
2,721 × 10 →			2	7	,	2	1	
2,721 × 100 →		2	7	2	,	1		
2,721 × 1000 →	2	7	2	1	,			

➤ Quand tu multiplies un nombre décimal par 10, les chiffres se déplacent de 1 position vers la gauche.
Pour le montrer, déplace la virgule décimale de 1 position vers la droite.

2,721 × 10 = 27,21

La taille de Robert Wadlow était de 27,21 dm.

➤ Quand tu multiplies un nombre décimal par 100, les chiffres se déplacent de 2 positions vers la gauche.
Pour le montrer, déplace la virgule décimale de 2 positions vers la droite.

2,721 × 100 = 272,1

La taille de Robert Wadlow était de 272,1 cm.

➤ Quand tu multiplies un nombre décimal par 1000, les chiffres se déplacent de 3 positions vers la gauche. Pour le montrer, déplace la virgule décimale de 3 positions vers la droite.

2,721 × 1000 = 2721

N'écris pas la virgule décimale dans un nombre naturel.

La taille de Robert Wadlow était de 2721 mm.

À ton tour

1. Écris chaque produit dans un tableau de valeur de position.
   a) 2,8 × 10 **b)** 0,7 × 100 **c)** 6 × 1000
   d) 7,86 × 100 **e)** 12,46 × 10 000 **f)** 3,08 × 10
   g) 0,893 × 10 000 **h)** 5,109 × 100 **i)** 6,372 × 1000

> Quand tu multiplies un nombre décimal par 10 000, les chiffres se déplacent de 4 positions vers la gauche.

2. Trouve chaque produit à l'aide du calcul mental.
   a) 17,6 × 10 **b)** 485,37 × 10 **c)** 9,048 × 100
   17,6 × 100 485,37 × 100 9,048 × 1000
   17,6 × 1000 485,37 × 1000 9,048 × 10 000

Réponds à chaque question à l'aide du calcul mental.

3. Un club de sciences a 10 membres. Chaque membre paie 9,50 $ pour se rendre au Centre des sciences. Combien paient-ils en tout ?

4. L'arrêt d'autobus se trouve à 0,325 km de la maison de Ginette. Écris cette distance en mètres.

5. Dans une grotte, l'eau s'égoutte et laisse des minéraux au plafond. Après des années, les minéraux forment une colonne de roche appelée stalactite. Certaines stalactites s'allongent de seulement 0,212 mm par an. De combien vont-elles s'allonger en 10 ans, en 100 ans, en 1000 ans et en 10 000 ans ?

6. Une pièce de 10 ¢ a une masse de 1,75 g.
   a) Quelle est la masse de 1000 pièces de 10 ¢ ?
   b) Quelle est la valeur de 1000 pièces de 10 ¢ ?
   Explique tes stratégies de calcul mental.

7. La chauve-souris Kitti à nez de porc a une masse de 1,875 g. Quelle est la masse totale de 10 chauves-souris ? de 100 chauves-souris ? de 1000 chauves-souris ? de 10 000 chauves-souris ?

Math +

Sciences

La spéléologie est l'étude des stalactites et des autres dépôts de minéraux des grottes. Les stalactites nous renseignent sur le climat d'il y a plusieurs milliers d'années. Elles nous aident à comprendre les changements climatiques actuels.

Réfléchis

Comment peux-tu multiplier mentalement 7,63 par 10, par 100, par 1000 et par 10 000 ?

Joue avec les nombres

Stratégie numérique

Place ces nombres par ordre croissant.

32,23, 30,323, 32,303, 32,033

LEÇON 8

Diviser des nombres décimaux par 10, par 100, par 1000 et par 10 000

Explore

Tu as besoin d'une calculatrice et d'un tableau de valeur de position.

➤ Trouve chaque quotient à l'aide d'une calculatrice.
Écris les quotients dans un tableau de valeur de position. Construis un tableau de valeur de position à 7 colonnes, des dizaines jusqu'aux cent-millièmes.
Cherche des régularités dans les quotients.
Comment peux-tu prédire des quotients semblables ?

7 ÷ 10	2,4 ÷ 10	15,63 ÷ 10
7 ÷ 100	2,4 ÷ 100	15,63 ÷ 100
7 ÷ 1000	2,4 ÷ 1000	15,63 ÷ 1000

➤ Trouve les quotients suivants à l'aide du calcul mental.
Vérifie-les à l'aide d'une calculatrice.

0,23 ÷ 10	9 ÷ 100	1,16 ÷ 1000
17 ÷ 1000	8,57 ÷ 10	3,854 ÷ 100

Qu'as-tu trouvé ?

Montre ton travail aux élèves d'une autre équipe. Qu'arrive-t-il aux chiffres d'un nombre décimal quand tu le divises par 10, par 100 et par 1000 ?
Selon toi, qu'arrive-t-il à un nombre décimal divisé par 10 000 ?
Vérifie tes idées à l'aide d'une calculatrice.

Découvre

Tu peux diviser mentalement un nombre décimal par 10, par 100, par 1000 et par 10 000. Pense à la valeur de position.

➤ Effectue ces divisions : 2,8 ÷ 10 2,8 ÷ 1000
2,8 ÷ 100 2,8 ÷ 10 000

	Unités	,	Dixièmes	Centièmes	Millièmes	Dix-millièmes	Cent-millièmes
	2	,	8				
2,8 ÷ 10	0	,	2	8			
2,8 ÷ 100	0	,	0	2	8		
2,8 ÷ 1000	0	,	0	0	2	8	
2,8 ÷ 10 000	0	,	0	0	0	2	8

➤ Effectue ces divisions :
9 ÷ 10 9 ÷ 100 9 ÷ 1000 9 ÷ 10 000

9 est un nombre décimal, car tu peux écrire 9 ou 9,0.

	Unités	,	Dixièmes	Centièmes	Millièmes	Dix-millièmes	Cent-millièmes
	9	,					
9 ÷ 10	0	,	9				
9 ÷ 100	0	,	0	9			
9 ÷ 1000	0	,	0	0	9		
9 ÷ 10 000	0	,	0	0	0	9	

Quand tu divises un nombre décimal par 10, les chiffres se déplacent de 1 position vers la droite.
Pour le montrer, déplace la virgule décimale de 1 position vers la gauche.

2,8 ÷ 10 = 0,28 9 ÷ 10 = 0,9

Quand tu divises un nombre décimal par 100, les chiffres se déplacent de 2 positions vers la droite.
Pour le montrer, déplace la virgule décimale de 2 positions vers la gauche.

2,8 ÷ 100 = 0,028 9 ÷ 100 = 0,09

Quand tu divises un nombre décimal par 1000, les chiffres se déplacent de 3 positions vers la droite.
Pour le montrer, déplace la virgule décimale de 3 positions vers la gauche.

2,8 ÷ 1000 = 0,0028 9 ÷ 1000 = 0,009

Quand tu divises un nombre décimal par 10 000, les chiffres se déplacent de 4 positions vers la droite.
Pour le montrer, déplace la virgule décimale de 4 positions vers la gauche.

2,8 ÷ 10 000 = 0,000 28 9 ÷ 10 000 = 0,0009

À ton tour

1. Effectue ces divisions à l'aide du calcul mental.

a) 297,25 ÷ 100 **b)** 12 ÷ 10 000 **c)** 2,32 ÷ 1000 **d)** 5 ÷ 10 000
e) 63,48 ÷ 1000 **f)** 6,24 ÷ 10 **g)** 54,1 ÷ 1000 **h)** 0,43 ÷ 10

Réponds à chaque question à l'aide du calcul mental.

2. Cent nouvelles pièces de 2 $ ont une masse de 730 g. Quelle est la masse de 1 pièce de 2 $?

3. Le plus grand arbre du monde est un séquoia géant nommé General Sherman.
En 2002, la distance autour de son tronc au niveau du sol était d'environ 3124,2 cm.
Écris cette mesure en décimètres, puis en mètres.

4. Un ouaouaron parcourt 9,32 m en 10 sauts. Quelle est la longueur approximative de chaque saut ?

5. La tour CN de Toronto a 553,33 m de hauteur. Écris cette hauteur en kilomètres.

6. Le grand danois de Belinda a 74,9 cm de hauteur et 225 cm de longueur.
Écris ces mesures en mètres.

7. Une pile de 10 000 feuilles de papier a 89 cm d'épaisseur. Détermine l'épaisseur de 1 feuille de papier.

8. La distance autour d'une piste de karts est de 575 m.
Ravi fait le tour de la piste 10 fois.
Écris la distance que Ravi a parcourue de toutes les façons que tu peux.
Montre ton travail.

9. Le pont de la Confédération relie le Nouveau-Brunswick à l'Île-du-Prince-Édouard. C'est le plus long pont qui traverse un cours d'eau pris par les glaces en hiver.
Il a environ 12 900 m de longueur. Écris cette longueur en kilomètres.

Math +

Autour de toi

L'arbre General Sherman a au moins 2200 ans, mais il pousse encore. Il est aussi haut qu'un édifice de 27 étages et a une masse égale à celle de 250 éléphants d'Afrique !

Réfléchis

Explique comment tu divises mentalement 7,3 par 10, par 100, par 1000 et par 10 000.

Joue avec les nombres

Stratégie numérique

Trouve un nombre à 2 chiffres qui est égal à 3 fois le produit de ses chiffres.

LEÇON 9

Multiplier des nombres naturels par 0,1, par 0,01 et par 0,001

Dans la leçon 8, tu as divisé des nombres décimaux par 10, par 100 et par 1000. Dans cette leçon, tu vas multiplier des nombres naturels par 0,1, par 0,01 et par 0,001. Il y a un lien entre les deux.

Explore

Tu as besoin d'une calculatrice et de tableaux de valeur de position.

- Choisis un nombre naturel à 1 chiffre. Multiplie ce nombre par 0,1, par 0,01 et par 0,001 à l'aide d'une calculatrice. Écris les produits dans un tableau de valeur de position. Recommence avec un nombre naturel à 2 chiffres, puis avec un nombre naturel à 3 chiffres.

  Cherche des régularités dans les tableaux. Comment peux-tu multiplier mentalement un nombre naturel par 0,1, par 0,01 et par 0,001 ?

- Prédis les produits suivants à l'aide du calcul mental. Vérifie-les à l'aide d'une calculatrice.

$8 \times 0{,}1$	$1 \times 0{,}01$	$5 \times 0{,}001$
$76 \times 0{,}1$	$85 \times 0{,}01$	$99 \times 0{,}001$
$424 \times 0{,}1$	$280 \times 0{,}01$	$708 \times 0{,}001$

Qu'as-tu trouvé ?

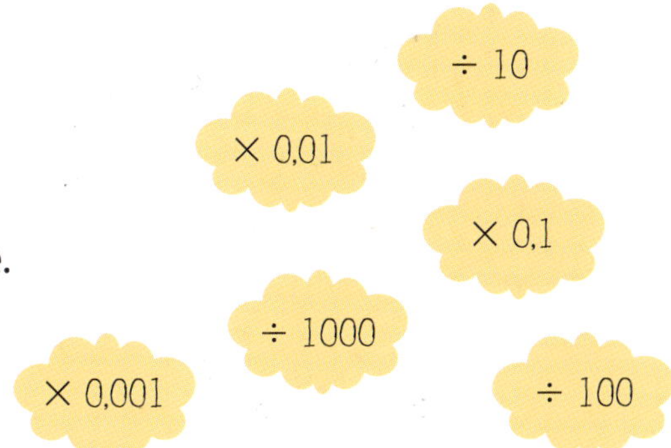

Montre tes régularités aux élèves d'une autre équipe. Quand tu multiplies un nombre naturel par 0,1, par 0,01 ou par 0,001, le produit est-il plus grand ou plus petit que le nombre naturel ?

Découvre

➤ Tu peux multiplier un nombre naturel par 0,1, par 0,01 et par 0,001 à l'aide du calcul mental.

Effectue ces multiplications : 48 × 0,1
48 × 0,01
48 × 0,001

	Dizaines	Unités ,	Dixièmes	Centièmes	Millièmes
	4	8 ,			
48 × 0,1		4 ,	8		
48 × 0,01		0 ,	4	8	
48 × 0,001		0 ,	0	4	8

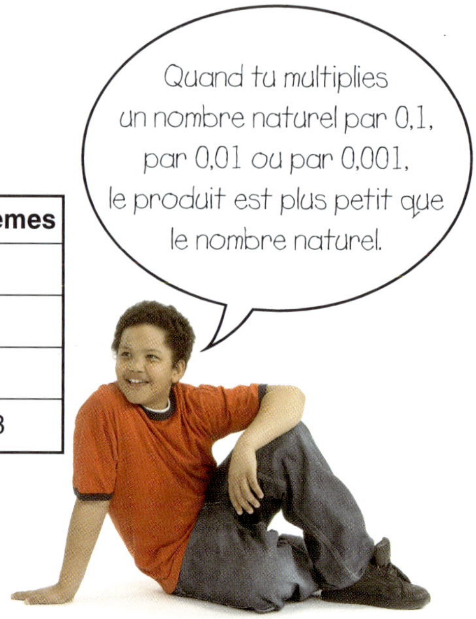

- Quand tu multiplies un nombre naturel par 0,1, les chiffres se déplacent de 1 position vers la droite.
  Pour le montrer, déplace la virgule décimale de 1 position vers la gauche.

  48 × 0,1 = 4,8

- Quand tu multiplies un nombre naturel par 0,01, les chiffres se déplacent de 2 positions vers la droite.
  Pour le montrer, déplace la virgule décimale de 2 positions vers la gauche.

  48 × 0,01 = 0,48

- Quand tu multiplies un nombre naturel par 0,001, les chiffres se déplacent de 3 positions vers la droite.
  Pour le montrer, déplace la virgule décimale de 3 positions vers la gauche.

  48 × 0,001 = 0,048

À ton tour

1. Effectue ces multiplications. Utilise le calcul mental.

a) 13 × 0,1
13 × 0,01
13 × 0,001

b) 50 × 0,1
50 × 0,01
50 × 0,001

c) 1 × 0,1
1 × 0,01
1 × 0,001

2. Effectue ces multiplications à l'aide du calcul mental. Décris tes stratégies.

a) $15 \times 0{,}1$	**b)** $3 \times 0{,}001$	**c)** $485 \times 0{,}01$
d) $4 \times 0{,}01$	**e)** $173 \times 0{,}1$	**f)** $14 \times 0{,}001$

3. Effectue ces multiplications et ces divisions à l'aide du calcul mental.

a) $7 \times 0{,}1$ $7 \div 10$	**b)** $16 \times 0{,}01$ $16 \div 100$	**c)** $42 \times 0{,}001$ $42 \div 1000$
d) $28 \times 0{,}1$ $28 \div 10$	**e)** $3 \times 0{,}01$ $3 \div 100$	**f)** $33 \times 0{,}001$ $33 \div 1000$

4. **a)** Examine les réponses de la question 3. Que remarques-tu ?
   b) Quel lien unit la multiplication et la division ?

Résous chaque problème à l'aide du calcul mental.

5. Une araignée de maison a une masse de 0,1 g.
   a) Quelle est la masse de 50 araignées de maison ?
   b) Combien d'araignées de maison y a-t-il dans 1 kg ?
   Décris les stratégies de calcul mental que tu as utilisées.

6. Érica coupe un ruban en 15 bouts égaux.
   Chaque bout a 0,1 m de longueur.
   a) Quelle était la longueur du ruban avant qu'Érica le coupe ?
   b) Combien de fois Érica a-t-elle coupé le ruban ?

7. Chaque côté d'un octogone régulier a 0,001 km de longueur.
   Trouve le périmètre de l'octogone.
   Donne ta réponse dans toutes les unités que tu peux.

8. Un biscuit à la guimauve contient 0,1 g de gras polyinsaturés.
   Combien de grammes de gras polyinsaturés y a-t-il dans 6 biscuits ?

Réfléchis

Jacquot dit que multiplier 9 par 0,01, c'est la même chose que diviser 9 par 100.
Es-tu d'accord avec lui ? Explique ta réponse.

Joue avec les nombres

Spécialiste de la calculatrice

Une pièce de 1 $ a environ 2 mm d'épaisseur.
Environ combien de pièces de 1 $ y a-t-il dans une pile de 1 m de hauteur ? de 1 km de hauteur ?

Mémo valeur de position

Joue en groupe de quatre. Place-toi avec une ou un camarade.

Tu as besoin d'un ensemble de cartes Expressions et d'un ensemble de cartes Valeurs.

Le but du jeu est d'associer chaque expression à la valeur correspondante.

- Mêle chaque ensemble de cartes.
  Place les cartes de chaque ensemble face contre table, en rangées.
- Un membre de l'équipe 1 retourne une carte Expressions.
  Tout le monde cherche la valeur correspondante.
  L'autre membre de l'équipe 1 retourne une carte Valeurs.
  Si tout le monde dit qu'il s'agit de la bonne réponse, l'équipe 1 prend les 2 cartes.
  Sinon, l'équipe 1 replace les 2 cartes face contre table.
- C'est au tour de l'équipe 2.
- Les équipes jouent à tour de rôle. Le jeu se termine quand toutes les valeurs ont été associées à une expression.
- Chaque équipe compte les cartes amassées.
  L'équipe qui a le plus de cartes gagne la partie.

LEÇON 10

Multiplier des nombres décimaux par un nombre naturel à 1 chiffre

Au Canada, la plupart des gens aiment la sensation que leur procure un tour de montagnes russes. Il y a au moins 54 montagnes russes au Canada.

Explore

Ce tableau indique la longueur de quelques-unes des plus grandes montagnes russes du monde.
Choisis 3 montagnes russes que tu aimerais essayer.
Estime la distance que tu parcours si tu fais 8 tours dans chacune.
Calcule ensuite la distance exacte.

Montagne russe	Pays	Longueur (en km)
The Beast	États-Unis	2,256
The Steel Dragon	Japon	2,479
The Corkscrew	Canada	0,732
The Dragon Khan	Espagne	1,269
The Mighty Canadian Minebuster	Canada	1,167
The Ultimate	Angleterre	2,271

Qu'as-tu trouvé ?

Montre tes résultats aux élèves d'une autre équipe.
Discute de tes stratégies pour estimer et calculer.
Comment sais-tu que tes réponses sont vraisemblables ?

OBJECTIF | Multiplier des nombres décimaux jusqu'aux millièmes par un nombre naturel à 1 chiffre.

Découvre

Les montagnes russes Superman ont 1,646 km de longueur.
Ben et Jasmin font 3 tours sur ces montagnes russes.
Quelle distance parcourent-ils ?

Effectue la multiplication : $1{,}646 \times 3$
Voici deux façons de trouver le produit de 1,646 et 3 :

➤ Utilise du matériel de base dix.
Représente 3 groupes de 1,646.

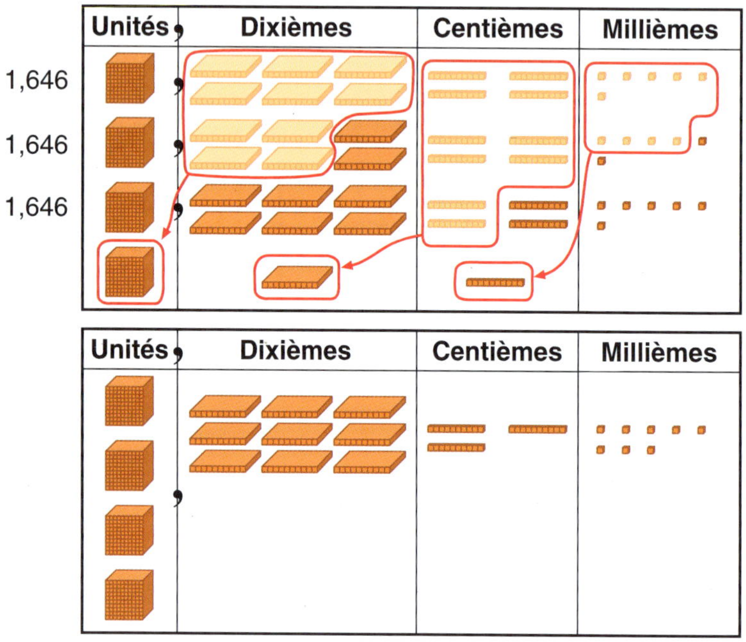

Échange 10 millièmes contre 1 centième.
Échange 10 centièmes contre 1 dixième.
Échange 10 dixièmes contre 1 unité.

4 unités + 9 dixièmes + 3 centièmes + 8 millièmes = 4,938
Donc, $1{,}646 \times 3 = 4{,}938$

➤ Utilise tes connaissances sur la multiplication des nombres naturels.

- Fais d'abord une estimation.
  Arrondis 1,646 à 2.
  $2 \times 3 = 6$
  Donc, le produit de 1,646 et 3 est environ 6.

- Écris les nombres sans la virgule décimale. Multiplie comme s'il s'agissait de nombres naturels.

$$\begin{array}{r} 1646 \\ \times \quad 3 \\ \hline 18 \\ 120 \\ 1800 \\ 3000 \\ \hline 4938 \end{array}$$

- Utilise ton estimation pour placer la virgule décimale dans le produit.
  L'estimation est 6. La virgule décimale va donc après le nombre 4.
  $1{,}646 \times 3 = 4{,}938$

Ben et Jasmin ont parcouru 4,938 km sur les montagnes russes Superman.

À ton tour

1. Estime chaque produit. Effectue ensuite les multiplications.

a) $\begin{array}{r} 4{,}3 \\ \times\ 6 \\ \hline \end{array}$ **b)** $\begin{array}{r} 1{,}8 \\ \times\ 9 \\ \hline \end{array}$ **c)** $\begin{array}{r} 7{,}27 \\ \times\ 5 \\ \hline \end{array}$ **d)** $\begin{array}{r} 0{,}42 \\ \times\ 7 \\ \hline \end{array}$

e) $\begin{array}{r} 26{,}47\ \$ \\ \times\ 2 \\ \hline \end{array}$ **f)** $\begin{array}{r} 2{,}009 \\ \times\ 4 \\ \hline \end{array}$ **g)** $\begin{array}{r} 2{,}362 \\ \times\ 3 \\ \hline \end{array}$ **h)** $\begin{array}{r} 0{,}12 \\ \times\ 8 \\ \hline \end{array}$

2. Effectue ces multiplications.

a) $8{,}2 \times 4$ **b)** $1{,}02 \times 6$ **c)** $5{,}9 \times 2$ **d)** $1{,}95\ \$ \times 8$
e) $6{,}112 \times 3$ **f)** $0{,}525 \times 7$ **g)** $5{,}351 \times 6$ **h)** $0{,}607 \times 5$

3. Élise travaille dans un laboratoire hospitalier.
Ce matin, elle a analysé le contenu de 7 éprouvettes.
Chaque éprouvette contenait 12,25 mL de sang.
Quelle quantité de sang Élise a-t-elle analysée ?

4. Naja a économisé 14,75 $ par semaine pendant 9 semaines.
Elle a juste assez d'argent pour acheter un lecteur DVD.
Détermine le prix du lecteur DVD.

5. Julien a six bouteilles de jus de fruits de 2,54 L chacune.
Il a besoin de 20 L de jus pour une fête.

a) Julien a-t-il assez de jus ?

b) Quelle quantité de jus a-t-il en trop ou quelle quantité lui manque-t-il ?

6. Tiana a économisé 9,25 $ par semaine pendant 7 semaines.
Elle veut s'acheter une planche à roulettes à 80,45 $, taxe incluse.
   a) Tiana a-t-elle assez d'argent ?
   b) Si tu as répondu non en a), combien d'argent lui manque-t-il ?

7. Michel a besoin de 4 m de tissu pour recouvrir un canapé.
Il aime deux tissus. Un tissu coûte 8,59 $ le mètre. L'autre coûte 5,98 $ le mètre.
Quelle économie réalisera Michel s'il achète le tissu le moins cher ?

8. a) Ammar a acheté trois bouteilles de sirop d'érable de 0,375 L chacune.
A-t-il acheté plus ou moins que 1 L de sirop ?
Combien de plus ou de moins ? Explique comment tu le sais.
   b) Ammar a payé chaque bouteille de sirop 4,79 $.
Combien a-t-il payé en tout ?

9. La chauve-souris Kitti à nez de porc vit dans les grottes de Thaïlande.
Sa masse est de 1,812 g.
Quelle est la masse de 5 de ces chauves-souris ?

10. Rédige un problème que tu peux résoudre par la multiplication de 4,026 par 7.
Résous ton problème.

11. Tu peux prédire la taille qu'une ou un enfant aura à l'âge adulte.
Il suffit de doubler la taille de l'enfant à 2 ans.
Serena a 2 ans et elle mesure 81,4 cm.
Environ combien mesurera-t-elle à l'âge adulte ?

12. Une boulangerie vend du pain multigrain.
Une miche coûte 1,79 $. Saima achète 3 miches.
   a) Saima paie avec 6 $.
Combien de monnaie reçoit-elle ?
   b) Chaque miche a une masse de 0,675 kg.
Saima a-t-elle plus ou moins que 2 kg de pain en tout ? Comment le sais-tu ?

Réfléchis

Comment places-tu la virgule décimale dans le produit de 7,146 × 7 ? Explique ta réponse.

Joue avec les nombres

Calcul mental

Écris les 10 premiers multiples de chaque nombre.
- 2
- 4
- 8

Quelles régularités remarques-tu ? Explique ta réponse.

LEÇON 11

Diviser des nombres décimaux par un nombre naturel à 1 chiffre

Les Jeux paralympiques sont des compétitions sportives internationales pour les athlètes qui ont une déficience. Ils ont lieu la même année et au même endroit que les Jeux olympiques.

Dans la plupart des sports paralympiques, les athlètes sont classés selon leur équilibre, leur coordination, l'amplitude de leurs mouvements et les habiletés requises pour le sport choisi.

Explore

La course à vélo de 1 km, hommes, est une épreuve paralympique.
Chaque athlète fait 4 fois le tour d'une piste de 250 m.
En 2004, Darren Kenny de la Grande-Bretagne a gagné la médaille d'or dans la classe CP3/4. Il a terminé les 4 tours en 74,472 s.

Jean Quevillon est l'athlète canadien qui a participé à cette épreuve.
Il a terminé au 10e rang avec un temps de 83,848 s.

Calcule le temps moyen par tour de chaque cycliste.
Utilise tout le matériel dont tu as besoin.
Fais une estimation, puis trouve les réponses.

Qu'as-tu trouvé ?

Montre tes solutions aux élèves d'une autre équipe.
Discute de tes stratégies pour faire des estimations et résoudre les problèmes.
Comment peux-tu vérifier tes réponses ?
Selon toi, pendant une course, est-ce qu'il faut le même temps pour faire chaque tour ?
Explique ta réponse.

OBJECTIF | Diviser des nombres décimaux jusqu'aux millièmes par un nombre naturel à 1 chiffre.

Découvre

➤ À la course annuelle de grenouilles, la grenouille de Josée a parcouru 3 m en 4 sauts. Quelle est la longueur moyenne de chaque saut ?

Effectue la division : $3 \div 4$

- Fais d'abord une estimation. Le nombre 3 est plus petit que 4. Chaque saut mesure un peu moins que 1 m.
- Utilise du matériel de base dix. Représente le nombre 3.

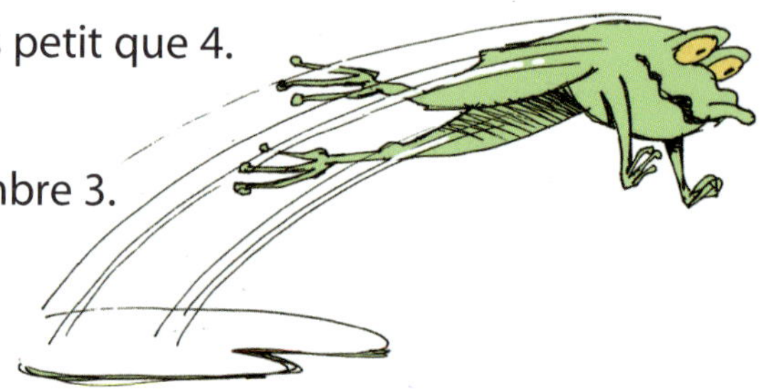

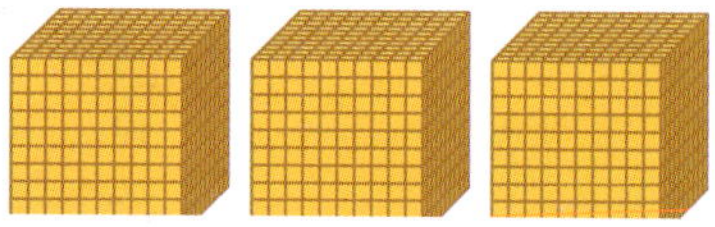

3 unités

Échange chaque unité contre 10 dixièmes.

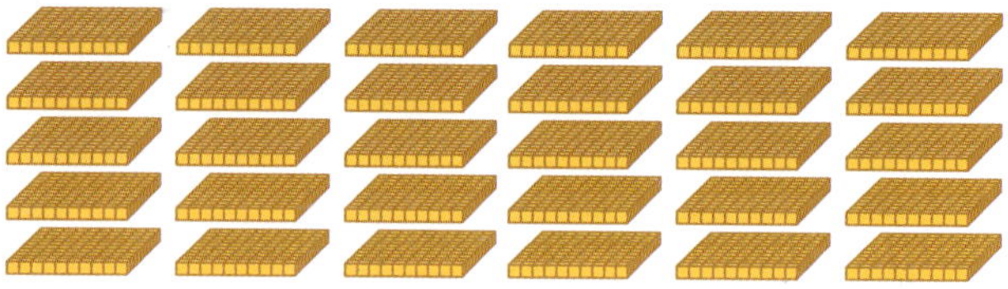

30 dixièmes

Divise ces 30 dixièmes en 4 groupes égaux.

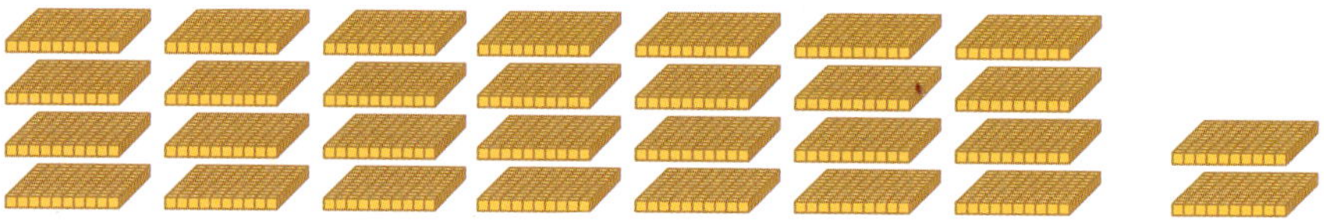

Tu obtiens 4 groupes de 7 dixièmes. Il te reste 2 dixièmes.

Échange les 2 dixièmes contre 20 centièmes.
Répartis ces 20 centièmes entre les 4 groupes.

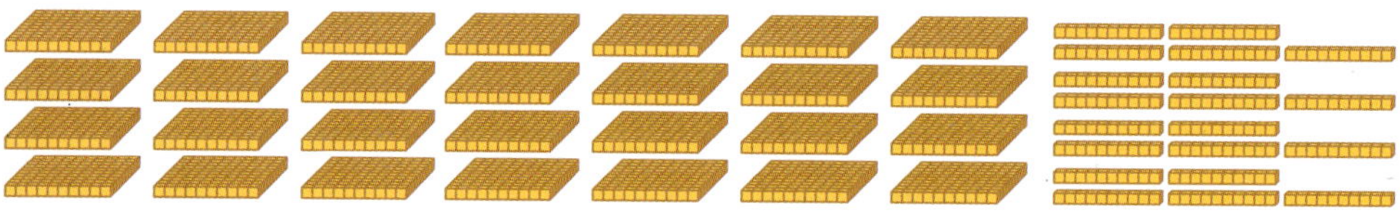

Il y a 7 dixièmes et 5 centièmes dans chaque groupe.
7 dixièmes et 5 centièmes = 75 centièmes
75 centièmes = 0,75

La longueur moyenne de chaque saut est de 0,75 m.

0,75 m, c'est un peu moins de 1 m ; la réponse est donc vraisemblable.

➤ Voici une autre façon de calculer $3 \div 4$:
Puisque le diviseur 4 est plus grand que le dividende 3, le quotient sera plus petit que 1.
Écris 3 comme un nombre décimal : 3,0

Pour diviser 3,0 par 4 :

Divise les unités.
Il reste 3 unités.
C'est 30 dixièmes.

$4 \,|\, 3,{}^{3}0$
0,

Divise les dixièmes.
Il reste 2 dixièmes.
C'est 20 centièmes.

$4 \,|\, 3,{}^{3}0^{2}$
0, 7

Écris un zéro à la position des centièmes.
Divise les centièmes.

$4 \,|\, 3,{}^{3}0^{2}0$
0, 7 5

La longueur moyenne de chaque saut est de 0,75 m.

➤ La grenouille de Marcie a parcouru 2,232 m en 3 sauts.
Quelle est la longueur moyenne de chaque saut ?

Effectue la division : 2,232 ÷ 3

Voici une autre façon de diviser :

- Écris les nombres sans la virgule décimale.
  Fais comme s'il s'agissait de nombres naturels.

  $3 \,|\, 22^{1}3^{1}2$
  7 4 4 $\quad 2232 \div 3 = 744$

- Fais une estimation pour placer la virgule décimale.
  Arrondis 2,232 à 2.
  Le quotient de 2 ÷ 3 est un peu plus petit que 1.
  La réponse doit être 744 millièmes.
  744 millièmes = 0,744
  Donc, 2,232 ÷ 3 = 0,744

Écris zéro comme chiffre des unités quand il n'y a pas de chiffre à cette position.

- Vérifie à l'aide de la multiplication :
  0,744 × 3 = 2,232
  La réponse est exacte.

La longueur moyenne de chaque saut est de 0,744 m.

À ton tour

1. Fais une estimation, puis effectue ces divisions.

a) 2,4 ÷ 4 **b)** 8,5 ÷ 5 **c)** 0,9 ÷ 9
d) 6 ÷ 8 **e)** 0,639 ÷ 3 **f)** 7 ÷ 2

2. Effectue ces divisions. Vérifie tes réponses à l'aide de la multiplication.

a) 27,02 ÷ 5 **b)** 3,42 ÷ 6 **c)** 0,735 ÷ 7
d) 0,072 ÷ 8 **e)** 50 ÷ 8 **f)** 3,438 ÷ 6

3. Raj fait du patin à roues alignées. Il parcourt 2,644 km en 4 min. Quelle distance moyenne parcourt-il par minute ?

4. À vélo, Éric parcourt 2,25 km en 5 min.
Josie parcourt 2,76 km en 8 min.
Qui va le plus vite ? Montre ton travail.

5. Winnie a payé 6,99 $ pour 3 balles de tennis.
a) Quel est le prix d'une balle de tennis ?
b) Quel est le prix de 12 balles de tennis ?

6. Sonia fait garder son chat dans un chenil. Elle paie 58,50 $ pour 5 jours. Son amie Miles fait garder son chat dans un autre chenil. Il paie 12,50 $ par jour.
Qui a le meilleur prix ? Explique comment tu le sais.

7. Rédige un problème que tu peux résoudre par la division de 3 par 8. Résous ton problème.

8. Un parc carré a un périmètre de 14,984 km.
Quelle est la longueur de chaque côté du parc ?

9. Rolf paie 1,44 $ pour une demi-douzaine d'oeufs.
a) Quel est le prix d'un oeuf ?
b) Rolf paie avec un billet de 5 $. Combien de monnaie reçoit-il ?

10. Carl divise 1,374 par 4 et obtient 3,435.
a) Sans diviser, comment sais-tu s'il a trouvé la bonne réponse ?
b) Si la réponse est erronée, quelle erreur Carl a-t-il faite ?

11. Par beau temps, Hannah va à l'école à vélo.
La semaine dernière, Hannah a utilisé son vélo 4 jours.
Elle a parcouru 10,8 km en tout.
Cette semaine, elle a utilisé son vélo 5 jours.
Quelle distance Hannah a-t-elle parcourue cette semaine ?

Réfléchis

Comment peux-tu trouver le quotient de 4 ÷ 5 ?
Explique ta réponse à l'aide de mots, de dessins ou de nombres.

Joue avec les nombres

Spécialiste de la calculatrice

Utilise les nombres 3, 4 et 6.
Forme un nombre premier à 3 chiffres.
Combien de nombres premiers peux-tu former ?

LEÇON 12

Diviser des nombres décimaux

Explore

Une randonnée de 96,575 km sur le Sentier transcanadien dure 4 jours.
Quelle distance moyenne le groupe parcourt-il chaque jour ?

Pour payer l'excursion, les 3 membres du groupe doivent amasser au moins 125 $.
Quelle somme d'argent chaque personne doit-elle amasser ?

Utilise le matériel de ton choix.
Résous le problème. Montre ton travail.

Qu'as-tu **trouvé ?**

Montre ton travail aux élèves d'une autre équipe.
Quelles stratégies as-tu utilisées pour faire des estimations et calculer ? Tes réponses sont-elles exactes ?
Comment le sais-tu ? Quelles stratégies peux-tu utiliser pour vérifier tes réponses ?

Découvre

➤ Quatre randonneuses veulent partager également une bouteille d'eau de 0,945 L.
Quelle quantité d'eau chaque randonneuse aura-t-elle ?

Effectue la division : $0{,}945 \div 4$

Fais une estimation.
0,945, c'est un peu moins que 1.

$$1 \div 4 = \frac{1}{4}$$
$$= 0{,}25$$

Donc, $0{,}945 \div 4$, c'est environ 0,25.

Effectue la division.

$$4\,\underline{|0{,}9^{1}4^{2}5^{1}0^{2}0}$$
$$0{,}2\;3\;6\;2\;5$$

Rappelle-toi : tu dois parfois ajouter des zéros au dividende pour continuer la division.

OBJECTIF | Diviser des nombres décimaux jusqu'aux millièmes par un diviseur à 1 chiffre et arrondir le quotient.

Il y a seulement 3 décimales dans le dividende 0,945.
Arrondis donc le quotient au millième près.
En d'autres mots, arrondis 0,236 25 à 0,236.
Chaque randonneuse aura environ 0,236 L d'eau.

➤ Un matin, les randonneuses parcourent 11 km en 3 h. Quelle distance moyenne parcourent-elles par heure ?

Fais une estimation :
Arrondis 11 à 12.
$12 \div 3 = 4$
Donc, $11 \div 3$, c'est un peu moins que 4.

Effectue la division : $11 \div 3$

$3\lfloor 11,{}^{2}0^{2}0^{2}0^{2}0^{2}$

$3,\ 6\ 6\ 6\ 6$

Parfois, la division continue, peu importe le nombre de zéros que tu ajoutes au dividende.

Ceci est un **nombre périodique.**

Arrondis le quotient au dixième près.
Pour 3,6666..., tu obtiens 3,7.
Les randonneuses ont parcouru environ 3,7 km par heure.

Vérifie ta réponse. Multiplie le quotient par le diviseur : $3{,}7 \times 3 = 11{,}1$
Le nombre 11,1 est proche du dividende 11.
La réponse est vraisemblable.

À ton tour

1. Fais une estimation, puis effectue ces divisions.

a) $8{,}235 \div 6$ **b)** $12 \div 5$ **c)** $39{,}77 \div 2$
d) $88{,}2 \div 5$ **e)** $2{,}367 \div 4$ **f)** $4{,}573 \div 5$

2. Effectue ces divisions. Arrondis chaque quotient au même nombre de décimales que son dividende.

a) 3,05 ÷ 2 **b)** 49,67 $ ÷ 4 **c)** 6,1 ÷ 9

d) 1,189 ÷ 4 **e)** 25 ÷ 3 **f)** 26,52 $ ÷ 5

3. Utilise du matériel de base dix. Montre pourquoi le quotient de 1 ÷ 9 est un nombre périodique. Le gros cube représente 1.

4. Effectue ces divisions à l'aide d'une calculatrice. Arrondis chaque quotient au centième près.

a) 11 ÷ 9 **b)** 1,216 ÷ 7 **c)** 17,5 ÷ 9

5. Un groupe d'élèves part en camping. Chaque tente abrite 5 élèves. Combien faut-il de tentes pour abriter 38 élèves ? Montre ton travail.

6. Six élèves se partagent également 16 barres énergétiques. Quelle est la part de chaque élève ?

7. Richard répartit également le contenu d'une bouteille de jus de tomates épicé de 0,954 L dans 5 verres. Quelle quantité de jus y a-t-il dans chaque verre ? Exprime ta réponse en 2 unités de mesure.

8. Marina part 3 jours en camping. Elle apporte huit bouteilles de punch aux fruits de 2,54 L chacune. Quelle quantité de punch peut-elle boire chaque jour ? Montre ton travail.

9. Trois amis achètent une boîte de céréales à 3,49 $ et un litre de lait à 1,89 $. Ils veulent partager le coût. Combien d'argent chaque ami doit-il débourser ?

10. Dans une course d'escargots, l'escargot de Noba a parcouru 1,677 m en 5 min. Quelle distance moyenne cet escargot parcourt-il par minute ? Exprime ta réponse en autant d'unités de mesure que tu peux.

11. Rédige un problème que tu peux résoudre par la division de 4,738 par 5. Résous ton problème. Fais une multiplication pour vérifier ta réponse.

Réfléchis

Explique comment tu peux vérifier le quotient de 2,768 ÷ 3 à l'aide de la multiplication.

Joue avec les nombres

Spécialiste de la calculatrice

Trouve six nombres pairs consécutifs qui ont une somme de 390.

LEÇON 13

La boîte à outils

Explore

Tu dois résoudre ce problème :
Parle de ce que tu dois faire.
Résous le problème.

> Remplace chaque □ par un chiffre pour rendre l'addition vraie.
> De combien de façons peux-tu le faire ? Montre chaque façon.
>
> $$\begin{array}{r} \square,\square\square 8 \\ +\ 2,\square 0 \square \\ \hline \square,2\,0\,2 \end{array}$$

Qu'as-tu trouvé ?

Montre ton travail aux élèves d'une autre équipe. Décris ce que tu as fait pour t'assurer de bien comprendre le problème.
Compare ta solution à celle de tes camarades.

Découvre

Voici quelques stratégies utiles pour comprendre le problème :

- *Transcris le problème.*
- *Souligne les mots importants.*
- *Examine les parties une à la fois.*
  Pense à la signification de chaque partie.
- *Surligne ce que tu dois trouver.*
- *Choisis la forme de ta réponse.*
  Ta réponse sera-t-elle :
  - un diagramme ?
  - un nombre ?
  - un tableau ?
  - un schéma ?
  - une explication écrite ?
- *Pense au nombre de parties de ta réponse.*

Des stratégies pour bien réussir

- **Surmonte les difficultés.**
- **Vérifie et réfléchis.**
- **Concentre-toi sur le problème.**
- **Présente ton raisonnement.**
- **Choisis une réponse.**
- **Fais de ton mieux dans un test.**
- **Explique ta réponse.**

Voici une façon de résoudre ce problème :

Utilise les chiffres 0, 3, 5 et 8.

Écris un nombre décimal qui s'arrondit :

- au nombre supérieur quand tu l'arrondis au dixième près ;
- au nombre inférieur quand tu l'arrondis au centième près.

Trouve le plus de réponses possible.

Pour s'arrondir au nombre supérieur, le nombre doit avoir 5 ou 8 centièmes. Pour s'arrondir au nombre inférieur, le nombre doit avoir 0 ou 3 millièmes.

Quand j'ai trouvé une solution, j'en cherche une autre.

Il y a 8 solutions. Les voici :
0,853, 0,583, 3,580, 3,850, 5,083, 5,380, 8,053 et 8,350

À ton tour

Ce tableau indique la distance que des êtres vivants parcourent en 1 s.
Réponds aux questions à l'aide des données du tableau.
Que fais-tu pour comprendre chaque problème ?

Guépard	31,1 m
Autruche	19,4 m
Kangourou rouge	18,1 m
Sprinter humain	10,3 m
Dromadaire (chameau)	2,7 m

1. Quel être vivant se déplace à plus de 5 km/h, mais à moins de 30 km/h ? Montre ta solution. Combien de réponses peux-tu trouver ?
2. Quel être vivant parcourt la plus longue distance : un kangourou rouge en 3 min ou un sprinter humain en 4 min ? Quelle distance parcourt-il de plus ? Montre ta solution.

Réfléchis

Explique ce que tu peux faire pour comprendre un problème.
Donne des exemples.

Module 4 Montre ce que tu sais

LEÇONS

1 **1.** Écris chaque nombre à la forme symbolique.
a) 5,9 millions **b)** 1,45 milliard **c)** $8\frac{3}{4}$ millions

2 **2.** Écris chaque nombre décimal comme une fraction ou un nombre fractionnaire.
a) 0,005 **b)** 7,104 **c)** 26,3

3. Écris chaque nombre comme un nombre décimal.
a) $1\frac{172}{1000}$ **b)** $2\frac{6}{100}$ **c)** $9\frac{41}{1000}$

4. Écris chaque nombre dans un tableau de valeur de position.
a) 217 millièmes **b)** 40,209 **c)** 1,468

3 **5.** Copie et complète ces énoncés. Utilise >, < ou =.
a) 1,467 □ 1,47 **b)** 4,905 □ 4,9 **c)** 76,853 □ 7,19

6. Place ces nombres décimaux par ordre croissant.
a) 6,318, 6,394, 6,095 **b)** 9,9, 9,49, 9,362

7. Écris 2 nombres entre 8,43 et 8,437.
Comment as-tu choisi tes nombres ?

4 **8.** Arrondis chaque nombre au centième près, puis au dixième près.
a) 0,693 **b)** 6,245 **c)** 17,068

5 **9.** Estime chaque somme ou différence.
Explique tes stratégies.
a) 2,793 + 4,012 **b)** 17,276 − 8,357 **c)** 0,947 − 0,063

6 **10.** Effectue chaque addition ou soustraction.
Vérifie tes réponses à l'aide de l'opération inverse.
a) 2,689 + 7,385 **b)** 9,085 − 2,378 **c)** 0,862 + 1,297

7 8 **11.** Effectue ces multiplications et ces divisions.
a) 0,7 × 100 **b)** 1,385 ÷ 10 **c)** 6,389 × 10 000
d) 18,62 ÷ 100 **e)** 2 ÷ 10 000 **f)** 3,5 ÷ 100

12. Le chat de Suzie a 23,4 cm de hauteur et 38 cm de longueur.
Écris ces mesures en mètres et en millimètres.

LEÇONS

9 **13.** Effectue ces multiplications. Utilise le calcul mental.

a) 17 × 0,1 **b)** 8 × 0,001 **c)** 37 × 0,01 **d)** 519 × 0,001

10 11 **14.** Effectue ces multiplications et ces divisions. Écris chaque réponse au millième près. Vérifie tes réponses à l'aide de l'opération inverse.

a) 3,09 × 7 **b)** 8,3 × 9 **c)** 4,951 × 6
d) 1,484 ÷ 4 **e)** 5 ÷ 8 **f)** 0,09 ÷ 9

10 **15.** Le palmier éventail produit la plus grosse graine du monde.
Une graine de palmier éventail a une masse d'environ 9,075 kg.
Quelle est la masse de 5 graines ?

16. Sébastien fait une recette. Il a besoin de 1,5 L de lait concentré.
Il a quatre boîtes de 0,385 L chacune.
A-t-il assez de lait concentré ? Montre ton travail.

6 11 **17.** Décoro emballe des brillants pour la vente au détail.
Voici les masses de quatre paquets :
1,195 g, 1,24 g, 1,249 g et 1,208 g.
Trouve la masse moyenne.

12 **18.** Gérard, Akbar et Olga trouvent un billet de 10 $ sur le chemin de l'école. Ils partagent cet argent.
Quelle est la part de chaque camarade ?
Explique ta réponse.

19. Le pin à gros cônes produit les cônes les plus massifs du monde.
La masse de 8 cônes est de 25,259 kg.
Trouve la masse d'un cône au centième de kilogramme près.

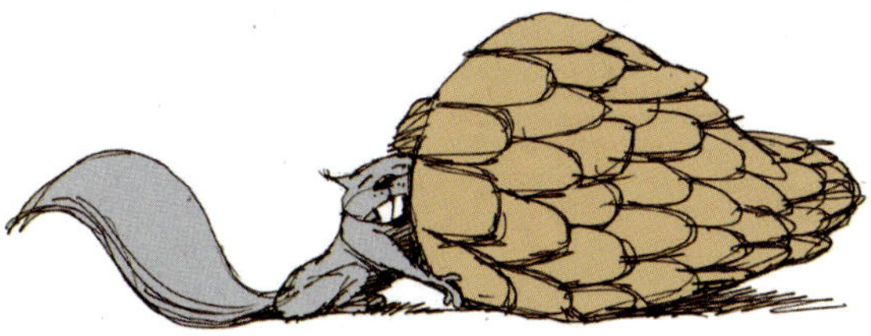

MODULE 4 Tes objectifs

- ✓ Faire le lien entre les fractions et les nombres décimaux.
- ✓ Représenter, lire et écrire des nombres décimaux.
- ✓ Comparer et ordonner des nombres décimaux.
- ✓ Arrondir des nombres décimaux.
- ✓ Estimer des sommes, des différences, des produits et des quotients de nombres décimaux.
- ✓ Additionner, soustraire, multiplier et diviser des nombres décimaux jusqu'aux millièmes.
- ✓ Poser et résoudre des problèmes qui comportent des nombres décimaux.
- ✓ Choisir les opérations appropriées pour résoudre des problèmes qui comportent plusieurs étapes.

Problème du module

Domestiquer le vent

Chaque jour, des milliers de personnes se déplacent grâce au vent à Calgary.
Le train double de type C de Calgary est le premier système de transport public alimenté par le vent en Amérique du Nord.
Il fonctionne grâce à l'électricité produite par 12 éoliennes.

En moyenne, le train de Calgary consomme 403,846 mégawattheures d'électricité par semaine.

Au Canada, l'électricité produite par le vent (électricité éolienne) coûte de 6 à 12 cents le kilowattheure.

Depuis 2004, le Canada produit environ 850 gigawattheures d'électricité éolienne chaque année.

Une famille canadienne consomme environ 9400 kilowattheures d'électricité par année.

Liste de contrôle

Ton travail devrait montrer :

- ✓ tes calculs et la vérification de chaque solution ;
- ✓ un vocabulaire mathématique approprié ;
- ✓ un problème intéressant avec des nombres décimaux ;
- ✓ une explication claire de tes solutions et de tes stratégies.

1. Combien de mégawattheures d'électricité le train de Calgary utilise-t-il chaque jour ?
   Écris cette quantité en kilowattheures et en gigawattheures.

2. La quantité d'électricité que le train de Calgary utilise chaque jour permet de faire 24 658 lessives. Environ combien de kilowattheures d'électricité faut-il pour faire 1 lessive ?

3. Une centrale éolienne de Saskatchewan possède 9 éoliennes identiques. Ensemble, ces éoliennes produisent 18,9 gigawattheures d'électricité en 1 année. Combien d'électricité 1 éolienne produit-elle ? Comment as-tu arrondi les nombres ?

4. Utilise des données de la page précédente.
   Rédige un problème sur l'énergie éolienne.
   Résous ton problème. Montre ton travail.

1 kilowatt = 1000 watts
1 mégawatt = 1 million de watts
1 gigawatt = 1 milliard de watts

Retour sur le module

Comment peux-tu utiliser la valeur de position pour additionner, soustraire, multiplier et diviser des nombres décimaux ?
Explique ta réponse.

Modules 1 à 4 Révision cumulative

Modules

1

1. Le tableau montre les nombres d'entrée et de sortie de cette machine.

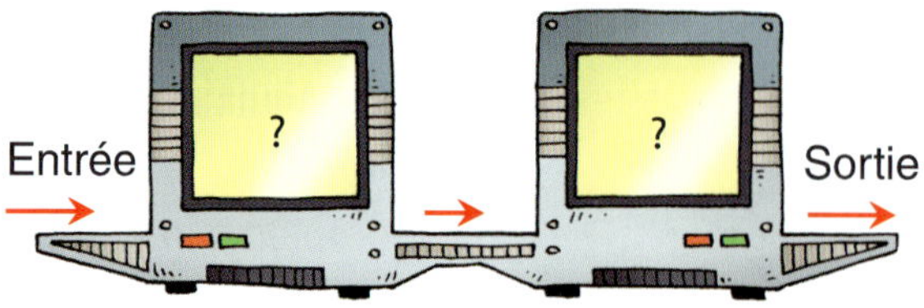

Trouve les nombres et les opérations que la machine utilise.

Entrée	Sortie
1	1
2	6
3	11
4	16
5	21

2. Reproduis ce diagramme de Venn.
Classifie ces nombres.

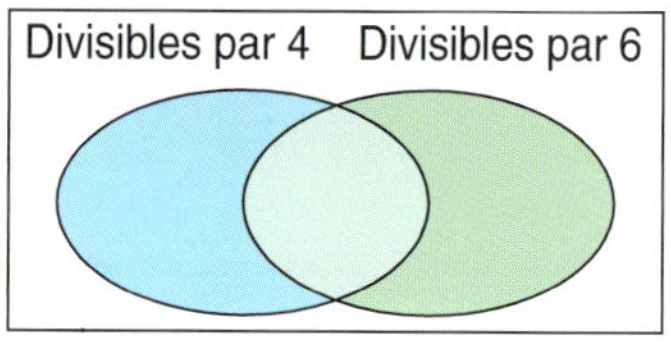

320	264	762	4926
2660	1293	488	504

Comment sais-tu où placer chaque nombre ?

3. Résous chaque équation.
a) $6 \times \square = 432$ **b)** $483 = 3 \times \square$ **c)** $\square \div 12 = 54$

2

4. Trouve tous les multiples communs de 4 et de 3 entre 10 et 100.

5. Dessine un diagramme de Venn à deux ensembles.
Nomme un ensemble « Nombres premiers » et l'autre ensemble, « Nombres composés ».
a) Comment as-tu dessiné les deux ensembles ? Pourquoi ?
b) Place les nombres de 15 à 40 dans le diagramme.
Explique comment tu sais où placer chaque nombre.

6. Copie cet énoncé mathématique.
Ajoute des parenthèses pour obtenir une expression d'égalité.
$16 \div 4 \times 2 + 6 = 8$

7. La différence entre deux nombres à 4 chiffres est 217.
Quels peuvent être ces nombres ?
Donne trois réponses.

8. Trouve chaque produit et chaque quotient.
a) 476×21 **b)** $840 \div 21$ **c)** $2816 \div 32$
d) 622×45 **e)** 292×93 **f)** $3496 \div 46$

3

9. Construis un angle de chaque mesure à l'aide d'une règle et d'un rapporteur.

a) 185° **b)** 100° **c)** 290°

10. Dessine chaque polygone.

a) un quadrilatère convexe **b)** un pentagone concave

11. Utilise une règle, un compas et un rapporteur.
Construis un $\triangle$ABC où m $\overline{AB}$ = 5 cm, m $\overline{AC}$ = 7 cm et m $\overline{BC}$ = 6 cm.
Détermine la mesure de chaque angle du triangle.

12. Tu as besoin de cubes emboîtables, de papier à points triangulé et de papier quadrillé.

a) Construis un solide avec des cubes emboîtables.

b) Dessine ce solide sur du papier à points triangulé.

c) Dessine les vues de face, de dessus et de côté de ton solide.

4

13. Écris chaque nombre de toutes les façons que tu peux.

a) 76 millièmes **b)** $5\frac{1}{4}$ millions **c)** 4 651 000 **d)** 3 750 000 000

14. Effectue chaque addition ou soustraction. Fais une estimation pour vérifier tes réponses.

a) 3,864 − 1,905 **b)** 12,064 − 8,445 **c)** 9,681 + 7,021

15. Écris chaque masse en tonnes.

1 t = 1000 kg

a) Un éléphant a une masse de 3630 kg.

b) Un plateau de livres a une masse de 119 kg.

16. Effectue ces multiplications à l'aide du calcul mental.

a) 426 × 0,01 **b)** 37 × 0,001 **c)** 8 × 0,01

17. Effectue ces multiplications et ces divisions.

a) 1,763 × 4 **b)** 3,898 ÷ 4 **c)** 23,62 ÷ 5

d) 45,9 ÷ 3 **e)** 2,033 × 7 **f)** 6,841 × 6

18. Ryan gagne 18,00 $ par jour pour promener des chiens. Il économise pour s'acheter un équipement de patins à roues alignées. Les patins coûtent 59,95 $. Le casque coûte 22,90 $. Un ensemble de protecteurs de coudes, de genoux et de poignets coûte 24,95 $. Dans combien de temps Ryan aura-t-il l'argent nécessaire pour acheter son équipement ?

MODULE

5 Le traitement des données

Jouons avec les lettres

Tes objectifs

- Analyser des données pour en tirer des conclusions et des arguments convaincants.
- Déterminer la moyenne, la médiane et le mode.
- Situer des points dans un plan cartésien et nommer les coordonnées de points.
- Choisir un diagramme approprié pour présenter des données.
- Comparer différentes représentations des mêmes données.
- Construire des diagrammes à bandes, des diagrammes à ligne brisée et des nuages de points, à la main et à l'aide d'un ordinateur.
- Concevoir et mener un sondage.
- Évaluer les données recueillies et expliquer en quoi elles sont représentatives de la population.

Dans un paragraphe, certaines lettres apparaissent plus souvent que d'autres. Ce diagramme à bandes montre les lettres les plus courantes en français selon une étude. Chaque bande représente le nombre de fois qu'une lettre pourrait apparaître dans un texte français de 1000 lettres.

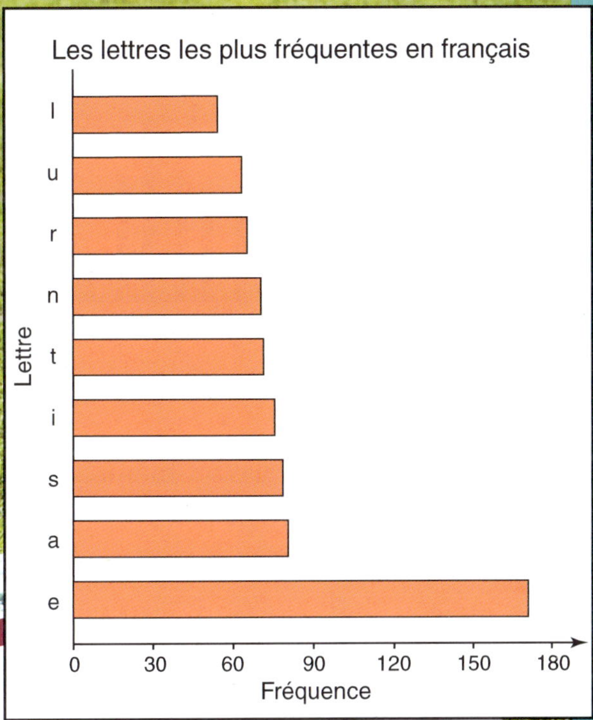

- Quelles voyelles ne font pas partie des 9 lettres les plus courantes en français ?
- Combien de fois environ la fréquence de la lettre « e » dépasse-t-elle celle de la lettre « l » ? Comment le diagramme l'indique-t-il ?
- Dans un texte français de 2000 lettres, environ combien de fois pourrait apparaître chacune des lettres suivantes ?
  i t e

Mots clés

- déduire
- une déduction
- une médiane
- un système de coordonnées
- un plan cartésien
- un couple
- l'origine
- situer un point
- un nuage de points
- une tendance à la hausse
- une tendance à la baisse
- une population

LEÇON 1

Interpréter des données

Depuis quelques années, les gens s'inquiètent de la mauvaise conduite dans les sports organisés.
En Ontario, Elaine Raakman a élaboré le programme JustPlay pour amasser des données sur la conduite des gens lors d'événements sportifs.
JustPlay représente graphiquement les données recueillies.

Explore

Après chaque partie, des responsables évaluent la conduite des joueurs, des entraîneurs et des spectateurs sur une échelle de 1 (très bonne) à 5 (très mauvaise). Ce diagramme montre l'évaluation de 7 équipes de hockey de jeunes de 13 et 14 ans.

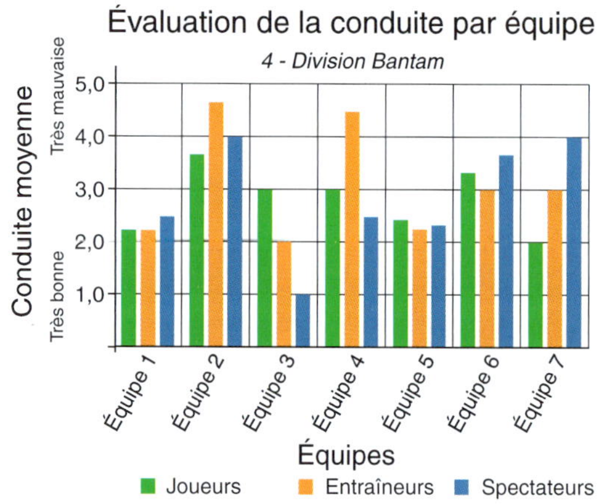

- Toute bande au-dessus de 3,5 signale un grave problème. Quelles équipes ont eu de graves problèmes avec leurs entraîneurs ? Quelles équipes ont eu de graves problèmes avec leurs spectateurs ? Quelle équipe a eu de graves problèmes avec ses joueurs ?
- Quel groupe semble avoir la pire conduite ? Explique ta réponse à l'aide des données.

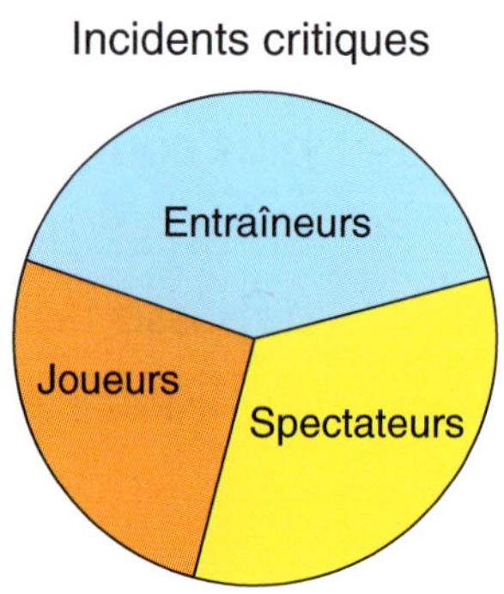

Une évaluation de 4 ou 5 correspond à un incident critique.
Ce diagramme circulaire montre la cause des incidents critiques dans une association de hockey mineur sur une période de deux ans.

- Ordonne les groupes de la pire conduite à la meilleure conduite.
- Selon un énoncé qui accompagne le diagramme, les entraîneurs et les spectateurs sont à l'origine de près des $\frac{3}{4}$ des incidents critiques.
  Cet énoncé est-il juste ? Explique ta réponse.

 Objectif | Lire et interpréter des données présentées de différentes façons.

Qu'as-tu **trouvé ?**

Rédige deux questions. Tu dois pouvoir y répondre à l'aide des diagrammes. Échange tes questions contre celles des élèves d'une autre équipe. Réponds aux questions de tes camarades.

Découvre

Beaucoup d'études portent sur les loisirs des Canadiennes et des Canadiens.

➤ Ce diagramme montre le temps consacré chaque semaine à la télévision.

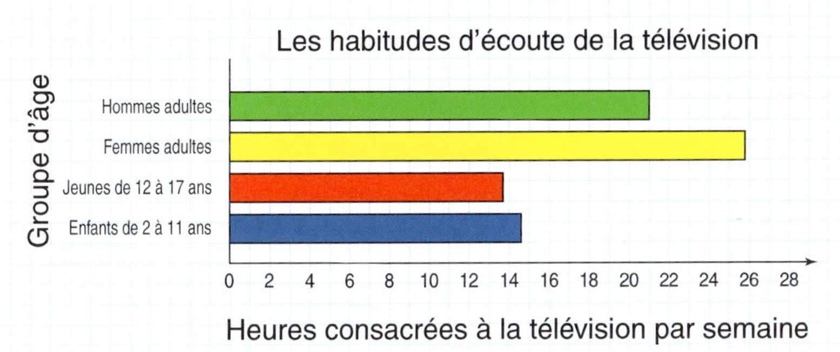

Selon le diagramme :

- les femmes adultes regardent la télévision environ 26 h par semaine ;
- les jeunes regardent la télévision environ 14 h par semaine ;
- les hommes adultes regardent la télévision environ 21 h par semaine.

Une **déduction** est une conclusion qui suit un raisonnement.

Nous **déduisons** que les femmes adultes regardent environ deux fois plus la télévision que les jeunes par semaine. Les hommes adultes regardent la télévision environ 7 h de plus que les jeunes par semaine.

➤ Dans un diagramme circulaire, les données constituent les parties d'un tout. Ce diagramme montre les types de stations de radio que les gens écoutent.

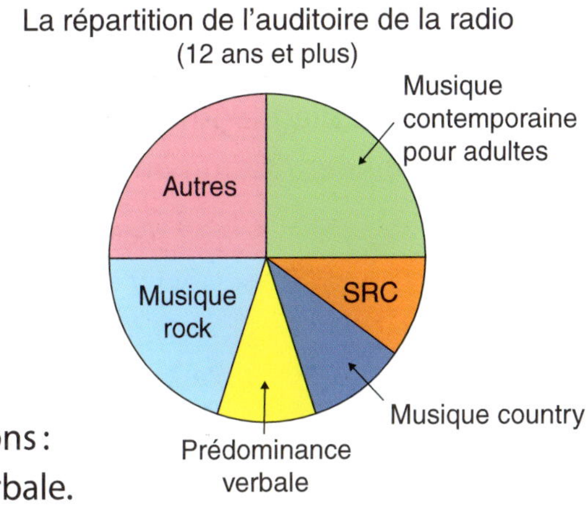

Le format Musique contemporaine pour adultes correspond à environ $\frac{1}{4}$ du cercle.
Nous déduisons qu'environ $\frac{1}{4}$ de l'auditoire de 12 ans et plus choisit des stations de musique contemporaine pour adultes.
Environ $\frac{1}{10}$ de l'auditoire écoute chaque type de stations : de la SRC, de musique country et à prédominance verbale.

Nous déduisons qu'environ $\frac{1}{2}$ de l'auditoire écoute les stations de la SRC, de musique country, à prédominance verbale ou de musique rock.

➤ Un diagramme à ligne brisée montre des données qui changent avec le temps. Ce diagramme montre le nombre d'heures d'écoute de la radio par semaine chez les jeunes, de 1998 à 2003.

L'écoute de la radio chez les jeunes

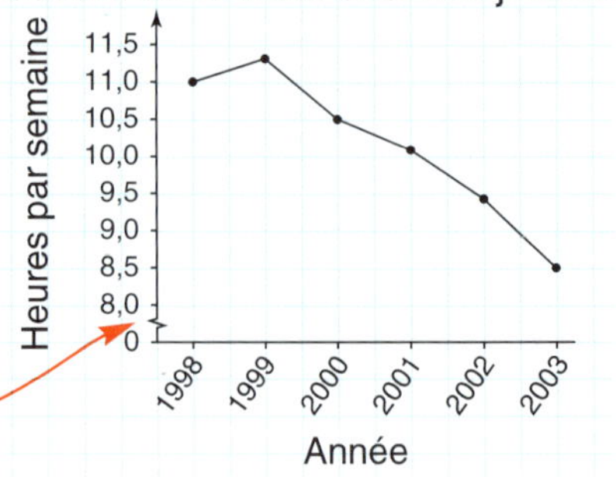

Ce symbole sur l'axe vertical signale que le diagramme n'inclut pas les nombres de 0 à 8,0.

De 1998 à 1999, le segment de droite monte vers la droite.
Cela signifie que le temps d'écoute a augmenté.
De 1999 à 2003, chaque segment de droite descend vers la droite.
Cela signifie que le temps d'écoute a diminué.
En 1998, les jeunes écoutaient environ 11 h de radio par semaine.
En 2003, ce nombre avait diminué à environ 8,5 h.
Voici la diminution globale de 1998 à 2003 : 11 h − 8,5 h = 2,5 h

Nous déduisons que l'écoute de la radio chez les jeunes a diminué depuis 1999.

À ton tour

1. Réponds aux questions à l'aide du diagramme circulaire.

a) Quelle province représente environ $\frac{1}{3}$ de la population de la région ?

b) Quelle province a une population presque deux fois plus grande que celle de Terre-Neuve-et-Labrador ?
Comment le diagramme circulaire permet-il de le savoir rapidement ?

La population des provinces de l'Atlantique en 2001

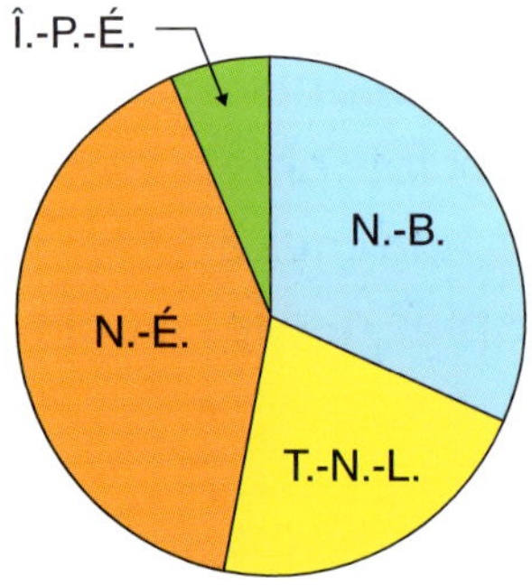

2. Quels diagrammes représentent les mêmes données ? Comment le sais-tu ?

Les moyens de transport pour se rendre à l'école

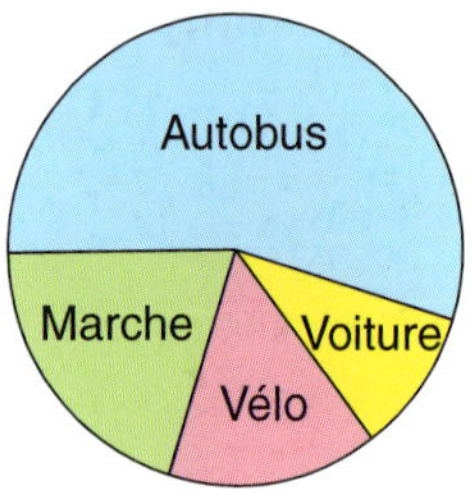

Diagramme A

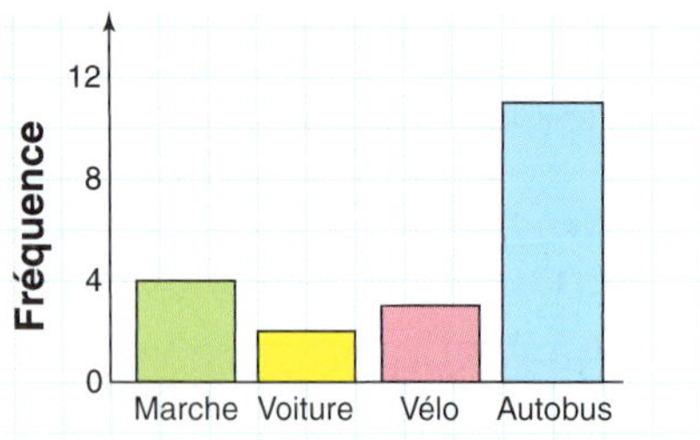

Diagramme B

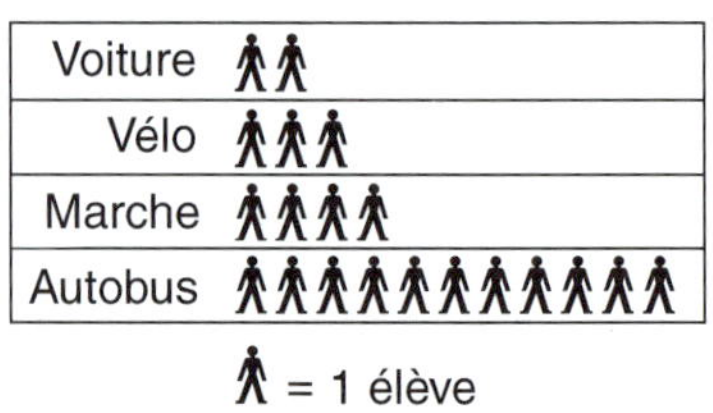

Diagramme C

3. Que peux-tu déduire à partir de ce diagramme ?

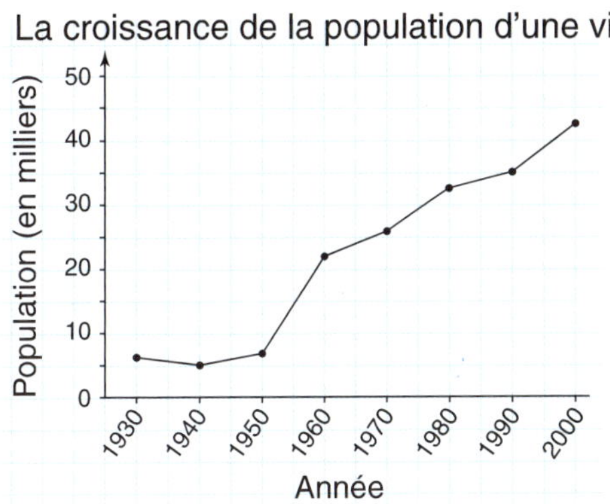

4. Les diagrammes des questions 1 et 3 représentent des populations. Explique pourquoi il y a un diagramme circulaire à la question 1 et un diagramme à ligne brisée à la question 3.

5. À la rubrique **Explore,** tu as examiné l'évaluation de la conduite des équipes d'une ligue de hockey.
Ce diagramme montre l'évaluation de la conduite des mêmes équipes la saison suivante.

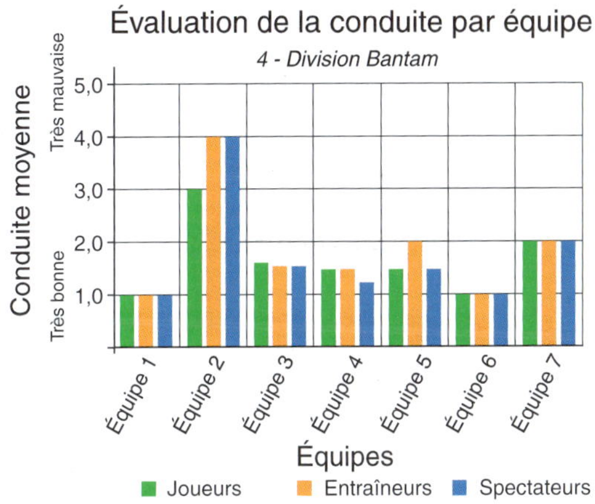

a) Toute bande au-dessus de 3,5 signale un grave problème.
Quelles équipes ont eu de graves problèmes avec leurs entraîneurs ?
Quelles équipes ont eu de graves problèmes avec leurs spectateurs ?
Quelles équipes ont eu de graves problèmes avec leurs joueurs ?

b) Quelle équipe a montré la plus grande amélioration d'une saison à l'autre ? Explique comment tu le sais.

c) Est-ce que la conduite d'une équipe a empiré d'une saison à l'autre ? Comment le sais-tu ?

d) L'évaluation du programme JustPlay va de 1 à 5, mais les axes verticaux des diagrammes à bandes commencent à 0. Une équipe peut-elle obtenir une évaluation inférieure à 1 ? Explique ta réponse.

e) Que peux-tu déduire d'autre à partir de ce diagramme ?

Réfléchis

Comment interprètes-tu les données d'un diagramme ? Donne des exemples.

Joue avec les nombres

Stratégie numérique

Écris chaque nombre à la forme décomposée.

- 1 098 030
- 204 000 707
- 384 808 483

LEÇON 2

Trouver la médiane

Ce diagramme montre le nombre d'os de cuir que des chiens grugent chaque semaine.

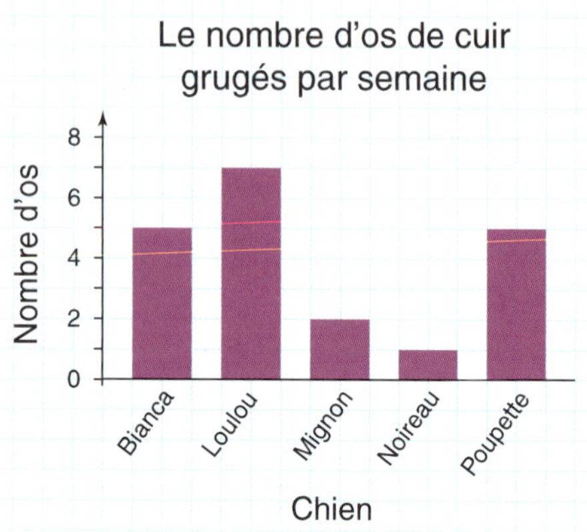

Combien d'os chaque chien gruge-t-il par semaine ? Quelle est la moyenne de ces données ? Quel est le mode ? Comment as-tu déterminé la moyenne et le mode ?
Selon toi, est-ce la moyenne ou le mode qui est le plus représentatif du nombre d'os grugés par semaine ? Pourquoi ?

Explore

Ton enseignante ou ton enseignant va te remettre un sac de réglettes Cuisenaire.
Tu as besoin d'une règle.

➤ Sans regarder, tire 3 réglettes du sac.
Tes camarades feront la même chose.
Ensemble, ordonnez les réglettes de la plus courte à la plus longue.
Trouve la réglette du milieu. Combien de réglettes y a-t-il à sa droite ?
Combien y en a-t-il à sa gauche ?
Comment la réglette du milieu est-elle représentative de l'ensemble des réglettes ? Que remarques-tu au sujet des réglettes situées à gauche et à droite de la réglette du milieu ?

➤ Tire une autre réglette du sac. Tes camarades feront la même chose.
Place ta réglette à l'endroit approprié parmi les réglettes ordonnées.
Il n'y a plus de réglette du milieu. Pourquoi ?
Dessine les réglettes.
Écris la longueur de chaque réglette sous le dessin qui la représente.
Comment peux-tu trouver une longueur « du milieu » à l'aide des longueurs ?
Comment cette longueur du milieu est-elle représentative de la longueur des réglettes de ton dessin ?

 OBJECTIF | Déterminer la médiane d'un ensemble de données.

Qu'as-tu trouvé ?

Montre tes résultats aux élèves d'un autre groupe.
Compare les méthodes que vous avez utilisées pour trouver la longueur du milieu.

Découvre

La **médiane** est la valeur au centre d'une suite ordonnée de nombres.

➤ Il y a 11 élèves de 6e année dans la classe multiniveau de 6e et de 7e année de Mme Saussure.
Pour trouver la médiane de leurs notes du dernier test de science, Mme Saussure ordonne ces notes de la plus haute à la plus basse :

95, 92, 87, 85, 80, 78, 76, 73, 70, 66, 54

Le nombre du milieu est 78.
Il y a 5 notes plus hautes que 78 et 5 notes plus basses que 78.
La note médiane est 78.

Quand il y a un nombre impair de données, la médiane est le nombre du milieu.

➤ Un autre élève de 6e année se joint à la classe de Mme Saussure.
Il fait le test et obtient une note de 72.

Pour trouver la nouvelle médiane, l'enseignante ajoute cette note à sa liste ordonnée :

95, 92, 87, 85, 80, 78, 76, 73, 72, 70, 66, 54

Il y a deux nombres du milieu, 78 et 76.
Il y a 5 notes plus hautes que 78 et 5 notes plus basses que 76.
La médiane est la moyenne des 2 nombres du milieu :
$(78 + 76) \div 2 = 77$
La note médiane est 77.

Quand il y a un nombre pair de données, la médiane est la moyenne des deux nombres du milieu.

Joue avec les nombres

Stratégie numérique

Trouve deux nombres à 2 chiffres qui ont un produit de 900.
Combien de réponses peux-tu trouver ?

➤ Les salaires horaires en dollars de 10 personnes sont : 8, 8, 8, 8, 9, 9, 9, 11, 12, 20
Quelle est la valeur la plus représentative de ces nombres :
la moyenne, la médiane ou le mode ?

Pour trouver le salaire horaire moyen :

- Effectue l'addition : $8 + 8 + 8 + 8 + 9 + 9 + 9 + 11 + 12 + 20 = 102$
- Divise par le nombre de données, 10 : $102 \div 10 = 10{,}2$

Seulement 3 personnes ont un salaire horaire plus élevé que le salaire horaire moyen, soit 10,20 $. Le mode des salaires horaires est 8 $. C'est le plus petit nombre. La médiane des salaires horaires est 9 $.

La médiane est la valeur la plus représentative des salaires horaires.

À ton tour

1. Détermine la médiane de chaque ensemble de données.

a) 85, 80, 100, 90, 85, 95, 90

b) 12 kg, 61 kg, 85 kg, 52 kg, 19 kg, 15 kg, 21 kg, 30 kg

2. Ammar pose sa candidature auprès de 2 entreprises pour un emploi de bureau. Ce tableau montre les salaires du personnel de bureau de chaque entreprise.

a) Détermine la moyenne, la médiane et le mode des salaires de chaque entreprise.

b) Les 2 entreprises offrent un emploi à Ammar. Selon les données sur les salaires, quel emploi lui recommandes-tu d'accepter ? Explique ta réponse.

Salaire annuel (en $)

Entreprise A	23 000, 24 000, 25 000, 26 500, 27 000, 29 200, 34 000, 36 500
Entreprise B	24 500, 25 000, 27 500, 28 000, 30 000, 30 000, 31 000

3. Marie est agente immobilière.
Le mois dernier, elle a vendu 7 maisons aux prix suivants :
171 000 $, 165 000 $, 178 000 $, 161 000 $, 174 000 $, 168 000 $, 240 000 $.

a) Quel est le prix médian de ces maisons ?

b) Selon toi, le prix moyen est-il plus élevé ou plus bas que le prix médian ? Explique ta prédiction. Vérifie-la à l'aide d'un calcul.

c) Selon toi, est-ce la moyenne ou la médiane qui est la plus représentative du prix des maisons que Marie a vendues le mois dernier ? Pourquoi ?

4. Écris un ensemble de 6 nombres pour chaque description.

a) Le mode est 100. La médiane et la moyenne sont égales.

b) Le mode est 100. La moyenne est plus petite que la médiane.

5. Une entreprise examine les salaires de son personnel.
Elle veut s'assurer qu'elle verse le même salaire pour un même travail.
Voici les salaires, en dollars, pour une catégorie d'emploi :
34 750, 27 800, 41 900, 36 000, 34 750, 34 900, 38 500.
Quel salaire l'entreprise devrait-elle verser à tous les membres du personnel de cette catégorie d'emploi ?
Explique ta réponse à l'aide de la moyenne, de la médiane ou du mode.

6. En 2004, l'équipe des Six Nations Arrows a représenté l'Ontario au Championnat de crosse junior A de la coupe Minto.
Voici les statistiques de la saison 2004 pour 10 joueurs de l'équipe.

Joueur	Parties	Buts	Passes	Points	Minutes de pénalité
Stewart Monture	19	31	25	56	44
Cody Jamieson	18	31	25	56	28
Craig Point	20	26	30	56	20
Mitch Nanticoke	19	19	26	45	14
Ben Powless	19	15	20	35	56
Rayce Vyse	17	7	24	31	22
Matt Myke	20	11	19	30	18
Mike Abrams	18	7	9	16	6
Sid Smith	19	2	14	16	6
Brett Bucktooth	4	8	6	14	10

a) Détermine la moyenne, la médiane et le mode de chaque ensemble de nombres dans le tableau.

b) Quelle valeur est la plus représentative de chaque ensemble : la moyenne, la médiane ou le mode ?
Explique ton choix.

c) Rédige une question sur la moyenne, la médiane et le mode. Tu dois pouvoir y répondre à partir de ces données.
Réponds à ta question.

Réfléchis

Tout moyen de séparer les voies de sens contraire d'une route s'appelle une « médiane ».
Quel est le lien entre cette définition et celle de la médiane en mathématiques ?

LEÇON 3

La boîte à outils

Explore

Sarah met 2 pièces de 1 ¢ dans une boîte, 1 pièce de 1 ¢ et 1 pièce de 5 ¢ dans une autre boîte et 2 pièces de 5 ¢ dans une troisième boîte.
Sarah écrit 2 ¢, 6 ¢ et 10 ¢ sur les boîtes, mais elle se trompe.
Comment peux-tu déterminer le contenu de chaque boîte si tu prends seulement une pièce d'une boîte ?

Qu'as-tu trouvé ?

Décris la stratégie que tu as utilisée pour résoudre le problème.

Découvre

De combien de façons peux-tu représenter 1,00 $ sans utiliser de pièces de 1 ¢ ?

Que sais-tu ?
- Une combinaison de pièces doit représenter 1,00 $.
- Tu ne peux pas utiliser de pièces de 1 ¢.
- Tu n'utiliseras pas de pièces de 2 $. Leur valeur est trop grande.

Pense à des stratégies pour t'aider à résoudre le problème.
- Tu peux **faire un tableau** ou **dresser une liste ordonnée.**
- Tu peux **utiliser le raisonnement logique** pour remplir le tableau ou dresser la liste.

Stratégies
- **Fais un tableau.**
- **Utilise un modèle.**
- **Fais un schéma.**
- **Résous un problème plus simple.**
- **Travaille à rebours.**
- **Prédis et vérifie.**
- **Dresse une liste ordonnée.**
- **Cherche une régularité.**
- **Construis un diagramme.**
- **Utilise le raisonnement logique.**

 OBJECTIF | Interpréter un problème et choisir des stratégies appropriées.

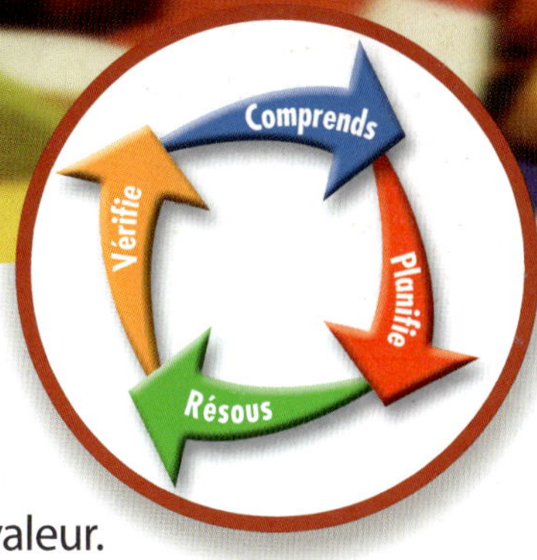

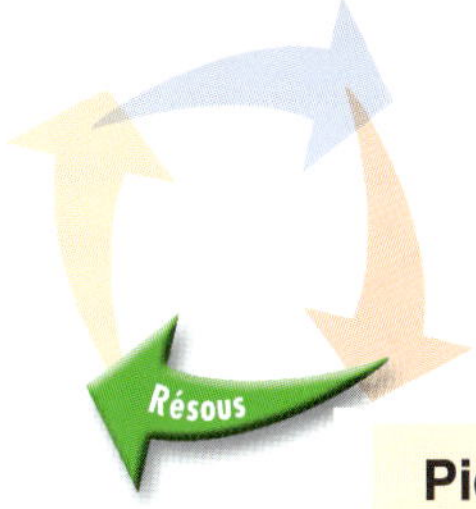

Pense aux pièces que tu peux utiliser (1 $, 25 ¢, 10 ¢, 5 ¢). Commence avec le plus grand nombre possible de la pièce qui a la plus grande valeur.

Pièces de 1 $	Pièces de 25 ¢	Pièces de 10 ¢	Pièces de 5 ¢	Valeur totale
1	0	0	0	1,00 $
0	4	0	0	1,00 $
0	3	2	1	75 ¢ + 20 ¢ + 5 ¢ = 100 ¢ ou 1,00 $
0	3	1	3	75 ¢ + 10 ¢ + 15 ¢ = 100 ¢ ou 1,00 $

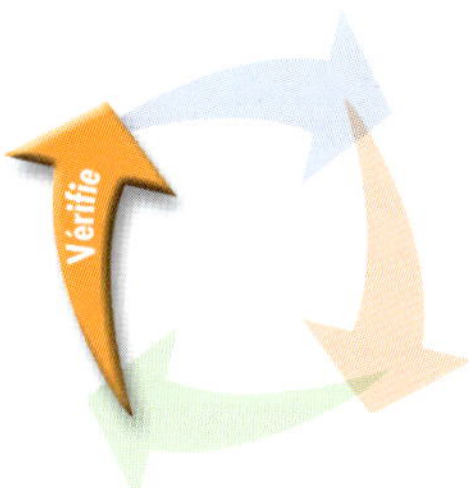

Remplis le tableau de combinaisons pour 3 pièces de 25 ¢, 2 pièces de 25 ¢, 1 pièce de 25 ¢, puis 0 pièce de 25 ¢.

Comment peux-tu vérifier si tu as trouvé toutes les combinaisons ?

À ton tour

Choisis une des **Stratégies**

1. Hatif achète 5 livres. Le prix de chacun est un nombre naturel.
   Le prix moyen des livres est 20 $.
   Le prix médian est 18 $.
   Le livre le plus cher coûte 25 $. Le livre le moins cher coûte 17 $.
   Quels peuvent être les prix des 3 autres livres ?

2. **a)** Combien de nombres à 3 chiffres peux-tu écrire avec les chiffres 2, 4 et 6 ? Utilise chaque chiffre une seule fois.
   b) Détermine la médiane et la moyenne des nombres en a). Que remarques-tu ?
   c) Suppose que tu fais la même chose avec les chiffres 1, 3 et 5. Que va-t-il arriver ? Vérifie ta prédiction.

Réfléchis

Choisis une des questions de la rubrique **À ton tour.**
Décris comment tu résous le problème.

LEÇON 4

Construire et interpréter des diagrammes

Des diagrammes différents peuvent représenter les mêmes données.

Le nombre d'animaux de compagnie

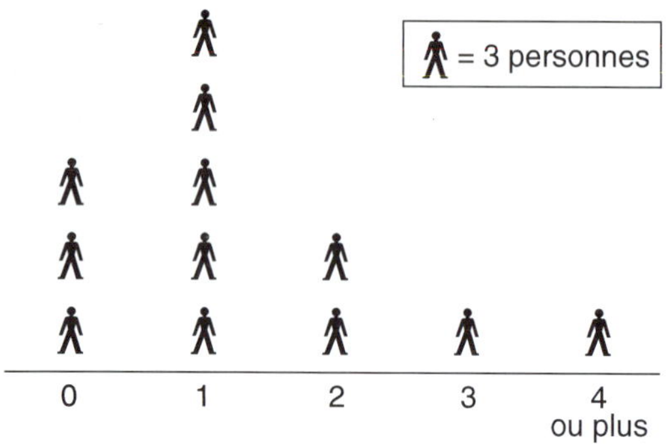

Le nombre d'animaux de compagnie

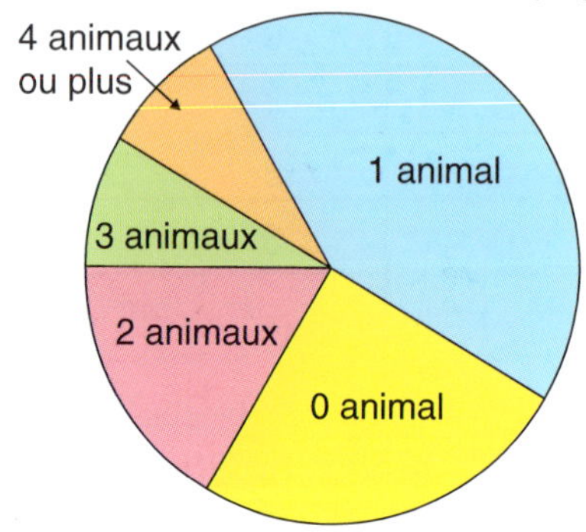

Quelles sont les ressemblances entre ces diagrammes ? Quelles sont les différences ? Le type de diagramme qui convient le mieux dépend des données, de ce que tu veux montrer et des personnes qui vont utiliser ton diagramme. Qu'est-ce qui peut avoir un effet sur l'apparence d'un diagramme ?

Explore

Tu as besoin d'une règle et de papier quadrillé.

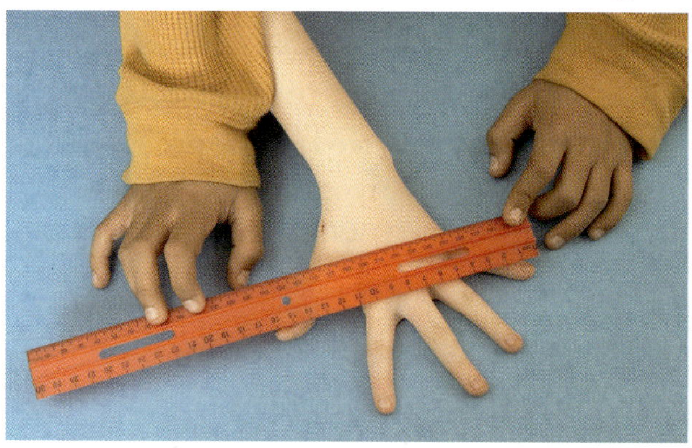

Mesure au centimètre près l'empan de la main de ta ou de ton camarade.
Note les mesures au tableau.
Les résultats sont-ils vraisemblables ?
Construis un diagramme pour représenter les données de la classe.

Qu'as-tu **trouvé ?**

Montre ton diagramme aux élèves d'une autre équipe.
Explique pourquoi tu as choisi tel ou tel type de diagramme.
Aurais-tu pu construire un autre type de diagramme ?
Explique ta réponse.

 OBJECTIF | Construire, comparer et analyser des diagrammes à ligne brisée et des diagrammes à bandes.

Découvre

La classe de 6e année de M. Salvati utilise des données tirées d'Internet pour explorer les ventes de voitures neuves.

Les ventes de voitures neuves au Canada

Année	Nombres
1995	118 000
1996	89 000
1997	110 000
1998	151 000
1999	187 000
2000	209 000
2001	249 000
2002	283 000

Émilie et Carla construisent un diagramme à bandes parce que les données recueillies sont présentées en catégories.

La longueur de chaque bande représente le total d'une catégorie.

Le diagramme d'Émilie

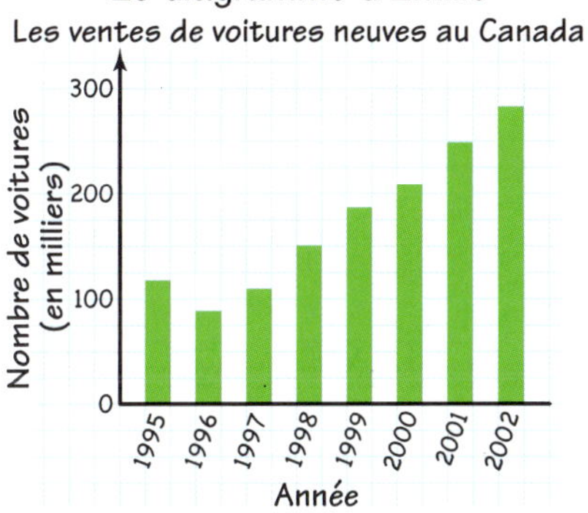

Le diagramme de Carla

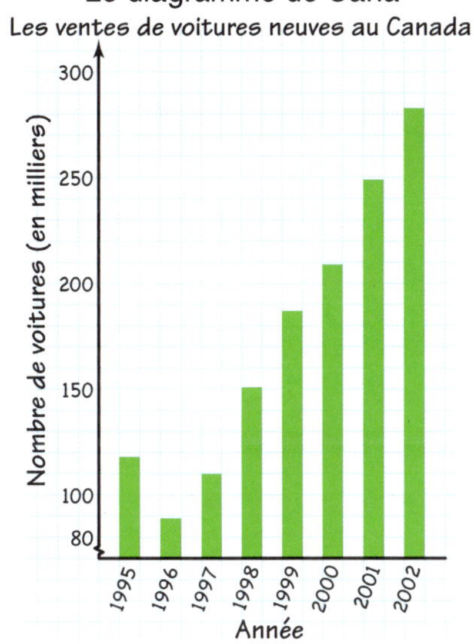

Les nombres sur l'axe vertical indiquent l'échelle.

Les deux filles utilisent une échelle verticale différente. Dans le diagramme de Carla, les variations d'une année à l'autre semblent plus grandes que dans le diagramme d'Émilie.

Hugo et Jacques remarquent que les données montrent une variation dans le temps. Ils décident de construire un diagramme à ligne brisée.

Le diagramme de Jacques montre que les ventes ont augmenté régulièrement de 1996 à 2002. Le diagramme d'Hugo montre la même chose, mais l'augmentation semble plus grande pour la même période.

Le diagramme de Jacques

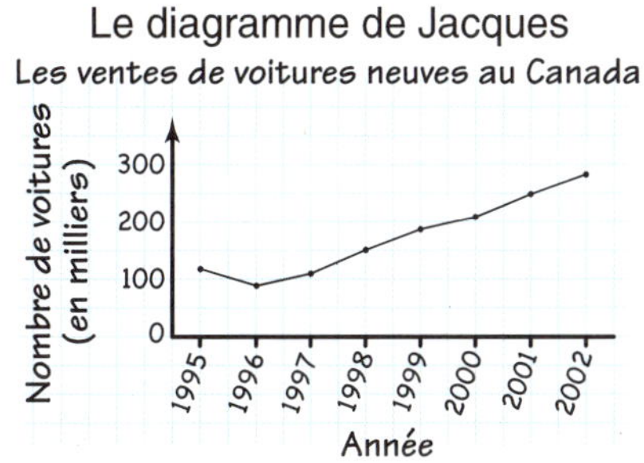

Le diagramme d'Hugo

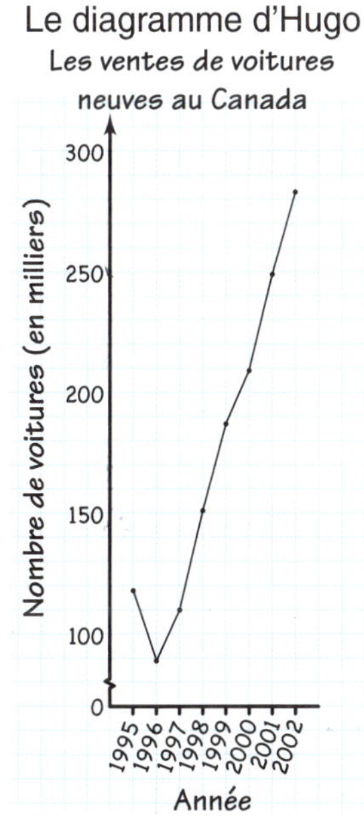

À ton tour

1. Voici les températures mensuelles moyennes à Vancouver en 2003.
   a) Construis un diagramme. Explique le choix du diagramme.
   b) Que peux-tu déduire de ce diagramme ?

Mois	Température moyenne (en °C)
Janvier	3
Février	5
Mars	7
Avril	9
Mai	12
Juin	15
Juillet	18
Août	18
Septembre	15
Octobre	10
Novembre	6
Décembre	3

2. Le tableau indique la distance parcourue en voiture par la famille de René.
   a) Représente ces données dans un diagramme à ligne brisée.
   b) Indique la distance parcourue chaque heure de la 2e à la 4e heure et de la 6e à la 8e heure.
   c) Selon toi, qu'est-il arrivé entre la 4e et la 5e heure ?
   d) Que peux-tu déduire d'autre du diagramme ?

Temps écoulé (en h)	Distance parcourue (en km)
1	80
2	180
3	280
4	380
5	380
6	480
7	530
8	580

3. Quel type de diagramme utiliserais-tu pour représenter les données dans chaque cas ? Explique ton choix.
   a) La population du Canada de 1901 à 2001
   b) Les chansons préférées d'une classe de 6e année
   c) Le nombre de syllabes dans chaque vers d'un poème

4. Pascal explore la masse de sucre, en grammes, dans une portion de 10 sortes de céréales. Voici ses données : 7,8, 14, 15, 10, 7,8, 0,2, 8,5, 16, 14, 0,3.
   a) Construis un diagramme pour ces données. Explique ton choix.
   b) Construis un autre diagramme. Quel diagramme représente le mieux les données ? Explique ta réponse.
   c) Détermine la moyenne, la médiane et le mode des données.
   d) Quelle est la valeur la plus représentative de ces données : la moyenne, la médiane ou le mode ? Explique ta réponse.

5. Le tableau indique la taille de Rébecca, en centimètres, de 7 à 17 ans.

La taille de Rébecca

Âge (en années)	Taille (en cm)
7	120
8	125
9	130
10	138
11	143
12	150
13	155
14	158
15	158
16	159
17	160

a) Représente ces données dans un diagramme.

b) Comment as-tu choisi le type de diagramme ?

c) Comment as-tu choisi l'échelle ?

d) Construis un autre diagramme.

e) Quel diagramme représente le mieux les données ? Explique ta réponse.

f) Selon toi, quelle sera la taille de Rébecca à 20 ans ? Quelle sera sa taille à 30 ans ? Explique tes prédictions.

6. Ce tableau indique le nombre total de médailles de 3 pays lors de 5 olympiades d'été.

	1988	1992	1996	2000	2004
Australie	20	27	41	58	49
Canada	24	23	22	14	12
Chine	28	54	56	59	63

a) Représente les données de chaque pays dans un diagramme à ligne brisée. Utilise une couleur différente pour chaque pays.

b) En une phrase, explique ce que le diagramme indique pour chaque pays.

c) En 2008, la ville de Beijing, en Chine, sera l'hôte des Jeux olympiques d'été. Prédis si chaque pays remportera plus de médailles, moins de médailles ou le même nombre de médailles qu'en 2004. Explique tes prédictions.

d) Rédige une question. Tu dois pouvoir y répondre à partir de ton diagramme ou des données du tableau.

Réfléchis

Comment sais-tu quel type de diagramme représente le mieux un ensemble de données ? Donne des exemples.

Joue avec les nombres

Calcul mental

Trouve chaque quotient. Écris une multiplication réciproque pour chaque division.

$45 \div 3 = \square$

$96 \div 6 = \square$

$144 \div 24 = \square$

Construire des diagrammes à bandes et des diagrammes à ligne brisée à l'aide d'*AppleWorks*

TECHNOLOGIE

Travaille avec une ou un camarade.

Environnement Canada calcule l'ensoleillement dans diverses villes du pays. Le tableau indique l'ensoleillement moyen à Thunder Bay.

Utilise *AppleWorks.*

Suis ces étapes pour représenter les données dans un diagramme à bandes et un diagramme à ligne brisée.

L'ensoleillement moyen à Thunder Bay

Mois	Ensoleillement (en h)	Dans *AppleWorks*
Janvier	114,4	114.4
Février	133,5	133.5
Mars	159,1	159.1
Avril	219,0	219.0
Mai	265,0	265.0
Juin	264,1	264.1
Juillet	283,4	283.4
Août	258,3	258.3
Septembre	162,9	162.9
Octobre	127,7	127.7
Novembre	88,8	88.8
Décembre	91,7	91.7

Tu dois inscrire les nombres de cette façon dans *AppleWorks.*

1. Ouvre une nouvelle feuille de calcul dans *AppleWorks.*

2. Pour **entrer les données :**
   Clique sur la cellule A1 pour la sélectionner.
   Tape : Mois. Appuie sur la touche Entrée .
   Tape le nom de chaque mois dans les cellules A2 à A13.

   Clique sur la cellule B1 pour la sélectionner.
   Tape : Ensoleillement (en h). Appuie sur la touche Entrée .
   Tape le nombre d'heures d'ensoleillement de chaque mois dans les cellules B2 à B13.

3. Pour **formater la feuille de calcul :**
   Clique sur la cellule A1.
   Tiens le bouton de la souris enfoncé et fais glisser le curseur jusqu'à la cellule B1.
   Relâche le bouton de la souris.
   Clique sur : Format , puis clique sur : Style ▶.
   Clique sur : Gras Ctrl+B .
   Clique sur la cellule B2.
   Tiens le bouton de la souris enfoncé et fais glisser le curseur jusqu'à la cellule B13.
   Relâche le bouton de la souris.
   Clique sur : Format , puis clique sur : Nombre... Maj+Ctrl+N .

OBJECTIF | Construire des diagrammes à bandes et des diagrammes à ligne brisée à l'aide d'un ordinateur.

Dans le menu déroulant des options pour les nombres, sélectionne Fixe. Inscris 1 comme précision.

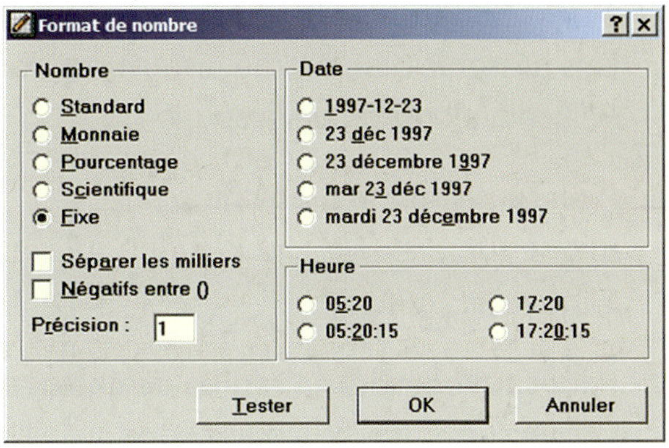

Clique sur : OK.

4. Pour **construire un diagramme à bandes :**
Clique sur la cellule A2.
Tiens le bouton de la souris enfoncé et fais glisser le curseur jusqu'à la cellule B13.
Relâche le bouton de la souris.
Clique sur : Feuille, puis clique sur : Créer un graphique Ctrl+M.

Choisis l'option Types, puis clique sur : .
Barres

Assure-toi qu'aucune option n'est sélectionnée.

Pour **donner un titre au diagramme :**
Choisis l'option Intitulés.
Clique à la droite de Titre.
Tape : L'ensoleillement à Thunder Bay.
Assure-toi que l'option Légende n'est pas sélectionnée.

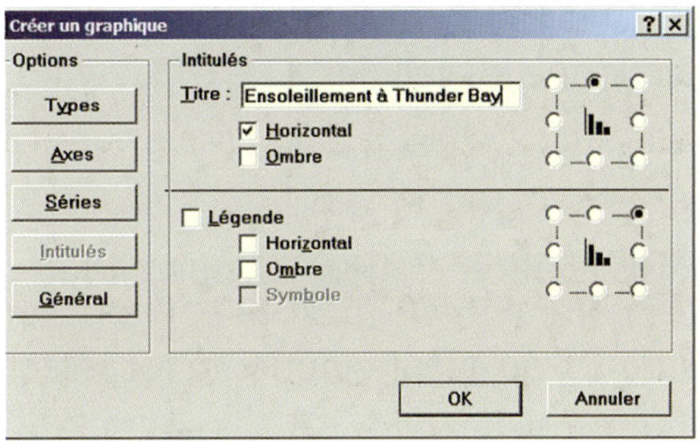

Pour **définir les axes :**
Choisis l'option Axes.
Clique sur : Axe X.
Tape l'étiquette de l'axe : Mois.
Clique sur : Axe Y.
Tape l'étiquette de l'axe : Ensoleillement (en h).
Entre ces paramètres :

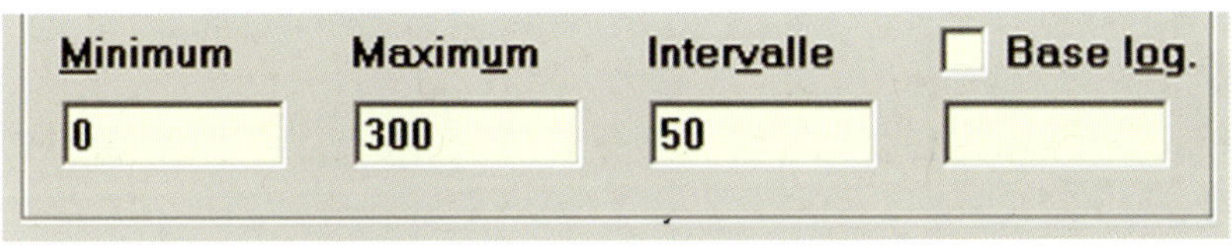

Clique sur : OK.

5. Pour **déplacer le diagramme :**
Clique sur le diagramme.
Tiens le bouton de la souris enfoncé.
Fais glisser le diagramme jusqu'à l'endroit désiré.
Relâche le bouton de la souris.

6. Pour **imprimer le diagramme :**
Clique sur : Fichier , puis clique sur : Imprimer Ctrl+P .
Clique sur : OK .

7. Pour **sauvegarder ta feuille de calcul et ton diagramme :**
Clique sur : Fichier , puis clique sur : Enregistrer sous... Maj+Ctrl+S .
Donne un nom à ton fichier. Clique sur : OK .

8. Refais l'étape 4 pour construire trois diagrammes à bandes.
Chaque fois, utilise un intervalle différent pour l'axe vertical.
Imprime tes diagrammes. Compare-les.
Quelles sont les ressemblances ?
Quelles sont les différences ?

Donne à Maximum différentes valeurs plus grandes que 300.

9. Pour **construire un diagramme à ligne brisée :**
Sélectionne les cellules A2 à B13.
Clique sur : Feuille , puis clique sur : Créer un graphique Ctrl+M .

Choisis l'option Types , puis clique sur : 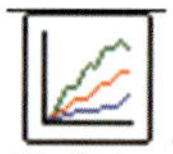 Linéaire .

Assure-toi qu'aucune option n'est sélectionnée.

Pour **donner un titre au diagramme :**
Choisis l'option Intitulés , puis clique à la droite de Titre.
Tape : L'ensoleillement à Thunder Bay.
Assure-toi que l'option Légende n'est pas sélectionnée.

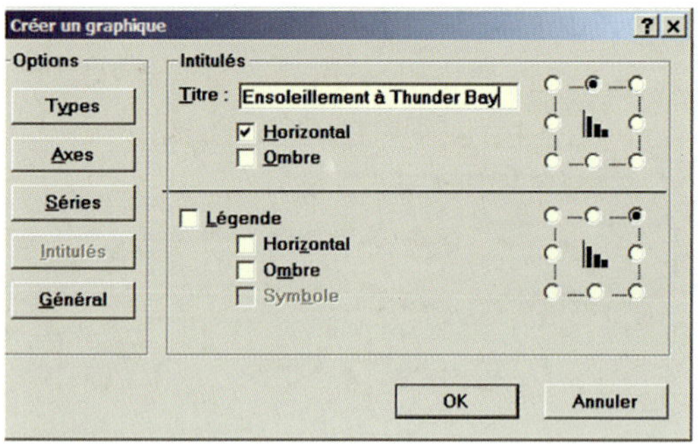

Pour **définir les axes :**
Choisis l'option Axes.
Clique sur : Axe X.
Tape l'étiquette de l'axe : Mois.
Clique sur : Axe Y.
Tape l'étiquette de l'axe : Ensoleillement (en h).
Entre ces paramètres :

Minimum	Maximum	Intervalle	☐ Base log.
0	300	50	

Clique sur : OK.

Enregistre et imprime le diagramme.

10. Refais l'étape 9 pour construire trois diagrammes à ligne brisée.
Chaque fois, utilise un intervalle différent pour l'axe vertical.
Imprime tes diagrammes.
Compare-les.
Quelles sont les ressemblances ?
Quelles sont les différences ?

11. Compare tes diagrammes à ligne brisée des étapes 9 et 10 avec tes diagrammes à bandes des étapes 4 à 8. Selon toi, quel diagramme représente le mieux les données ? Pourquoi ?

Réfléchis

Quand représentes-tu des données dans un diagramme à bandes ?
Quand représentes-tu des données dans un diagramme à ligne brisée ? Explique ta réponse.

LEÇON 5

Situer des points dans un plan cartésien

En mathématiques, nous avons besoin d'une façon de décrire la position d'un point dans un quadrillage.

Explore

Tu as besoin de deux ensembles de cartes numérotées de 0 à 10, d'un quadrillage dont les axes portent les nombres 0 à 10 et d'une règle.

- Mêle les cartes et place-les dans une pile.
- Tire une carte. Écris le nombre indiqué et garde la carte.
  À partir de 0, déplace-toi de ce nombre de cases sur l'axe horizontal.
- Tire une autre carte.
  Écris le nombre indiqué et garde la carte.
  À partir du point où tu te trouves, déplace-toi de ce nombre de cases vers le haut.
  Trace un point à l'endroit où tu arrives.
- Refais ces étapes pour situer 2 autres points.
- À l'aide d'une règle, relie les points deux à deux.
  Tu as sans doute dessiné un triangle. Nomme ce triangle ABC.
- Trouve un moyen de décrire la position de chaque sommet du △ABC.

 OBJECTIF | Situer des points dans un plan cartésien et nommer les coordonnées de points.

Qu'as-tu **trouvé ?**

Montre ton travail à une ou à un camarade.
Échange ta description des sommets de ton triangle contre celle de ta ou de ton camarade.
Dessine un triangle d'après la description de ta ou de ton camarade.
Compare ton dessin au sien.
Est-ce que ta ou ton camarade a réussi à suivre ta description ? Explique ta réponse.
Sinon, comment peux-tu améliorer ta description ?

Découvre

René Descartes était un mathématicien français. Il a vécu de 1596 à 1650. Il a élaboré le système de coordonnées que nous utilisons aujourd'hui. En l'honneur de Descartes, ce système porte le nom de **plan cartésien.**

➤ Nous utilisons une paire ordonnée de nombres, appelée un **couple,** pour décrire les coordonnées d'un point.
Les coordonnées du point B sont (6, 2).

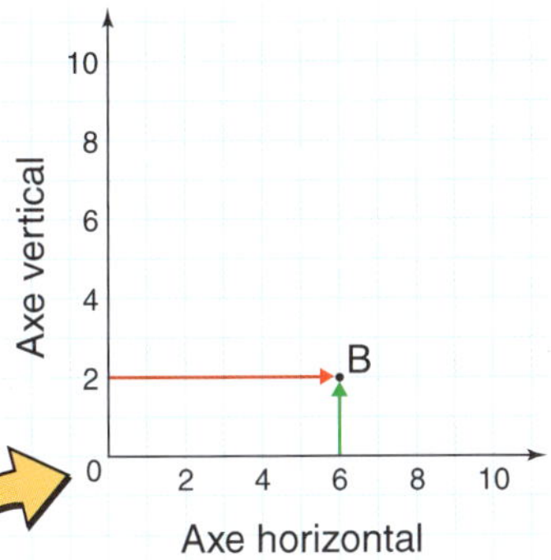

L'**origine** est le point de rencontre des axes horizontal et vertical.

Dans un couple :

- le premier nombre indique la distance horizontale à partir de l'origine ;
- le deuxième nombre indique la distance verticale à partir de l'origine.

(6, 2)

➤ Nous utilisons les coordonnées pour repérer ou **situer** un point.
Les coordonnées du point A sont (4, 3).
Pour situer le point A dans le plan :
À partir de l'origine, déplace-toi de 4 unités sur l'axe horizontal, puis monte de 3 unités.

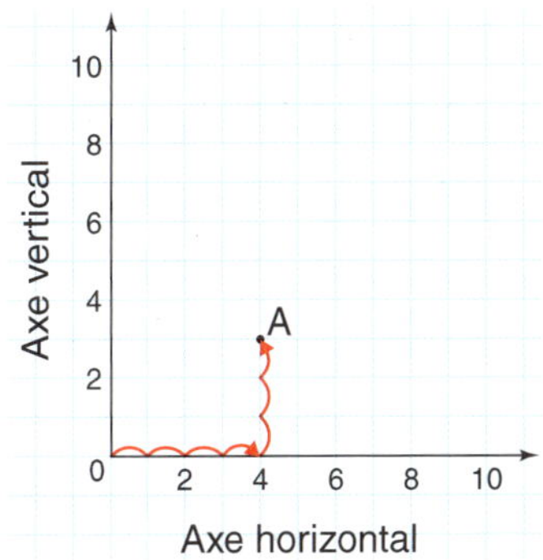

Math +

L'agriculture

Pour maximiser le rendement des cultures, les fermières et les fermiers analysent les nutriments du sol. Cette étude leur indique la quantité et le type d'engrais à utiliser. L'échantillonnage en grille consiste à diviser un champ selon un quadrillage et à obtenir un échantillon du centre de chaque case.

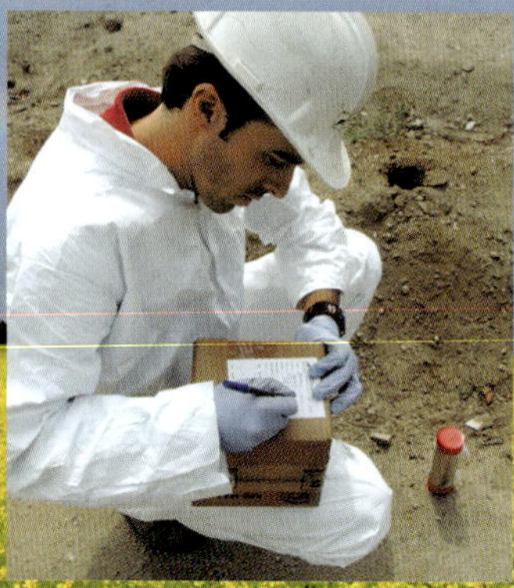

Joue avec les nombres

Calcul mental

Est-ce que 62 × 230 est plus grand que 10 000 ? Comment le sais-tu sans calculer ce produit ?

À ton tour

1. Dans le plan, trouve les lettres qui correspondent aux coordonnées. Écris ces lettres dans l'ordre. Quel est le message ?
(2, 6), (8, 1), (2, 6), (3, 0), (4, 9), (3, 0), (3, 3) (1, 4), (9, 9), (6, 2) (0, 5) (3, 3)

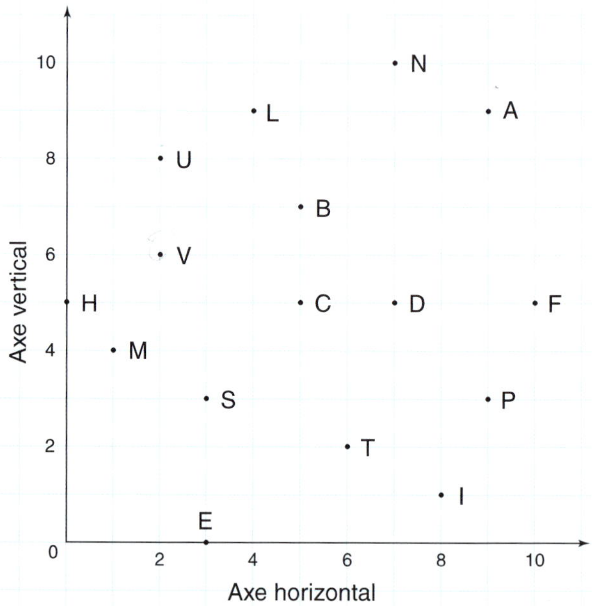

2. Forme un mot ou une phrase à partir des lettres du plan de la question 1. Écris les coordonnées qui correspondent aux lettres, dans l'ordre. Donne ta liste de coordonnées à une ou à un camarade. Demande-lui de décoder ton message à l'aide du plan.

3. Sur du papier quadrillé, dessine un plan cartésien avec des axes gradués de 0 à 10. Situe chaque paire de points dans le plan. Relie les points par un segment de droite. Détermine la longueur de chaque segment de droite.
   a) (4, 2) et (7, 2) **b)** (5, 7) et (10, 7)
   c) (3, 4) et (3, 9) **d)** (8, 1) et (8, 7)

4. Sur du papier quadrillé, dessine un plan cartésien avec des axes gradués de 1 à 10.
Situe chaque ensemble de points dans le plan.
Relie les points dans l'ordre. Relie le dernier point au premier point.
Nomme la figure que tu as dessinée.
Détermine son périmètre et son aire.
a) A(4, 3), B(8, 3), C(8, 9), D(4, 9) **b)** E(3, 4), F(7, 4), G(7, 8), H(3, 8)

5. Dessine un plan cartésien sur du papier quadrillé.
a) Situe chaque point dans le plan.
A(2, 1), B(1, 3), C(2, 5), D(4, 5), E(5, 3), F(4, 1)
b) Relie les points dans l'ordre. Puis, relie le point F au point A.
Quelle figure as-tu dessinée ?
Est-ce une figure régulière ? Comment le sais-tu ?

6. Dessine un plan cartésien sur du papier quadrillé.
a) Situe le point P à (3, 5).
C'est un sommet du rectangle PQRS.
Termine le dessin. Le rectangle PQRS doit avoir une aire de 20 unités carrées.
b) Quelles sont les coordonnées des autres sommets ?
c) Quel est le périmètre du rectangle ?

7. Dessine un plan cartésien sur du papier quadrillé.
a) Situe les points A à (5, 1) et B à (5, 5). Relie les points.
b) Trouve un point C qui permet de construire un △ABC isocèle.
De combien de façons peux-tu le faire ?
Dessine chaque façon que tu trouves. Écris les coordonnées du point C.
Comment sais-tu que chaque triangle est isocèle ?
c) Trouve un point D qui permet de construire un △ABD scalène.
Montre 3 triangles scalènes.
Écris les coordonnées du point D pour chaque triangle.
Comment sais-tu que chaque triangle est scalène ?
d) Est-ce qu'un point E dans le plan permet de construire un △ABE équilatéral ?
Si oui, dessine un △ABE. Écris les coordonnées du point E.
Sinon, explique pourquoi tu ne peux pas construire un △ABE.

Réfléchis

Explique comment les coordonnées permettent de repérer des points dans un quadrillage.
Explique ta réponse à l'aide de mots, de nombres et de dessins.

À la maison

La plupart des cartes des villes utilisent un quadrillage. Procure-toi une carte.
Quelles sont les ressemblances entre ce quadrillage et un plan cartésien ?
Quelles sont les différences ?
Comment l'index des rues indique-t-il où trouver une rue ?

LEÇON 6

Les nuages de points

Tu peux utiliser tes connaissances sur les plans cartésiens pour comparer deux ensembles de données.

Explore

Tu as besoin d'un mètre à ruban ou d'un mètre rigide et de papier quadrillé.

- Mesure ton envergure. Note cette longueur en centimètres. Mesure la longueur de tes chaussures. Note-la.
- Inscris tes résultats dans deux colonnes au tableau. Chaque rangée correspond à des coordonnées.
- Situe les points correspondants dans un plan cartésien.

Qu'as-tu trouvé ?

Montre ton plan cartésien aux élèves d'une autre équipe. Compare ton plan au leur. Quelles sont les ressemblances ? Quelles sont les différences ? Décris vos plans cartésiens.

Découvre

Un **nuage de points** représente des coordonnées dans un plan cartésien. Chaque point dans le plan représente deux quantités. L'axe horizontal montre une quantité. L'axe vertical montre une deuxième quantité.

 OBJECTIF | Lire, interpréter et construire des nuages de points.

Ce tableau indique l'envergure et la taille de quelques élèves.

Taille (en cm)	Envergure (en cm)
157	150
172	168
160	162
168	160
174	174
152	150
170	166

Nous pouvons construire un nuage de points pour déterminer s'il y a une relation entre la taille et l'envergure.

Chaque rangée fournit les coordonnées d'un point.
Situe chaque point dans un plan cartésien.
L'axe horizontal montre la taille et l'axe vertical montre l'envergure.
L'étendue des tailles est : $174 - 152 = 22$
L'étendue des envergures est : $174 - 150 = 24$
Commence l'échelle de chaque axe à 150.
Compte par intervalles de 2.
Situe un point pour chaque rangée du tableau.

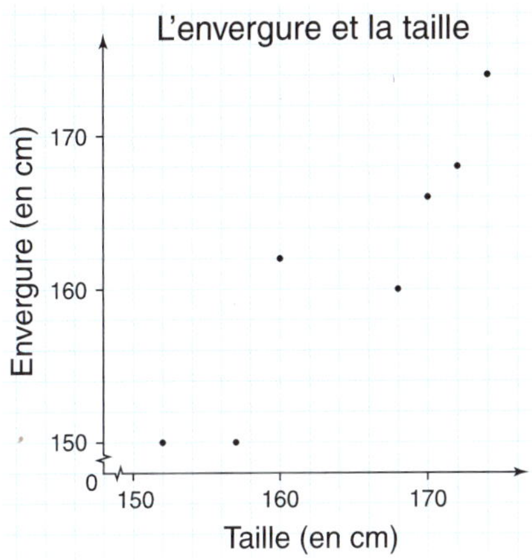

Chaque point représente la taille et l'envergure d'une ou d'un élève.

Quand tu te déplaces vers la droite sur l'axe horizontal, les points montent vers la droite. Le diagramme a une **tendance à la hausse.** Il semble y avoir une relation entre la taille d'une personne et son envergure : plus une personne est grande, plus son envergure est grande.

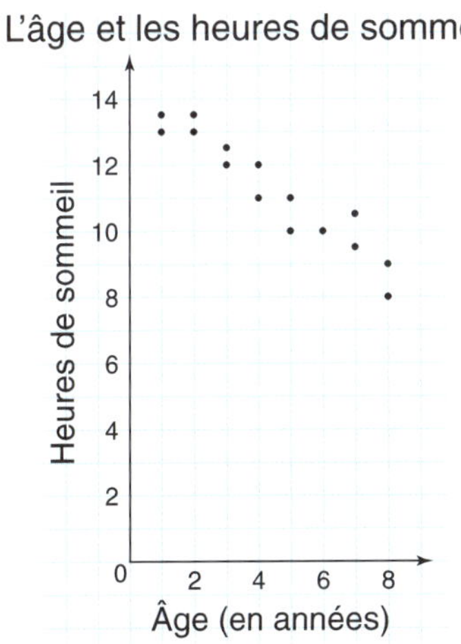

Dans ce nuage de points, les points descendent vers la droite. Ce diagramme a une **tendance à la baisse.** Plus tu vieillis, moins tu as besoin de sommeil.

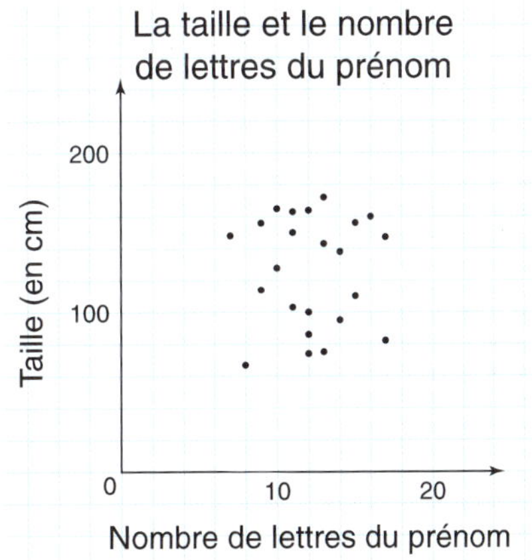

Dans ce nuage de points, il ne semble pas y avoir de tendance. Il n'y a aucune relation entre la taille et le nombre de lettres du prénom.

À ton tour

1. Ce nuage de points représente le prix de voitures d'occasion.
   a) Vois-tu une tendance dans le diagramme ? Si tu réponds oui, décris cette tendance.
   b) Les voitures du même âge ont-elles toutes le même prix ? Comment le sais-tu ?
   c) Qu'est-ce qui peut faire varier le prix d'une voiture d'occasion à part l'âge ?

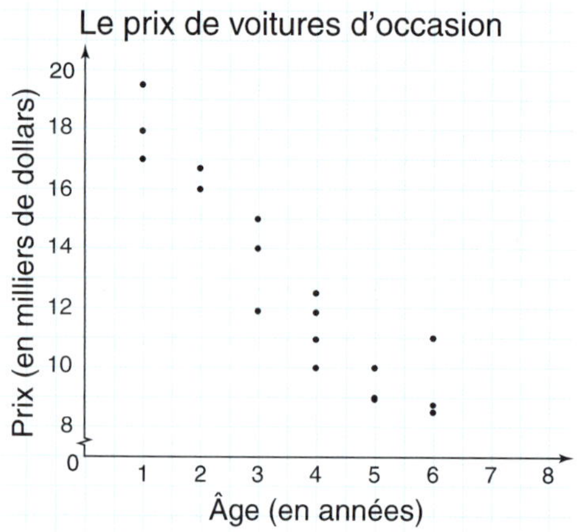

2. Ce nuage de points compare la vitesse de lecture d'élèves avec leur âge en mois.
   a) Vois-tu une tendance dans le diagramme ? Explique ta réponse.
   b) Une élève lit 210 mots à la minute. Estime son âge à l'aide du diagramme.
   c) Prédis la vitesse de lecture d'une personne de 500 mois. Explique ta réponse.

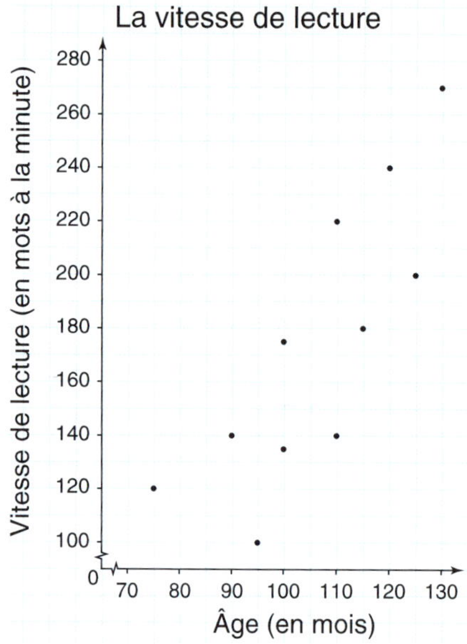

3. Ce tableau indique les tirs au panier tentés et les tirs au panier réussis par des joueuses et des joueurs de basket-ball du secondaire.
   a) Construis un nuage de points à partir de ces données. Représente les tirs tentés sur l'axe horizontal et les tirs réussis sur l'axe vertical.
   b) Vois-tu une tendance dans le diagramme ? Explique ta réponse.

Les tirs au panier

Tentés	Réussis
19	8
6	4
11	6
14	8
14	5
11	11
13	6
7	4
3	3
1	0

4. Ce nuage de points représente la masse en grammes de protéines et de gras dans une portion de trois types d'aliments.
- Un point bleu représente un dessert.
- Un point rouge représente de la viande ou du poisson.
- Un point vert représente un produit céréalier.

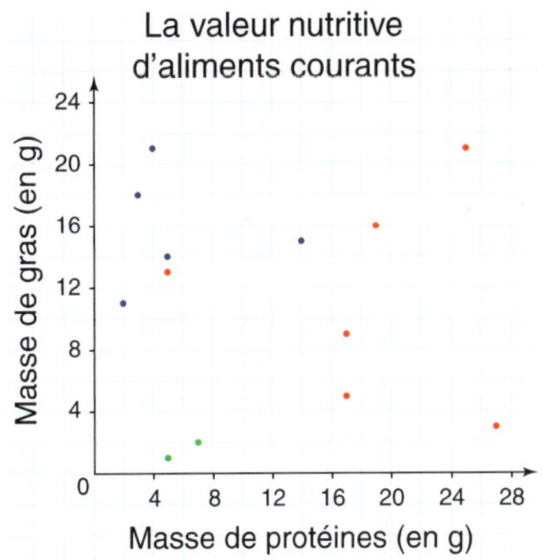

a) Un muffin anglais, une saucisse et une pointe de tarte au citron contiennent chacun 5 g de protéines. Détermine la masse de gras de chaque mets à l'aide du diagramme.

b) Quel type d'aliment contient le plus de protéines par portion ? Comment le sais-tu ?

c) Quel type d'aliment contient le moins de gras par portion ? Comment le sais-tu ?

d) Vois-tu une tendance dans le diagramme ? Explique ta réponse.

5. Ce tableau indique l'âge et la taille de quelques enfants.

Âge (en mois)	76	68	78	81	90	101	145	144	108
Taille (en cm)	126	112	123	117	127	127	172	158	135

Âge (en mois)	113	120	132	132	149	148	73	105	140
Taille (en cm)	138	146	147	155	157	164	117	147	152

a) Représente ces données par un nuage de points.

b) Peux-tu dire si l'enfant le plus jeune a aussi la plus petite taille ? Explique ta réponse.

c) Y a-t-il une relation entre l'âge d'une personne et sa taille ? Explique ta réponse.

d) Les gens cessent de grandir à partir d'un certain âge. Qu'arriverait-il au diagramme si le tableau contenait des données sur des adultes ?

Réfléchis

Nomme deux choses qui peuvent montrer une tendance dans un nuage de points. Nomme deux choses qui ne montrent pas de tendance dans un nuage de points. Explique ta réponse à l'aide de mots, de dessins ou de nombres.

Joue avec les nombres

Stratégie numérique

Ordonne les nombres de chaque ensemble du plus grand au plus petit.

- 0,95, 95, 955,5, 9,55, 95,5
- 1 200 000, 12 000, 125 000, 25 000 000, 25 000
- $\frac{1}{8}$, $\frac{2}{4}$, $\frac{3}{2}$, $\frac{3}{8}$, $\frac{4}{4}$, $\frac{7}{8}$
- 0,25, 0,075, 1,00, 0,01, 0,10, 0,15

TECHNOLOGIE

Construire un nuage de points à l'aide d'*AppleWorks*

Pour son projet de foire scientifique, Muneeb veut savoir si l'âge a une influence sur le temps de réaction à un éclair de lumière soudain. Il met au point un programme informatique qui mesure le temps de réaction. Voici une partie de ses résultats.

Âge (en années)	23	34	38	47	40	56	64	75	71	27
Temps de réaction (en s)	0,3	0,23	0,25	0,34	0,31	0,31	0,38	0,44	0,43	0,24
Dans *AppleWorks*, tape :	0.3	0.23	0.25	0.34	0.31	0.31	0.38	0.44	0.43	0.24

Âge (en années)	31	45	53	41	24	49	72	68	56	34
Temps de réaction (en s)	0,26	0,26	0,35	0,3	0,25	0,28	0,44	0,42	0,36	0,22
Dans *AppleWorks*, tape :	0.26	0.26	0.35	0.3	0.25	0.28	0.44	0.42	0.36	0.22

Travaille avec une ou un camarade. Utilise *AppleWorks*.
Suis ces étapes pour construire un nuage de points à partir des données du tableau.

1. Ouvre une nouvelle feuille de calcul dans *AppleWorks*.

2. Pour **changer la largeur des colonnes :**
Clique sur la cellule A1.
Tiens le bouton de la souris enfoncé et fais glisser le curseur jusqu'à la cellule B1.
Relâche le bouton de la souris.
Clique sur : Format ,
puis clique sur : Largeur de colonne... .
Tape 104 pt comme largeur de colonne. Clique sur : OK .

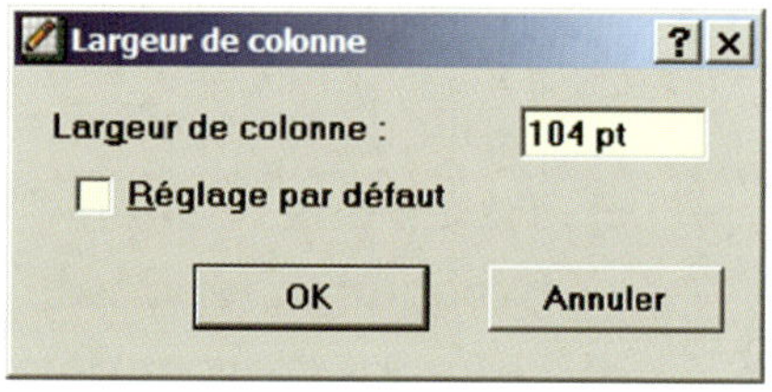

3. Pour **entrer les données :**
Clique sur la cellule A1 pour la sélectionner.
Tape : Âge.
Appuie sur la touche Entrée .
Inscris les âges dans les cellules A2 à A21.
Clique sur la cellule B1 pour la sélectionner.
Tape : Temps de réaction (en s).
Appuie sur la touche Entrée .
Inscris le temps de réaction pour chaque âge dans les cellules B2 à B21.

Rappelle-toi. Tu dois remplacer la virgule décimale par un point dans *AppleWorks*.

4. Pour **construire un nuage de points :**

Clique sur la cellule A2.
Tiens le bouton de la souris enfoncé et fais glisser le curseur jusqu'à la cellule B21.
Relâche le bouton de la souris.
Clique sur : Feuille, puis clique sur : Créer un graphique Ctrl+M.

Choisis l'option Types, puis clique sur : 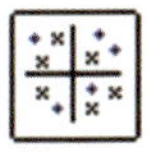 Nuage cartésien.

Assure-toi qu'aucune option n'est sélectionnée.

Pour **donner un titre au diagramme :**

Choisis l'option Intitulés.
Clique à la droite de Titre.
Tape : Le temps de réaction à la lumière.
Assure-toi que l'option Légende n'est pas sélectionnée.

Pour **définir les axes :**

Choisis l'option Axes.
Clique sur : Axe X.
Tape l'étiquette de l'axe : Âge (en années).
Entre ces paramètres :

Minimum	Maximum	Intervalle	☐ Base log.
20	80	5	

Clique sur : Axe Y.
Tape l'étiquette de l'axe : Temps de réaction (en s).
Entre ces paramètres :

Minimum	Maximum	Intervalle	☐ Base log.
0	0,5	0,1	

Clique sur : OK.

5. Pour **déplacer le diagramme :**
Clique sur le diagramme pour le sélectionner.
Clique et tiens le bouton de la souris enfoncé.
Fais glisser le diagramme jusqu'à l'endroit désiré.
Relâche le bouton de la souris.

6. Pour **imprimer le diagramme :**
Clique sur : Fichier , puis clique sur : Imprimer Ctrl+P .
Clique sur : OK .

7. Pour **sauvegarder ta feuille de calcul et ton diagramme :**
Clique sur : Fichier , puis clique sur : Enregistrer sous... Maj+Ctrl+S .
Nomme ton fichier. Ensuite, clique sur : OK .

8. Refais l'étape 4 pour construire un autre nuage de points.
Cette fois, utilise ces paramètres pour l'axe vertical :

Minimum	Maximum	Intervalle	☐ Base log.
0,2	0,5	0,1	

Imprime le diagramme.
Compare tes diagrammes
de l'étape 4 et de l'étape 8.
Quelles sont les ressemblances ?
Quelles sont les différences ?

Réfléchis

Tu dois convaincre quelqu'un qu'il y a une relation entre l'âge et le temps de réaction. Parmi les deux nuages de points que tu as construits, lequel utiliserais-tu ?
Explique ton choix.

LEÇON

7 Mener un sondage

Les élèves de la classe de Mme Siu veulent aider l'hôpital pour enfants local.
Pour amasser des fonds, ils vont vendre des collations à la récréation.
Ils décident de mener un sondage pour choisir les collations à offrir.
Qui devraient-ils interroger ?

Explore

Ta classe doit réaliser un projet sur les activités des élèves après l'école.
Pour ce projet, tu dois recueillir des données.
Choisis un de ces sujets :

- Le nombre d'heures d'écoute de la télévision des élèves chaque semaine
- Le nombre de livres lus par les élèves chaque mois
- Le style de musique préféré des élèves
- Un sujet de ton choix approuvé par ton enseignante ou ton enseignant

➤ Planifie un sondage. Rédige une question de sondage.
➤ Recueille des données auprès des élèves de ta classe. Note tes résultats dans un tableau des effectifs.
➤ Représente tes données à l'aide d'un diagramme. Explique ton choix de diagramme. Que déduis-tu à partir de tes données ?

Qu'as-tu trouvé ?

Montre tes résultats aux élèves d'un autre groupe.
Si tu posais ta question aux élèves de toutes les classes de ton école, les résultats seraient-ils différents ? Explique ta réponse.
Tes déductions changeraient-elles ? Explique ta réponse.

Découvre

Quand tu rédiges une question de sondage :

- toutes les personnes doivent comprendre la question de la même manière ;
- tu dois fournir toutes les réponses possibles à la question ;
- la question ne doit pas inciter les personnes à répondre d'une certaine façon.

OBJECTIF | Concevoir et mener un sondage.

Pour éviter les biais dans les résultats de ton sondage :

- interroge des personnes qui représentent bien la population ;
- si tu ne peux pas poser la question à toute la population, pose-la à autant de personnes que tu peux.

Dans un sondage, la **population** est l'ensemble des personnes concernées.

Des élèves mènent un sondage sur les sports les plus pratiqués par les jeunes.

Voici la question :

Quel sport pratiques-tu le plus souvent ?

☐ Base-ball ☐ Hockey
☐ Soccer ☐ Tennis
☐ Aucun
☐ Autre (préciser) ______________

Les élèves interrogent tous les élèves de leur classe de 6e année.
Voici leurs résultats :

Sport	Pointage
Base-ball	||||
Hockey	𝍸 𝍸
Soccer	𝍸 |
Tennis	||
Aucun	
Autre	||||

Les élèves construisent un diagramme à bandes.

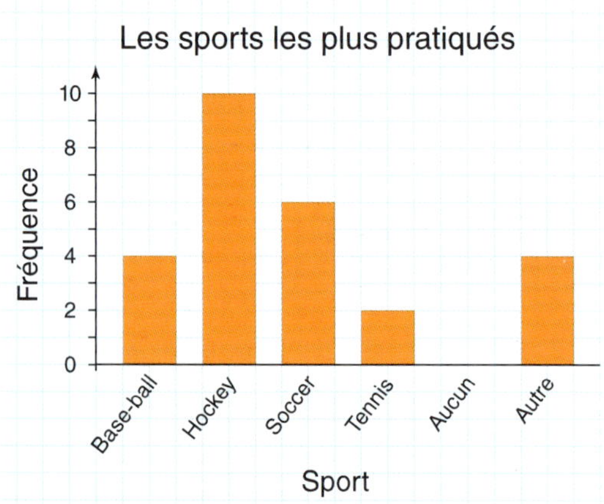

À leur avis, leur classe de 6e année représente bien les élèves de 6e année de leur école.
Donc, les résultats représentent la population des élèves de 6e année de l'école.
Les élèves déduisent que le hockey est le sport le plus pratiqué.
Selon leur compte rendu, les élèves des autres niveaux peuvent préférer d'autres sports.

À ton tour

1. Ce diagramme à bandes montre les résultats d'un sondage de classe.
   a) Rédige une question de sondage possible.
   b) Écris 2 choses que ce diagramme t'indique.
   c) Selon toi, les résultats seraient-ils différents si les élèves de toutes les classes avaient répondu à la question ? Explique ta réponse.

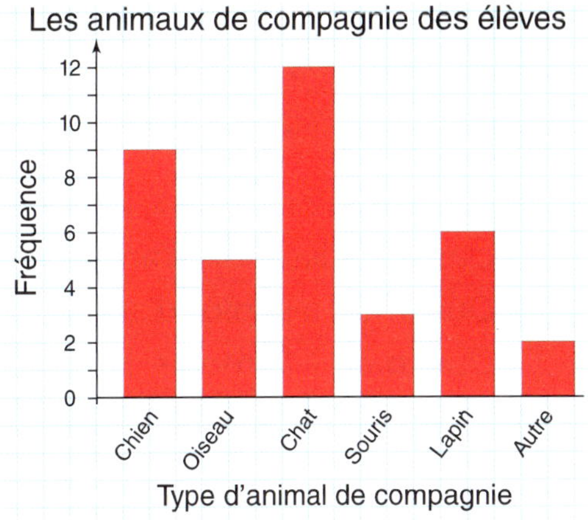

2. Chaque question de sondage (en italique) peut être améliorée. Améliore chaque question. Explique pourquoi ta question est meilleure.
   a) Pour connaître le temps consacré aux devoirs chaque jour : *Consacres-tu beaucoup de temps à tes devoirs chaque jour ?*
   b) Pour savoir comment les élèves se rendent à l'école : *Habituellement, te rends-tu à l'école à pied ou à vélo ?*
   c) Pour découvrir le type d'émissions de télévision préféré : *Préfères-tu écouter des comédies stupides ou des drames passionnants ?*

3. Travaille avec une ou un camarade.
   Choisis une de tes questions de sondage améliorées de la question 2.
   Mène un sondage auprès de tous les élèves de ta classe.
   Construis un tableau ou un diagramme.
   Que peux-tu déduire des résultats ?

4. Les résultats du sondage à la question 3 sont-ils représentatifs de chacune des populations suivantes ? Explique tes réponses.
   a) Les élèves de 6e année de ton école
   b) Les élèves de 2e année de ton école
   c) Les élèves de 6e année du Canada
   d) Les élèves de 6e année d'un autre pays

Réfléchis

Comment détermines-tu si des données sont représentatives d'une population ? Donne des exemples.

Joue avec les nom-

Calcul mental

Énumère tous les facteurs de chaque nombre.

8, 16, 24, 28, 32, 36

Module 5 Montre ce que tu sais

LEÇONS

1 **1.** Ce diagramme montre les résultats d'un sondage de classe sur les mois d'anniversaire.

a) Quel mois a le plus d'anniversaires ?
Quel mois a le moins d'anniversaires ?

b) Écris 2 choses que ce diagramme t'indique.

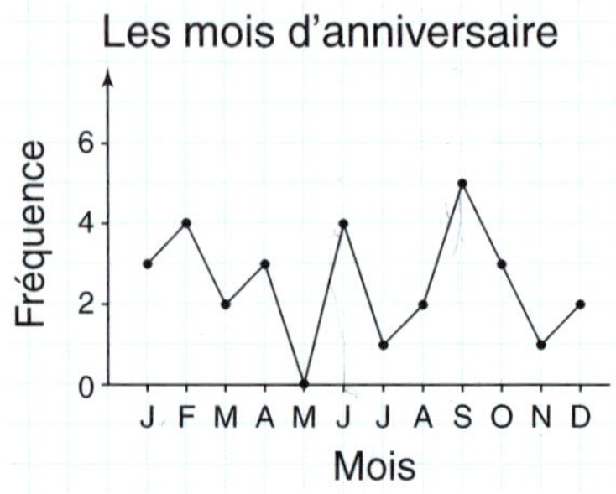

2. Réponds aux questions à l'aide du diagramme circulaire.

a) Quelle catégorie regroupe le plus d'espèces menacées ?

b) Nomme deux catégories qui regroupent environ le même nombre d'espèces menacées. Explique ta réponse.

c) Que peux-tu déduire d'autre de ce diagramme ?

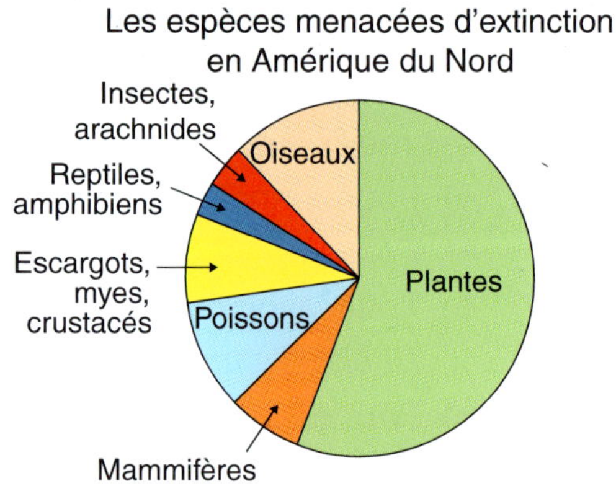

2 **3.** Le courtier Vite Vite a vendu des maisons la semaine dernière. Voici leurs prix en dollars :
85 890, 156 000, 124 500, 349 995, 128 750, 85 900
Quel est le prix médian ?

4. La moyenne de 5 nombres est 20. La médiane est 23.
Quels peuvent être ces 5 nombres ? Donne 2 réponses.

2 4 **5.** En 2004, Raoul a noté le prix au litre chaque fois qu'il a acheté de l'essence. Il a calculé le prix moyen chaque mois, arrondi à la cent (¢) près.

a) Quelle est la différence entre le prix le plus élevé et le prix le plus bas ?

b) Détermine la moyenne, la médiane et le mode des prix.
Selon toi, quel nombre représente le mieux le prix moyen ?
Explique ton choix.

c) Représente ces données par un diagramme.
Explique comment tu as choisi le type de diagramme.

d) Quand le prix de l'essence a-t-il augmenté ?
Quand a-t-il diminué ? Quand est-il resté le même ?
Comment ton diagramme le montre-t-il ?

e) Que peux-tu déduire d'autre de ton diagramme ?

Mois	Prix moyen au litre (en ¢)
Janvier	75
Février	85
Mars	88
Avril	84
Mai	80
Juin	80
Juillet	80
Août	90
Septembre	80
Octobre	77
Novembre	77
Décembre	75

5 **6.** Dessine un plan cartésien sur du papier quadrillé.
Situe ces points dans ton plan et relie-les dans l'ordre.
Relie le dernier point au premier point. Décris la figure obtenue.
A(2, 2), B(5, 3), C(8, 2), D(7, 5), E(9, 8), F(6, 7), G(5, 10), H(4, 7), I(1, 8), J(3, 5)

6 **7.** Ce tableau indique la longueur des pieds et la taille, en centimètres, de 20 élèves.

Longueur des pieds (en cm)	17	20	21	23	21	18	21	22	22	15
Taille (en cm)	112	116	122	124	126	136	135	135	160	129

Longueur des pieds (en cm)	20	22	23	25	30	27	28	26	27	32
Taille (en cm)	140	146	146	150	168	158	162	164	164	172

a) Construis un nuage de points à partir de ces données. Quelles déductions peux-tu faire à partir du nuage de points ?

b) Mesure ta taille et la longueur de tes pieds. Ajoute ces données à ton nuage de points. Corresponds-tu à la tendance ? Explique ta réponse.

7 **8.** Les élèves d'une classe de 6e année veulent savoir combien d'élèves de leur école ont un ordinateur à la maison. Pour les élèves qui en ont un, la classe veut connaître l'utilisation qu'ils en font. Rédige deux questions de sondage utiles pour recueillir les données.

9. Un groupe a posé cette question de sondage : *Es-tu d'accord pour que tous les pays signent l'accord de Kyoto ?*

a) Décris le problème avec cette question, s'il y en a.

b) Comment peux-tu améliorer la question ?

MODULE 5

Tes objectifs

- ✓ Analyser des données pour en tirer des conclusions et des arguments convaincants.
- ✓ Déterminer la moyenne, la médiane et le mode.
- ✓ Situer des points dans un plan cartésien et nommer les coordonnées de points.
- ✓ Choisir un diagramme approprié pour présenter des données.
- ✓ Comparer différentes représentations des mêmes données.
- ✓ Construire des diagrammes à bandes, des diagrammes à ligne brisée et des nuages de points, à la main et à l'aide d'un ordinateur.
- ✓ Concevoir et mener un sondage.
- ✓ Évaluer les données recueillies et expliquer en quoi elles sont représentatives de la population.

Problème du module

Jouons avec les lettres

Travaille avec une ou un camarade.
Tu as besoin de papier quadrillé.
Ton enseignante ou ton enseignant va te remettre un extrait, en français et en cri, d'un livre de Tomson Highway. Ce livre raconte l'histoire de deux frères qui ont passé l'hiver à faire de la pêche sous la glace avec leurs parents.

Partie 1

- Compte le nombre de fois que ces lettres apparaissent dans le texte français : e, a, s, i, t, n, r, u, l.
- Construis un diagramme à partir de tes données.
- Compare ton diagramme au diagramme de la page 167.
  Tes données correspondent-elles aux données présentées à la page 167 ?
  Explique ta réponse.

Partie 2

- Examine le texte cri.
  Selon toi, quelles lettres reviennent le plus souvent ?
- Les lettres u, b, d, f, q, g, j, u, v, x et z ne sont pas utilisées en cri. Les lettres r et l sont rarement utilisées.
  Compte le nombre de fois que chacune des autres lettres apparaît dans le texte cri.
- La lettre « d » n'est pas utilisée en cri.
  Pourquoi apparaît-elle dans l'échantillon ?

Ne tiens pas compte des accents. Ainsi, un « à » ou un « á » est un « a ».

- Construis un diagramme pour montrer les 10 lettres les plus fréquentes dans le texte cri.
- Compare ton diagramme à celui que tu as construit à la partie 1.
  Quelles lettres apparaissent dans les deux diagrammes ?
  Quelles lettres apparaissent seulement dans le diagramme des lettres cries ?
- Tu as un texte écrit dans une langue inconnue. Quels indices peuvent t'aider à déterminer s'il s'agit d'un texte cri ?
- Les langues autochtones d'Amérique du Nord ont servi à créer des codes pendant les deux guerres mondiales. Un seul code n'a jamais été déchiffré pendant la Seconde Guerre mondiale. Il se basait sur la langue navaho.
  Selon toi, pourquoi ces langues produisent-elles des codes efficaces ?

Partie 3

- Tu dois trouver les lettres les plus courantes en anglais. Selon toi, les résultats seront-ils plus proches de ceux pour le français ou de ceux pour le cri ? Explique ta réponse.
- Emprunte un livre pour enfants en anglais à la bibliothèque de ton école. Choisis un paragraphe. Choisis environ 10 lettres qui apparaissent souvent. Compte ces lettres dans le texte.
  Construis un diagramme pour montrer la fréquence des 5 lettres les plus utilisées.
  Ta prédiction était-elle correcte ?

Liste de contrôle

Ton travail devrait montrer :

- ☑ des diagrammes bien construits, avec un titre et des étiquettes ;
- ☑ des prédictions et des conclusions basées sur les données ;
- ☑ des explications convaincantes à l'appui de tes conclusions ;
- ☑ une bonne utilisation des termes mathématiques.

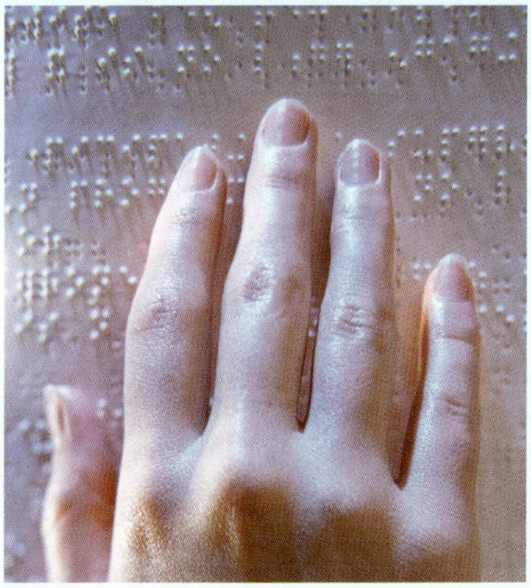

Retour sur le module

Pourquoi utilisons-nous différents types de diagrammes pour représenter des données différentes ?
Donne des exemples.

MODULE

6 La mesure

La durée du voyage

Tes objectifs

- Utiliser des cartes de fuseaux horaires.
- Établir la relation entre l'affichage sur 12 heures et l'affichage sur 24 heures.
- Calculer des intervalles de temps.
- Estimer et compter des sommes d'argent jusqu'à 10 000 $.
- Estimer, calculer et élaborer des formules pour trouver l'aire totale et le volume d'un prisme rectangulaire.
- Établir la relation entre les centimètres cubes et les mètres cubes.
- Établir des relations entre les unités linéaires, carrées et cubes.
- Estimer, mesurer et comparer le volume et la capacité.
- Établir des relations entre les unités de masse.

Mots clés

- l'aire totale
- les unités linéaires
- les unités carrées
- les unités cubes

- Dans un aéroport, quand utiliserais-tu les mesures : de temps ? de masse ? de coût ? de volume ? de capacité ?

  Donne le plus d'exemples possible.
- Pourquoi le personnel des aéroports a-t-il besoin de mesures exactes ?

LEÇON 1

Les fuseaux horaires

À la fin des années 1800, sir Sanford Fleming a conçu des fuseaux horaires pour normaliser l'heure dans le monde.

Voici les fuseaux horaires au Canada en hiver. Les horloges montrent l'heure quand il est 1 h 00 dans le fuseau du Pacifique.

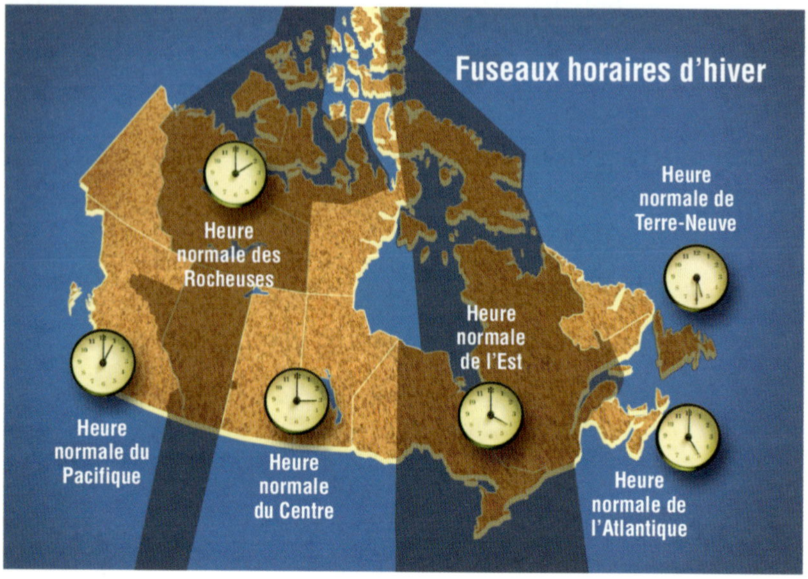

Explore

Heidi habite à Regina en Saskatchewan.
Son cousin Philippe habite à Victoria en Colombie-Britannique.
L'anniversaire de Philippe est en novembre.
Heidi veut appeler Philippe le jour de son anniversaire.

Heidi peut appeler à 4 moments dans la journée.
Chaque moment est à l'heure de Regina.

- avant l'école 8 h 00
- à l'heure du dîner 12 h 30
- après l'école 16 h 30
- en soirée 21 h 00

Quel est le meilleur moment pour appeler ?
Pourquoi Heidi n'appelle-t-elle pas aux autres heures ?
Philippe veut appeler Heidi.
À quelle heure devrait-il l'appeler ? Pourquoi ?

Qu'as-tu trouvé ?

Montre tes réponses à d'autres élèves.
Avez-vous choisi les mêmes heures ?
Sinon, explique ton choix à tes camarades.

OBJECTIF | Calculer l'heure dans différents fuseaux horaires au Canada.

Découvre

Cette carte représente les fuseaux horaires au Canada en été.
La Saskatchewan n'utilise pas l'heure avancée. Cette province fait partie du fuseau horaire des Rocheuses d'avril à octobre.

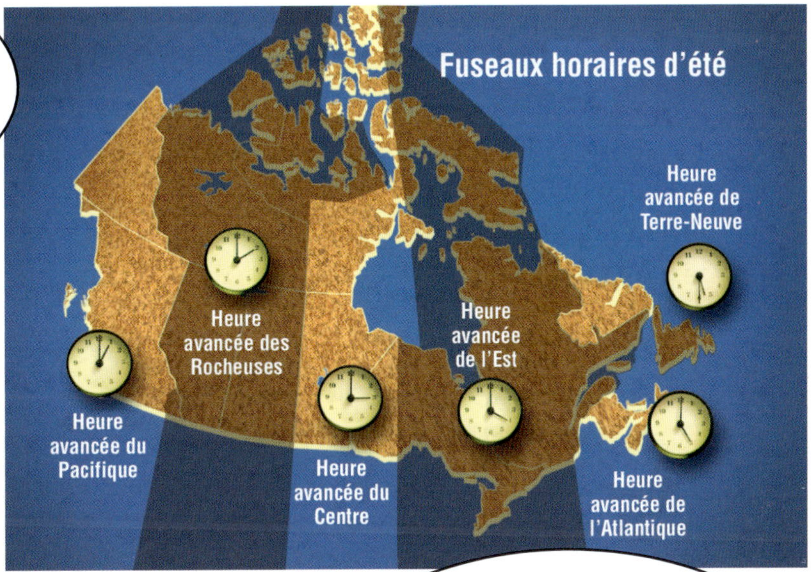

Une carte des fuseaux horaires nous aide à savoir l'heure partout au Canada si nous savons l'heure qu'il est à un autre endroit.

➤ Il est 23 h 00 à Whitehorse au Yukon.
Quelle heure est-il à Saint John au Nouveau-Brunswick ?

Whitehorse est dans le fuseau du Pacifique.
Saint John est dans le fuseau de l'Atlantique.
Utilise les horloges de l'une des cartes.
Quand il est 1 h 00 dans le fuseau du Pacifique, il est 5 h 00 dans le fuseau de l'Atlantique.
Le fuseau de l'Atlantique est en avance de 4 h sur le fuseau du Pacifique.
Donc, quand il est 23 h 00 à Whitehorse, il est 3 h 00 à Saint John, le jour suivant.

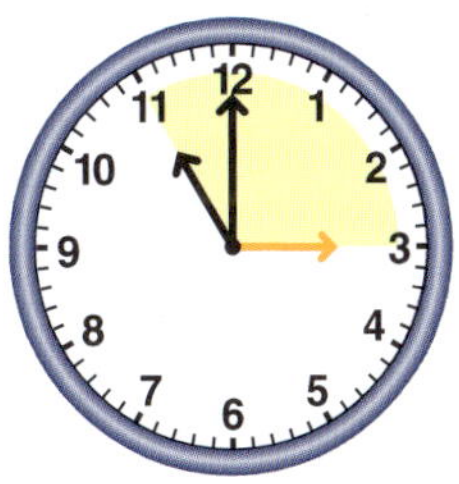

À ton tour

1. À la rubrique **Explore,** tu as déterminé les meilleurs moments où Heidi et Philippe peuvent s'appeler en novembre. L'anniversaire de Heidi est en mai. À quel moment Philippe devrait-il appeler pendant une journée d'école en mai ?

2. La finale de la coupe Grey 2004 a eu lieu à Ottawa, en Ontario. Le match a commencé à 18 h 00. Il était télédiffusé en direct partout au Canada. Les Lions de Colombie-Britannique étaient l'une des équipes finalistes. À quelle heure les gens de Nanaimo, en Colombie-Britannique, ont-ils ouvert leur téléviseur pour regarder le match ?

3. En janvier 2005, des artistes ont donné un concert à Vancouver, en Colombie-Britannique. Ils ont recueilli des fonds pour aider les victimes du tsunami en Asie du Sud. Le concert a commencé à 19 h 00. Il a été télédiffusé en direct partout au Canada.
   - **a)** À quelle heure le concert a-t-il commencé dans chaque fuseau ?
   - **b)** Tes réponses seraient-elles différentes si le concert avait eu lieu en juillet ? Explique ta réponse.

4. Il est minuit et quelques minutes le 1er janvier. Thomas habite à Saskatoon en Saskatchewan. Il appelle sa cousine Kyla pour lui souhaiter la bonne année. Kyla dit à Thomas qu'il appelle trop tôt. Où Kyla peut-elle habiter ? Comment le sais-tu ?

5. Harry habite à St. John's, à Terre-Neuve-et-Labrador. Il prend l'avion jusqu'à Toronto en Ontario. L'avion décolle à 7 h 00. Il atterrit à 9 h 15. Il ne fait pas d'escales. Harry a-t-il voyagé 2 h 15 min ? Explique ta réponse.

Réfléchis

Tori habite en Alberta. Elle veut appeler un terrain de camping en Nouvelle-Écosse. Explique comment une carte des fuseaux horaires peut l'aider à choisir le meilleur moment pour appeler.

Joue avec les nombres

Stratégie numérique

Arrondis chaque somme d'argent à la dizaine, à la cinquantaine et à la centaine de dollars près.

- 2378 $
- 421 $
- 1642 $
- 9896 $
- 965 $
- 59 732 $

LEÇON 2

Les horloges à affichage sur 24 heures

Quelle heure est-il sur la montre ? Peux-tu dire si c'est le matin, l'après-midi ou le soir ? Comment peux-tu distinguer le matin et l'après-midi avec l'affichage de 24 h ?

Explore

Karine et Tasha habitent à Toronto en Ontario. Elles vont visiter leurs grands-parents en train. Karine part vers le nord. Elle va à Cochrane en Ontario. Tasha part vers le sud. Elle va à New York, aux États-Unis. Voici l'horaire des trains.

Toronto – Cochrane

Départ	**Toronto, ON**	18:20
	Washago	20:20
	Gravenhurst	20:38
	Bracebridge	20:52
	Huntsville	21:20
	South River	22:12
Arrivée	North Bay	23:15
Départ		23:35
	Temagami	01:05
	Cobalt	01:50
	New Liskeard	02:10
	Englehart	02:40
	Swastika	03:20
	Matheson	04:05
Arrivée	**Cochrane, ON**	05:00

Toronto – Niagara Falls – New York

Départ	**Toronto, ON**	09:40
	Oakville	10:20
	Aldershot	10:37
	Grimsby	10:51
	St. Catharines	11:09
Arrivée	Niagara Falls, ON	11:34
Départ		11:40
	Niagara Falls, NY	13:10
	Buffalo (gare rue Exchange)	13:45
	Buffalo (gare Depew)	14:00
	Rochester	14:57
	Syracuse	16:20
	Rome	16:58
	Utica	17:16
	Amsterdam	18:12
	Schenectady	18:31
	Albany-Rensselaer	19:15
	Hudson	19:40
	Rhinecliff	20:01
	Poughkeepsie	20:16
	Croton-Harmon	20:53
	Yonkers	21:12
Arrivée	**New York, NY**	21:45

- Chaque fille part-elle le matin, l'après-midi ou le soir ?
- Les deux filles partent le lundi. Détermine le jour d'arrivée de chaque fille.
- Karine et Tasha prennent-elles des repas à bord du train ? Si oui, lequel ou lesquels ?
- Qui passe le plus de temps à bord du train ? Explique comment tu le sais.

Dans les tableaux, l'heure s'écrit avec un deux-points : 18:20 signifie 18 h 20.

Qu'as-tu trouvé ?

Présente tes résultats aux élèves d'une autre équipe. Compare les méthodes que vous avez utilisées pour calculer la durée du voyage de chaque fille.

OBJECTIF | Établir la relation entre l'affichage sur 12 h et l'affichage sur 24 h et calculer des intervalles de temps.

Découvre

Un ami dit que son vol arrivera à 9 heures.
Veut-il dire 9 h du matin ou 9 h du soir ?
Utilise une horloge à affichage sur 24 h pour bien comprendre.
Il y a 24 h dans une journée.
De minuit à midi, les heures vont de 0 à 12.
De 1 h de l'après-midi à minuit, les heures vont de 13 à 24.

Écris 7:45 du matin : 7 h 45.

Écris 3:15 de l'après-midi : 15 h 15.

Nous utilisons une notation semblable pour écrire les secondes.

10:19:28, c'est 10 h 19 min et 28 s.

19:43:21, c'est 19 h 43 min et 21 s.

➤ Spencer arrive à la bibliothèque à 9 h 15 et part à 13 h 10.
Combien de temps a-t-il passé à la bibliothèque ?

Voici une stratégie pour résoudre ce problème :
Compte pour trouver la réponse.

De 9 h 15 à 10 h, c'est 45 min.

De 10 h à 13 h, c'est 3 h.

De 13 h à 13 h 10, c'est 10 min.

Durée totale : 45 min + 3 h + 10 min = 3 h 55 min
Spencer a passé 3 h 55 min à la bibliothèque.

À ton tour

1. Quelles horloges indiquent la même heure ?

a) 

b) 

c) 

d) 

e) 

f) 

g) 

h) 

2. Chaque horloge utilise l'affichage sur 24 h.
Écris chaque heure selon l'affichage sur 12 h. Précise « du matin », « de l'après-midi » ou « du soir ».

a) 

b) 

c) 

d) 

3. Écris chaque heure selon l'affichage sur 24 h.

a) 
de l'après-midi

b) 
du soir

c) 
du soir

d) 
du matin

4. Jasmin va chercher sa cousine à l'aéroport.
Le vol de sa cousine devait arriver à 19 h 40.
Il est arrivé à 20 h 13. Combien de minutes de retard le vol a-t-il eues ?

5. Un autobus part de Halifax en Nouvelle-Écosse à 9 h 50.
Il arrive à Sydney en Nouvelle-Écosse à 16 h 20. Quelle est la durée du voyage ?

6. Michel part de Montréal au Québec. Il va à Fort Lauderdale en Floride.
L'avion décolle à 16 h 15.
   a) Pour prendre l'avion à destination des États-Unis, il faut s'enregistrer au moins 1 h 30 min avant le départ. La montre de Michel indique l'heure de son arrivée à l'aéroport. Est-il à l'heure ?
   b) L'avion doit atterrir à 19 h 30. La Floride est dans le même fuseau horaire que Montréal. Quelle est la durée du vol ?

7. Tu peux faire une croisière en Alaska. De nombreux navires de croisière s'arrêtent à Prince Rupert en Colombie-Britannique à l'aller ou au retour. Ce tableau indique l'horaire des navires en août 2005.

Dates	Arrivée	Départ	Nom du navire	Nombre de passagers
Mardi – 9 et 30 août	07:00	16:00	*Norwegian Dream*	1800
Mercredi – 3, 10, 17, 24 et 31 août	20:00	24:00	*Mercury*	2000
Jeudi – 4, 11, 18 et 25 août	14:00	21:00	*Norwegian Spirit*	2000
Samedi – 20 août	10:00	18:00	*Norwegian Dream*	1800

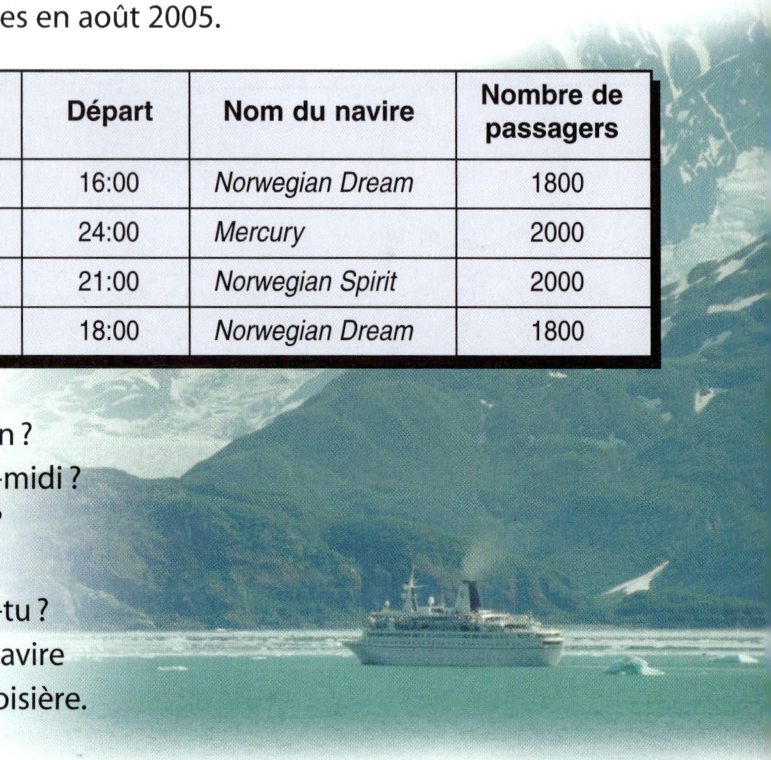

a) Quel navire arrive toujours le matin ?
Quel navire arrive toujours l'après-midi ?
Quel navire arrive toujours le soir ?

b) Est-ce qu'un navire passe la nuit à Prince Rupert ? Comment le sais-tu ?

c) Détermine le temps que chaque navire passe à Prince Rubert à chaque croisière.

8. Lors d'une course de voiliers, Bryan et Shannon font un temps de 5 h 17 min 23 s.
La course a commencé à 10 h 30.
À quelle heure ont-ils fini la course ?
Écris la réponse de deux façons.

9. Un avion décolle de Calgary en Alberta à 9 h 20, heure des Rocheuses.
Il atterrit à Halifax en Nouvelle-Écosse à 16 h 34, heure de l'Atlantique.
Quelle est la durée du vol ?

Réfléchis

Décris la relation entre l'affichage sur 12 h et l'affichage sur 24 h.
Donne des exemples.

Joue avec les nombres

Calcul mental

Estime chaque produit.

247×4
306×19
49×52
1085×5

Quelles stratégies as-tu utilisées ?

Le jeu des heures

Ton enseignante ou ton enseignant va te remettre des cartes.
Ces cartes viennent en paires.
Dans chaque paire, une carte montre l'heure sur une horloge.
L'autre carte indique la même heure selon l'affichage sur 24 h.

Le but du jeu est d'associer les cartes qui montrent la même heure.

- Examine les cartes. Exerce-toi à reconnaître les cartes qui vont ensemble.
- Mêle les cartes.
  Place chaque carte face contre table.
- Une ou un élève retourne deux cartes.
  Si les cartes vont ensemble, l'élève les garde et joue de nouveau.
  Si les cartes ne vont pas ensemble, l'élève remet les cartes en place.
  C'est le tour de l'autre élève.
- La partie se termine quand il n'y a plus de cartes.
- L'élève qui a le plus de paires gagne la partie.

LEÇON

3

Les sommes d'argent jusqu'à 10 000 $

Explore

Au camp À l'eau, les jeunes de 10 à 15 ans suivent des cours de natation et de sécurité nautique. Ils pratiquent des sports nautiques.

La directrice a 10 000 $ pour acheter de l'équipement. Aide-la à choisir l'équipement.

Équipement	Prix (au dollar près)
Gilet de sauvetage (V.F.I.)	65
Kayak pneumatique	198
Kayak en plastique	799
Canot pneumatique	325
Canot	1970
Banane gonflable pour 6 personnes	1199
Planche à voile	2060
Bicyclette nautique	2468
Trampoline nautique	3599
Île pneumatique avec glissoire	3996

➤ Fais une estimation. Quels articles peux-tu acheter pour dépenser le plus d'argent possible, sans dépasser 10 000 $? Vérifie ton estimation à l'aide d'une calculatrice. Comment as-tu choisi les articles ?

➤ Combien d'argent te reste-t-il ? Nomme une combinaison de billets et de pièces de monnaie qui représente cette somme.

Qu'as-tu trouvé ?

Discute de tes choix avec les élèves d'une autre équipe.
Quel est le plus petit nombre d'articles que tu peux acheter ?
Quel est le plus grand nombre d'articles que tu peux acheter ?

 OBJECTIF | Estimer et compter des sommes d'argent jusqu'à 10 000 $.

Découvre

Tu peux arrondir à des nombres faciles à compter pour estimer de grandes sommes d'argent.
Arrondis selon :
- les nombres que tu aimes utiliser ;
- le calcul que tu vas faire ;
- le degré de précision que ta réponse doit avoir.

Sept écoles ont amassé de l'argent pour un organisme qui forme des chiens guides :
492,50 \$, 681,10 \$, 732,75 \$, 614,80 \$, 697,25 \$, 563,40 \$, 750,75 \$
Environ quelle somme d'argent ont-elles amassée en tout ?

➤ Voici une façon d'estimer la somme :

500 \$	1 × 500 \$ = 500 \$
700 \$	3 × 700 \$ = 2100 \$
700 \$	2 × 600 \$ = 1200 \$
600 \$	1 × 800 \$ = 800 \$
700 \$	
600 \$	500 \$ + 2100 \$ + 1200 \$ + 800 \$ = 4600 \$
+ 800 \$	

J'arrondis les sommes à 100 \$ près. Je compte les nombres égaux. Je multiplie, puis j'additionne les produits.

Les écoles ont amassé environ 4600 \$.

➤ Voici une autre façon d'estimer la somme :

500 \$	750 \$ + 750 \$ = 1500 \$
700 \$	700 \$ + 700 \$ + 600 \$ = 2000 \$
750 \$	500 \$ + 550 \$ = 1050 \$
600 \$	
700 \$	
550 \$	1500 \$ + 2000 \$ + 1050 \$ = 4550 \$
+ 750 \$	

J'arrondis les sommes à 50 \$ près. Je regroupe les nombres faciles à compter. J'additionne les sommes.

Les écoles ont amassé environ 4550 \$.

Ces deux méthodes donnent des estimations différentes.
La somme d'argent exacte est de 4532,55 \$.
Les deux estimations sont proches de la somme exacte ; elles sont vraisemblables.

À ton tour

1. Écris chaque somme d'argent à l'aide de nombres.
   a) huit cent quatre-vingt-douze dollars
   b) mille deux cent soixante-quinze dollars
   c) quatre mille quarante-sept dollars
   d) neuf mille neuf cents dollars et cinquante cents
   e) sept mille quatre cent vingt-six dollars et quatre-vingt-neuf cents

2. Écris chaque prix en lettres.

a)

b)

c)

d)

3. Tu gagnes 5000 $ dans un magasin d'électronique. Tu dois tout dépenser en une seule fois.
   a) Fais une estimation. Peux-tu acheter 1 exemplaire de chaque article de la question 2 ?
   b) Si la somme est trop élevée, quel article vas-tu remettre ? Pourquoi ?
   c) Comment peux-tu arrondir les nombres pour t'assurer de ne pas dépasser 5000 $?

4. Estime chaque somme et chaque différence. Utilise des nombres faciles à compter. Montre ton travail.
   a) 899,50 $ + 228,85 $
   b) 3566,25 $ + 994,68 $
   c) 7142,49 $ + 1863,38 $
   d) 3333,33 $ + 6666,66 $
   e) 680,90 $ − 298,00 $
   f) 2850,10 $ − 705,98 $
   g) 5925,76 $ − 3889,99 $
   h) 9898,98 $ − 8989,89 $

5. Un organisme de bienfaisance peut construire une école au Népal avec 8000 $. Ce tableau indique l'argent que les élèves ont amassé pour l'organisme.
   a) Détermine la somme d'argent amassée.
   b) Combien d'argent manque-t-il pour avoir 8000 $?

   Fais une estimation pour vérifier si ta réponse est vraisemblable.

Événement	Somme amassée (en $)
Lave-auto	248,25
Défilé de mode	2681,50
Collecte de pièces de 1¢	226,11
Déjeuner aux crêpes	190,06
Encan silencieux	735,00
Marathon de danse	3117,85

6. Deux caissiers classent des billets et des pièces de monnaie.

Caissier A

Caissier B

a) Décris la stratégie de classement de chaque caissier.
Quelle somme d'argent chaque caissier a-t-il en tout ?

b) Quelle stratégie préfères-tu ? Pourquoi ?

7. Albert va en Grèce.
La Grèce utilise l'euro.
Albert doit changer des dollars canadiens en euros.

a) Albert achète 100 euros.
Combien cela coûte-t-il en dollars canadiens ?

b) Environ combien d'euros Albert peut-il acheter avec 400 $?

Joue avec les nombres

Spécialiste de la calculatrice

Trouve chaque produit.

$2{,}3 \times 7{,}1$

$5{,}9 \times 4{,}5$

$7{,}2 \times 8{,}4$

$1{,}8 \times 6{,}6$

Réfléchis

Décris des stratégies d'estimation utiles pour les grandes sommes d'argent.
Donne des exemples.

LEÇON 4

La boîte à outils

Explore

Annie achète deux billets pour le « Spectacle sur glace ».
Annie paie avec deux billets de 50 $.
Elle reçoit le plus petit nombre de billets et de pièces de monnaie possible.
Quels billets et pièces de monnaie reçoit-elle ?

Qu'as-tu **trouvé ?**

Décris les stratégies que tu as utilisées pour résoudre ce problème.

Découvre

Yannick retourne un lecteur de CD qu'il a payé 94,27 $.
Yannick reçoit 3 billets de 20 $, 3 billets de 10 $, 4 pièces de 1 $, 2 pièces de 10 ¢, 1 pièce de 5 ¢ et 2 pièces de 1 ¢.
Cette combinaison est-elle formée du plus petit nombre de billets et de pièces de monnaie possible ?
Explique ta réponse à l'aide de nombres et de mots.

Que sais-tu ?
- Le prix du lecteur de CD est 94,27 $.
- Yannick reçoit 3 billets de 20 $, 3 billets de 10 $, 4 pièces de 1 $, 2 pièces de 10 ¢, 1 pièce de 5 ¢ et 2 pièces de 1 ¢.

Pense à une stratégie pour résoudre ce problème.
- Tu peux **utiliser le raisonnement logique.**

Stratégies

- **Fais un tableau.**
- **Utilise un modèle.**
- **Fais un schéma.**
- **Résous un problème plus simple.**
- **Travaille à rebours.**
- **Prédis et vérifie.**
- **Dresse une liste ordonnée.**
- **Cherche une régularité.**
- **Construis un diagramme.**
- **Utilise le raisonnement logique.**

 OBJECTIF | Interpréter un problème et choisir une stratégie appropriée.

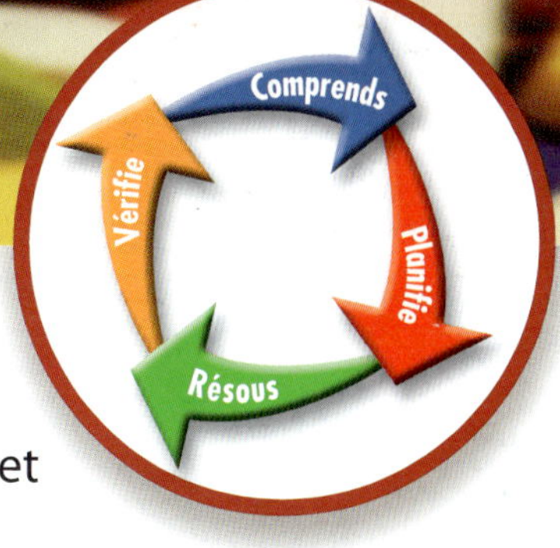

Vérifie si tu peux échanger une combinaison de billets ou de pièces de monnaie contre un billet ou une pièce de même valeur.

- Échange 2 billets de 10 $ contre 1 billet de 20 $.
- Échange 4 pièces de 1 $ contre 2 pièces de 2 $.
- Échange 2 pièces de 10 ¢ et 1 pièce de 5¢ contre 1 pièce de 25 ¢.

  Peux-tu échanger d'autres billets ou pièces de monnaie ? Explique ta réponse.

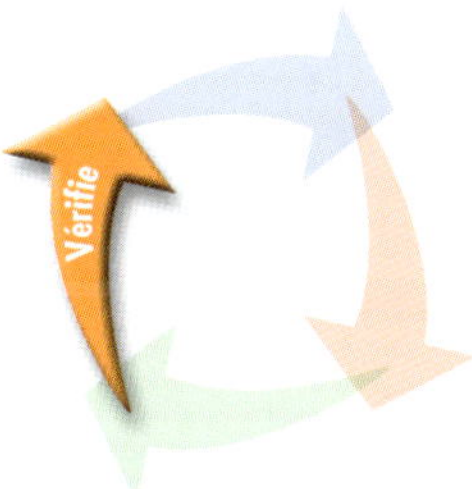

As-tu trouvé le plus petit nombre de billets et de pièces de monnaie possible ?
Peux-tu résoudre ce problème d'une autre façon ?

À ton tour

Choisis une des **Stratégies**

1. Cathie achète des patins avec un billet de 50 $.
   Elle reçoit 1 billet de 10 $, 2 pièces de 2 $, 1 pièce de 1 $, 1 pièce de 25 ¢, 5 pièces de 10 ¢ et une pièce de 1 ¢.
   Quel est le prix des patins ?

2. Rick veut acheter un magazine à 5,35 $.
   Il a 3 pièces de 2 $, 2 pièces de 25 ¢, 2 pièces de 10 ¢, 1 pièce de 5 ¢ et 2 pièces de 1 ¢.
   Rick paie son magazine. Le caissier lui remet 1 pièce de 1 $.
   Avec quelles pièces Rick a-t-il payé ?

Réfléchis

Choisis une question de la rubrique **À ton tour.**
Explique comment tu résous le problème.

LEÇON 5

L'aire totale d'un prisme rectangulaire

En 2003, des chefs de la ville d'Alep, en Syrie, ont fait un bonbon massepain d'environ 4200 kg. C'est plus que 4 t !
Le bonbon avait 16,4 m de longueur, 12,2 m de largeur et 1,6 cm d'épaisseur.
Selon toi, pouvaient-ils emballer ce bonbon ? Explique ta réponse.

Explore

Tu as besoin d'une boîte de carton vide, de ciseaux et d'une règle.

L'**aire totale** d'un objet, c'est la somme des aires de ses faces.

- ➤ Estime l'aire totale de ta boîte. Note ton estimation.
- ➤ Détermine l'aire totale de ta boîte. Note ton travail.
- ➤ Ton estimation était-elle vraisemblable ? Explique ta réponse.

Qu'as-tu trouvé ?

Montre ton travail aux élèves d'une autre équipe.
Avez-vous utilisé les mêmes stratégies ? Explique ta réponse.
As-tu trouvé des raccourcis ? Explique ta réponse.

 OBJECTIF Déterminer l'aire totale d'un prisme rectangulaire.

Découvre

Voici un prisme rectangulaire.
Chacune de ses faces est un rectangle.

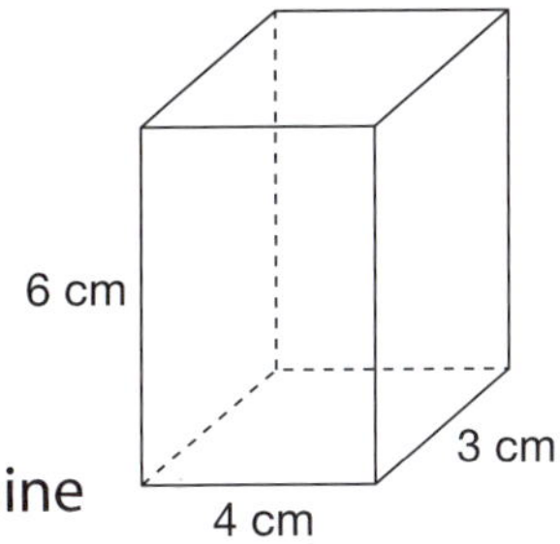

Pour déterminer l'aire d'un rectangle, multiplie sa longueur par sa largeur.

Pour trouver l'aire totale du prisme, détermine l'aire de ses faces, puis additionne les aires.
Ce développement montre chaque face.

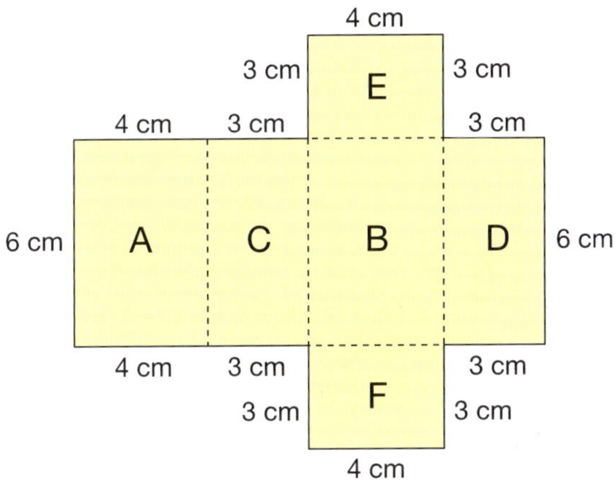

Face	Longueur (en cm)	Largeur (en cm)	Aire (en cm^2)
A	4	6	24
B	4	6	24
C	3	6	18
D	3	6	18
E	4	3	12
F	4	3	12

$24\text{ cm}^2 + 24\text{ cm}^2 + 18\text{ cm}^2 + 18\text{ cm}^2 + 12\text{ cm}^2 + 12\text{ cm}^2 = 108\text{ cm}^2$

L'aire totale du prisme est de 108 cm^2.

➤ Un prisme rectangulaire a des faces opposées congruentes.
Pour trouver son aire totale, calcule l'aire de la face du haut, de la face de côté et de la face avant.
Additionne ces aires. Multiplie la somme par 2.

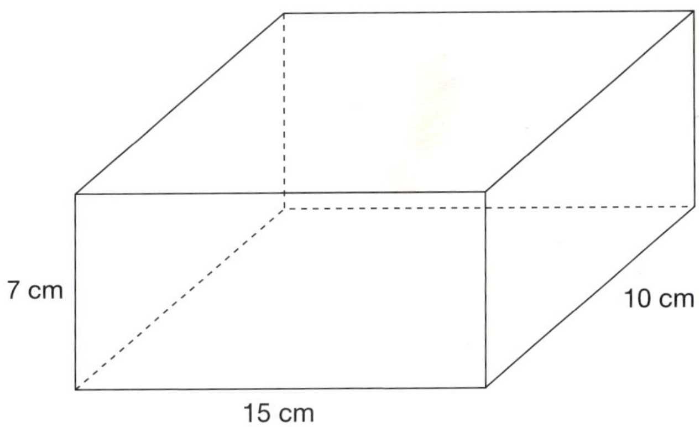

Aire de la face avant : $= 15\text{ cm} \times 7\text{ cm}$
$= 105\text{ cm}^2$

Aire de la face de côté : $= 10\text{ cm} \times 7\text{ cm}$
$= 70\text{ cm}^2$

Aire de la face de dessus : $= 15\text{ cm} \times 10\text{ cm}$
$= 150\text{ cm}^2$

$$(105\text{ cm}^2 + 70\text{ cm}^2 + 150\text{ cm}^2) \times 2 = 325\text{ cm}^2 \times 2$$
$$= 650\text{ cm}^2$$

L'aire totale du prisme est de 650 cm^2.

À ton tour

1. Détermine l'aire totale de chaque prisme rectangulaire.

a)

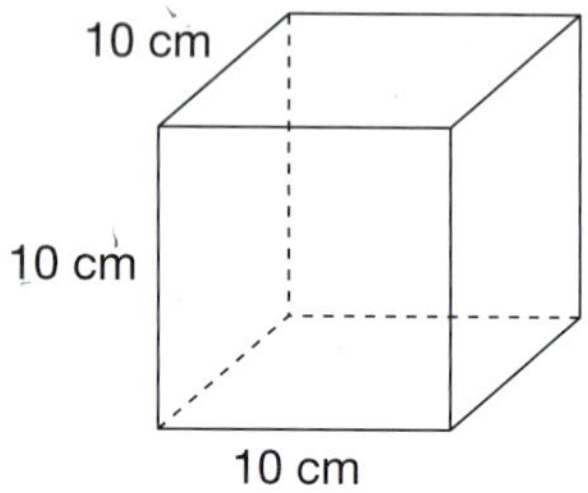

b)

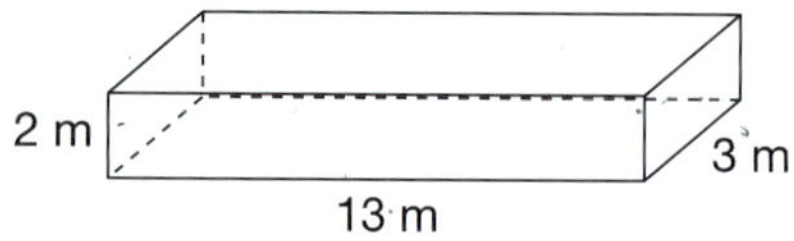

c)

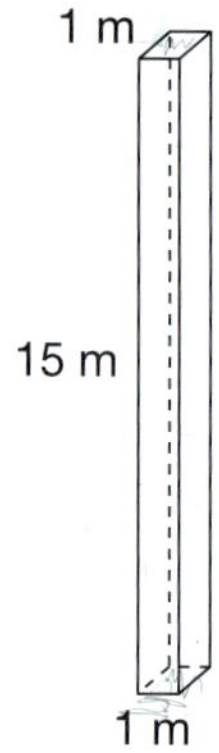

d)

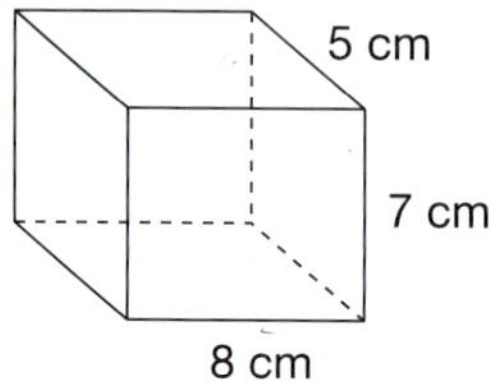

2. a) Estime l'aire totale de ce prisme rectangulaire.

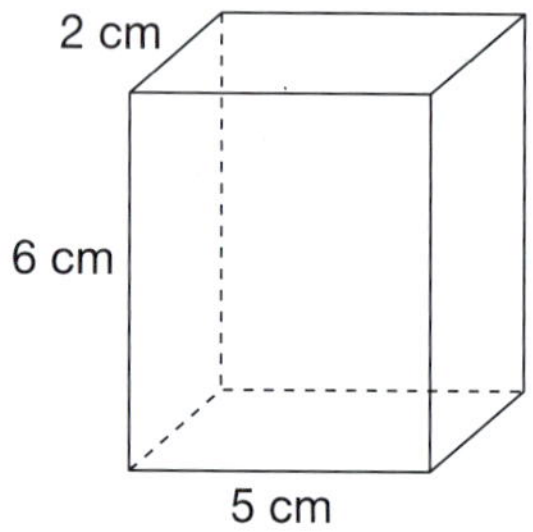

b) Calcule l'aire totale du prisme.

3. a) Prédis l'ordre de ces prismes rectangulaires si tu les places par ordre décroissant d'aire totale.

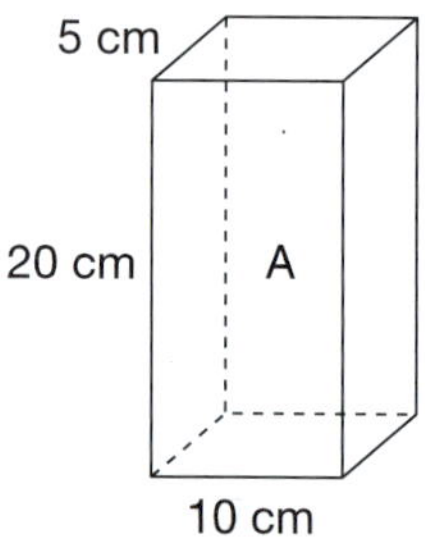

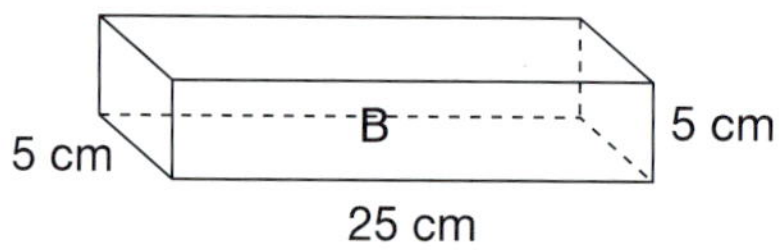

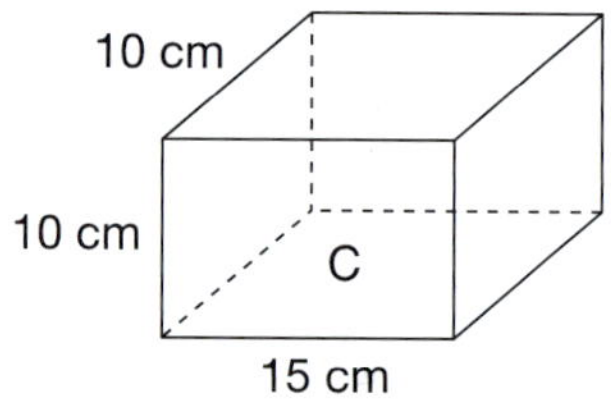

b) Place ces prismes rectangulaires par ordre décroissant d'aire totale.

c) Compare la réponse en b) avec ta prédiction. Ta prédiction était-elle proche ?

4. Emma veut emballer une boîte rectangulaire de 24 cm sur 54 cm sur 4 cm.

a) Calcule l'aire totale de la boîte.

b) Estime l'aire du papier d'emballage nécessaire. Explique ton estimation.

5. Dessine un développement de ce prisme rectangulaire.

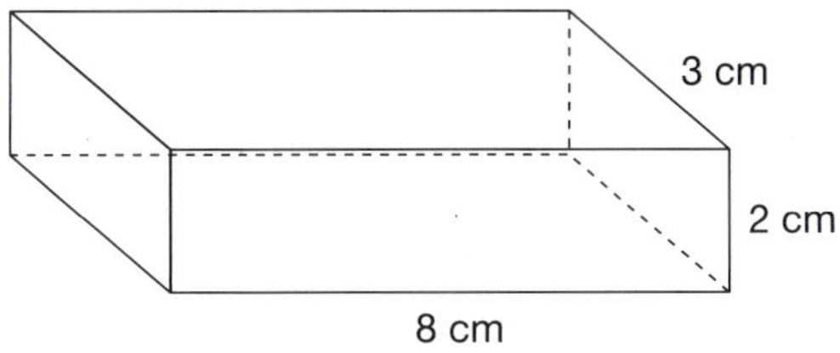

Calcule l'aire totale du prisme.

6. Un prisme rectangulaire a quatre faces rectangulaires congruentes. Chaque rectangle mesure 10 m de longueur et 8 m de largeur. Dessine le prisme. Calcule son aire totale.

7. Voici l'aire de trois faces d'un prisme rectangulaire : 32 cm^2, 40 cm^2 et 20 cm^2.
   - a) Détermine l'aire totale du prisme.
   - b) Indique les dimensions possibles du prisme. Comment le sais-tu ?
   - c) Dessine le prisme. Écris ses mesures sur ton dessin.

8. La chambre de Jérémie a 5,2 m de longueur, 3,0 m de largeur et 2,4 m de hauteur. Sa porte mesure 0,8 m sur 2,0 m. Ses deux petites fenêtres mesurent chacune 1,75 m sur 0,75 m. Quelle quantité de papier peint faut-il pour couvrir les murs de la chambre ? Montre ton travail.

9. Un cube a une aire totale de 384 cm^2. Quelle est la longueur d'une arête ? Explique comment tu le sais.

10. Une entreprise d'emballage fabrique des boîtes qui sont des prismes rectangulaires. Elle demande 0,22 $ pour 1000 cm^2 de carton. Trouve le prix d'une boîte qui mesure 1,2 m sur 0,9 m sur 0,7 m.

Réfléchis

Tu as une feuille de papier d'emballage. À l'aide de tes connaissances sur l'aire totale, comment peux-tu déterminer les dimensions du plus grand prisme rectangulaire que tu peux emballer ? Explique ta réponse à l'aide de dessins, de nombres et de mots.

Joue avec les nombres

Stratégie numérique

Trouve chaque somme.

237 + 893

9820 + 1023

8923 + 329 + 553

2663 + 7310 + 4799

LEÇON 6

Le volume d'un prisme rectangulaire

Un centicube a 1 cm de longueur, 1 cm de largeur et 1 cm de hauteur.
Son volume est de un centimètre cube ou 1 cm^3.

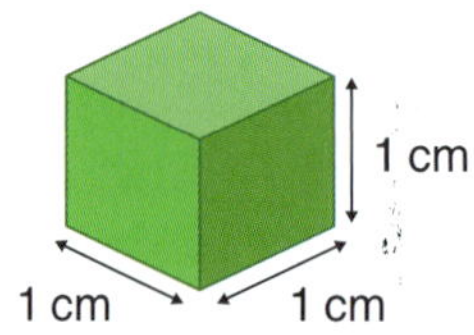

Explore

Tu as besoin de 2 boîtes vides et de centicubes.

➤ Choisis une boîte.
Estime le nombre de centicubes que la boîte peut contenir.

➤ Couvre le fond de la boîte d'une couche de centicubes.
Combien de cubes y a-t-il dans cette couche ?
Combien de couches peux-tu mettre dans la boîte ?
Comment le sais-tu ?

➤ Combien de cubes la boîte peut-elle contenir en tout ?
Explique ce que tu as fait.
Écris ta réponse sur la boîte.

➤ Utilise la première boîte comme repère.
Estime le nombre de cubes que la deuxième boîte peut contenir, puis détermine-le avec précision.
Écris ta réponse sur la boîte.

Qu'as-tu trouvé ?

Montre tes boîtes à la classe.
Pour chaque boîte, indique le nombre de cubes dans une couche, le nombre de couches et le nombre total de cubes.
Comment peux-tu trouver le volume d'une boîte à l'aide de centicubes ?
Ta réponse sera-t-elle exacte ? Explique ta réponse.
Avec la classe, place les boîtes par ordre croissant de volume.

 OBJECTIF | Élaborer et utiliser une formule pour trouver le volume d'un prisme rectangulaire.

Découvre

Un prisme rectangulaire a 10 cm de longueur, 5 cm de largeur et 6 cm de hauteur.

Longueur = 10 cm
C'est 1 rangée de 10 cubes.

Largeur = 5 cm
Cinq rangées de 10 cubes forment 1 couche de 50 cubes.

Hauteur = 6 cm
Six couches de 50 cubes ont un volume de 300 cubes.

Le volume est de $50 \text{ cm}^3 \times 6 = 300 \text{ cm}^3$.

Parfois, ce n'est pas pratique de déterminer le volume d'un prisme rectangulaire à l'aide de centicubes.
Élabore une formule pour déterminer le volume d'un prisme rectangulaire.

Volume = nombre de cubes dans une couche × nombre de couches

> Le nombre de cubes dans une couche est l'aire de la base du prisme. C'est la longueur fois la largeur.

> Le nombre de couches représente la hauteur.

Donc,
Volume = aire de la base × hauteur

> Tu peux aussi écrire :
> Volume = longueur × largeur × hauteur

➤ Utilise la formule pour trouver le volume d'un prisme rectangulaire de 10,5 cm de longueur, 4,2 cm de largeur et 5,0 cm de hauteur.

$$\begin{aligned}\text{Volume} &= \text{longueur} \times \text{largeur} \times \text{hauteur}\\ &= 10{,}5 \text{ cm} \times 4{,}2 \text{ cm} \times 5{,}0 \text{ cm}\\ &= 44{,}1 \text{ cm}^2 \times 5{,}0 \text{ cm}\\ &= 220{,}5 \text{ cm}^3\end{aligned}$$

Le volume du prisme est de $220{,}5 \text{ cm}^3$.

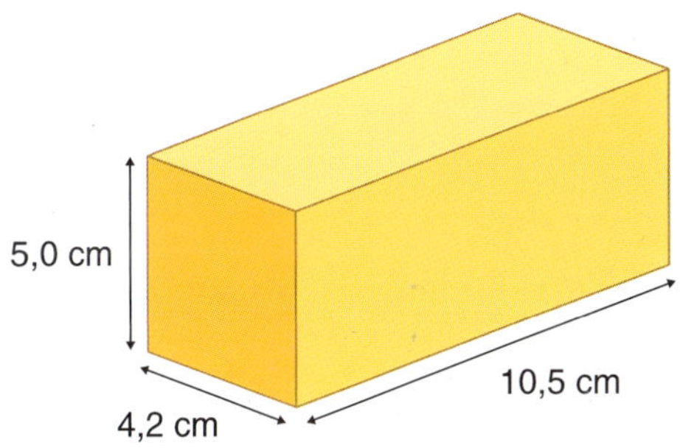

À ton tour

1. Détermine le volume de chaque prisme rectangulaire.

a)

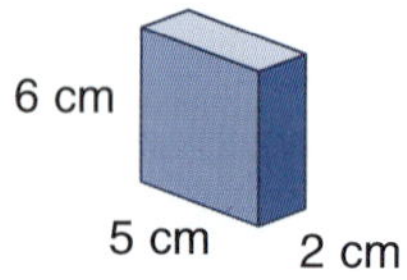

b)

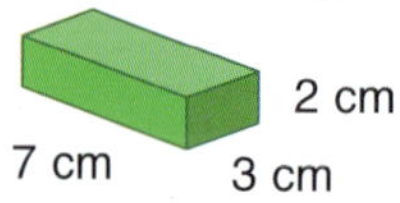

c)

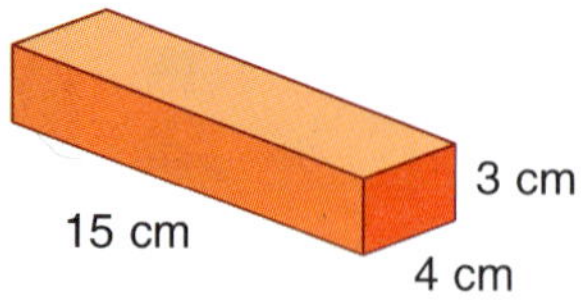

d)

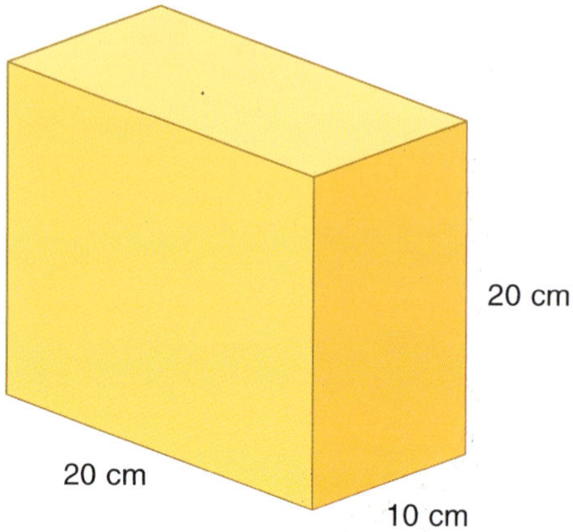

2. Estime le volume de chaque prisme rectangulaire, puis calcule-le. Utilise une calculatrice au besoin.

	Longueur (en cm)	Largeur (en cm)	Hauteur (en cm)
a)	18	9	12
b)	30	15	6
c)	5,7	1,9	2,2
d)	9,1	3,5	7,0

3. Deux élèves comparent la cage de leur animal.
Atul possède un hamster.
Sa cage a 58 cm de longueur, 30 cm de largeur et 25 cm de hauteur.
Nicole possède un cochon d'Inde.
Sa cage a 82 cm de longueur, 59 cm de largeur et 92 cm de hauteur.
   a) Quel est le volume de chaque cage ?
   b) Environ combien de fois le volume de la cage du cochon d'Inde est-il plus grand que le volume de la cage du hamster ?

4. Un prisme rectangulaire a un volume de 90 cm^3.
L'aire de sa base est de 45 cm^2. Quelle est sa hauteur ?
Comment le sais-tu ?

5. Un prisme rectangulaire a un volume de 186,0 cm^3.
Sa hauteur est de 1,6 cm. Quelle est l'aire de sa base ?
Comment le sais-tu ?

6. Combien de prismes rectangulaires avec un volume de 24 cm^3 peux-tu dessiner ?
Dessine chaque prisme.
Écris ses dimensions sur ton dessin.
Comment sais-tu que chaque prisme est différent ?

7. Le *Guide alimentaire canadien* recommande de manger 2 à 4 portions de produits laitiers par jour.
Un cube de fromage avec des arêtes de 2,5 cm représente 1 portion de produits laitiers.

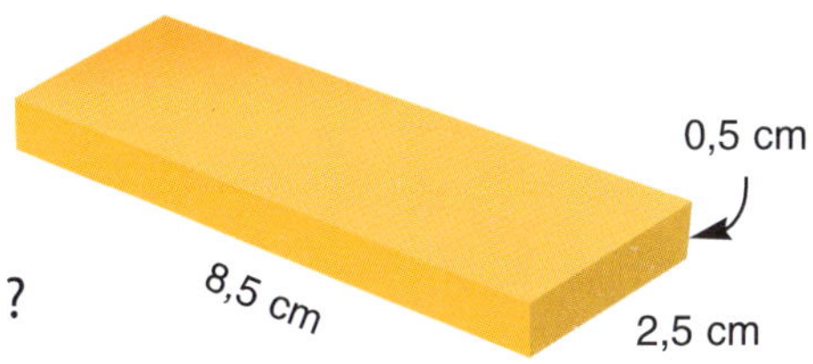

a) Quel est le volume d'un cube avec des arêtes de 2,5 cm ?

b) Le morceau de fromage à droite représente-t-il plus ou moins que 1 portion ? Comment le sais-tu ?

8. Chaque pièce d'un jeu de construction a 15 cm de longueur, 10 cm de largeur et 5 cm de hauteur. Tu mets ces pièces dans une boîte de 50 cm de longueur, 35 cm de largeur et 30 cm de hauteur.

a) Trouve le volume de la boîte. Trouve le volume d'une pièce.

b) Tiens seulement compte du volume.
Combien de pièces peux-tu mettre dans la boîte ?

c) Tu empiles les pièces en couches égales.
De combien de façons peux-tu le faire ?
Combien de pièces mets-tu dans la boîte avec chaque façon ?

d) Compare tes réponses en b) et en c).
Explique les différences.

e) Quelle est la meilleure façon de disposer les pièces ? Pourquoi ?

Réfléchis

Tu connais le volume et la hauteur d'un prisme rectangulaire. Comment peux-tu trouver l'aire de sa base ? Donne un exemple.

Joue avec les nombres

Stratégie numérique

Le produit de 3 nombres est 120.
Un des nombres est 4.
Quels peuvent être les 2 autres nombres ?

LEÇON

7 Le mètre cube

Explore

Tu as besoin de mètres, de journaux et de ruban adhésif.

➤ Fabrique 12 rouleaux de 1 m de longueur avec du papier journal.
Représente un mètre carré à l'aide de 4 rouleaux.
Représente un mètre cube à l'aide des autres rouleaux.

➤ Compare la taille du cube à la taille de ta classe.
Environ combien de fois ton mètre cube tient-il dans la longueur de ta classe ? Combien de fois tient-il dans la largeur ?
Combien de fois tient-il dans la hauteur ?
Estime le volume de ta classe.

Qu'as-tu trouvé ?

Montre ton estimation du volume de ta classe aux élèves d'un autre groupe.
Avec ces camarades, mesure la longueur, la largeur et la hauteur de ta classe au dixième de mètre près. Calcule son volume.
Ton estimation était-elle proche de la réponse ?

OBJECTIF | Explorer le volume en mètres cubes et établir une relation entre les unités linéaires, carrées et cubes.

Découvre

Un segment de droite et une distance ont une seule dimension.
Tu les mesures à l'aide d'**unités linéaires,**
comme le centimètre, le mètre et le kilomètre.

Une surface plane a deux dimensions.
Tu mesures son aire à l'aide d'**unités carrées,**
comme le centimètre carré ou le mètre carré.

Un solide a trois dimensions.
Tu mesures l'espace qu'il occupe à l'aide d'**unités cubes,**
comme le centimètre cube ou le mètre cube.

Un cube de 1 m d'arête a un volume de un mètre cube ou 1 m^3.

Voici comment tu peux construire un mètre cube à l'aide de centicubes :

Crée une rangée de 100 cubes de longueur.
La rangée mesure 1 m ou 100 cm.

Ajoute 99 rangées de 100 cubes chacune.
Tu as une couche de 100 cm sur 100 cm.
Cette couche est formée
de $100 \times 100 = 10\ 000$ cubes.
Elle a une aire de un mètre carré ou 1 m^2.

Ajoute 99 couches de 10 000 cubes chacune.
Tu as un cube de 100 cm sur 100 cm sur 100 cm.
Le volume de ce cube est de un mètre cube
ou 1 m^3.

$$\begin{aligned} 1\ \text{m}^3 &= 100\ \text{cm} \times 100\ \text{cm} \times 100\ \text{cm} \\ &= 1\ 000\ 000\ \text{cm}^3 \end{aligned}$$

➤ Indique si tu utilises des unités linéaires, carrées ou cubes pour chaque mesure. Explique ton choix. Suggère une unité de mesure.

- l'espace qu'occupe une salle de classe mobile

Une salle de classe mobile est un solide. Elle a trois dimensions.
J'utiliserais des unités cubes pour décrire l'espace qu'elle occupe.
Je suggère le mètre cube.

- la distance entre ta maison et l'école

La distance entre ma maison et l'école a une seule dimension.
J'utiliserais des unités linéaires pour la décrire. J'utiliserais le kilomètre.
Si j'habitais très près de l'école, je pourrais utiliser le mètre.

- l'aire de la cour de récréation

La cour de récréation est une surface. Elle a deux dimensions.
J'utiliserais des unités carrées pour décrire son aire.
J'utiliserais le mètre carré.

À ton tour

1. Tu dois mesurer les choses suivantes.
Utiliseras-tu des unités de mesure linéaires, carrées ou cubes ?
Explique ton choix. Suggère une unité de mesure.

a) un emplacement de camping
b) une moquette
c) une toile de piscine
d) l'espace de chargement d'un camion
e) une tente
f) une piste d'athlétisme

2. Combien de centimètres cubes y a-t-il dans 1 m^3 ?
Explique comment tu le sais à l'aide de dessins, de nombres et de mots.

3. Voici les mesures de quelques boîtes. Chaque boîte est un prisme rectangulaire.
Le volume de chaque boîte est-il inférieur, supérieur ou égal à 1 m^3 ?
Comment le sais-tu ?

a) longueur = 20 cm ; largeur = 10 cm ; hauteur = 50 cm
b) longueur = 200 cm ; largeur = 100 cm ; hauteur = 50 cm
c) aire de la base = 1000 cm^2 ; hauteur = 1000 cm
d) aire de la base = 2000 cm^2 ; hauteur = 500 cm

4. Un contenant a un volume de 1 m^3.
C'est un prisme rectangulaire.
Il a 200 cm de longueur.
Écris toutes les dimensions possibles du contenant.
Chaque dimension est un nombre naturel de centimètres.

5. a) Mesure la longueur et la largeur d'une feuille de papier à photocopie. Note tes résultats.
b) Mesure l'épaisseur d'un paquet de 500 feuilles de papier à photocopie. Note le résultat.
c) Environ combien de feuilles de papier à photocopie y a-t-il dans 1 m^3 ? Explique ton raisonnement à l'aide de nombres et de mots.

6. Un ventilateur d'extraction doit changer tout l'air d'une pièce environ 10 fois par heure.
La salle de bain de Luc a 3,7 m de longueur, 1,8 m de largeur et 2,5 m de hauteur.
Luc veut installer un ventilateur dans la pièce.
Il doit choisir entre 4 ventilateurs
Voici la quantité d'air que chaque ventilateur déplace par minute :
1,7 m^3, 2,5 m^3, 3,1 m^3, 4,2 m^3.
Quel ventilateur Luc doit-il acheter ? Explique ta réponse.

7. Estime le temps qu'il faut pour construire un mètre cube si tu places un centicube à la fois. Montre tes calculs.

Réfléchis

Explique les relations entre les unités linéaires, carrées et cubes.
Utilise des nombres, des dessins et des mots.

Joue avec les nombres

Calcul mental

Trouve chaque quotient.

73,1 ÷ 100
2,83 ÷ 100
195,4 ÷ 1000
38,75 ÷ 1000

LEÇON 8

La capacité et le volume

Prends une grande inspiration. Retiens l'air un moment. Puis, expire.

La quantité d'air que tu inspires en une fois est ta capacité pulmonaire.

Explore

Tu vas utiliser le déplacement d'eau pour mesurer ta capacité pulmonaire.

Tu as besoin :
- d'une bouteille de plastique vide, d'une capacité de 3 L ou plus, avec son bouchon ;
- d'un marqueur qui résiste à l'eau ;
- d'une tasse graduée ;
- d'un entonnoir ;
- d'un grand bol de plastique ;
- d'eau ;
- de ruban-cache ;
- de 6 pailles flexibles.

➤ Verse de l'eau dans le bol de plastique jusqu'à la moitié.
Mesure 250 mL d'eau.
Verse cette eau dans la bouteille.
Marque le niveau de l'eau.
Recommence jusqu'à ce que la bouteille soit presque pleine.
Remplis complètement la bouteille et mets le bouchon.

➤ Assemble 2 pailles pour faire une longue paille.

➤ Tourne la bouteille à l'envers.
Tiens le bouchon et le goulot sous l'eau dans le bol.

 OBJECTIF | Explorer et comparer des mesures de capacité et de volume.

- Avec le bouchon et le goulot sous l'eau, retire le bouchon.
  Place un bout de la paille à l'intérieur de la bouteille.
  Prends une grande inspiration. Expire le plus d'air possible dans la paille.
  Qu'arrive-t-il à l'eau dans la bouteille ? Pourquoi ?

- Laisse le goulot sous l'eau. Remets le bouchon.
  Sors la bouteille de l'eau.

- Laisse la bouteille à l'envers.
  Estime le nombre de millilitres d'air qu'il y a dans la bouteille à l'aide des marques. Écris ton estimation.
  Tu as estimé ta capacité pulmonaire.

- Fais l'expérience pour chaque membre du groupe.

Qu'as-tu **trouvé ?**

Présente les résultats de ton expérience à la classe.
Calcule la capacité pulmonaire moyenne des élèves de ta classe.
Quelle est la plus grande capacité pulmonaire ?

Découvre

Tu peux utiliser les unités de volume et de capacité pour mesurer la « taille » d'un objet à trois dimensions.

1 L = 1000 mL

Les unités de capacité, comme le millilitre (mL) et le litre (L), servent à mesurer des liquides ou des gaz et leurs récipients.

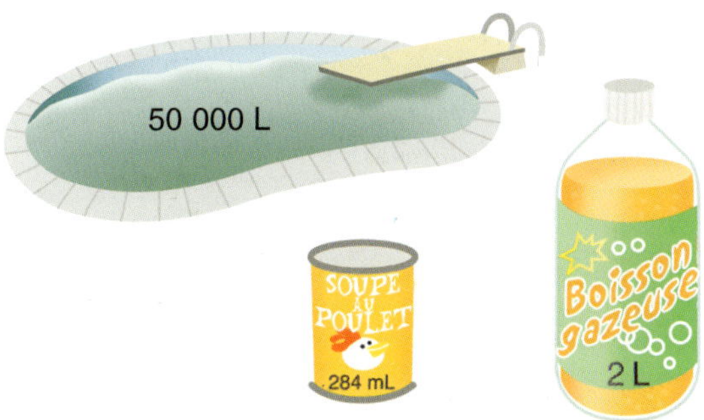

Les unités de volume, comme le centimètre cube (cm^3) et le mètre cube (m^3), servent à mesurer l'espace qu'un objet occupe.

Utilise ces relations pour convertir des volumes en capacités et vice versa.

$1\ cm^3 = 1\ mL$ $\quad$ $1\ m^3 = 1000\ L$ $\quad$ $1000\ cm^3 = 1\ L$

➤ Tu peux convertir 132 cm^3 en millilitres ou en litres.

$1\ cm^3 = 1\ mL$
$132\ cm^3 = 132 \times 1\ mL$
$= 132\ mL$

$1000\ cm^3 = 1\ L$
$132\ cm^3 = \frac{132}{1000}\ L$
$= 0{,}132\ L$

$\frac{132}{1000}$ est une autre façon d'écrire : 132 ÷ 1000.

➤ Tu peux convertir 3,5 m^3 en litres.

$1\ m^3 = 1000\ L$
$3{,}5\ m^3 = 3{,}5 \times 1000\ L$
$= 3500\ L$

➤ Tu peux convertir 6250 L en mètres cubes.

$1000\ L = 1\ m^3$
$6250\ L = \frac{6250}{1000}\ m^3$
$= 6{,}25\ m^3$

À ton tour

1. Choisis la mesure de capacité ou de volume la plus appropriée. Explique ton choix.

a) une montgolfière	10 cm^3	1000 L	100 m^3	10 000 mL
b) le réservoir à essence d'une voiture	50 cm^3	50 m^3	50 mL	50 L
c) une brique	15 cm^3	1000 mL	2000 cm^3	0,5 m^3
d) un bol de soupe	0,25 L	10 mL	2 L	25 cm^3
e) une baignoire pleine	0,5 m^3	150 L	2000 mL	100 cm^3
f) un contenant de peinture	20 mL	2 m^3	3,8 L	380 cm^3

2. Copie et complète ces énoncés.

a) 2400 mL = □ L **b)** 6,2 L = □ mL
c) 5 m^3 = □ cm^3 **d)** 500 000 cm^3 = □ m^3

3. Copie et complète ces énoncés.

a) 10 mL = □ cm^3 **b)** 79 cm^3 = □ mL
c) 2 L = □ cm^3 **d)** 250 cm^3 = □ L
e) 3 m^3 = □ L **f)** 4500 L = □ m^3

4. **a)** Combien de centimètres cubes y a-t-il dans 1 m^3 ?
b) Combien de centimètres cubes y a-t-il dans 1 L ?
c) Comment tes réponses en a) et en b) t'aident-elles à vérifier si 1 m^3 = 1000 L ?

5. La capacité d'une piscine vide est de 14 400 L.
Un tuyau d'arrosage verse 20 L d'eau dans la piscine chaque minute.
Combien de temps faudra-t-il pour remplir la piscine ?

6. Beaucoup de gens chauffent les pièces et l'eau au gaz naturel.
La quantité de gaz consommée se mesure en mètres cubes.
Les Koviel consomment environ 13,9 m^3 de gaz par jour en février.
Ils paient 30 ¢ par mètre cube.
À combien s'élève leur facture de gaz en février ?

7. L'aquarium de Shippagan au Nouveau-Brunswick possède 31 bassins. Ces bassins contiennent 90 000 L d'eau salée et 50 000 L d'eau douce en tout.
   a) Détermine le volume total d'eau en mètres cubes.
   b) Le volume d'eau en a) remplit une piscine rectangulaire de 2 m de profondeur. Indique toutes les combinaisons de longueur et de largeur possibles, en nombres naturels de mètres.
   c) Quelles dimensions en b) conviennent le mieux à une piscine ? Explique ta réponse.

8. À la rubrique **Explore,** tu as estimé ta capacité pulmonaire en millilitres.
   a) Quelle est ta capacité pulmonaire en centimètres cubes ?
   b) Imagine un prisme rectangulaire de ce volume. Serait-il plus grand ou plus petit qu'une boîte à chaussures ? Explique ta réponse.

9. Il y a deux cailloux dans un récipient de 500 mL rempli d'eau à moitié.
Tu enlèves un caillou. Le niveau d'eau baisse à 225 mL.
Le deuxième caillou a un volume de 50 cm^3.
Quelle quantité d'eau y a-t-il dans le récipient ?
Explique ta réponse.

Réfléchis

Comment sais-tu s'il est préférable de mesurer quelque chose en millilitres, en litres, en centimètres cubes ou en mètres cubes ?
Donne des exemples pour chaque unité.

Joue avec les nombres

Calcul mental

Trouve chaque produit.

$9,4 \times 100$

$28,13 \times 100$

$4,75 \times 1000$

$71,6 \times 1000$

Gestionnaire des expéditions

Près des deux tiers des marchandises achetées et vendues dans le monde sont expédiées par bateau, par train, par camion et par avion dans des conteneurs. Une ou un gestionnaire des expéditions gère la capacité des conteneurs pour limiter le plus possible les frais d'expédition.

Un conteneur est une immense boîte très solide. Sa taille peut varier. Un conteneur standard mesure 6,1 m sur 2,4 m sur 2,6 m. Les dimensions des autres conteneurs sont des multiples de ces dimensions. Un cargo se définit selon le nombre de conteneurs standard qu'il peut transporter.

Un conteneur standard a une masse brute maximale de 24 000 kg. La masse brute maximale est la masse totale permise du conteneur et de son chargement. La masse maximale permise du chargement s'appelle la charge utile. Elle est en général de 17 500 kg. Un conteneur standard a habituellement 33 m^3 d'espace disponible.

Les conteneurs servent à transporter toutes sortes de marchandises, des fruits aux téléviseurs. La quantité qui entre dans un conteneur dépend de facteurs comme le type de chargement et la taille des boîtes.

Jusqu'à un million !

Tu as besoin d'une calculatrice et de cartes de jeu.
Chaque carte indique une longueur.

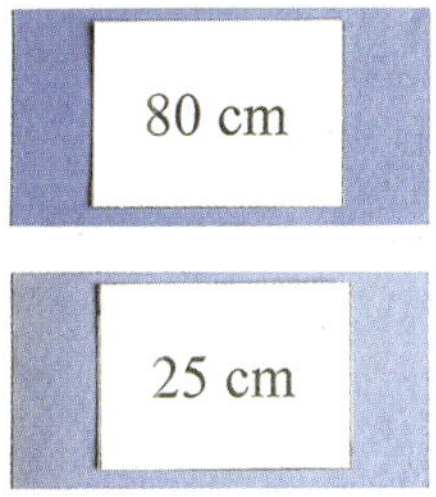

Ce jeu se joue à 3.
Tu vas calculer le volume de prismes rectangulaires et additionner ces volumes.
Le but du jeu est d'atteindre un volume total de 1 000 000 de cm^3 ou 1 m^3.

- Mêle les cartes. Étale-les face contre table.
- Chaque élève retourne une carte.
  Note les longueurs que tu vois sur les cartes.
  Ces longueurs représentent les dimensions d'un prisme rectangulaire.
  Calcule le volume du prisme et note-le.
  Mets les trois cartes de côté.
- Refais l'étape précédente.
  Note le volume du prisme. Additionne-le au volume précédent.
  Tu obtiens un nouveau total.
- Continue jusqu'à ce que ton volume soit d'au moins 1 000 000 de cm^3.
  Combien de prismes te faut-il pour atteindre cet objectif ?

Joue plusieurs fois.
Quel est le plus petit nombre de prismes requis pour atteindre l'objectif ?
As-tu manqué de cartes avant de pouvoir atteindre l'objectif ?

LEÇON 9

Établir des relations entre les unités de masse

La Monnaie royale canadienne, à Winnipeg, fabrique les pièces de monnaie de nombreux pays.

Explore

Explore la masse de quelques pièces de monnaie canadiennes.

Des pièces de monnaie canadienne et leur masse

Pièce	Masse (en mg)
10 ¢	1750
25 ¢	4400
1 $	7000
2 $	7300

- Une personne t'offre 1 kg de pièces de monnaie. Examine le tableau. Quelle pièce serait le meilleur choix ? Quelle pièce serait le pire choix ? Pourquoi ?
- Pour chaque sorte de pièces, estime le nombre de pièces qu'il faut pour faire 1 kg et la valeur totale de ces pièces.
- Pour chaque sorte de pièces, calcule le nombre de pièces qu'il faut pour faire 1 kg et la valeur totale de ces pièces. Tes estimations sont-elles proches des nombres exacts ? Explique ta réponse.

Qu'as-tu trouvé ?

Compare tes résultats à ceux des élèves d'une autre équipe. Préfères-tu avoir 1 kg de pièces de 10 ¢ ou 1 kg de pièces de 25 ¢ ? Préfères-tu avoir 1 kg de pièces de 1 $ ou 1 kg de pièces de 2 $?
Explique tes réponses.

Joue avec les nombres

Spécialiste de la calculatrice

- Combien de billets de 100 $ y a-t-il dans un million de dollars ?
- Environ combien de semaines y a-t-il dans un million d'heures ?
- Environ combien de décennies y a-t-il dans un million de jours ?

Découvre

Le gramme est l'unité de mesure de base de la masse dans le système métrique.
Pour nommer les autres unités, ajoute un préfixe au mot « gramme ».

Les préfixes sont des lettres placées devant un mot pour changer sa signification.

Par exemple, le préfixe *milli* signifie « millièmes ».
Un milligramme, c'est un millième de gramme.

1 mg = 0,001 g

$$\begin{aligned} 1000 \text{ mg} &= 1000 \times 0{,}001 \text{ g} \\ &= 1 \text{ g} \end{aligned}$$

Le préfixe *kilo* veut dire « milliers ».
Un kilogramme, c'est mille grammes.

1 kg = 1000 g

1 g, c'est un millième de 1 kg.
1 g = 0,001 kg

La tonne est la seule unité de masse qui n'a pas de préfixe.
Une tonne, c'est mille kilogrammes.

1 t = 1000 kg

1 kg, c'est un millième de 1 tonne.
1 kg = 0,001 t

➤ Une pièce de 2 $ représente un ours polaire adulte.
Les ours polaires sont les plus gros carnivores qui vivent sur la terre.
La masse d'un ours polaire mâle peut atteindre environ 725 kg.
Écris cette masse en tonnes.

$$\begin{aligned} 725 \text{ kg} &= 725 \times 0{,}001 \text{ t} \\ &= 0{,}725 \text{ t} \end{aligned}$$

La masse d'un ours polaire mâle peut atteindre environ 0,725 t.

Math +

Autour de toi

Nous utilisons la pièce de 2 $ depuis 1996.
Cette pièce doit durer 20 fois plus longtemps que le billet de 2 $ qu'elle remplace.
La Monnaie royale canadienne a élaboré un processus pour faire tenir ensemble les deux métaux qui forment la pièce. Elle a fait breveter ce processus

➤ La pièce de 1 $ montre un huart à collier.
Tu peux entendre son cri près des lacs du Canada.
La masse d'un huart adulte est d'environ 4,1 kg.
Écris cette masse en grammes.

$$\begin{aligned} 1 \text{ kg} &= 1000 \text{ g} \\ 4{,}1 \text{ kg} &= 4{,}1 \times 1000 \text{ g} \\ &= 4100 \text{ g} \end{aligned}$$

La masse d'un huart adulte est d'environ 4100 g.

À ton tour

1. Choisis l'unité la plus appropriée pour mesurer chaque masse.

a) une pomme **b)** un chien **c)** un camion **d)** un grain de sable

2. Copie et complète ces énoncés.

a) 100 g = ☐ mg **b)** 5500 mg = ☐ g **c)** 88 g = ☐ mg
d) 50 mg = ☐ g **e)** 6 g = ☐ mg **f)** 0,5 g = ☐ mg

3. Copie et complète ces énoncés.

a) 76 kg = ☐ g **b)** 432 g = ☐ kg **c)** 2500 g = ☐ kg
d) 0,65 kg = ☐ g **e)** 12 535 kg = ☐ t **f)** 7,62 t = ☐ kg

4. Quelle masse est la plus vraisemblable ?

a) une mini-fourgonnette	1800 kg	18 t	180 kg	1800 g
b) un dictionnaire	1,2 kg	0,12 t	1200 mg	120 g
c) une rondelle de hockey	1,7 kg	170 g	1700 mg	170 mg
d) un dalmatien	3 kg	30 kg	300 g	3000 mg

5. Utilise une balance et un ensemble d'étalons de mesure.
Trouve un objet de ta classe qui correspond à chaque masse.

a) moins de 10 g **b)** entre 50 g et 100 g
c) environ 500 g **d)** environ 1 kg

6. Exprime chaque masse en deux autres unités de mesure.

a) 500 kg **b)** 850 g **c)** 4300 g **d)** 2,1 t

7. Utilise un pèse-personne métrique.
Choisis un objet lourd. Mesure sa masse au kilogramme près.
Environ combien d'exemplaires de cet objet te faut-il pour avoir une masse totale de 1 t ?

8. Quelle est la plus grande masse :
$\frac{1}{5}$ de 5 kg ou $\frac{1}{4}$ de 5000 g ?
Explique ton raisonnement à l'aide de mots ou de nombres.

9. Un ascenseur peut transporter une masse totale de 0,9 t.
Deux personnes attendent l'ascenseur.
Il y a déjà quatre personnes et leurs objets personnels dans l'ascenseur.
   a) Les deux personnes peuvent-elles entrer dans l'ascenseur en toute sécurité ?
   Explique ta réponse.
   b) Quels facteurs, autres que la masse, déterminent si les deux personnes peuvent prendre l'ascenseur ?

10. Chaque année pendant la Foire royale d'hiver de l'agriculture, les élèves en arts de Toronto participent à un concours de sculpture sur beurre.
Chaque personne a un bloc de beurre d'une masse de 22,7 kg.
   a) Le beurre se vend en paquet de 454 g.
   Combien de paquets peux-tu faire avec un bloc de 22,7 kg ?
   b) Un paquet de 454 g de beurre est un prisme rectangulaire.
   Il a 11,3 cm de longueur, 6,5 cm de largeur et 6,5 cm de hauteur.
   Quel est le volume total de tous les paquets en a) ?

11. Un grand bocal contient 500 billes identiques.
Tu as un bocal identique, mais vide, un ensemble d'étalons de mesure et une balance.
Comment peux-tu déterminer la masse d'une bille sans ouvrir ou casser le bocal ?
Explique ta réponse.

Réfléchis

Quand tu convertis des unités de masse, comment sais-tu si tu dois multiplier ou diviser ?
Donne des exemples.

À la maison

Nomme les instruments de mesure métriques de longueur, de masse ou de capacité qu'il y a chez toi.
Indique ce que tu peux mesurer avec chacun de ces instruments.

Module 6 Montre ce que tu sais

LEÇONS

1 **1.** Utilise les cartes de fuseaux horaires de la leçon 1.
Les Jeux olympiques de 2010 auront lieu à Vancouver en Colombie-Britannique.
Fadumo habite à Halifax en Nouvelle-Écosse.
Elle veut regarder l'épreuve de ski alpin, femmes, en direct.
L'épreuve commence à 9 h, heure du Pacifique.
À quelle heure Fadumo doit-elle ouvrir son téléviseur ?

2 **2.** Quelles paires d'horloges montrent des heures qui ont 2 h 30 min de différence ?

a) 

b) 

c) 

d) 

e) 

f) 

3. Churchill au Manitoba est la capitale mondiale de l'ours polaire.
Des touristes de Winnipeg au Manitoba parcourent près de 1700 km pour voir les ours.

a) Nick part de Winnipeg en train à 20 h 45 le mardi.
Il arrive à Churchill à 8 h 30 le jeudi.
Quelle est la durée du voyage ?

b) Chantal part de Winnipeg en avion à 8 h 45.
Elle arrive à Churchill à 11 h 25 le même jour.
Quelle est la durée du vol ?

3 **4.** Une école reçoit une bourse de 10 000 $ pour l'achat de nouveaux instruments de musique.
L'enseignant de musique veut acheter 2 clarinettes, 2 flûtes, 2 trompettes, 2 saxophones, 1 tuba, 4 guitares acoustiques et 1 batterie.

Instrument	Coût (en $)
Clarinette, flûte ou trompette	599
Saxophone ou tuba	1295
Guitare acoustique	349
Batterie	399

a) Quel est le coût total des instruments de sa liste ?

b) Si le coût en a) est supérieur à 10 000 $, propose d'enlever un instrument de la liste.
Si le coût en a) est inférieur à 10 000 $, propose d'ajouter un ou des instruments à la liste. Explique ton choix.

LEÇONS

3 4 **5.** Pour chaque achat, combien de monnaie reçois-tu ?
Si tu reçois le moins de billets et de pièces de monnaie possible, que reçois-tu ?

a) Coût : 12,77 \$ Paiement : 20,00 \$
b) Coût : 176,98 \$ Paiement : 200,00 \$
c) Coût : 80,48 \$ Paiement : 100,00 \$

5 6 **6.** Explique comment tu détermines l'aire totale et le volume d'une boîte de céréales.

7. Estime l'aire totale et le volume d'un prisme rectangulaire qui a les dimensions suivantes. Puis, calcule-les.

a) longueur : 21 cm, largeur : 19 cm, hauteur : 8 cm
b) longueur : 35 cm, largeur : 25 cm, hauteur : 5 cm
c) longueur : 4,8 cm, largeur : 3,6 cm, hauteur : 1,8 cm

6 8 **8.** Un prisme rectangulaire mesure 18,5 cm sur 12,2 cm sur 9,0 cm.
Peut-il contenir 2 L de crème glacée ?
Explique ta réponse.

7 8 **9.** Indique si tu choisis des unités linéaires, carrées ou cubes pour chaque mesure. Explique ton choix. Suggère une unité de mesure.

a) l'aire d'un terrain de soccer
b) la distance entre 2 villes
c) la quantité d'eau dans une baignoire

10. Le réservoir à essence d'une grosse voiture a une capacité de 70 L.
Combien de réservoirs de grosses voitures peux-tu remplir avec 1 m^3 d'essence ?

9 **11.** Copie et complète ces énoncés.

a) 16 500 g = □ kg **b)** 54,2 kg = □ g
c) 32 156 kg = □ t **d)** 8,26 t = □ kg
e) 5236 mg = □ g **f)** 9,56 g = □ mg

12. Un paquet de 16 bâtonnets de fromage a une masse de 336 g.
Trouve la masse d'un bâtonnet.

MODULE 6

Tes objectifs

- ✓ Utiliser des cartes de fuseaux horaires.
- ✓ Établir la relation entre l'affichage sur 12 h et l'affichage sur 24 h.
- ✓ Calculer des intervalles de temps.
- ✓ Estimer et compter des sommes d'argent jusqu'à 10 000 \$.
- ✓ Estimer, calculer et élaborer des formules pour trouver l'aire totale et le volume d'un prisme rectangulaire.
- ✓ Établir la relation entre les centimètres cubes et les mètres cubes.
- ✓ Établir des relations entre les unités linéaires, carrées et cubes.
- ✓ Estimer, mesurer et comparer le volume et la capacité.
- ✓ Établir des relations entre les unités de masse.

Problème du module

La durée du voyage

Anika planifie un voyage de 2 semaines en Alberta.
Elle ira à Edmonton en avion, puis elle louera une voiture.
Anika va passer deux nuits à Edmonton.
Elle ira ensuite à Jasper et à Banff en voiture.
Elle va visiter le musée de paléontologie Royal Tyrrell à Drumheller.
Enfin, Anika ira à Calgary en voiture et rentrera en avion.

Partie 1

Anika veut partir de Halifax un lundi.
Il y a plusieurs vols.
Il n'y a pas de vol direct.

L'itinéraire 1 coûte 412,40 $ par personne. L'itinéraire 2 coûte 508,95 $ par personne. Les taxes sont incluses.

Itinéraire 1

Lundi 11 juillet	**07:00**	Départ	Halifax, N.-É.
Vol AW 431	08:15 09:00	Escale	Toronto, Ont.
Vol AW 23	11:15 11:45	Correspondance	Calgary, Alb.
	12:30	Arrivée	Edmonton, Alb.

Itinéraire 2

Lundi 11 juillet	**10:55**	Départ	Halifax, N.-É.
Vol AW 432	12:10 13:45	Correspondance	Toronto, Ont.
Vol AW 352	**15:55**	Arrivée	Edmonton, Alb.

- Pour chaque itinéraire, calcule la durée du voyage et le temps de vol.
  Quel itinéraire recommandes-tu à Anika ? Pourquoi ?
- Anika veut revenir le dimanche.
  Il y a 1 seul vol.
  Le vol part de Calgary à 10 h 00 et arrive à Toronto à 15 h 45.
  Le vol suivant part de Toronto à 16 h 20 et arrive à Halifax à 19 h 20.
  Calcule la durée du voyage. Détermine le temps de vol total.

Liste de contrôle

Ton travail devrait montrer :

- ✓ une explication logique de l'itinéraire que tu recommandes ;
- ✓ comment tu as résolu les problèmes ;
- ✓ des calculs exacts, avec les unités appropriées ;
- ✓ une présentation claire de ta démarche et de tes solutions.

Partie 2

Sur la plupart des vols, une personne peut enregistrer 32 kg de bagages au maximum.

- Il y a 125 passagers sur un vol.
  Chaque personne enregistre des bagages de 32 kg.
  Quelle est la masse combinée des bagages ?
  Écris ta réponse de deux façons.
- La somme de la longueur, de la largeur et de la hauteur d'une valise doit être inférieure à 158 cm.
  La valise d'Anika a un volume de 67 500 cm^3 et une largeur de 25 cm. Écris ses dimensions possibles.
- Tous les autres passagers ont une valise comme celle d'Anika.
  Quel est le plus petit volume possible de la soute à bagages de l'avion ?

Retour sur le module

Décris par écrit des choses que tu as mesurées dans ce module et la façon dont tu les as mesurées.
Parle des relations qui existent entre certaines mesures.

MODULE 7

Les transformations géométriques

L'art et l'architecture

Tes objectifs

- Reconnaître et effectuer des transformations.
- Reconnaître des figures congruentes.
- Reconnaître et créer des figures semblables.
- Construire des motifs et des figures qui ont plus qu'un axe de symétrie.
- Déterminer l'ordre de symétrie de rotation des figures.
- Établir des relations entre les dallages et les transformations.

Le Taj Mahal, en Inde, date du dix-septième siècle. Il y a des motifs en relief sur ses murs de marbre blanc.

Mots clés

- des côtés correspondants
- des angles correspondants
- la symétrie de rotation

- Quelles figures vois-tu ?
- Quelles transformations remarques-tu dans les photographies ?

LEÇON 1

Les transformations

Les translations, les rotations et les réflexions sont des transformations.

Comment détermines-tu la transformation qui fait de la figure ABCD une image de la figure NMQP ?

Quelles sont les coordonnées de chaque sommet ?

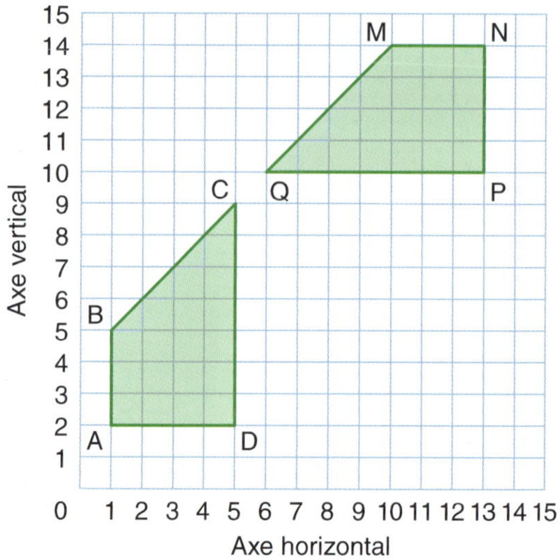

Explore

Jeu

Tu as besoin :

- de ciseaux ;
- de marqueurs à essuyage à sec ;
- de cartes Figures ;
- d'un quadrillage ;
- d'un transparent vierge ;
- de papier-calque
- de cartes Transformations ;
- de trombones.

Une expérience qui transforme !

➤ Découpe les cartes Transformations et les cartes Figures. Mêle chaque ensemble de cartes.
Place les cartes face contre table en deux piles.
Place le transparent sur le quadrillage.
Fixe-le à l'aide de trombones.

➤ L'élève A prend une carte de chaque pile.
Sur le transparent, l'élève A :
– dessine et nomme la figure indiquée sur la carte Figures ;
– dessine et nomme l'image de cette figure après la transformation indiquée sur la carte Transformations.

➤ Si tu peux dessiner l'image de la figure, tu obtiens 2 points.
Si tu ne peux pas dessiner l'image, tu n'obtiens aucun point.

➤ Nettoie le transparent.
Inversez les rôles. Chaque élève fait 4 tours.
L'élève qui a le plus de points gagne la partie.

 OBJECTIF | Effectuer et analyser des translations, des réflexions et des rotations.

Qu'as-tu **trouvé ?**

Montre ton travail aux élèves d'une autre équipe.
Quelles stratégies as-tu utilisées pour dessiner les images ?

Découvre

La translation

Après une translation, une figure et son image :

- sont congruentes ;
- ont la même orientation.

La figure ABC a subi une translation de 5 cases vers la droite et de 2 cases vers le bas.

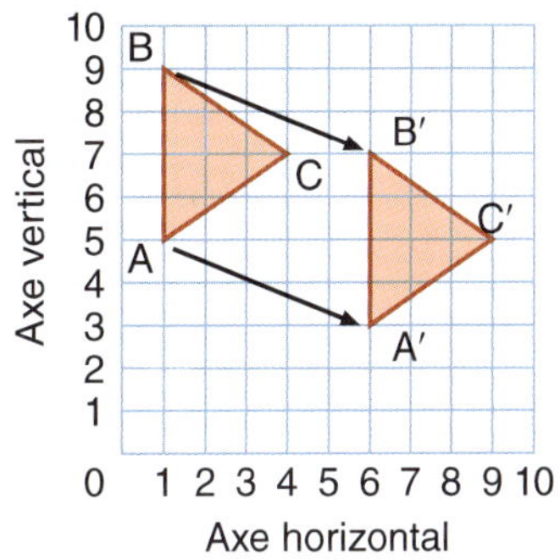

Ce tableau indique les coordonnées des sommets de la figure et de son image par translation.

Sommets de la figure ABC	Sommets de l'image A′B′C′
A(1, 5)	A′(6, 3)
B(1, 9)	B′(6, 7)
C(4, 7)	C′(9, 5)

Le point A′ est l'image du point A.
Écris : A′
Dis : « A prime ».

La réflexion

Après une réflexion, une figure et son image :

- sont congruentes ;
- ont des orientations opposées.

La figure JKLM a subi une réflexion par rapport à un axe de réflexion vertical qui coupe l'axe horizontal à 5.

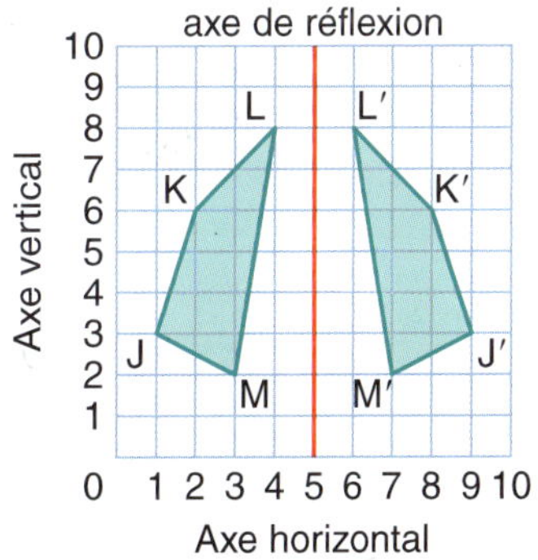

Ce tableau indique les coordonnées des sommets de la figure et de son image par réflexion.

Sommets de la figure JKLM	Sommets de l'image J′K′L′M′
J(1, 3)	J′(9, 3)
K(2, 6)	K′(8, 6)
L(4, 8)	L′(6, 8)
M(3, 2)	M′(7, 2)

Chaque point et son image par réflexion se trouvent à égale distance de l'axe de réflexion.

La rotation

Après une rotation, une figure et son image :

- sont congruentes ;
- peuvent avoir des orientations différentes.

La figure PQRS a subi une rotation de $\frac{3}{4}$ de tour dans le sens des aiguilles d'une montre autour du point R.

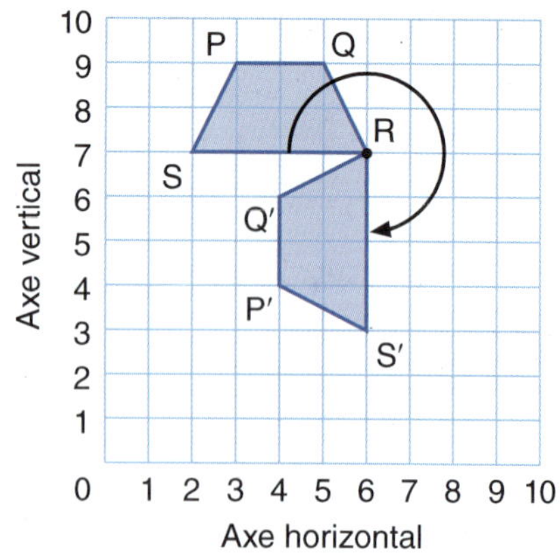

Après une rotation de $\frac{3}{4}$ de tour dans le sens des aiguilles d'une montre, $\overline{RS}$ et $\overline{RS'}$ forment un angle rentrant de 270°.

Ce tableau montre les coordonnées des sommets de la figure et de son image par rotation.

Sommets de la figure PQRS	Sommets de l'image P′Q′RS′
P(3, 9)	P′(4, 4)
Q(5, 9)	Q′(4, 6)
R(6, 7)	R(6, 7)
S(2, 7)	S′(6, 3)

À ton tour

Utilise du papier-calque au besoin.

1. Ce dessin montre une figure et son image après 3 transformations. Indique chaque transformation. Explique comment tu le sais.

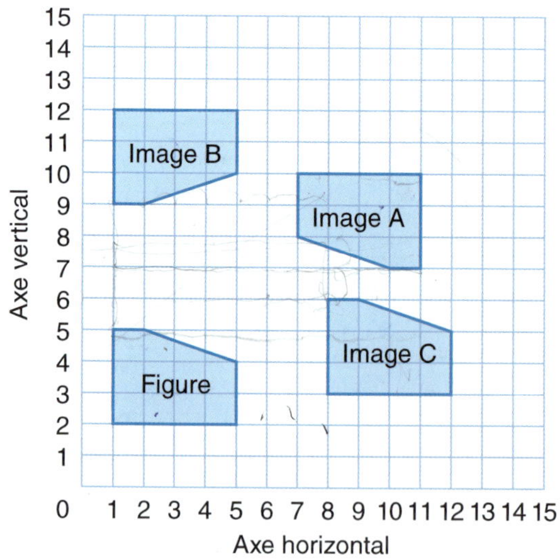

2. Dessine un rectangle sur du papier quadrillé à 1 cm.
   - **a)** Trace un axe de réflexion.
     Dessine l'image par réflexion du rectangle par rapport à l'axe de réflexion.
   - **b)** Quelle autre transformation de la figure produit la même image ? Explique ta réponse.

3. Reproduis la figure et son image dans un quadrillage. Décris toutes les transformations de la figure ABCD qui donnent l'image représentée. Pour chaque transformation, nomme les sommets de l'image.

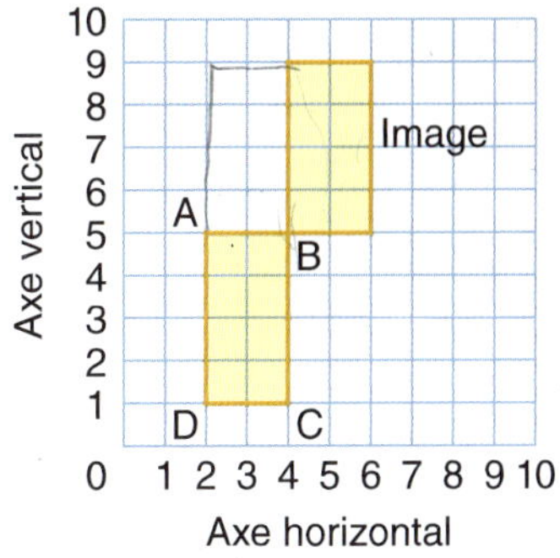

4. a) Trouve l'image du △DEF après une translation de 6 cases vers la gauche et de 1 case vers le bas.
   b) Écris les coordonnées des sommets de la figure et de l'image. Quelle est la relation entre ces coordonnées ?
   c) Utilise ta réponse en b). Prédis les coordonnées de l'image du point G(10, 2) après la même translation.

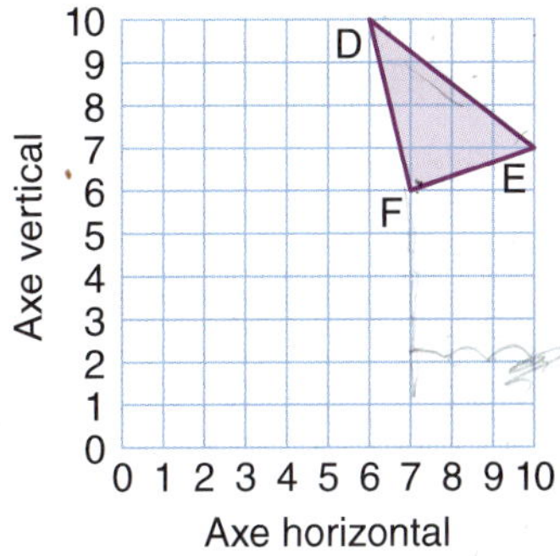

5. a) Trouve l'image du △STU après une réflexion par rapport à l'axe de réflexion indiqué. Écris les coordonnées des sommets.
   b) Prédis la position de l'image du point V(4, 3) par rapport au même axe de réflexion. Comment as-tu fait ta prédiction ?

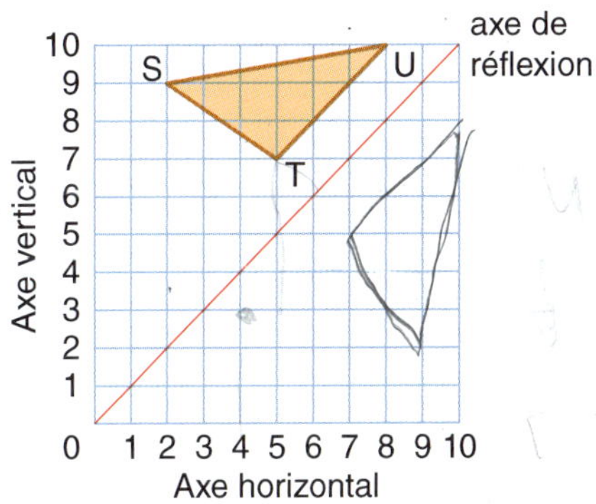

6. a) Dessine une figure dans un quadrillage. Fais subir à cette figure une rotation de 180° autour d'un point situé à l'extérieur de la figure. Peux-tu décrire une autre transformation qui produit la même image ?
   b) Si tu as répondu oui en a), décris la transformation. Si tu as répondu non, dessine une figure qui te permet de répondre oui.

Réfléchis

Quand tu vois une figure et son image par transformation dans un quadrillage, comment reconnais-tu la transformation ? Donne des exemples.

Joue avec les nombres

Stratégie numérique

Trouve la moyenne des nombres de chaque ensemble.

- 210, 332, 511, 205
- 76, 88, 34, 28, 77
- 7601, 6620, 1774, 3232

LEÇON 2

Les transformations combinées

Explore

Jeu

Tu as besoin de quadrillages, de ciseaux et de papier-calque.
Ton enseignante ou ton enseignant va te remettre ces pentominos.

Devine mes transformations

- Découpe les pentominos.
  Choisis 1 pentomino.
  Dessine ton pentomino ou trace son contour sur ton quadrillage.
  Échange ton quadrillage et ton pentomino contre ceux de ta ou de ton camarade.
- Choisis 2 transformations en secret.
  Note-les.
  Fais subir une transformation au pentomino de ta ou de ton camarade.
  Fais subir la seconde transformation à l'image obtenue.
  Dessine seulement la deuxième image.
  Rends le quadrillage à ta ou à ton camarade.
- Détermine les deux transformations qui ont produit l'image finale dessinée par ta ou ton camarade.
  Si tu réussis, tu obtiens 1 point.
- Joue autant de fois que tu peux.
  La personne qui a le plus de points gagne la partie.

Qu'as-tu trouvé ?

Montre ton quadrillage et tes transformations aux élèves d'une autre équipe.
Quelles stratégies as-tu utilisées pour reconnaître les transformations ?

 OBJECTIF | Prédire et reconnaître l'image d'une figure après deux transformations ou plus.

Découvre

➤ Tu peux trouver l'image du rectangle ABCD après une rotation de 180° autour du point C et une réflexion par rapport à un axe vertical qui coupe l'axe horizontal à 6.

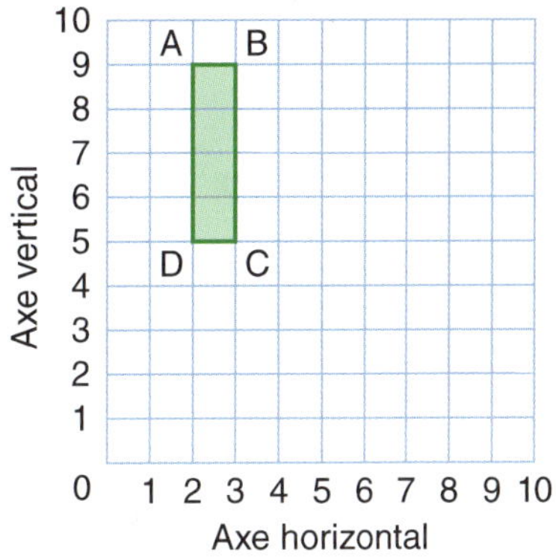

Construis le rectangle ABCD sur du papier-calque.
Fais subir au rectangle une rotation de 180° autour du point C.
Indique les sommets de l'image par rotation à l'aide d'un crayon bien taillé.
Dessine l'image par rotation.
Nomme les sommets A′, B′, C et D′.

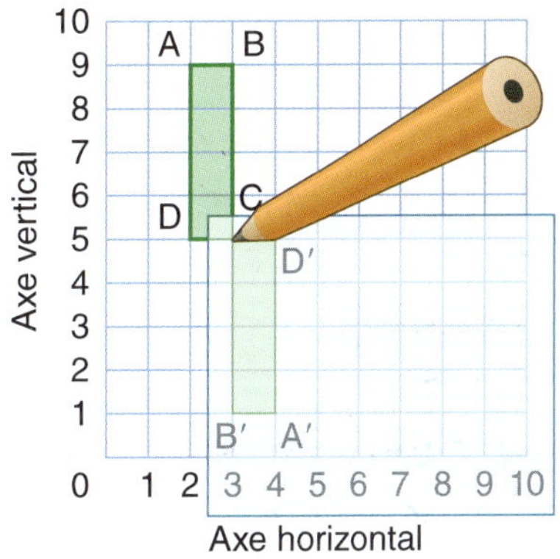

Trace l'axe de réflexion vertical qui coupe l'axe horizontal à 6. Fais subir à l'image par rotation une réflexion par rapport à cet axe de réflexion.
Chaque sommet de l'image par réflexion est à la même distance de l'axe de réflexion que le sommet correspondant de l'image par rotation.

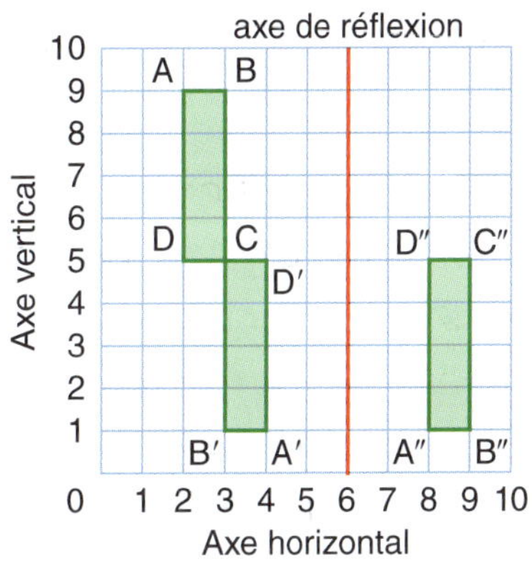

Nomme les sommets de l'image finale A″, B″, C″ et D″.
Pour lire A″, dis : « A double prime »

➤ Le triangle X″Y″Z″ est l'image du △XYZ après une translation, puis une réflexion par rapport à l'axe de réflexion.

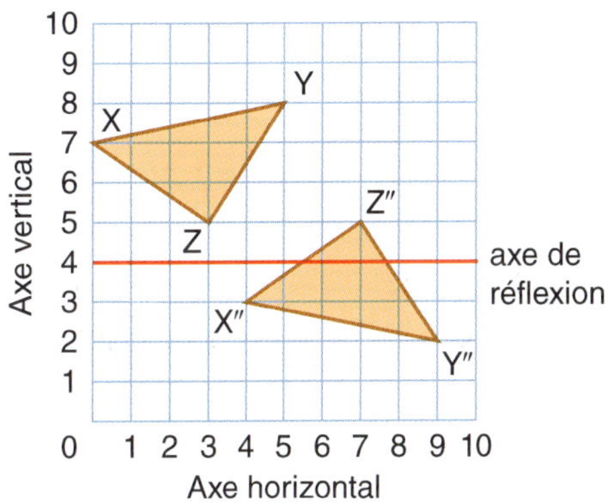

Pour reconnaître la translation, travaille à rebours.
Dessine l'image par réflexion du △X″Y″Z″ par rapport à l'axe de réflexion.
Tu obtiens le △X′Y′Z′.
C'est l'image du △XYZ après la translation.
Pour aller de X à X′, tu dois te déplacer de 4 cases vers la droite et de 2 cases vers le bas.

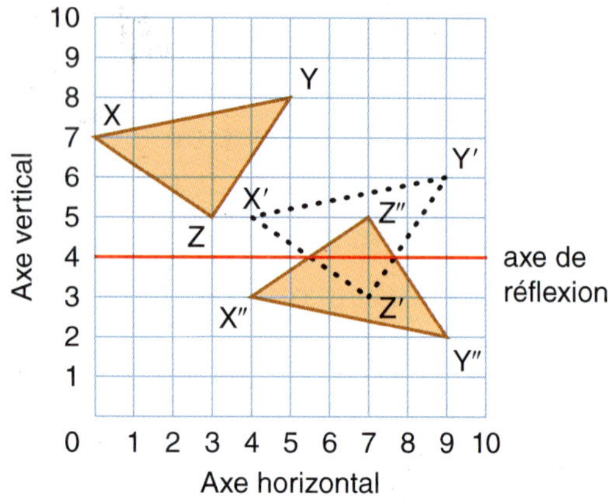

Chaque sommet du △X′Y′Z′ se trouve à 4 cases vers la droite et à 2 cases vers le bas du sommet correspondant du △XYZ.
La translation est de 4 cases vers la droite et de 2 cases vers le bas.

À ton tour

Tu as besoin de papier quadrillé et de papier-calque.

1. Reproduis cette figure dans un quadrillage.
Fais subir à la figure une translation de 3 cases vers la droite.
Puis, fais subir à l'image par translation une rotation de 90° dans le sens des aiguilles d'une montre autour du point (5, 5).
Quelles sont les coordonnées de l'image finale ?

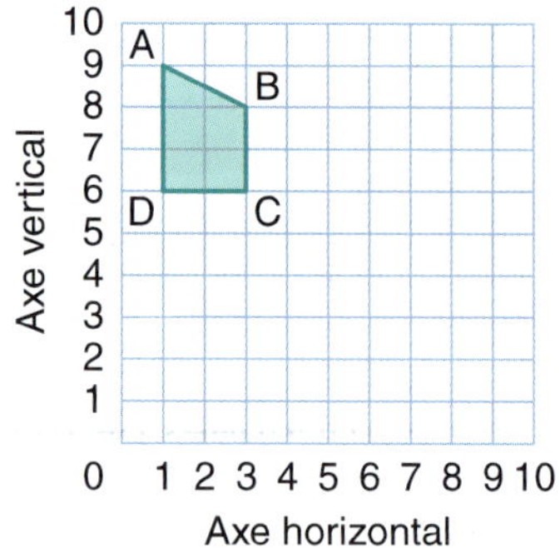

2. Les coordonnées de mes sommets sont :
A(1, 4) B(1, 9) C(3, 4) D(3, 9)
Je subis une rotation de 90° dans le sens des aiguilles d'une montre autour du point (3, 4).
Puis, je subis une rotation de 90° dans le sens des aiguilles d'une montre autour du point (7, 2).
Enfin, je subis une translation de 5 cases vers la gauche.
Quelles sont les coordonnées de mon image finale ?

3. Décris deux transformations combinées qui produisent chaque image.
Peux-tu trouver plus qu'une paire de transformations par chaque image ? Explique ta réponse.
a) Image A **b)** Image B **c)** Image C

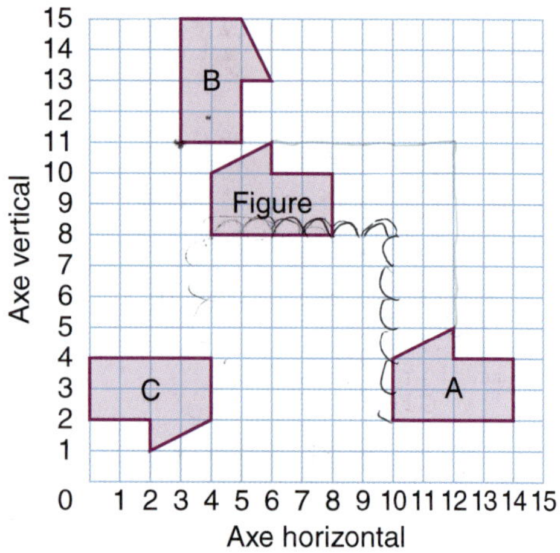

Math +

Technologie

Les câbles d'ordinateurs se branchent de différentes façons.
Les prises rondes se branchent de plus d'une façon. Ce sont les prises de câbles coaxiaux et de casques d'écoute.
D'autres prises se branchent d'une seule façon. Ce sont des prises de ports séries et parallèles. Ces prises sont trapézoïdales. Elles ne peuvent pas subir de rotation.

4. Construis un quadrilatère irrégulier sur du papier quadrillé.

a) Choisis deux transformations.
Fais subir la première transformation au quadrilatère.
Puis, fais subir la seconde transformation à l'image.

b) Utilise une couleur différente.
Applique les transformations de la partie a) dans l'ordre inverse.

c) Compare les images finales en a) et en b).
L'ordre des transformations est-il important ? Explique ta réponse.

5. Je suis un octogone.
Voici les coordonnées de mes sommets :

P(7, 3)	Q(6, 4)	R(6, 5)	S(7, 6)
T(8, 6)	U(9, 5)	V(9, 4)	W(8, 3)

Je subis une translation de 5 cases vers la gauche et de 3 cases vers le haut.
Puis, je subis une réflexion par rapport à un axe qui passe par (0, 5) et (10, 5).
Ensuite, je subis une translation de 2 cases vers la droite et de 2 cases vers le haut.

a) Écris les coordonnées de mon image finale.

b) Que remarques-tu au sujet de mon image finale et de moi ?

Réfléchis

Tu connais la position d'une figure et de son image finale après 2 transformations.
Comment reconnais-tu les transformations ?
Donne des exemples.

Joue avec les nombres

Calcul mental

Trouve deux nombres à 2 chiffres qui ont un produit de 360.
Combien de paires différentes peux-tu trouver ?

LEÇON 3

Les figures congruentes

Ces figures sont-elles congruentes ?
Comment peux-tu le savoir ?

Explore

Tu as besoin de papier-calque, d'un rapporteur et d'une règle graduée en millimètres.
Ton enseignante ou ton enseignant va te remettre ces figures.

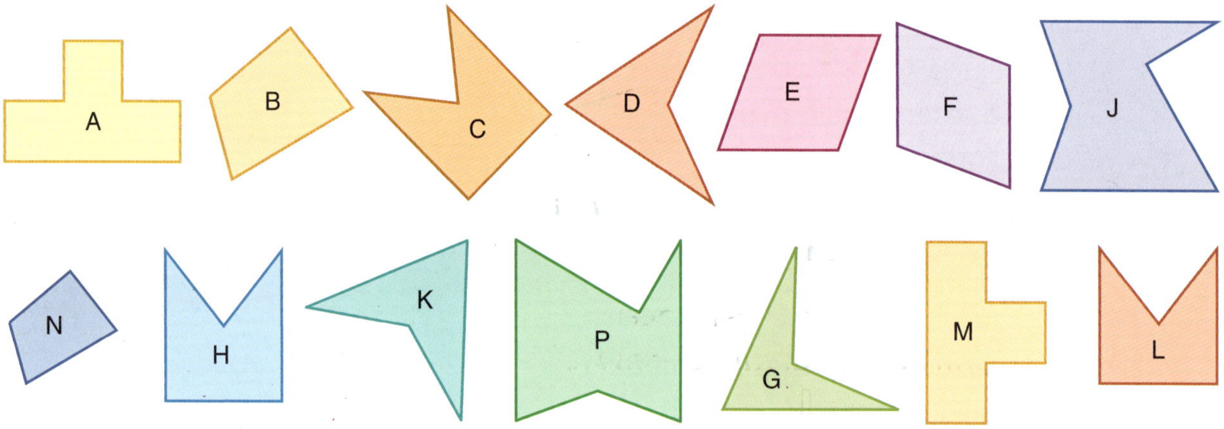

- ➤ Indique les paires de figures congruentes.
  Comment sais-tu qu'elles sont congruentes ?
- ➤ Choisis une paire de figures congruentes.
  Mesure leurs côtés.
  Mesure leurs angles.
  Note ces mesures.
  Refais l'activité pour d'autres paires de figures congruentes.
- ➤ Que remarques-tu au sujet des longueurs des côtés et des mesures des angles de figures congruentes ? Explique ta réponse.

Qu'as-tu **trouvé ?**

Montre ton travail aux élèves d'une autre équipe. Vérifie si vous avez trouvé les mêmes paires de figures. Comment détermines-tu si deux figures sont congruentes à l'aide d'une règle et d'un rapporteur ?

 OBJECTIF | Reconnaître les figures congruentes en mesurant les côtés et les angles.

Découvre

Une figure et son image par transformation sont congruentes.
Si tu fais subir une réflexion au pentagone ABCDE, et ensuite une rotation, il correspond à l'autre pentagone.

Voici une façon de vérifier si ces pentagones sont congruents :

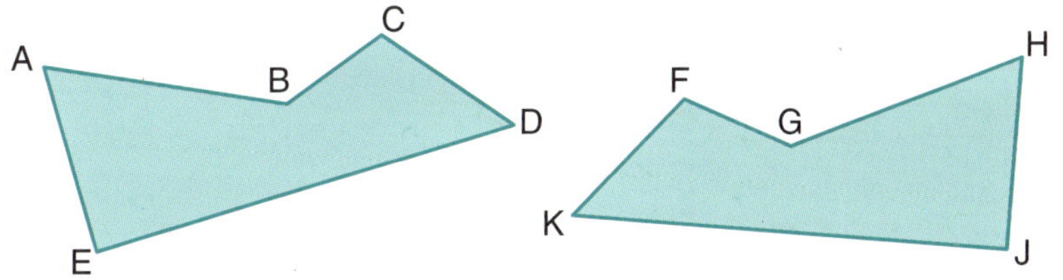

- Mesure et note la longueur de chaque côté.
- Mesure tous les angles et note les résultats.

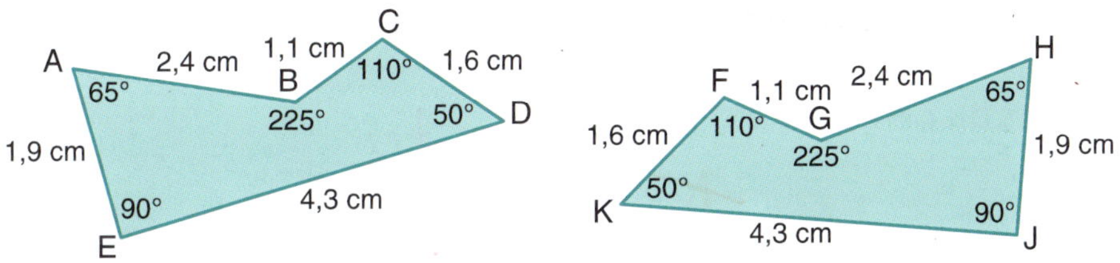

- Compare les mesures des **côtés correspondants** et des **angles correspondants.**

  Ces paires de côtés ont la même longueur :
  m $\overline{AB}$ = m $\overline{HG}$, m $\overline{BC}$ = m $\overline{GF}$, m $\overline{CD}$ = m $\overline{FK}$,
  m $\overline{DE}$ = m $\overline{KJ}$, m $\overline{EA}$ = m $\overline{JH}$

  Ces paires d'angles ont la même mesure :
  m $\angle$A = m $\angle$H, m $\angle$B = m $\angle$G, m $\angle$C = m $\angle$F,
  m $\angle$D = m $\angle$K, m $\angle$E = m $\angle$J

Quand des polygones congruents coïncident, les côtés correspondants et les angles correspondants coïncident aussi.

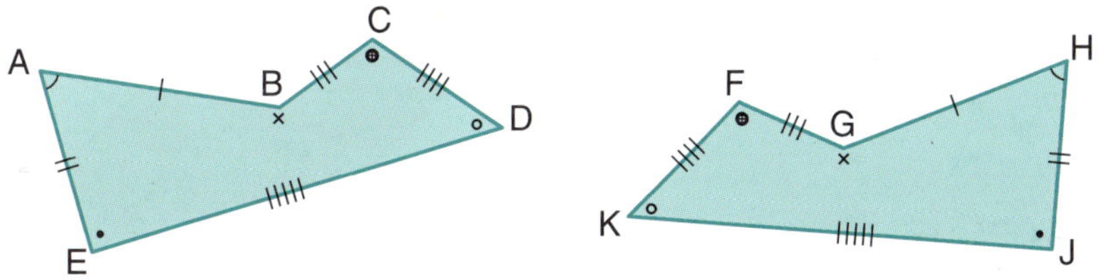

Indique les côtés et les angles congrus à l'aide de hachures et de symboles.

Tous les côtés correspondants et les angles correspondants sont congrus.
Donc, les polygones sont congruents.

Tu dis : « Le pentagone ABCDE et le pentagone HGFKJ sont congruents. »
Tu écris : ABCDE $\cong$ HGFKJ

Le symbole $\cong$ signifie « est congruent à ».

Écris les sommets correspondants dans le même ordre.

À ton tour

1. Les quadrilatères DEFG et JKNM sont congruents.

a) Quelle est la mesure de chaque angle de JKNM ?

b) Quelle est la longueur de chaque côté de JKNM ?

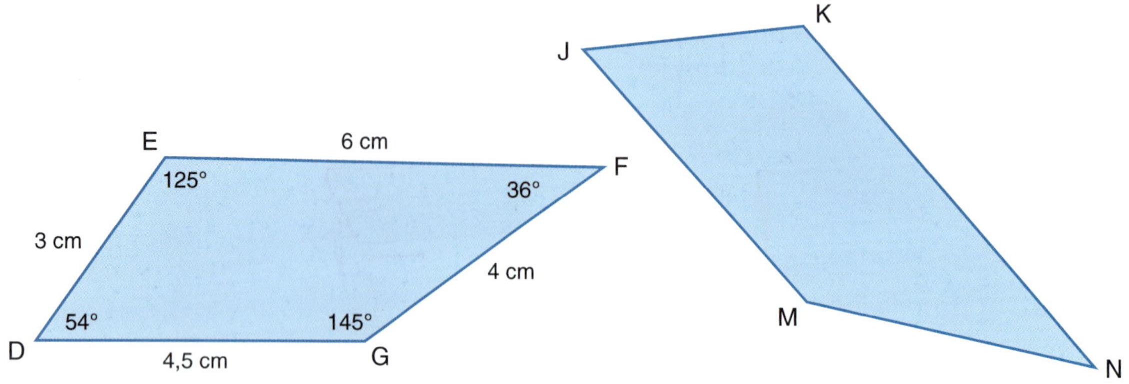

2. a) Reproduis le pentagone PQRST sur du papier-calque. Nomme les sommets du pentagone V, W, X, Y et Z.

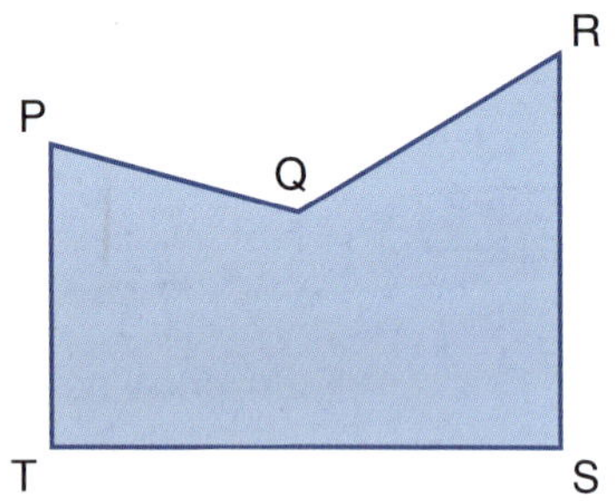

b) Détermine les longueurs des côtés et les mesures des angles des deux pentagones.

c) Indique les côtés correspondants et les angles correspondants.

3. Quels quadrilatères sont congruents ? Comment le sais-tu ?

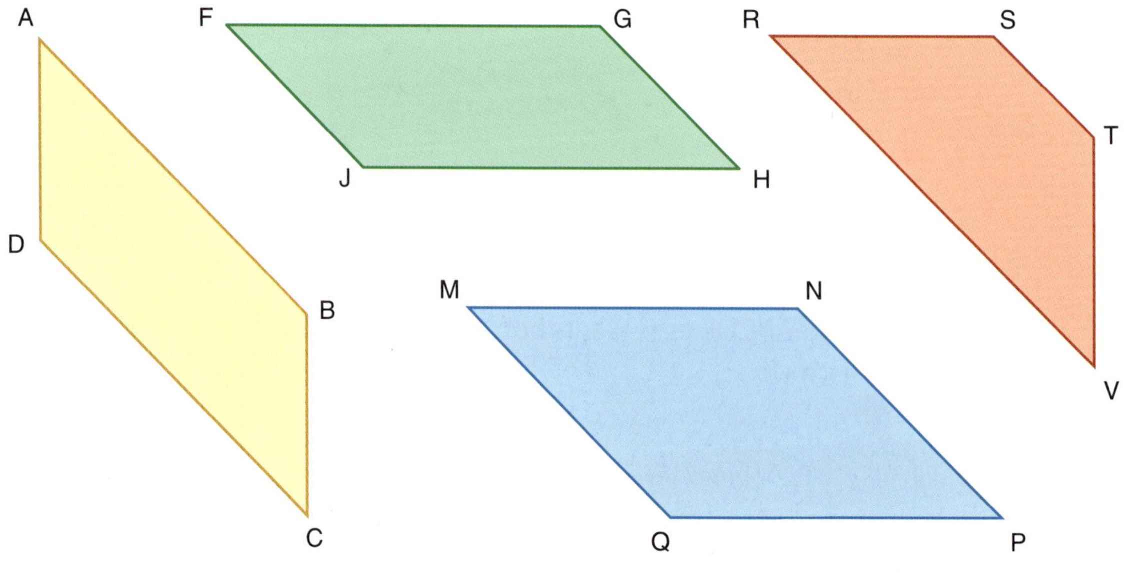

4. Ton enseignante ou ton enseignant va te remettre ces polygones.
Utilise une règle et un rapporteur.
Quels polygones sont congruents ?
Comment le sais-tu ?

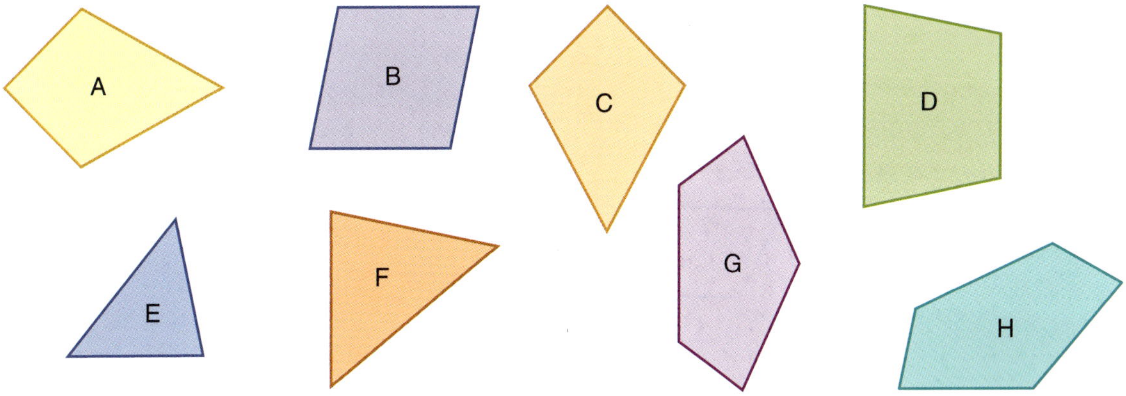

5. Utilise du papier à points.
   a) Dessine un quadrilatère qui n'a pas de côtés congrus.
   Nomme ce quadrilatère MNPQ.
   b) Dessine deux quadrilatères qui ne sont pas congruents à MNPQ.
   Nomme ces quadrilatères STUV et BCDE.
   Explique pourquoi STUV, BCDE et MNPQ ne sont pas congruents.
   c) Dessine un quadrilatère congruent à MNPQ.
   Nomme ce quadrilatère GHJK.
   Comment sais-tu que MNPQ et GHJK sont congruents ?

6. Reproduis cette figure sur du papier quadrillé.
Divise la figure en 4 polygones congruents.
Comment sais-tu que ces polygones sont congruents ?

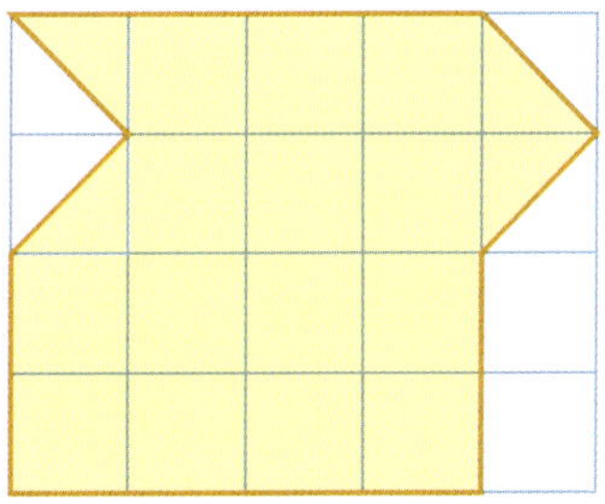

Réfléchis

Quand tu vois deux polygones, comment sais-tu s'ils sont congruents ?
Explique ta réponse à l'aide d'un dessin.

Joue avec les nombres

Calcul mental

Trouve les 3 prochains nombres de chaque suite.
Décris chaque régularité.

10, 100, 1000, 10 000, ...
770, 77, 7,7, 0,77, ...
1,1, 2,2, 3,3, 5,5, 8,8, ...

LEÇON 4

Les figures semblables

Quelles figures paraissent semblables ? Comment peux-tu vérifier si elles le sont ?

Explore

Tu as besoin de 4 tangrams, de papier quadrillé et d'un rapporteur.

➤ Partage les pièces des tangrams avec tes 3 camarades.
Chaque membre de l'équipe doit construire 5 quadrilatères formés chacun d'une ou plusieurs pièces de tangram.
Trace tes quadrilatères sur du papier quadrillé et nomme-les.
Découpe tes quadrilatères.

➤ Avec tes camarades, classe les 20 quadrilatères dans ces groupes :
- les carrés ;
- les rectangles ;
- les parallélogrammes ;
- les trapèzes ;
- autres.

➤ Examine les quadrilatères de chaque groupe.
Lesquels sont semblables ?
Comment le sais-tu ?

➤ Choisis une paire de quadrilatères semblables.
Mesure les côtés et les angles de chaque quadrilatère.
Que remarques-tu ?
Mesure les côtés et les angles de 3 autres paires de quadrilatères semblables.

 OBJECTIF | Reconnaître et dessiner des figures semblables.

Qu'as-tu **trouvé ?**

Montre ton travail aux élèves d'un autre groupe.
Comment décides-tu si deux quadrilatères sont semblables ?
Quelle est la relation entre les angles des quadrilatères semblables ?
Quelle est la relation entre les longueurs des côtés des quadrilatères semblables ?

Découvre

Ces figures sont semblables.

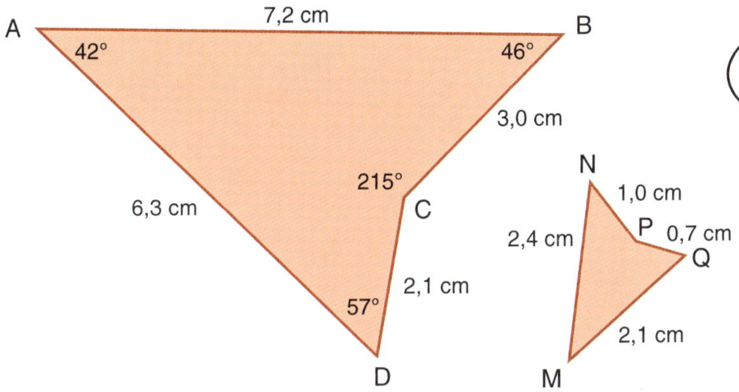

Chaque côté du quadrilatère ABCD est 3 fois plus long que le côté correspondant du quadrilatère MNPQ.

$3 \times m\,\overline{MN} = m\,\overline{AB}$	$3 \times 2{,}4 \text{ cm} = 7{,}2 \text{ cm}$
$3 \times m\,\overline{NP} = m\,\overline{BC}$	$3 \times 1{,}0 \text{ cm} = 3{,}0 \text{ cm}$
$3 \times m\,\overline{PQ} = m\,\overline{CD}$	$3 \times 0{,}7 \text{ cm} = 2{,}1 \text{ cm}$
$3 \times m\,\overline{QM} = m\,\overline{DA}$	$3 \times 2{,}1 \text{ cm} = 6{,}3 \text{ cm}$

Chaque angle du quadrilatère ABCD est congru à l'angle correspondant du quadrilatère MNPQ.

$m\angle A = m\angle M = 42°$
$m\angle B = m\angle N = 46°$
$m\angle C = m\angle P = 215°$
$m\angle D = m\angle Q = 57°$

Des figures semblables ont la même forme. Elles peuvent avoir la même taille ou non.

Deux figures sont semblables si :

- leurs angles correspondants sont congrus *et*
- les longueurs des côtés d'une figure, multipliées par le même nombre, sont égales aux longueurs des côtés correspondants de l'autre figure.

À ton tour

1. Dessine un carré sur du papier quadrillé.
Nomme-le A.

a) Dessine un autre carré. Ses côtés doivent être 2 fois plus longs que les côtés du carré A.
Nomme le nouveau carré B.
Les carrés A et B sont-ils semblables ?
Comment le sais-tu ?

b) Essaie de dessiner un carré qui *n'*est *pas* semblable aux carrés A et B.

c) Les carrés sont-ils tous semblables ? Explique ta réponse.

2. Dessine un rectangle sur du papier quadrillé.
Nomme-le D.

a) Dessine un autre rectangle. Ses côtés doivent être 2 fois plus longs que les côtés correspondants du rectangle D.
Nomme le nouveau rectangle E.
Les rectangles D et E sont-ils semblables ?
Comment le sais-tu ?

b) Est-il possible de dessiner un rectangle qui n'est *pas* semblable aux rectangles D et E ?
Si oui, dessines-en un.

c) Les rectangles sont-ils tous semblables ? Explique ta réponse.

3. Compare tes réponses aux questions 1 c) et 2 c).
Explique ce que tu remarques.

4. Quels rectangles sont semblables ? Comment le sais-tu ?

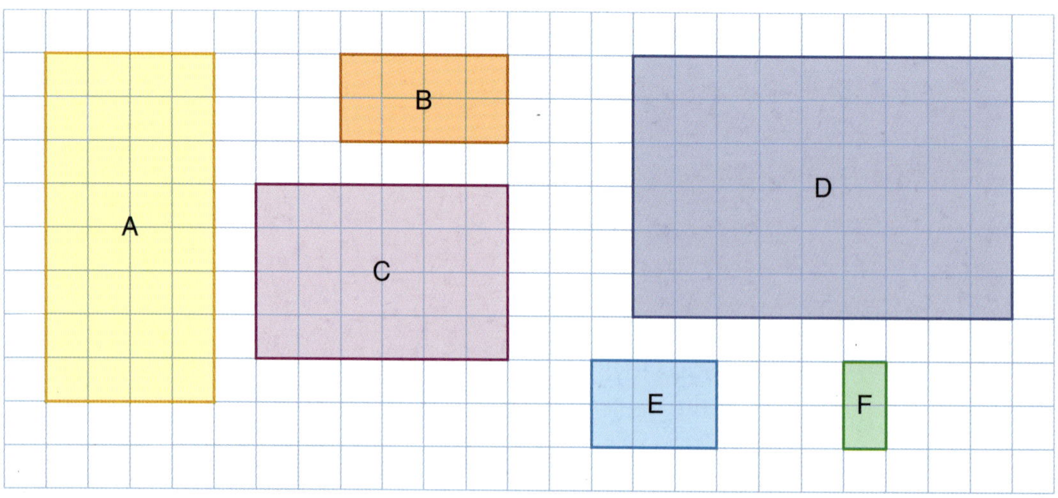

Joue avec les nombres

Calcul mental

Trouve chaque produit.
Quelles stratégies as-tu utilisées ?

$26 \times 4 \times 25$
$15 \times 10 \times 10$
$17 \times 5 \times 20$

5. Ces figures sont-elles semblables ? Comment le sais-tu ?

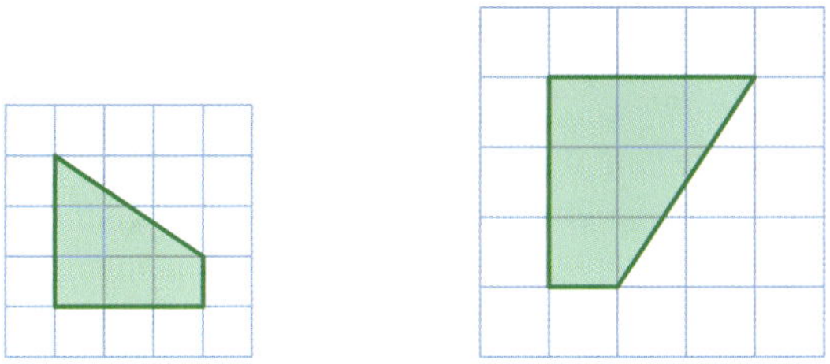

6. Utilise du papier quadrillé.

a) Dessine un triangle rectangle scalène. Nomme ce triangle ABC.

b) Dessine un triangle semblable au △ABC.
Nomme ce triangle DEF.
Comment sais-tu que ces triangles sont semblables ?

c) Dessine un triangle rectangle qui n'est pas semblable au △ABC.
Nomme ce triangle GHJ.
Comment sais-tu que le △ABC et le △GHJ ne sont pas semblables ?
Montre ton travail.

7. Les graphistes se servent de la perspective pour faire des dessins d'apparence tridimensionnelle.
Ils dessinent un point de fuite pour montrer où les lignes de visée se rencontrent.

a) Utilise du papier quadrillé.

- Dessine un point de fuite.
- Dessine un carré à l'écart du point de fuite.
- À l'aide d'une règle, trace une ligne pointillée de chaque sommet du carré jusqu'au point de fuite. Prolonge ces lignes pointillées jusqu'au bord du papier.
- Dessine un autre carré. Situe ses sommets sur les lignes pointillées.
- Trace des segments de droite pour relier les sommets correspondants des deux carrés. Quel solide as-tu dessiné ?

b) Explique comment tu utilises des figures semblables dans le dessin de perspective.

Réfléchis

Ces deux affirmations sont-elles vraies ?
Toutes les figures congruentes sont semblables.
Toutes les figures semblables sont congruentes.
Explique ta réponse à l'aide de dessins et de mots.

Explorer des figures semblables à l'aide du logiciel *Cybergéomètre*

Travaille avec une ou un camarade.
Utilise le logiciel *Cybergéomètre.*

Suis ces étapes pour construire des figures semblables.

1. Ouvre un nouveau document dans le *Cybergéomètre :*
Clique sur : Fichier , puis clique sur : Nouvelle esquisse Ctrl+N .

2. Règle les paramètres :
Clique sur : Affichage , puis clique sur : Préférences... .

Assure-toi que les trois éléments sous *Affichage automatique de l'étiquette* sont cochés. Choisis les paramètres d'unités et de précision suivants :

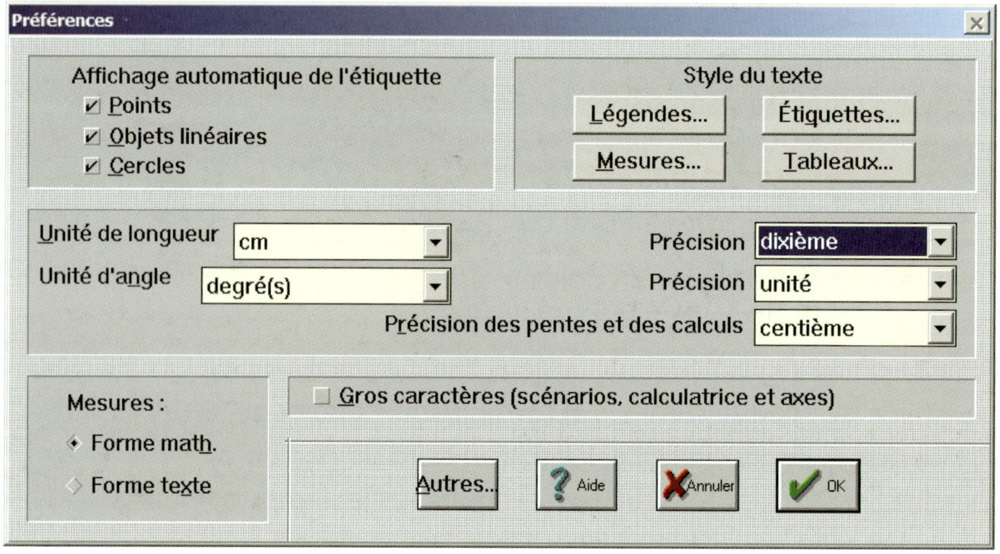

Clique sur : OK .

3. Pour **construire un polygone,** choisis l'outil Règle, .
Clique, tiens le bouton de la souris enfoncé et fais glisser le curseur pour obtenir un segment de droite de la longueur désirée. Relâche le bouton de la souris.
Place le curseur à une extrémité du segment, puis clique et fais glisser le curseur pour construire le côté suivant du polygone.
Dessine les autres segments requis pour terminer le polygone.

4. Pour **mesurer les côtés** d'un polygone, choisis l'outil Flèche de sélection, [Flèche].
Clique sur un côté du polygone pour le sélectionner.
Clique sur : Mesures, puis clique sur : Longueur.
La longueur du côté apparaît en haut à gauche de l'écran.
Clique n'importe où à l'extérieur du polygone pour désélectionner le côté.

Refais ces opérations pour chaque côté du polygone.

5. Pour **mesurer les angles** d'un polygone, choisis l'outil Flèche de sélection, [Flèche].
Appuie sur la touche Majuscule, tiens-la enfoncée et clique sur 3 sommets, dans le sens des aiguilles d'une montre, pour les sélectionner.
Clique sur : Mesures, puis clique sur : Angle.
La mesure de l'angle apparaît en haut à gauche de l'écran.
Clique n'importe où à l'extérieur du polygone pour désélectionner l'angle.

Refais ces opérations pour chaque angle du polygone.

6. Pour **changer la forme** du polygone, choisis l'outil Flèche de sélection, [Flèche].
Clique sur un segment de droite.
Tiens le bouton de la souris enfoncé.
Fais glisser le segment de droite jusqu'à l'endroit désiré.
Observe ce qui arrive aux mesures des côtés et des angles quand tu déplaces le segment de droite. Relâche le bouton de la souris.
De la même façon, clique sur un sommet et déplace-le.

7. Pour **construire un polygone semblable à un autre,** choisis l'outil Point, [•].
Clique à l'intérieur du polygone pour créer un point. Clique sur : Transformation, puis clique sur : Définir le centre Ctrl+F.
Choisis l'outil Flèche de sélection, [Flèche].

Appuie sur la touche Majuscule, tiens-la enfoncée et clique sur tous les sommets et les côtés dans le sens des aiguilles d'une montre.

Clique sur : Transformation,

puis clique sur : Homothétie... .
Dans la boîte de dialogue, inscris 2.0 dans la case du haut et 1.0 dans la case du bas.
Cela double la distance entre chaque sommet et le point du centre.
Clique sur : OK.

8. Mesure les côtés et les angles du polygone semblable obtenu à l'étape 7.
Compare ces mesures à celles du polygone original.
Que remarques-tu ? Explique ta réponse.

9. Change la taille et la forme du polygone original.
Qu'arrive-t-il au polygone semblable ?
Clique sur le point du centre et fais-le glisser vers un nouvel emplacement.
Qu'arrive-t-il ? Pourquoi ?

10. Refais les étapes 3 à 9 pour construire, mesurer et comparer d'autres polygones semblables.

11. Sauvegarde ton travail :
Clique sur : Fichier, puis clique sur : Sauvegarder sous... .
Nomme ton fichier.
Clique sur : Sauvegarder.

12. Pour imprimer ton travail :
Clique sur : Fichier, puis clique sur : Imprimer Ctrl+P.
Clique sur : OK.

Réfléchis

Qu'as-tu appris au sujet des figures semblables avec le logiciel *Cybergéomètre* ?

LEÇON 5

La symétrie axiale

Combien d'axes de symétrie y a-t-il sur chaque panneau de signalisation ?
Comment peux-tu le déterminer à l'aide de réflexions ?

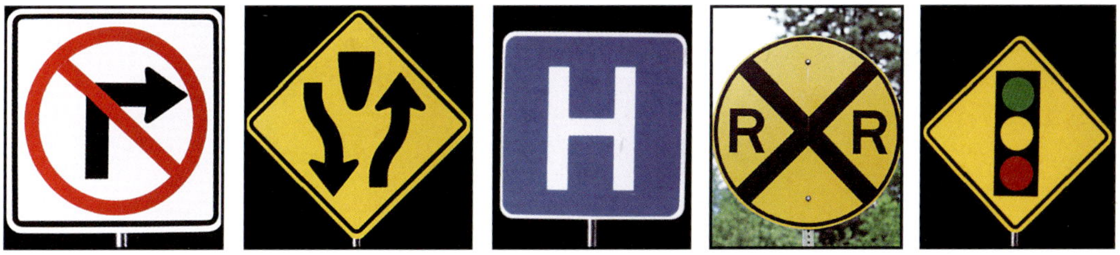

Explore

Tu as besoin de papier, de blocs-formes et de ciseaux.

➤ Plie un morceau de papier rectangulaire en deux sur la longueur et sur la largeur.
Les lignes de pli divisent le papier en 4 sections congruentes.
Construis un motif dans une section à l'aide de blocs-formes.
Le motif doit toucher les deux lignes de pli.
Trace le contour des blocs qui forment ton motif.
Enlève les blocs-formes.

➤ Dessine l'image par réflexion de ton motif par rapport à une ligne de pli.
Fais la même chose par rapport à chaque ligne de pli.
Ton motif doit apparaître dans les quatre sections.
Découpe ensuite ton motif.

➤ Combien d'axes de symétrie y a-t-il dans ton motif ?

Qu'as-tu **trouvé ?**

Montre ton motif à une ou à un camarade.
Compare les nombres d'axes de symétrie.
Comment peux-tu créer une figure ou un motif qui comporte 8 axes de symétrie ?

Joue avec les nombres

Spécialiste de la calculatrice

Utilise les chiffres 2, 4, 6, 7, 8 et 9.
Place ces chiffres pour obtenir :
- le plus grand produit ;
- le plus petit produit.

□□□□
× □□

Découvre

Voici deux façons de construire un motif qui comporte quatre axes de symétrie :

➤ Plie un carré de papier en deux, en diagonale.

Plie de nouveau le papier, du côté le plus long.

À l'aide de ciseaux, découpe des motifs dans les bords du triangle. Laisse intactes certaines parties des côtés pliés.

Déplie le papier. Chaque ligne de pli est un axe de symétrie.

➤ Plie un carré de papier en deux à l'horizontale, à la verticale et en diagonale.

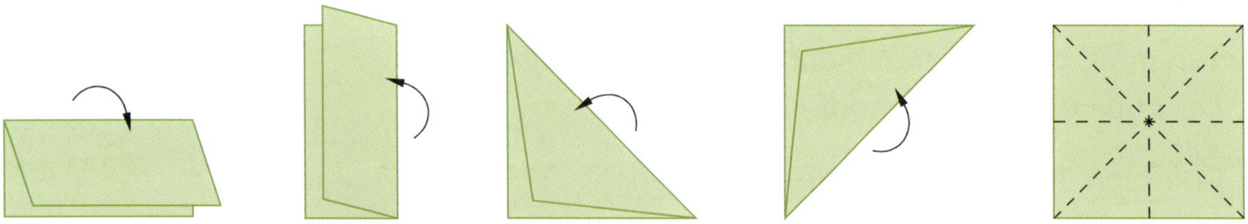

Tu obtiens 8 sections congruentes.
Trace une ligne en tirets le long de chaque ligne de pli.
Dessine un motif dans une section.
Fais subir une réflexion à ton motif par rapport à une ligne de pli.
Fais la même chose pour chaque image.

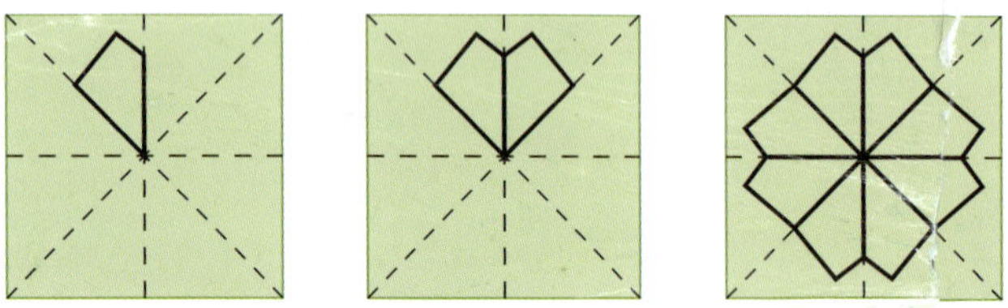

À ton tour

1. **a)** Crée 3 motifs à l'aide de blocs-formes : un avec 2 axes de symétrie, un avec 3 axes de symétrie et un avec 4 axes de symétrie. Dessine chaque motif sur du papier. Montre tous les axes de symétrie.
   b) Décris comment tu as créé chaque motif à la partie a).

2. Une élève a relié des points sur du papier à points quadrillé pour créer ce motif.
   a) Indique les axes de symétrie.
   b) Sur du papier à points, crée un motif qui a plus qu'un axe de symétrie. Indique ses axes de symétrie.

3. Reproduis ce motif sur du papier quadrillé à 1 cm.
   a) Pour compléter l'image, fais subir une réflexion au motif par rapport aux lignes en tirets.
   b) Combien d'axes de symétrie y a-t-il ?

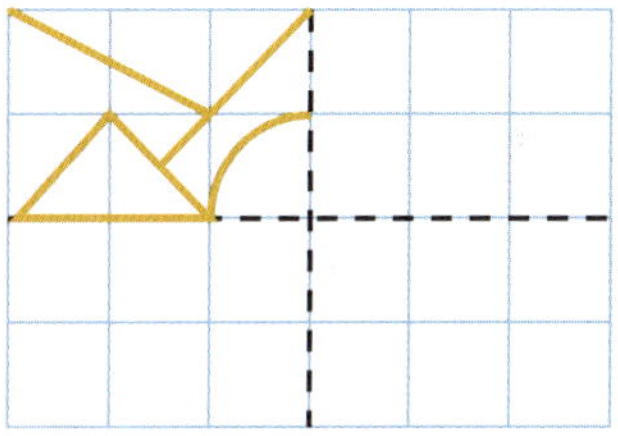

4. Crée un motif qui a plus que 2 axes de symétrie. Montre tous ses axes de symétrie. Comment as-tu créé ton motif ?

5. Tu as besoin d'un carré de papier et de ciseaux. Plie le carré et découpe-le pour former une figure qui a 4 axes de symétrie.

6. Reproduis cette figure sur du papier quadrillé. Ajoute des carrés. La figure doit avoir 4 axes de symétrie. Comment as-tu décidé où placer les carrés ?

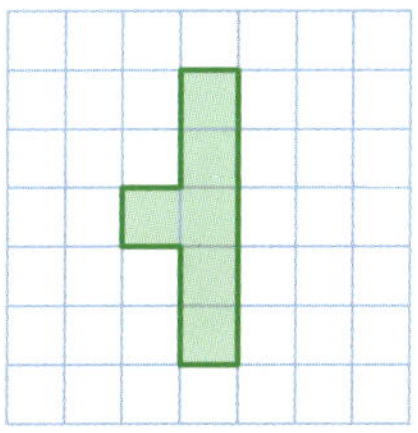

Réfléchis

Explique comment tu dessines une figure qui comporte 2 axes de symétrie ou plus. Donne des exemples.

À la maison

Cherche des motifs qui ont plus que 1 axe de symétrie. Copie chaque motif. Montre tes motifs à tes camarades.

LEÇON 6

La symétrie de rotation

Explore

Tu as besoin d'un bloc-forme de chaque type et d'autocollants.
Mets un autocollant sur un sommet de chaque bloc-forme.

➤ Trace le contour du bloc-forme jaune.
Ce dessin est le cadre.
Place le bloc-forme jaune dans le cadre.
Note la position du sommet où tu as mis l'autocollant.

➤ Trouve et note les façons de placer le bloc-forme jaune dans le cadre.
Ne retourne pas le bloc-forme.

➤ Refais l'activité avec chaque bloc-forme.

Qu'as-tu trouvé ?

Présente tes résultats aux élèves d'une autre équipe.
Quel bloc-forme se place dans son cadre du plus grand nombre de façons ? Quel bloc-forme se place dans son cadre du plus petit nombre de façons ?
Place les blocs-formes par ordre décroissant du nombre de façons.

 OBJECTIF | Déterminer l'ordre de symétrie de rotation d'une figure.

Découvre

Une figure qui coïncide avec elle-même quand elle subit une rotation de moins d'un tour complet a une **symétrie de rotation.**

Voici une façon de savoir si une figure a une symétrie de rotation :

- Copie la figure sur du papier-calque.
  Marque le même sommet sur ton dessin et sur la figure.
  Fais coïncider ton dessin avec la figure.

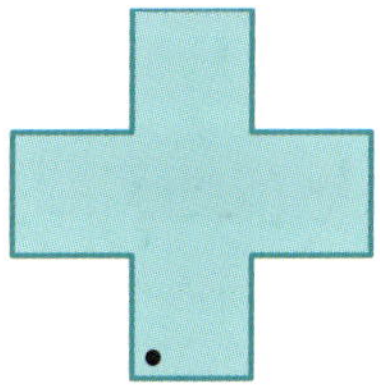

- Fais subir une rotation complète à ton dessin.
  Détermine le nombre de fois que ton dessin coïncide avec la figure.

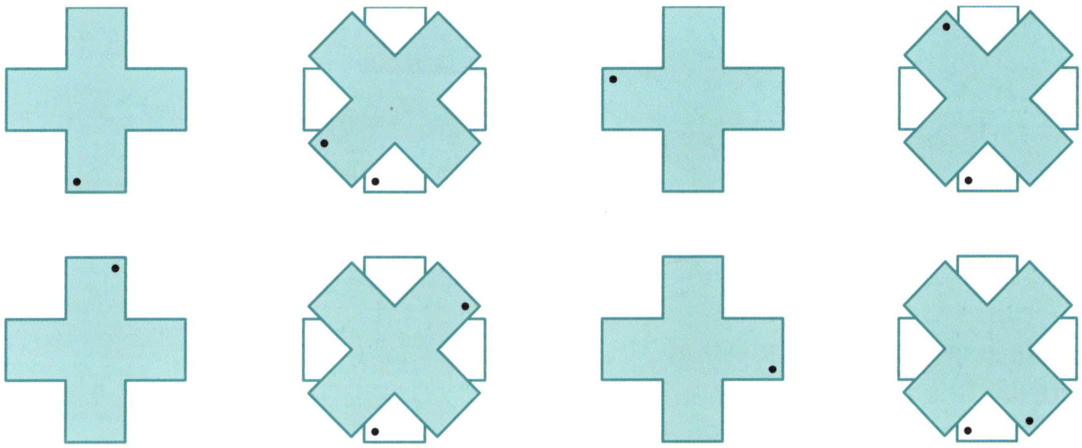

Ce triangle n'a pas de symétrie de rotation.
Il ne coïncide pas avec lui-même en moins d'un tour complet.

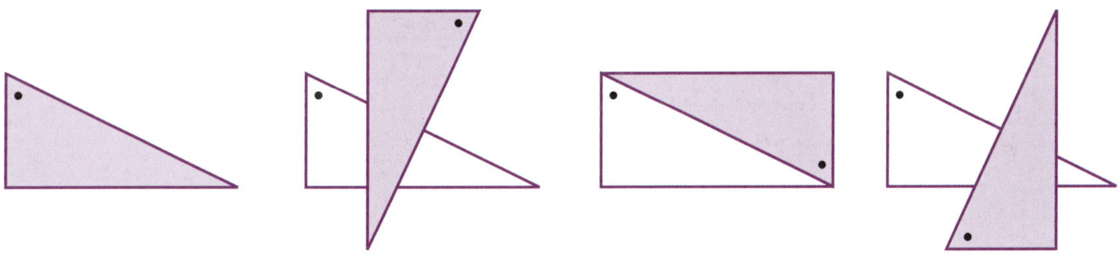

À ton tour

Tu peux utiliser du papier-calque.

1. Indique l'ordre de symétrie de rotation des ailes de ce moulin à vent. Comment le sais-tu ?

2. a) Lesquelles de ces figures ont une symétrie de rotation ? Quel est l'ordre de symétrie de rotation de chacune ?

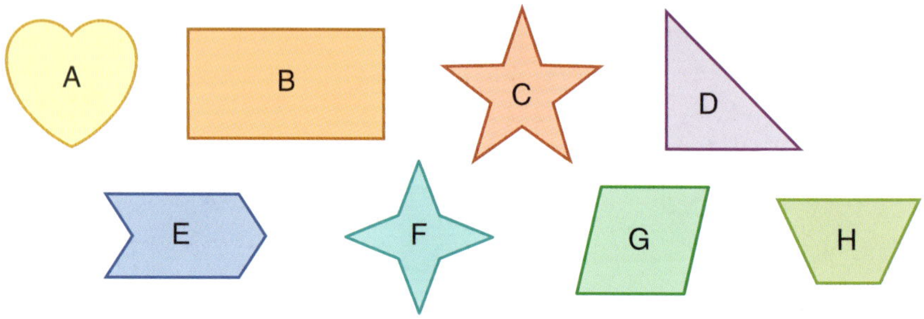

b) Énumère les figures par ordre croissant de symétrie de rotation.

3. Examine les figures de la question 2.

a) Quelles figures ont une symétrie axiale ? Énumère les figures par ordre croissant du nombre d'axes de symétrie.

b) Compare tes classements de figures des questions 2 b) et 3 a). Que remarques-tu ?

4. Pour chaque polygone régulier :
- indique le nombre de côtés ;
- trouve le nombre d'axes de symétrie ;
- trouve l'ordre de symétrie de rotation.

a)
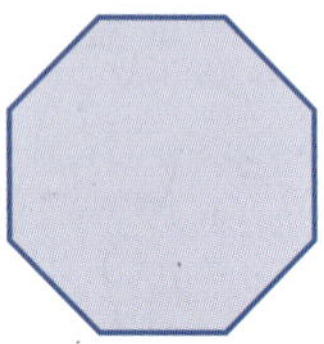

b)
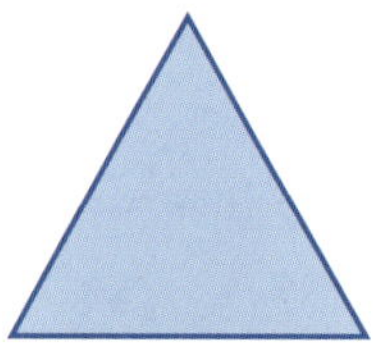

c)
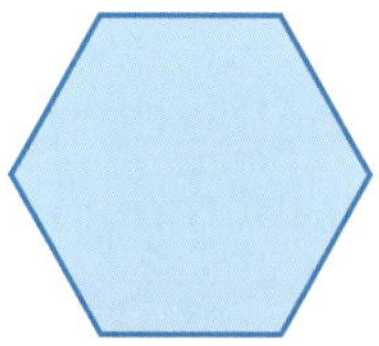

d)

e)
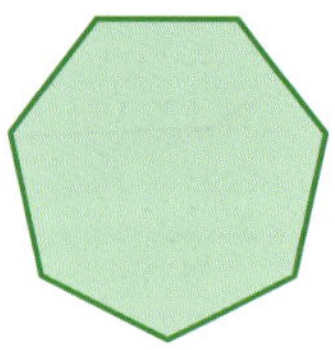

f)

Math +

Autour de toi

De nombreux enjoliveurs de roue ont une symétrie de rotation. Cet enjoliveur de roue a une symétrie de rotation d'ordre 5.

5. Remplis un tableau comme celui-ci pour les polygones de la question 4.

Polygone régulier	Nombre de côtés	Nombre d'axes de symétrie	Ordre de symétrie de rotation

a) Décris les régularités que tu remarques dans le tableau.

b) À l'aide des régularités, prédis l'ordre de symétrie de rotation et le nombre d'axes de symétrie d'un décagone régulier.

Un décagone est un polygone à 10 côtés.

6. Choisis au moins 2 types de blocs-formes.
Crée un motif qui a l'ordre de symétrie de rotation indiqué.
Trace le contour des blocs de chaque motif.

a) 2 **b)** 3 **c)** 4 **d)** 6

7. **a)** Explique pourquoi cette figure n'a pas de symétrie de rotation.

b) Reproduis la figure sur du papier quadrillé. Ajoute un ou plusieurs carrés à la figure pour lui donner une symétrie de rotation d'ordre 2. Comment décides-tu où ajouter les carrés ?

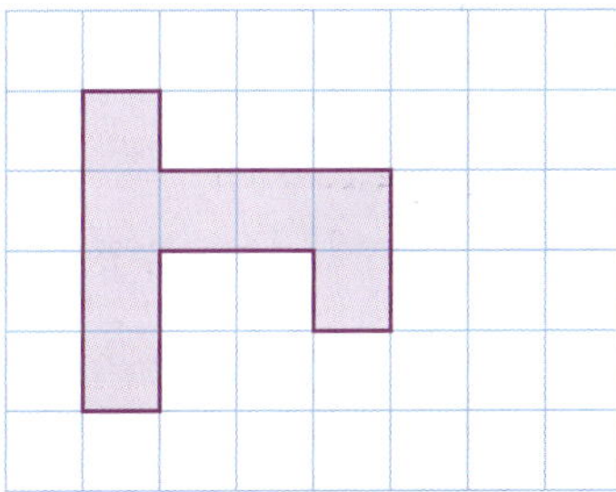

8. Dessine un triangle sur du papier à points triangulé.

a) Combien d'axes de symétrie ce triangle a-t-il ?

b) Quel est l'ordre de symétrie de rotation du triangle ? Comment le sais-tu ?

c) Selon toi, est-ce que tous les triangles donnent les mêmes résultats ? Explique ta réponse.

Réfléchis

Comment sais-tu si une figure a une symétrie de rotation ? Explique ta réponse à l'aide de dessins et de mots.

Joue avec les nombres

Stratégie numérique

Utilise l'addition, la soustraction, la multiplication ou la division. Trouve 10 façons d'obtenir 144.

LEÇON 7

La boîte à outils

Explore

Une grenouille escalade un arbre de 20 m de hauteur.
Chaque jour, la grenouille monte de 4 m.
Chaque soir, elle glisse de 2 m.
Combien de jours faut-il à la grenouille pour arriver en haut de l'arbre ?

Résous le problème.
Présente ton raisonnement de toutes les façons que tu peux.

Qu'as-tu trouvé ?

Montre ton travail aux élèves d'une autre équipe.
Compare les façons de présenter vos raisonnements.
Quelle façon préfères-tu ? Pourquoi ?

Découvre

Voici des façons de présenter ton raisonnement :

À l'aide de mots

Une explication écrite peut donner beaucoup de renseignements. Tu peux utiliser le langage mathématique pour décrire les étapes que tu as suivies, les régularités que tu as remarquées et tes idées.

À l'aide d'un dessin

Tu peux faire un dessin pour montrer des détails importants.
Ton dessin peut montrer ta vision du problème, les éléments qui changent ou la manière dont ils changent.

Des stratégies pour bien réussir

- Surmonte les difficultés.
- Vérifie et réfléchis.
- Concentre-toi sur le problème.
- **Présente ton raisonnement.**
- Choisis une réponse.
- Fais de ton mieux dans un test.
- Explique ta réponse.

À l'aide de nombres

Tu peux montrer ton raisonnement de façon formelle à l'aide de nombres dans un tableau, dans des calculs ou dans des équations et des expressions d'égalité.

De plus d'une façon

Parfois, la meilleure façon de présenter ton raisonnement est de combiner des mots, des dessins et des nombres.

Quand tu as terminé, demande-toi :

Est-ce qu'une personne comprendra mon raisonnement si elle lit ma réponse ? Comment puis-je rendre ma réponse plus claire ?

À ton tour

Résous chaque problème. Chaque fois, présente ton raisonnement d'au moins 2 façons.

Nom	Masse	Matériel	Nourriture
Simon	60 kg	38 kg	25 kg
Marthe	56 kg	42 kg	33 kg
Benny	75 kg	63 kg	35 kg

1. Trois personnes veulent traverser une rivière pour atteindre un emplacement de camping.
Leur canot a une capacité maximale de 300 kg.
Comment peuvent-elles traverser la rivière, mais faire le moins de trajets possible ?
Y a-t-il plus d'une façon ? Explique ta réponse.

2. Utilise des blocs-formes.
Un bloc-forme jaune vaut 3,00 $, un bloc-forme rouge vaut 1,50 $, un bloc-forme bleu vaut 1,00 $ et un bloc-forme vert vaut 0,50 $.
Construis 5 motifs qui valent chacun 10,00 $.

Réfléchis

Décris des façons de présenter ton raisonnement.
Pour chaque façon, donne un exemple d'une situation où tu pourrais l'utiliser.

Animatrice ou animateur 3D

L'animatrice ou l'animateur 3D crée des scènes de film. Ce travail fait appel à son talent artistique, ainsi qu'à un logiciel graphique sophistiqué qui repose sur des concepts de base de la géométrie.

Dans une scène d'animation, chaque déplacement d'un objet correspond à une ou à plusieurs transformations. L'animatrice ou l'animateur 3D indique la direction et la vitesse du déplacement. Le logiciel applique ensuite les transformations. Les instructions doivent être raffinées à plusieurs reprises pour rendre une scène réaliste ou captivante. L'animatrice ou l'animateur 3D enregistre les instructions intéressantes et les partage avec ses collègues. Les images créées semblent tridimensionnelles ; pourtant, les calculs utilisent des transformations en deux dimensions et des changements de taille.

Les animatrices et les animateurs 3D peuvent même créer des images impossibles à filmer. Par leur travail, ils rendent l'impossible possible.

LEÇON 8

Les dallages

Explore

Tu as besoin de papier-calque et de ciseaux.
Ton enseignante ou ton enseignant va te remettre ces figures.

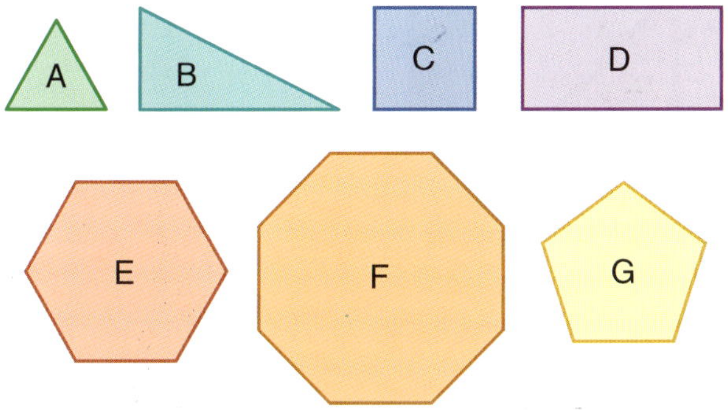

Découpe les figures.

➤ Choisis une figure différente des figures choisies par les membres de ton groupe.
Dessine un motif à l'aide de cette figure.
Pense aux translations, aux rotations et aux réflexions.
Explique par écrit les transformations requises pour créer ton motif.

➤ Refais l'activité avec une autre figure.
Quelles figures forment un dallage ? Comment le sais-tu ?
Quelles figures ne forment pas un dallage ?

➤ Choisis deux figures qui peuvent former ensemble un dallage, selon toi.
Explique pourquoi tu as choisi ces figures.
Trace le contour de chaque figure pour vérifier si elles forment ensemble un dallage.
Comment peux-tu utiliser des transformations pour créer le dallage à partir du dessin des figures ?

Qu'as-tu trouvé ?

Montre ton travail aux élèves d'un autre groupe.
Décris les dallages de tes camarades à l'aide de différentes transformations géométriques.

OBJECTIF | Établir des relations entre les dallages et les transformations.

Découvre

Un dallage couvre une surface sans espace ni chevauchement.

➤ Ce dallage est formé de copies congruentes d'un triangle rectangle isocèle.

La première figure est A.
Pour obtenir B, fais subir à A une rotation de 180° autour du point milieu du côté qu'elle partage avec B.
Pour obtenir C et D, fais subir à A et à B une rotation de 180° autour du point milieu du côté que B et C partagent.
Continue à effectuer des transformations semblables pour créer le dallage.

Tu peux aussi créer ce dallage à l'aide de réflexions et de translations.

➤ Ce dallage est formé de copies congruentes d'un octogone régulier et d'un carré.

Il est impossible de créer un dallage à l'aide d'un octogone seulement. Un motif formé d'octogones réguliers comprend toujours des espaces carrés.
Le premier octogone est la figure A.
Pour obtenir B, fais subir à A une rotation de 180° autour du point milieu du côté qu'elle partage avec B.
Fais subir des réflexions aux octogones pour obtenir le motif.

Tu peux aussi effectuer des réflexions pour créer ce dallage.

À ton tour

1. Dessine et découpe 4 copies congruentes de chaque type de triangle :
   • scalène acutangle ; • équilatéral ; • isocèle obtusangle.
   a) Crée un dallage avec chaque type de triangles.
   Quelles transformations peux-tu utiliser pour créer ton dallage ?
   b) Est-ce que tous les triangles forment un dallage ? Comment le sais-tu ?

2. Tu as besoin d'une copie agrandie de ces dallages. Explique les transformations que tu peux utiliser pour créer chacun de ces dallages.

a)
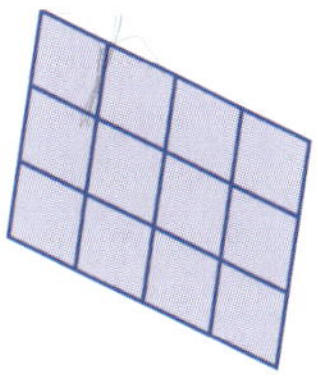

b)

c)
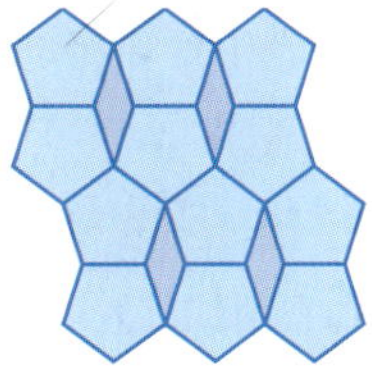

3. Tu as besoin de papier à points triangulé et de ciseaux.
   - Dessine un quadrilatère sur du papier à points triangulé. Place chaque sommet du quadrilatère sur un point. Découpe le quadrilatère avec soin.
   - Dessine 7 copies de ton quadrilatère et découpe-les.
   - Crée un dallage à l'aide de ces 8 quadrilatères.
   - Dessine ton dallage sur une autre feuille de papier à points.
   - Explique comment créer ton dallage à l'aide de transformations.

4. Quelles paires de figures peuvent former un dallage ?
   Comment le sais-tu ?
   a) un rectangle et un hexagone **b)** un carré et un rectangle
   c) un cercle et un triangle **d)** un cerf-volant et un carré

5. **a)** Crée un dallage sur du papier à point triangulé.
   b) Explique comment créer ce dallage à l'aide de transformations.

Réfléchis

Quand tu vois un motif formé de figures congruentes, comment détermines-tu les transformations effectuées ?
Donne un exemple.

Joue avec les nombres

Stratégie numérique

Écris chaque nombre comme un nombre décimal.
- six et sept dixièmes
- quatre-vingt-cinq et deux centièmes
- cinq cents et cinquante-cinq millièmes
- un million cent et dix-neuf centièmes

Module 7 Montre ce que tu sais

LEÇONS

Utilise du papier-calque au besoin.

1 **1.** Le triangle DEH a ces sommets : D(6, 1), E(7, 3), H(9, 1).
Construis le △DEH dans un quadrillage.
Dessine son image après chaque transformation.

a) une translation de 4 cases vers la gauche et de 1 case vers le bas

b) une réflexion par rapport à un axe diagonal qui passe par (0, 0) et (10, 10)

c) une rotation de 90° dans le sens inverse des aiguilles d'une montre autour du point (7, 2)

2 **2.** Reproduis cette figure dans un quadrillage.
Fais-lui subir une rotation de 180° autour du point (4, 7).
Puis, fais subir à l'image par rotation une réflexion par rapport à un axe horizontal qui passe par le point (0, 5).
Quelles sont les coordonnées de l'image finale ?

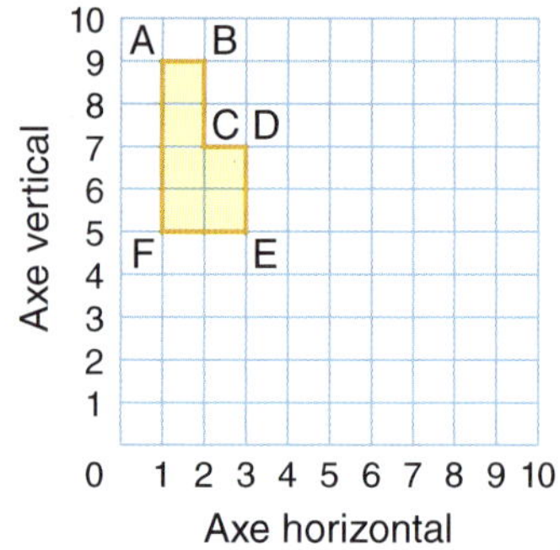

3 **3.** Ces figures sont-elles congruentes ? Comment le sais-tu ?

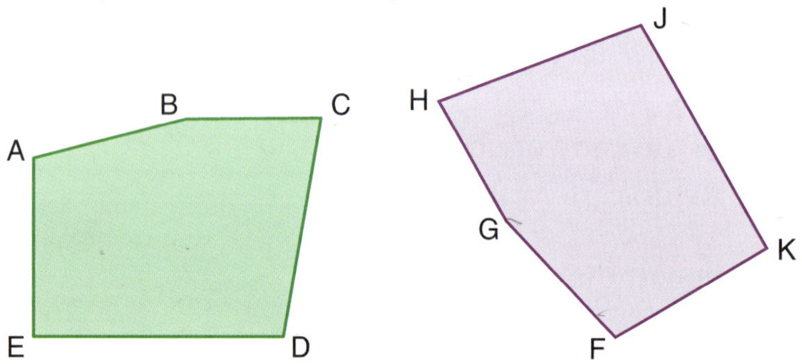

4 **4.** Quel triangle est semblable au △DEF ? Comment le sais-tu ?

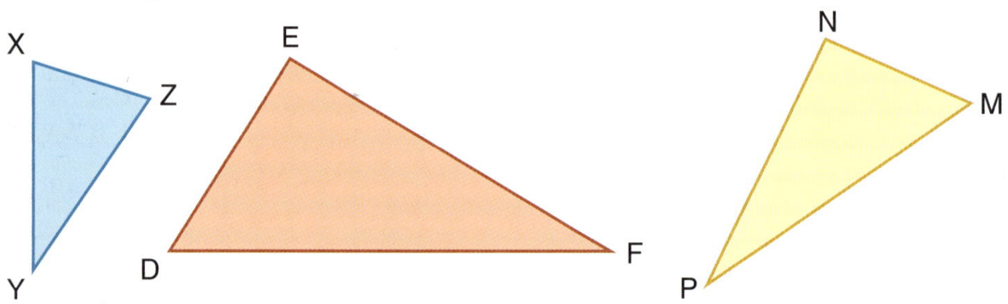

5 **5.** Sur du papier quadrillé à 1 cm, dessine un motif avec 4 axes de symétrie.
Explique comment tu as créé ce motif.

LEÇONS

6 **6.** Quel est l'ordre de symétrie de rotation de chaque figure ? Comment le sais-tu ?

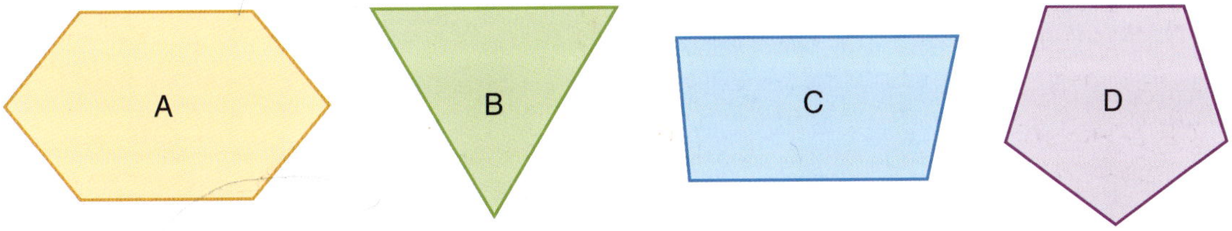

5 6 **7.** Reproduis cette figure sur du papier quadrillé. Ajoute 2 carrés pour donner à la figure une symétrie axiale et une symétrie de rotation.

a) Comment as-tu décidé où dessiner les carrés ?

b) Quel est l'ordre de symétrie de rotation ?

c) Combien d'axes de symétrie ta figure a-t-elle ?

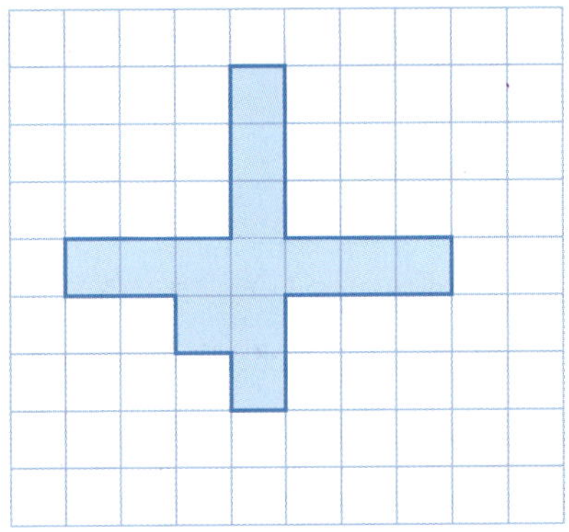

8. Tu as besoin de blocs-formes. Crée un dallage avec chaque ensemble de blocs-formes.

a) l'hexagone, le trapèze et le losange bleu

b) le carré et le trapèze

c) le triangle et le carré

Reproduis chaque dallage sur du papier à points ou du papier à points triangulé. Explique comment créer chaque dallage à l'aide de transformations.

8 **9.** Sur du papier quadrillé, dessine une figure qui peut former un dallage. Crée ce dallage à l'aide de transformations. Assure-toi de couvrir toute la feuille.

MODULE 7

Tes objectifs

- ✓ Reconnaître et effectuer des transformations.
- ✓ Reconnaître des figures congruentes.
- ✓ Reconnaître et créer des figures semblables.
- ✓ Construire des motifs et des figures qui ont plus qu'un axe de symétrie.
- ✓ Déterminer l'ordre de symétrie de rotation des figures.
- ✓ Établir des relations entre les dallages et les transformations.

Problème du module

L'art et l'architecture

De nombreux bâtiments comportent des motifs intéressants avec des symétries et des transformations.

Partie 1

Ces motifs se trouvent dans le palais Alhambra en Espagne. Indique les transformations et les symétries de chaque motif.

Liste de contrôle

Ton travail devrait montrer :

- ☑ une reconnaissance exacte des transformations et des symétries ;
- ☑ un motif mural créé à l'aide de transformations, qui a une symétrie axiale et une symétrie de rotation ;
- ☑ une explication claire de la façon dont tu as créé ton motif ;
- ☑ une bonne utilisation des termes géométriques.

Partie 2

Dessine des figures que tu peux utiliser dans une murale. Crée une murale sur du papier quadrillé. Utilise les figures que tu as dessinées.
À l'aide de transformations, crée un motif qui a une symétrie axiale et une symétrie de rotation. Colorie ton motif.

Partie 3

Écris au sujet de ta murale.
Décris :

- les transformations que tu as effectuées ;
- la symétrie axiale et la symétrie de rotation.

Retour sur le module

Quelle est la relation entre la symétrie axiale et la symétrie de rotation et les transformations ? Explique ta réponse à l'aide de dessins.

Problème multidomaine

Probablement des polyèdres

Tu as besoin d'étiquettes, de papier quadrillé, de papier à points triangulé, d'un cube, d'une pyramide à base carrée, d'un prisme triangulaire et d'un tétraèdre régulier.

Un polyèdre est un solide. Ses faces sont des polygones. Tous les prismes et toutes les pyramides sont des polyèdres.

Partie 1

➤ Choisis un polyèdre.
Utilise les étiquettes.
Numérote les faces avec des nombres consécutifs à partir de 1.

➤ Quelle est la probabilité d'obtenir chaque nombre ?
Prédis combien de fois tu obtiendras chaque nombre si tu lances le polyèdre 30 fois.

Note le nombre obtenu chaque fois.

➤ Lance le polyèdre 30 fois.
Note le nombre obtenu chaque fois dans un tableau des effectifs.
Tes prédictions sont-elles proches des résultats ?

Partie 2

➤ Refais la partie 1 pour chaque polyèdre.
Note tes prédictions et les résultats chaque fois.

Pour chaque polyèdre, prédis combien de fois tu obtiendras chaque nombre si tu le lances 90 fois.

Combine tes résultats avec ceux des élèves de 2 autres équipes.
Tes prédictions sont-elles proches des résultats combinés ?

Pour chaque polyèdre, prédis combien de fois tu obtiendras chaque nombre si tu le lances 300 fois.

Combine tes résultats pour chaque polyèdre avec ceux des élèves de 9 autres équipes.
Tes prédictions sont-elles proches des résultats combinés ?

Partie 3

➤ Dessine un développement de chaque polyèdre.
Explique tes résultats aux parties 1 et 2 à l'aide de tes développements.

Montre ton travail

Résume ton travail.
Utilise des dessins, des nombres et des mots.

Va plus loin

Conçois un jeu qui utilise un ou plusieurs des polyèdres numérotés.
Écris les règles de ton jeu.
Essaie ton jeu avec les élèves d'un autre groupe.

MODULE 8

Les fractions, les pourcentages, les

Lis les étiquettes !

Tes objectifs

- Rendre des fractions irréductibles.
- Établir la relation entre les nombres fractionnaires et les fractions impropres.
- Comparer et ordonner des nombres fractionnaires et des fractions.
- Explorer l'addition et la soustraction de fractions.
- Explorer les pourcentages.
- Établir la relation entre les pourcentages, les fractions et les nombres décimaux.
- Estimer et calculer des pourcentages.
- Résoudre des problèmes qui comprennent au moins deux étapes à l'aide de pourcentages.
- Faire des comparaisons à l'aide de rapports de partie-à-partie et de partie-à-tout.
- Explorer les rapports équivalents.
- Explorer les taux.
- Résoudre des problèmes qui comprennent des fractions, des pourcentages, des rapports et des taux.

Les emballages de produits alimentaires indiquent la marque, le type de produit, la quantité et la valeur nutritionnelle.

rapports et les taux

Mots clés

- simplifier
- une fraction irréductible
- un pourcentage
- les termes d'un rapport
- un rapport
- des rapports équivalents
- un taux
- un diagramme à ligne continue

- Examine le contenu du panier à provisions.
- Choisis un produit qui indique une fraction.
  Écris cette fraction.
  Indique son numérateur et son dénominateur.
  Fais un dessin pour représenter la fraction.
- Choisis un produit qui indique 100 %.
  Qu'est-ce que cela veut dire, selon toi ?

LEÇON 1

Les fractions équivalentes

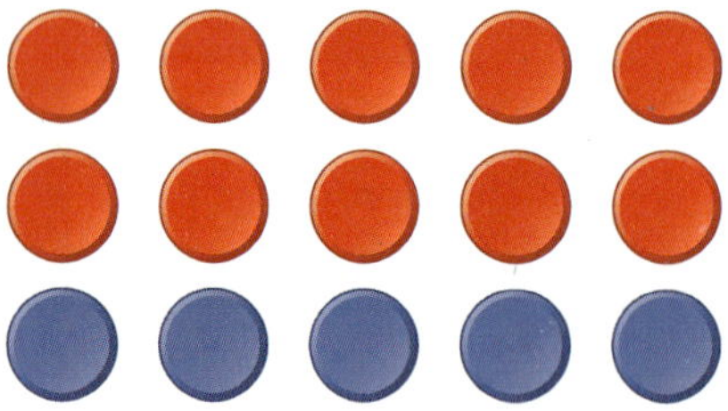

Les fractions $\frac{10}{15}$ et $\frac{2}{3}$ représentent le même nombre de jetons de façons différentes.

$$\frac{10}{15} = \frac{2}{3}$$

Ce sont des fractions équivalentes.

Explore

➤ Utilise des cercles de fractions.
Trouve le plus de paires de fractions équivalentes que tu peux.
Écris chaque paire.

➤ Écris une fraction équivalente pour chaque fraction. Explique ton travail à l'aide de dessins ou de mots.

$\frac{1}{3}$ $\frac{4}{5}$ $\frac{7}{12}$ $\frac{5}{8}$ $\frac{12}{16}$ $\frac{6}{12}$

Qu'as-tu trouvé ?

Montre ton travail aux élèves d'une autre équipe.
Comment as-tu trouvé chaque fraction équivalente ?
Explique ta méthode.
Ta méthode fonctionne-t-elle avec toutes les fractions ?
Explique ta réponse.

 OBJECTIF | Trouver des fractions équivalentes et rendre des fractions irréductibles.

Découvre

➤ Pour trouver une fraction équivalente avec un plus grand numérateur et un plus grand dénominateur, multiplie le numérateur et le dénominateur par le même nombre.

Trouve des fractions équivalentes à $\frac{5}{12}$.

$$\frac{5}{12} \overset{\times 2}{=} \frac{10}{24} \qquad \frac{5}{12} \overset{\times 5}{=} \frac{25}{60} \qquad \frac{5}{12} \overset{\times 100}{=} \frac{500}{1200}$$

Donc, $\frac{10}{24}$, $\frac{25}{60}$ et $\frac{500}{1200}$ sont des fractions équivalentes à $\frac{5}{12}$.

Quand tu multiplies le numérateur et le dénominateur par le même nombre, la valeur de la fraction reste la même. C'est aussi vrai pour la division.

Tu ne peux pas multiplier ou diviser par 0.

➤ Pour trouver une fraction équivalente avec un plus petit numérateur et un plus petit dénominateur, divise le numérateur et le dénominateur par le même nombre.

Trouve une fraction équivalente à $\frac{24}{60}$.

$$\frac{24}{60} \overset{\div 6}{=} \frac{4}{10}$$

Donc, $\frac{4}{10}$ équivalent à $\frac{24}{60}$.

La fraction $\frac{4}{10}$ est une forme plus simple de $\frac{24}{60}$.

Quand tu trouves une fraction équivalente à l'aide de la division, tu **simplifies** la fraction.

$$\frac{4}{10} \overset{\div 2}{=} \frac{2}{5}$$

$\frac{2}{5}$ est la **fraction irréductible** équivalente à $\frac{24}{60}$.

À ton tour

Utilise des cercles de fractions au besoin.

1. Chaque image représente 1 tout.
Écris 3 fractions équivalentes pour décrire la partie colorée de chaque image.

a) 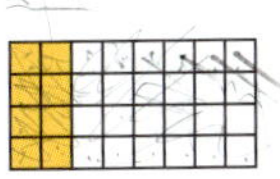

b) 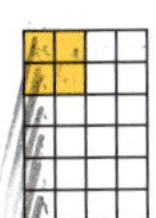

c) 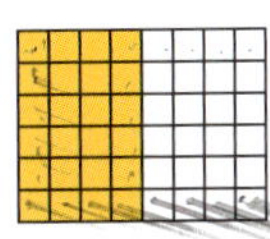

d) 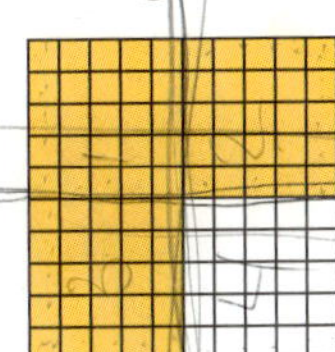

2. Écris 3 fractions équivalentes pour décrire la partie blanche de chaque image de la question 1.

3. Trouve des fractions équivalentes qui ont 15 au dénominateur.

a) $\frac{1}{5}$ b) $\frac{2}{3}$ c) $\frac{12}{30}$ d) $\frac{8}{60}$

4. Écris 3 fractions équivalentes pour chaque fraction.

a) $\frac{1}{2}$ b) $\frac{5}{6}$ c) $\frac{20}{50}$ d) $\frac{4}{5}$

e) $\frac{20}{30}$ f) $\frac{25}{35}$ g) $\frac{18}{24}$ h) $\frac{50}{60}$

5. Quelles fractions de la question 4 sont irréductibles ? Comment le sais-tu ?

6. Les équipes ont joué deux quarts d'un match de football. La première demie est terminée. Comment est-ce possible ?

7. Trouve les paires de fractions équivalentes. Comment le sais-tu ?

a) $\frac{1}{6}$ et $\frac{6}{36}$ b) $\frac{8}{14}$ et $\frac{4}{7}$ c) $\frac{32}{40}$ et $\frac{20}{32}$

d) $\frac{24}{36}$ et $\frac{3}{9}$ e) $\frac{12}{15}$ et $\frac{36}{45}$ f) $\frac{3}{4}$ et $\frac{9}{16}$

8. Madeleine dit qu'elle peut montrer que $\frac{5}{60}$ et $\frac{1}{12}$ sont des fractions équivalentes à l'aide d'une horloge. A-t-elle raison ? Explique ta réponse.

9. Rends chaque fraction irréductible.

a) $\frac{32}{56}$ b) $\frac{50}{75}$ c) $\frac{300}{900}$ d) $\frac{21}{63}$

e) $\frac{16}{20}$ f) $\frac{8}{32}$ g) $\frac{100}{175}$ h) $\frac{48}{60}$

10. Décris chaque situation à l'aide d'une fraction. Rends ensuite chaque fraction irréductible.

a) 45 min d'une heure b) 45¢ d'un dollar

c) 10 oeufs d'une douzaine d) 3 mois d'une année

e) 8 bouteilles d'eau d'une caisse de 24 bouteilles

11. Tuan vend $\frac{2}{3}$ de ses billets de tirage le samedi et $\frac{2}{9}$ le dimanche. Tuan vend-il plus de billets le dimanche que le samedi ? Explique ta réponse à l'aide de mots ou de dessins.

Réfléchis

Nomme deux façons de trouver des fractions équivalentes. Choisis une façon. Choisis une fraction. Écris 3 fractions équivalentes.

Joue avec les nombres

Stratégie numérique

Trouve chaque résultat.

$13 + 4 \times 2 - 1$

$43 \times 2 - 3 \times 15$

$100 - 25 \times 2 + 50$

Dans quel ordre as-tu effectué les opérations chaque fois ?

LEÇON 2

Établir la relation entre les nombres fractionnaires et les fractions impropres

Les fractions $\frac{5}{3}$ et $1\frac{2}{3}$ représentent la même quantité.
Le numérateur de $\frac{5}{3}$ est plus grand que son dénominateur. $\frac{5}{3}$ est une fraction impropre.
$1\frac{2}{3}$ a une partie entière et une partie fractionnaire. $1\frac{2}{3}$ est un nombre fractionnaire.

Explore

Tu as besoin de réglettes Cuisenaire ou de bandes de papier de couleur.

➤ Choisis un nombre fractionnaire.
Représente-le à l'aide de réglettes Cuisenaire.
Écris ce nombre fractionnaire comme une fraction impropre.
Refais l'activité avec 2 autres nombres fractionnaires.

➤ Choisis une fraction impropre.
Représente-la à l'aide de réglettes Cuisenaire.
Assure-toi de choisir une réglette appropriée pour représenter 1 entier.
Écris ta fraction impropre comme un nombre fractionnaire.
Refais l'activité avec 2 autres fractions impropres.

➤ Sans utiliser de réglettes Cuisenaire, comment peux-tu :
- écrire un nombre fractionnaire comme une fraction impropre ?
- écrire une fraction impropre comme un nombre fractionnaire ?

Note chaque méthode.

Objectif | Convertir des nombres fractionnaires en fractions impropres et vice versa.

Qu'as-tu **trouvé ?**

Compare tes méthodes avec celles des élèves d'une autre équipe.
Explique tes méthodes à l'aide de réglettes Cuisenaire.

Découvre

➤ Pour écrire $2\frac{3}{4}$ comme une fraction impropre :
Représente $2\frac{3}{4}$ à l'aide d'un schéma.

Le schéma montre 2 entiers et 3 quarts ou $2\frac{3}{4}$.
Divise chaque entier en quarts.

2 entiers, c'est 8 quarts.
8 quarts et 3 quarts, c'est 11 quarts ou $\frac{11}{4}$.
Donc, $\frac{11}{4}$ est équivalent à $2\frac{3}{4}$.

Tu peux aussi multiplier le nombre entier par le dénominateur, puis additionner le numérateur.
$2 \times 4 = 8$
$8 + 3 = 11$
Le résultat est le nombre de quarts dans $2\frac{3}{4}$.
Donc, $\frac{11}{4}$ est équivalent à $2\frac{3}{4}$.

➤ Pour écrire $\frac{13}{5}$ comme un nombre fractionnaire :
Représente 13 cinquièmes à l'aide d'un schéma.

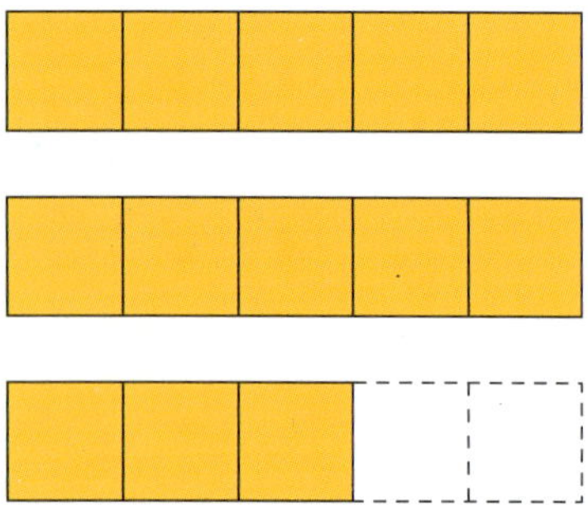

Il y a 5 cinquièmes dans 1 entier et 10 cinquièmes dans 2 entiers.
Le schéma montre 2 entiers. Il reste 3 cinquièmes.
Donc, $2\frac{3}{5}$ est équivalent à $\frac{13}{5}$.

Une fraction représente une division. Je peux diviser le numérateur par le dénominateur :
5 | 13
2 r 3
Il y a 2 entiers. Il reste 3 cinquièmes.
Donc, $2\frac{3}{5}$ est équivalent à $\frac{13}{5}$.

À ton tour

Utilise des réglettes Cuisenaire ou des bandes de papier de couleur au besoin.

1. Écris une fraction impropre et un nombre fractionnaire pour décrire chaque image.

a) 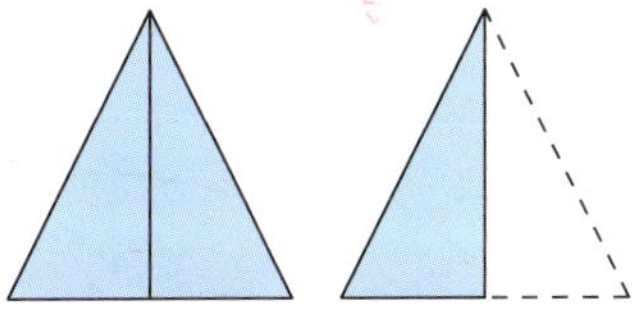 **b)** 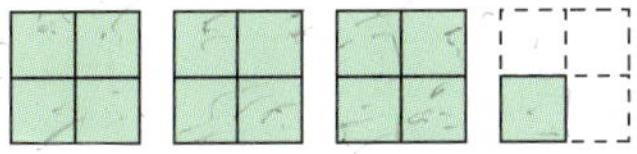 **c)** 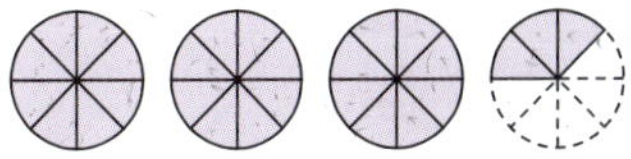

2. Représente chaque nombre à l'aide d'un dessin.

a) $1\frac{5}{8}$ **b)** $1\frac{2}{3}$ **c)** $\frac{7}{4}$ **d)** $\frac{9}{2}$

3. Écris chaque nombre fractionnaire comme une fraction impropre.

a) $1\frac{1}{6}$ **b)** $4\frac{3}{8}$ **c)** $1\frac{3}{4}$ **d)** $3\frac{3}{5}$ **e)** $8\frac{1}{2}$ **f)** $7\frac{1}{4}$

4. Écris chaque fraction impropre comme un nombre fractionnaire.

a) $\frac{17}{5}$ **b)** $\frac{9}{4}$ **c)** $\frac{18}{4}$ **d)** $\frac{14}{3}$ **e)** $\frac{20}{3}$ **f)** $\frac{20}{6}$

5. Quelles fractions impropres se trouvent entre 4 et 5 ?
Comment le sais-tu ?

a) $\frac{13}{3}$ **b)** $\frac{13}{4}$ **c)** $\frac{7}{2}$ **d)** $\frac{19}{4}$

6. Maxime fait 5 tartes pour la vente de pâtisseries.
Il coupe chaque tarte en 8 pointes égales.
Maxime vend 19 pointes de tarte en 30 minutes.

a) Combien de tartes Maxime a-t-il vendues pendant ce temps ?
Donne ta réponse de 2 façons.

b) Combien de tartes reste-t-il ? Donne ta réponse de 2 façons.

7. Tu divises le numérateur d'une fraction impropre par son dénominateur. Il n'y a pas de reste.
Qu'est-ce que cela t'indique ?
Explique ta réponse à l'aide de dessins et de mots.

Réfléchis

Quelle est la différence entre un nombre fractionnaire et une fraction impropre ?
Explique comment tu écris une fraction impropre comme un nombre fractionnaire. Donne un exemple.

Joue avec les nombres

Stratégie numérique

Trouve les facteurs communs des nombres de chaque ensemble.

- 6, 12, 30
- 15, 20, 75
- 14, 42, 63

LEÇON 3

Comparer et ordonner des nombres fractionnaires et des fractions

Kenda regarde la télévision pendant $1\frac{1}{2}$ h.
Gilbert regarde 5 émissions d'une demi-heure chacune.
Qui regarde la télévision le plus longtemps ?

Explore

Tu as besoin de réglettes Cuisenaire ou de bandes de papier de couleur.

Dusan et Sacha vendent du chocolat pour aider leur chorale.
Ils reçoivent des boîtes de tablettes de chocolat. Ils vendent les tablettes séparément.
Dusan vend $2\frac{2}{3}$ boîtes. Sacha vend $\frac{5}{2}$ de boîtes.
Qui a vendu le plus de tablettes de chocolat ?
Trouve la réponse à l'aide de réglettes Cuisenaire.

Qu'as-tu trouvé ?

Montre ta solution aux élèves d'une autre équipe.
Comment as-tu choisi les réglettes qui représentent un entier, un tiers et un demi ?
Comment as-tu déterminé le plus grand nombre ?
Trouve une façon de comparer $2\frac{2}{3}$ et $\frac{5}{2}$ sans réglettes.

 OBJECTIF | Comparer et ordonner des nombres fractionnaires et des fractions.

Découvre

Voici des façons de comparer et d'ordonner des nombres fractionnaires et des fractions impropres :

➤ Pour placer $2\frac{1}{4}$, $\frac{11}{6}$ et $\frac{8}{3}$ par ordre croissant :
Utilise des droites numériques :

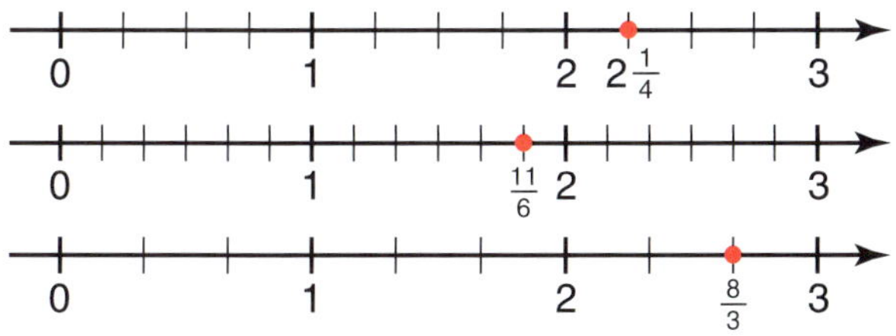

Voici les nombres en ordre croissant : $\frac{11}{6}$, $2\frac{1}{4}$, $\frac{8}{3}$.

➤ Pour comparer $1\frac{2}{3}$ et $\frac{7}{4}$:
Écris $1\frac{2}{3}$ comme une fraction impropre.

Fais un schéma.
Divise l'entier en tiers.

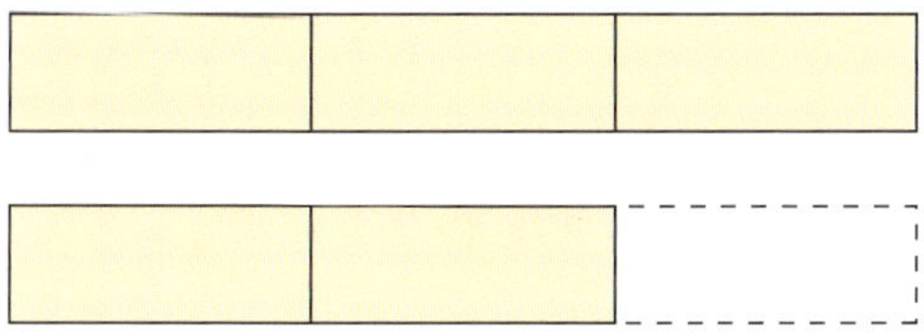

1 entier, c'est 3 tiers.
3 tiers et 2 tiers, c'est 5 tiers ou $\frac{5}{3}$.

Trouve une fraction équivalente à $\frac{5}{3}$ et une fraction équivalente à $\frac{7}{4}$ qui ont toutes deux le même dénominateur.
Écris les multiples de 3 : 3, 6, 9, **12,** ...
Écris les multiples de 4 : 4, 8, **12,** ...
Le nombre 12 est un multiple commun de 3 et de 4.

Trouve une fraction équivalente à $\frac{5}{3}$ avec des douzièmes :

$$\frac{5}{3} \xrightarrow{\times 4} = \frac{20}{12}$$

Trouve une fraction équivalente à $\frac{7}{4}$ avec des douzièmes :

$$\frac{7}{4} \xrightarrow{\times 3} = \frac{21}{12}$$

Compare $\frac{20}{12}$ avec $\frac{21}{12}$:
$\frac{20}{12} < \frac{21}{12}$, donc $1\frac{2}{3} < \frac{7}{4}$

Je peux écrire $\frac{7}{4}$ comme $1\frac{3}{4}$ et comparer $1\frac{2}{3}$ avec $1\frac{3}{4}$. Les parties entières sont égales. Je dois donc comparer les parties fractionnaires. Je dessine et je colorie des cercles pour représenter $\frac{2}{3}$ et $\frac{3}{4}$.

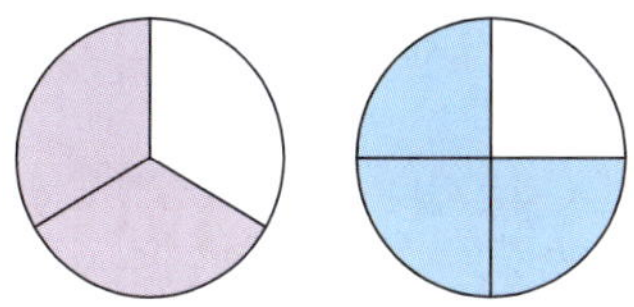

Je vois que $\frac{2}{3} < \frac{3}{4}$.
Cela veut dire que $1\frac{2}{3} < 1\frac{3}{4}$.
Donc, $1\frac{2}{3} < \frac{7}{4}$

À ton tour

Utilise du matériel au besoin.

1. Pour chaque paire de fractions, trouve des fractions impropres équivalentes qui ont le même dénominateur, puis compare les fractions. Utilise le symbole >, <, ou =.

a) $\frac{8}{3}$ et $\frac{6}{4}$ **b)** $\frac{12}{5}$ et $\frac{8}{3}$ **c)** $\frac{14}{6}$ et $\frac{17}{8}$

d) $\frac{11}{10}$ et $\frac{20}{15}$ **e)** $\frac{9}{5}$ et $\frac{8}{6}$ **f)** $\frac{12}{9}$ et $\frac{11}{5}$

2. Sur du papier quadrillé à 1 cm, dessine trois droites numériques de 12 cm comme celle-ci.

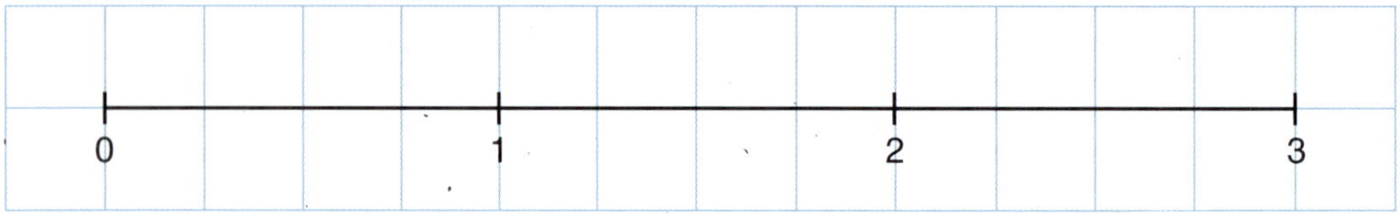

Divise une droite en quarts, une droite en demis et une droite en huitièmes.
À l'aide de ces droites numériques, place les nombres suivants par ordre décroissant :
$\frac{7}{2}$, $\frac{23}{8}$, $1\frac{3}{4}$

3. Sur du papier quadrillé à 1 cm, dessine trois droites numériques de 12 cm comme celle-ci.

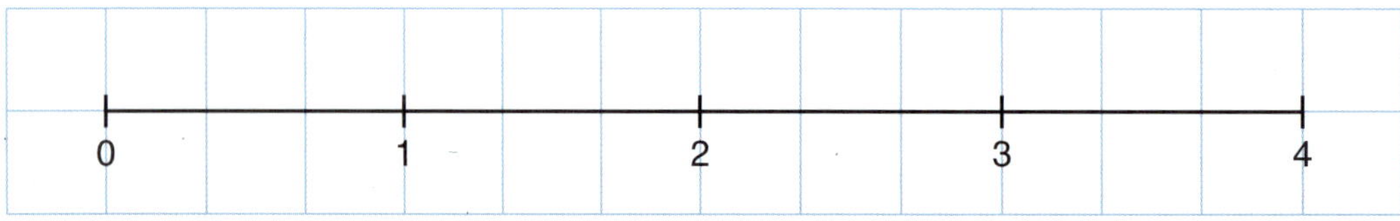

À l'aide de ces droites numériques, place les nombres suivants par ordre décroissant :
$2\frac{1}{2}$, $\frac{11}{3}$, $1\frac{5}{6}$

4. Copie et complète ces énoncés. Utilise >, <, ou =.

a) $\frac{5}{8} \square \frac{7}{16}$ **b)** $\frac{3}{4} \square \frac{9}{12}$ **c)** $2\frac{1}{2} \square \frac{9}{2}$

d) $\frac{13}{10} \square 1\frac{1}{5}$ **e)** $\frac{29}{5} \square 6\frac{2}{10}$ **f)** $3\frac{5}{6} \square 3\frac{8}{12}$

5. Place les nombres de chaque ensemble par ordre croissant. Montre ton travail.

a) $\frac{7}{6}$, $\frac{15}{12}$, $1\frac{2}{9}$ **b)** $1\frac{3}{4}$, $\frac{7}{3}$, $\frac{7}{6}$ **c)** $\frac{7}{4}$, $\frac{15}{10}$, $\frac{11}{5}$ **d)** $\frac{10}{4}$, $2\frac{1}{3}$, $\frac{9}{2}$

6. Hélène dit que $\frac{17}{3}$ est plus grand que $5\frac{3}{4}$. A-t-elle raison ?
Explique ta réponse à l'aide de dessins, de nombres et de mots.

7. Samuel a $\frac{7}{2}$ de tasses de farine.
Sa recette demande $4\frac{1}{3}$ tasses de farine. A-t-il assez de farine ?
Comment le sais-tu ?

8. Adriel regarde un film de $1\frac{3}{4}$ h à la télévision.
Nadir regarde 3 comédies d'une demi-heure chacune.
Qui regarde la télévision le plus longtemps ?

9. Après un match de basket-ball, les équipes mangent de la pizza.
Les Jets mangent $3\frac{1}{2}$ pizzas. Les Requins mangent $\frac{37}{12}$ de pizzas.
Quelle équipe mange le plus de pizzas ?

10. Amélie, Pan et Cora font des tartes pour la collecte de fonds.
Amélie coupe ses tartes en sixièmes.
Pan coupe ses tartes en huitièmes.
Cora coupe ses tartes en quarts.
Amélie vend $\frac{11}{6}$ de tarte, Pan vend $1\frac{7}{8}$ tarte et Cora vend $\frac{9}{4}$ de tartes.
Qui vend le plus de tartes ? Qui vend le moins de tartes ?
Montre comment tu le sais.

11. Florence et Raphaël construisent des voitures téléguidées.
La voiture de Florence fait $2\frac{1}{4}$ tours de piste en 1 min.
La voiture de Raphaël fait $\frac{8}{3}$ de tours de piste dans le même temps.
Quelle voiture est la plus rapide ? Comment le sais-tu ?

Réfléchis

Décris 3 façons de comparer des fractions impropres et des nombres fractionnaires.
Donne des exemples.
Quelle façon préfères-tu ? Pourquoi ?

Joue avec les nombres

Calcul mental

Trouve 5 multiples de chaque nombre.

- 4
- 7
- 9
- 11
- 12

Machiniste

Pense aux pièces qui servent à fabriquer des objets, comme une voiture ou une bicyclette. Il faut d'abord fabriquer ces pièces. Puis, il faut les assembler.

Les machinistes utilisent des outils comme des tours, des fraiseuses et des centres d'usinage. Leur tâche consiste à fabriquer des pièces en métal de dimensions précises. Pour commencer, elles ou ils consultent les dessins ou les spécifications écrites pour calculer les dimensions. Ensuite, il leur faut déterminer avec soin où couper ou percer le métal. La précision est très importante. Certaines dimensions doivent être précises à $\frac{1}{2500}$ de mm !

Les machinistes surveillent la température de la pièce pendant sa fabrication. Le métal se contracte ou se dilate selon les variations de température. Cela peut avoir un effet sur les dimensions de la pièce finie. Les machinistes doivent aussi reconnaître les sons qui indiquent un problème, comme un outil de coupe émoussé ou un excès de vibration.

Après la fabrication, il faut mesurer la pièce avec soin et vérifier si elle est conforme aux spécifications.

Les nombres fractionnaires, les nombres décimaux et la calculatrice

TECHNOLOGIE

Tu peux convertir une fraction ou un nombre fractionnaire en un nombre décimal à l'aide d'une calculatrice.

> La plupart des calculatrices affichent un point à la place de la virgule décimale.

➤ Écris $\frac{9}{8}$ comme un nombre décimal.

Rappelle-toi qu'une fraction représente une division.

Appuie sur : 9 [÷] 8 [=]. La calculatrice affichera 1,125.

➤ Écris $1\frac{7}{8}$ comme un nombre décimal.

Voici 2 façons d'écrire $1\frac{7}{8}$ comme un nombre décimal :

- $1\frac{7}{8}$, c'est $1 + \frac{7}{8}$.
  Convertis d'abord $\frac{7}{8}$ en nombre décimal. Appuie sur : 7 [÷] 8 [=].
  La calculatrice affichera 0,875.
  Appuie sur : [+] 1 [=] pour ajouter 1. La calculatrice affichera 1,875.
  $1\frac{7}{8} = 1{,}875$
- Écris d'abord $1\frac{7}{8}$ comme une fraction impropre.
  Un entier, c'est 8 huitièmes.
  8 huitièmes + 7 huitièmes = 15 huitièmes ou $\frac{15}{8}$
  Écris ensuite $\frac{15}{8}$ comme un nombre décimal.
  Appuie sur : 15 [÷] 8 [=]. La calculatrice affichera 1,875.
  $1\frac{7}{8} = 1{,}875$

À ton tour

1. Prédis le nombre décimal que chaque fraction représente : $2\frac{7}{8}$, $3\frac{7}{8}$, $15\frac{7}{8}$
Vérifie tes prédictions.

2. **a)** Écris chaque fraction comme un nombre décimal : $\frac{1}{8}$, $\frac{2}{8}$, $\frac{3}{8}$, $\frac{4}{8}$
b) Examine tes réponses en a).
Quelle différence y a-t-il entre chaque nombre décimal et le nombre précédent ?
Prédis les nombres décimaux que $\frac{5}{8}$ et $\frac{6}{8}$ représentent à l'aide de la régularité.
Vérifie tes prédictions.

3. Écris chaque nombre fractionnaire comme un nombre décimal.
a) $4\frac{1}{5}$ **b)** $1\frac{3}{4}$ **c)** $1\frac{17}{20}$ **d)** $12\frac{1}{2}$ **e)** $2\frac{9}{10}$

OBJECTIF | Convertir des nombres fractionnaires en nombres décimaux à l'aide d'une calculatrice.

LEÇON

4 Additionner des fractions

Marie et John mangent chacun 2 pointes de tarte. Quelle fraction de la tarte mangent-ils en tout ?

Explore

Tu as besoin de blocs-formes et de papier triangulé. L'hexagone jaune représente un entier.

➤ Estime la somme des fractions de chaque paire. Trouve chaque somme à l'aide de blocs-formes.

$\frac{1}{6} + \frac{2}{6}$ $\qquad$ $\frac{2}{3} + \frac{2}{3}$

$\frac{1}{2} + \frac{3}{6}$ $\qquad$ $\frac{1}{3} + \frac{1}{2}$

$\frac{1}{3} + \frac{4}{6}$ $\qquad$ $\frac{1}{2} + \frac{4}{6}$

➤ Utilise du papier triangulé. Dessine les blocs que tu as utilisés pour trouver chaque somme. Écris la somme sous chaque dessin.

Qu'as-tu trouvé ?

Montre tes estimations et tes solutions aux élèves d'une autre équipe.
Quelles stratégies as-tu utilisées pour estimer chaque somme ?
Comment as-tu utilisé les blocs-formes pour trouver chaque somme ?
Quelles sommes peux-tu écrire de plus d'une façon ?
Comment as-tu choisi la façon d'écrire ces sommes ?

Découvre

Simon et Ronny achètent chacun une petite pizza.
Simon mange $\frac{3}{4}$ de sa pizza. Ronny mange $\frac{7}{8}$ de sa pizza.
Quelle quantité de pizzas Simon et Ronny mangent-ils en tout ?
Effectue l'addition : $\frac{3}{4} + \frac{7}{8}$

Voici une façon d'additionner $\frac{3}{4}$ et $\frac{7}{8}$:

Fais une estimation : $\frac{7}{8}$ est proche de 1.
Donc, $\frac{3}{4} + \frac{7}{8}$, c'est environ $\frac{3}{4} + 1 = 1\frac{3}{4}$.
Puisque $\frac{7}{8} < 1$, alors $\frac{3}{4} + \frac{7}{8}$, c'est un peu moins que $1\frac{3}{4}$.

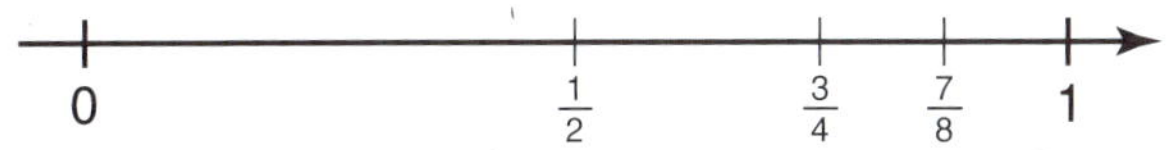

Utilise des cercles de fractions pour représenter $\frac{3}{4}$ et $\frac{7}{8}$.

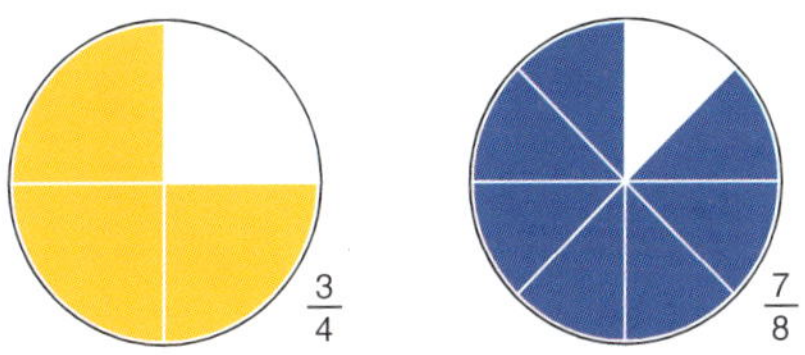

Prends 2 huitièmes du cercle qui représente $\frac{7}{8}$.
Place-les dans le cercle qui représente $\frac{3}{4}$ pour faire 1 entier.
Il reste 5 huitièmes.

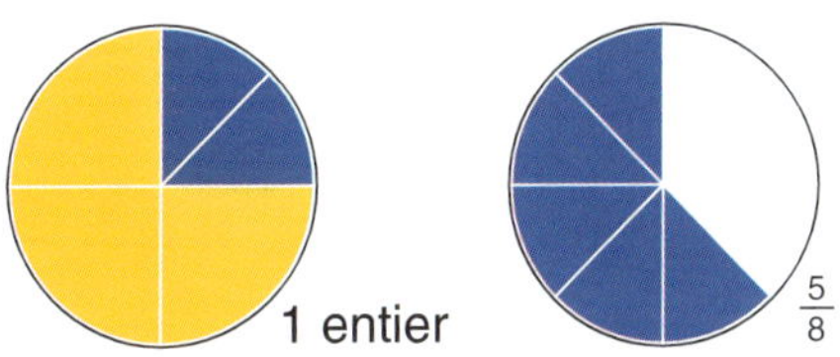

1 entier plus 5 huitièmes, c'est 1 et 5 huitièmes.

Donc, $\frac{3}{4} + \frac{7}{8} = 1\frac{5}{8}$ ← C'est une addition.
$1\frac{5}{8}$ est proche de $1\frac{3}{4}$.

La réponse est vraisemblable.
Simon et Ronny ont mangé $1\frac{5}{8}$ pizza en tout.

À ton tour

Utilise des blocs-formes ou des cercles de fractions au besoin.

1. Écris une addition pour décrire la partie colorée de chaque image.

a) 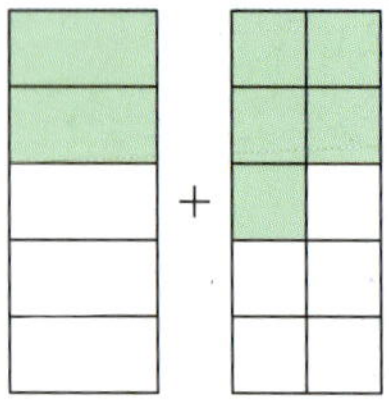

b) 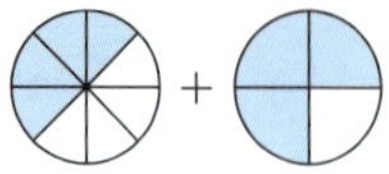

c) 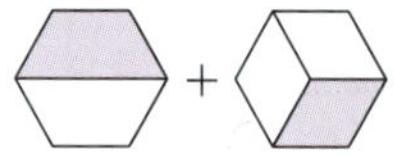

2. Fais une estimation. Utilise une droite numérique.
Chaque somme est-elle plus grande que 1 ou plus petite que 1 ?
Comment le sais-tu ?

a) $\frac{1}{4} + \frac{2}{4}$ **b)** $\frac{2}{5} + \frac{7}{5}$ **c)** $\frac{3}{4} + \frac{1}{2}$ **d)** $\frac{1}{10} + \frac{3}{4}$

3. Effectue ces additions.

a) $\frac{2}{3} + \frac{1}{3}$ **b)** $\frac{3}{4} + \frac{2}{4}$ **c)** $\frac{1}{2} + \frac{2}{3}$ **d)** $\frac{5}{6} + \frac{1}{3}$

e) $\frac{2}{8} + \frac{1}{4}$ **f)** $\frac{2}{3} + \frac{4}{6}$ **g)** $\frac{5}{8} + \frac{3}{4}$ **h)** $\frac{1}{3} + \frac{3}{4}$

Réponds aux questions 4 à 9 par une fraction irréductible si possible.

4. Patrice mange $\frac{3}{4}$ d'un sandwich le midi et $\frac{3}{4}$ d'un sandwich après l'école.
Combien de sandwichs Patrice mange-t-il en tout ?
Explique ta réponse à l'aide de dessins, de mots ou de symboles.

Math +

Musique

Les notes de musique ressemblent aux fractions. Chaque note a une durée donnée. La ronde a la plus longue durée, elle représente l'unité. La blanche a une durée égale à $\frac{1}{2}$ de celle de la ronde. La noire a une durée égale à $\frac{1}{4}$ de celle de la ronde. La croche a une durée égale à $\frac{1}{8}$ de celle de la ronde. Et la double croche a une durée égale à $\frac{1}{16}$ de celle de la ronde.

ronde blanche noire croche double croche

5. Nimmi joue de la flûte $\frac{1}{2}$ heure par jour.
Elle joue aussi de la guitare $\frac{3}{4}$ d'heure par jour.
Combien de temps Nimmi joue-t-elle de la musique chaque jour ?

6. Le perroquet de Linette adore les oranges.
Il mange $\frac{1}{4}$ d'une orange au petit déjeuner et $\frac{3}{4}$ d'une orange au dîner.
Quelle quantité le perroquet mange-t-il en tout ?

7. Samedi, Roberta nage $\frac{5}{6}$ d'heure le matin et $\frac{1}{2}$ heure l'après-midi.
Combien de temps Roberta nage-t-elle ce jour-là ?

8. De combien de façons peux-tu additionner $\frac{2}{3}$ et $\frac{5}{6}$?
Explique chaque façon à l'aide de dessins.

9. C'est l'anniversaire de Tai. Chaque personne invitée apporte un cadeau.
Ce diagramme représente les cadeaux de Tai.

Les cadeaux d'anniversaire de Tai

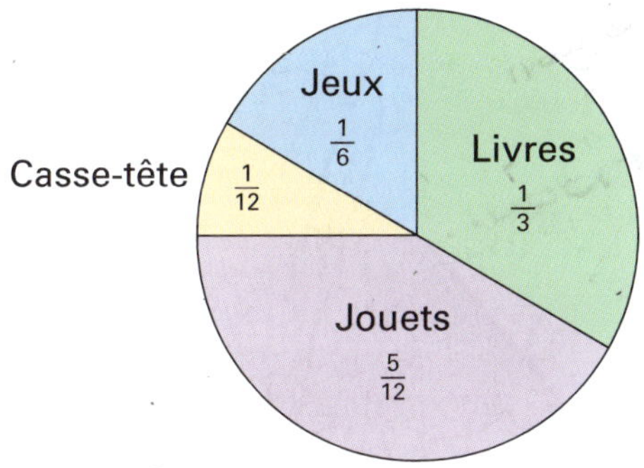

a) Quelle fraction des cadeaux correspond :
- à des jouets et des livres ?
- à des casse-tête et des jouets ?
- à des jeux et des casse-tête ?
- à des livres et des jeux ?

b) Nomme les 2 types de cadeaux qui représentent $\frac{1}{4}$ de tous les cadeaux. Explique comment tu le sais.

Réfléchis

Avant d'additionner 2 fractions, comment peux-tu dire si la somme est plus grande ou plus petite que 1 ? Donne des exemples.

Joue avec les nombres

Spécialiste de la calculatrice

Décris 3 façons de trouver le quotient de 196 ÷ 4 sans utiliser la touche [÷].

LEÇON 5

Soustraire des fractions

Explore

Tu as besoin de cercles de fractions.

Explore des façons d'effectuer ces soustractions à l'aide de parties de cercles de fractions.
Note ton travail.

$\frac{5}{8} - \frac{2}{8}$ $\quad$ $\frac{3}{4} - \frac{1}{4}$

$\frac{1}{2} - \frac{1}{4}$ $\quad$ $\frac{3}{4} - \frac{1}{8}$

$\frac{5}{6} - \frac{2}{3}$ $\quad$ $\frac{2}{3} - \frac{1}{4}$

Qu'as-tu **trouvé ?**

Présente tes solutions aux élèves d'une autre équipe.
Montre comment tu as trouvé les différences à l'aide de parties de cercles de fractions.

Découvre

Clara et Béatrice colorient chacune une roulette.
Clara colorie $\frac{2}{3}$ de sa roulette. Béatrice colorie $\frac{1}{2}$ de sa roulette.
Trouve la différence entre les parties coloriées de chaque roulette.
Effectue la soustraction : $\frac{2}{3} - \frac{1}{2}$

Voici une façon de trouver la différence de $\frac{2}{3} - \frac{1}{2}$:

- Fais une estimation : $\frac{2}{3}$ se trouve entre $\frac{1}{2}$ et 1.
  Donc, $\frac{2}{3} - \frac{1}{2}$, c'est moins que $\frac{1}{2}$.

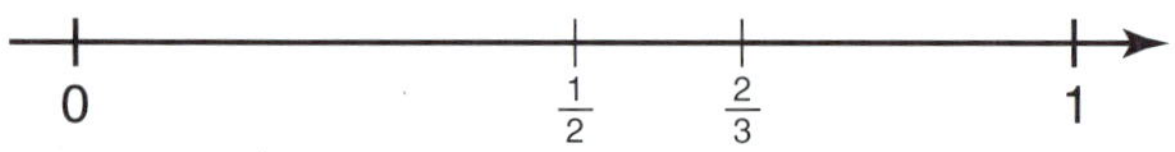

 OBJECTIF | Soustraire des fractions à l'aide de matériel.

Représente $\frac{2}{3}$ avec des parties de cercles de fractions.

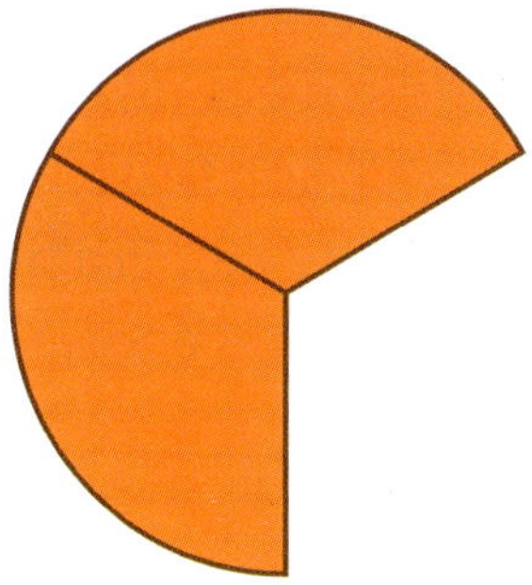

Pose la partie égale à $\frac{1}{2}$ sur la partie égale à $\frac{2}{3}$.

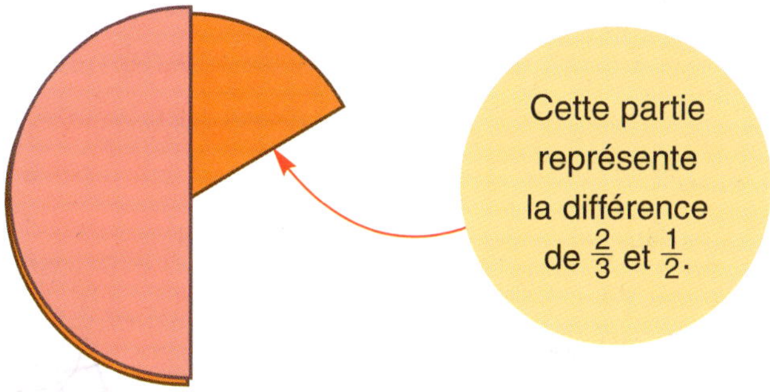

Trouve une partie de cercle de fractions égal à la différence.

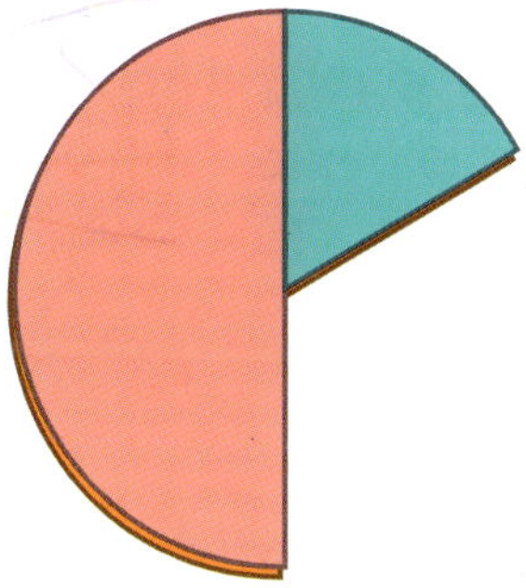

La différence est $\frac{1}{6}$.

Donc, $\frac{2}{3} - \frac{1}{2} = \frac{1}{6}$

Clara a colorié $\frac{1}{6}$ de plus sur sa roulette que Béatrice.

À ton tour

Utilise des cercles de fractions.

1. Fais une estimation. Utilise une droite numérique.
Chaque différence est-elle plus grande que $\frac{1}{2}$ ou plus petite que $\frac{1}{2}$?
Comment le sais-tu ?

a) $\frac{5}{6} - \frac{1}{2}$ **b)** $\frac{7}{8} - \frac{1}{8}$ **c)** $\frac{4}{6} - \frac{1}{3}$ **d)** $1 - \frac{5}{6}$

2. Effectue ces soustractions.

a) $\frac{3}{4} - \frac{2}{4}$ **b)** $\frac{5}{8} - \frac{3}{8}$ **c)** $\frac{5}{6} - \frac{1}{3}$ **d)** $\frac{7}{8} - \frac{3}{4}$

e) $\frac{3}{4} - \frac{1}{3}$ **f)** $1 - \frac{1}{3}$ **g)** $\frac{3}{4} - \frac{2}{3}$ **h)** $\frac{3}{6} - \frac{1}{3}$

3. Sam a le premier rôle dans la pièce de théâtre de l'école.
Il doit encore mémoriser $\frac{1}{2}$ de son texte.
Sam a mémorisé $\frac{1}{3}$ de son texte aujourd'hui.
Quelle fraction de son texte doit-il encore mémoriser ?

4. Freida a $\frac{3}{4}$ d'une bouteille de soda au gingembre.
Elle utilise $\frac{1}{2}$ bouteille de soda pour faire son punch aux fruits.
Combien de soda reste-t-il dans la bouteille ?

5. Sylvie doit faire un devoir de mathématiques de $\frac{3}{4}$ de page.
Elle fait $\frac{1}{3}$ de page après le souper.
Quelle partie du devoir lui reste-t-il à faire ?

6. Ayal se prépare pour un test d'études sociales.
Il a étudié $\frac{1}{6}$ de la matière lundi et $\frac{1}{2}$ mardi.
Ayal dit qu'il lui reste seulement $\frac{1}{3}$ de la matière à étudier.
A-t-il raison ? Comment le sais-tu ?

7. Hector joue du violon pendant $\frac{3}{4}$ d'heure.
Johanna joue pendant $\frac{5}{6}$ d'heure.
a) Qui joue le plus longtemps ?
b) Quelle fraction d'heure de plus ?
Explique comment tu le sais.

8. La différence de deux fractions est $\frac{1}{3}$.
a) Quelles peuvent être ces deux fractions ?
b) Combien de paires de fractions peux-tu trouver ?

9. La somme de deux fractions est $\frac{5}{6}$.
Une de ces fractions est $\frac{1}{2}$.
Quelle est l'autre fraction ?

Joue avec les nombres

Stratégie numérique

Trouve chaque produit.

24×9

12×18

6×36

3×72

Décris les régularités que tu remarques.

Réfléchis

Compare la soustraction et l'addition de deux fractions. Quelles sont les ressemblances ? Quelles sont les différences ?

Des fractions équivalentes

Ton enseignante ou ton enseignant va te remettre des cartes.

Le but du jeu est de trouver le plus de paires de cartes qui montrent des expressions équivalentes.

➤ Mêle les cartes.
Place les cartes face contre table. Fais 4 rangées de 5 cartes.

➤ Jouez à tour de rôle.
Retourne 2 cartes.
Si les expressions sont équivalentes, conserve les cartes.
Si les expressions ne sont pas équivalentes, replace les 2 cartes.

➤ Continuez de jouer à tour de rôle. La partie se termine quand il ne reste plus de cartes.
L'élève qui a le plus de cartes gagne la partie.

LEÇON 6

Explorer les pourcentages

Que signifie « 9 chiens sur 10 » ?

Explore

Un groupe d'élèves planifie un voyage au parc national du Gros-Morne, à Terre-Neuve-et-Labrador.

Lors d'un sondage, les élèves ont nommé le site qu'ils désirent le plus visiter.

Le tableau indique les résultats du sondage.

Combien d'élèves y a-t-il dans le groupe ? Quelle fraction des élèves a choisi chaque site ?

Site	Nombre d'élèves
Le phare de Lobster Cove Head	21
Le sentier pédestre des Tablelands	24
L'étang Western Brook (excursion en bateau)	33
Le camp de pêche à Broom Point	22

Qu'as-tu trouvé ?

Montre tes résultats aux élèves d'une autre équipe.
Comment as-tu trouvé le nombre total d'élèves ?
De quelle autre façon peux-tu nommer chaque fraction ?
Quelle fraction des élèves n'a pas choisi l'étang Western Brook ?
Explique ta réponse.

 OBJECTIF | Exprimer une quantité inférieure ou égale à 1 à l'aide d'un pourcentage.

Découvre

Cette grille de centièmes contient 100 carrés.
La grille représente 1 entier.

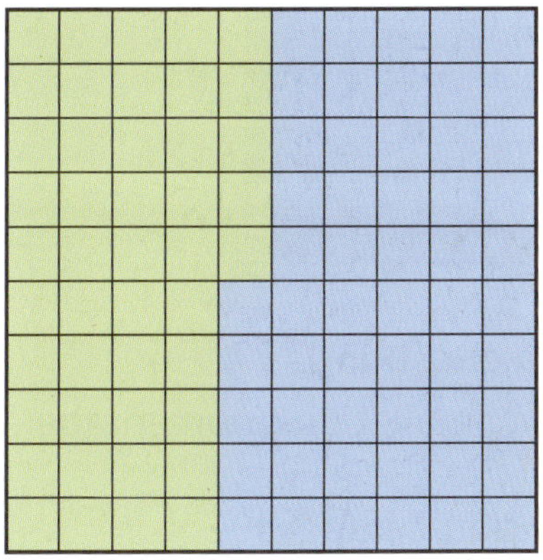

Chaque carré représente $\frac{1}{100}$ de la grille.
Quarante-cinq carrés sont verts.
Cinquante-cinq carrés sont bleus.

Voici 4 façons de décrire la partie verte de la grille :

- Compare le nombre de carrés verts avec le nombre total de carrés :
  45 carrés sur 100 sont verts.
- Écris une fraction.
  $\frac{45}{100}$ de la grille sont verts.
- Écris un nombre décimal.
  0,45 de la grille sont verts.
- Écris un **pourcentage.** Utilise le symbole du pourcentage : %.
  45 % de la grille est verte.

Voici 4 façons de décrire la partie bleue de la grille :

- Compare le nombre de carrés bleus avec le nombre total de carrés :
  55 carrés sur 100 sont bleus.
- Écris une fraction.
  $\frac{55}{100}$ de la grille sont bleus.
- Écris un nombre décimal.
  0,55 de la grille sont bleus.
- Écris un pourcentage.
  55 % de la grille est bleue.

À ton tour

1. Représente la partie colorée de chaque grille par une fraction avec des centièmes, un nombre décimal et un pourcentage.

a)

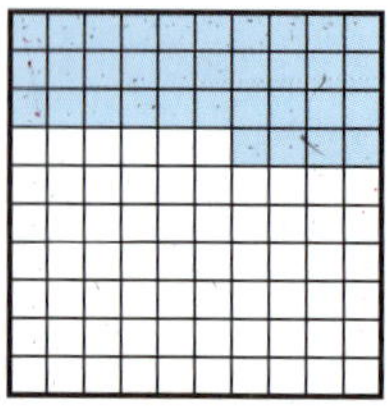

b)

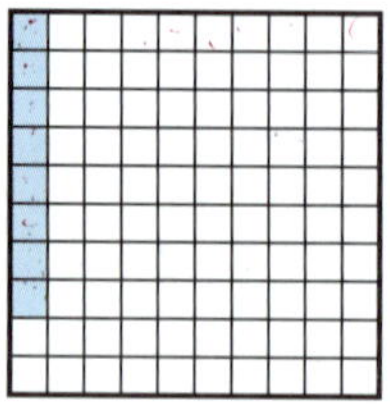

c)

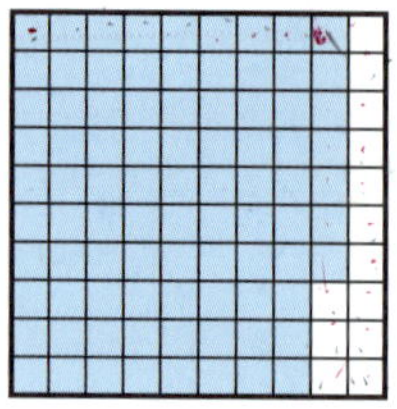

2. Représente la partie blanche de chaque grille de la question 1 par une fraction avec des centièmes, un nombre décimal et un pourcentage.

3. Pour chaque grille de la question 1, additionne les pourcentages correspondant à la partie colorée et à la partie blanche. Que remarques-tu ? Pourquoi obtiens-tu ce résultat, selon toi ?

4. Estime le pourcentage de chaque grille qui est coloré. Puis, compte les carrés pour vérifier.

a)

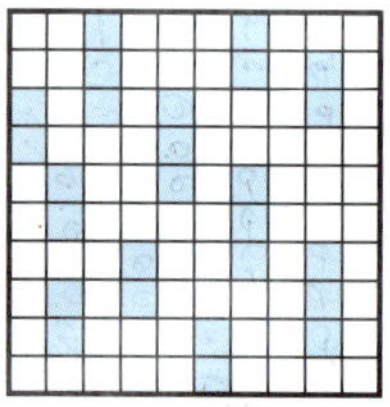

b)

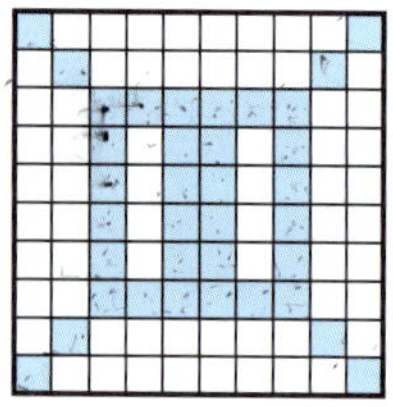

c)

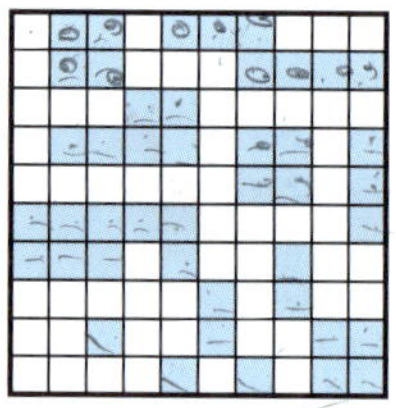

5. Colorie une grille de centièmes pour représenter chaque pourcentage. Écris chaque pourcentage comme un nombre décimal.

a) 84 % **b)** 17 % **c)** 25 % **d)** 100 %

6. **a)** Colorie 20 % d'une grille de centièmes en rouge, 13 % en bleu, 32 % en vert et 23 % en jaune.

b) Écris une fraction pour décrire chaque partie colorée.

c) Écris un nombre décimal et un pourcentage pour décrire la partie blanche de la grille.

7. **a)** Utilise une grille de centièmes. Choisis une couleur pour chaque site de la section **Explore.** Colorie la grille pour représenter le nombre d'élèves qui ont choisi chaque site.

b) Écris un pourcentage pour décrire chaque section de la grille en a).

Joue avec les nombres

Stratégie numérique

Arrondis chaque nombre au dixième près et à l'unité près.

- 0,678
- 0,507
- 4,999
- 12,125
- 45,986

8. Écris chaque expression comme un pourcentage et comme un nombre décimal.

a) 64 sur 100 **b)** $\frac{50}{100}$ **c)** 1 sur 100 **d)** $\frac{17}{100}$

9. Écris chaque pourcentage comme une fraction avec des centièmes et comme un nombre décimal.

a) 13 % **b)** 5 % **c)** 79 % **d)** 64 %

10. Quatre-vingt-dix-sept pour cent de l'eau sur Terre est de l'eau salée. Quel pourcentage représente l'eau douce ? Comment le sais-tu ?

11. Ce diagramme indique la teneur en eau de certains aliments.

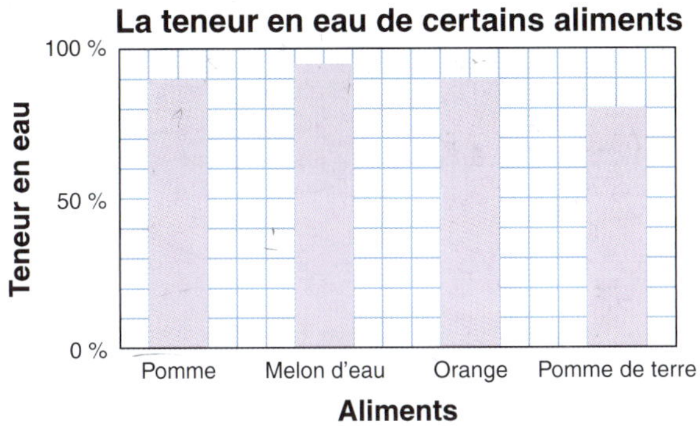

a) Environ quel pourcentage de chaque aliment l'eau représente-t-elle ?
b) Environ quel pourcentage de chaque aliment n'est pas de l'eau ?
c) Écris chaque pourcentage dans le diagramme comme une fraction.

12. Janette achète un lecteur de CD portatif en solde. Le prix courant est de 100 $. Janette paye 89 $.

a) Quel pourcentage du prix courant Janette paie-t-elle ?
b) Quel pourcentage du prix courant représente le rabais ?

13. Salvo dit que sur les 100 élèves de la chorale, 62 % sont des filles et 48 % sont des garçons. Cela est-il possible ? Comment le sais-tu ?

À la maison

Les pourcentages décrivent souvent des rabais. Regarde des circulaires livrées chez toi. Écris 3 pourcentages qui décrivent des rabais. Place ces pourcentages par ordre décroissant. Quel est le meilleur rabais ?

Réfléchis

Que signifie « pour cent » ? Explique ta réponse à l'aide de mots et de dessins.

LEÇON 7

Établir la relation entre les fractions, les nombres décimaux et les pourcentages

Voici le plan d'une garderie.
Comment peux-tu décrire chaque partie du plan ?

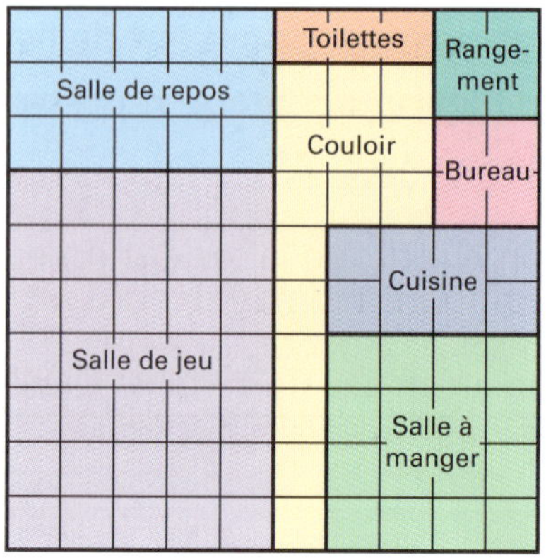

Explore

Tu as besoin d'une grille de 10 cm sur 10 cm.

➤ Dessine le plan d'un appartement.
Ton plan doit comprendre :
- deux chambres ;
- une cuisine et un coin-repas ;
- un salon ;
- une salle de bains ;
- une buanderie.

Le salon doit être la plus grande pièce.
La cuisine et le coin-repas doivent être en forme de L.
Une chambre doit être plus grande que l'autre.
La buanderie doit être la plus petite pièce.

➤ Décris chaque partie de ton plan à l'aide d'une fraction, d'un nombre décimal et d'un pourcentage.

Qu'as-tu trouvé ?

Montre ton plan aux élèves d'une autre équipe.
Quelles sont les ressemblances entre vos plans ?
Quelles sont les différences ? Compare les stratégies que vous avez utilisées pour décrire chaque partie du plan de 3 façons.

 OBJECTIF | Établir la relation entre les pourcentages, les fractions et les nombres décimaux.

Découvre

➤ Les fractions, les nombres décimaux et les pourcentages sont 3 façons de décrire les parties d'un tout.

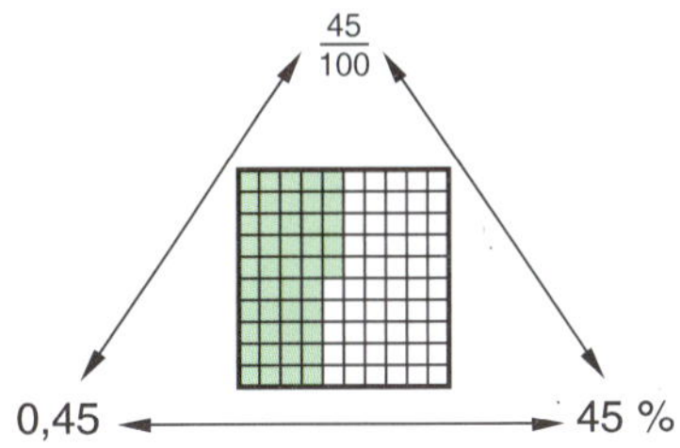

Tu peux écrire une fraction comme un nombre décimal et un pourcentage. Tu peux écrire un nombre décimal comme une fraction et un pourcentage. Tu peux écrire un pourcentage comme une fraction et un nombre décimal.

Un pourcentage permet de décrire n'importe quelle partie d'un tout.

➤ Quel pourcentage de cette figure est coloré ?

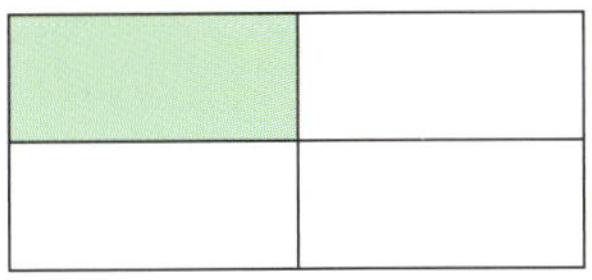

$\frac{1}{4}$ de la figure est coloré.

Pense : *Pour cent* veut dire « sur 100 ». Il faut écrire une fraction équivalente avec des centièmes.

$$\frac{1 \times 25}{4 \times 25} = \frac{25}{100} = 25\ \%$$

$\frac{25}{100}$, c'est 0,25.
Donc, 0,25 de la figure est colorée.

25 % de la figure est colorée.

➤ Quel pourcentage des jetons est jaune ?

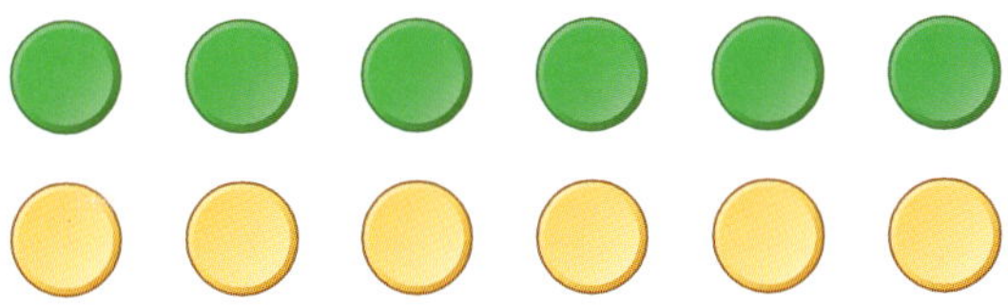

$\frac{6}{12}$, ou $\frac{1}{2}$ des jetons sont jaunes.

Écris une fraction équivalente avec des centièmes.

$$\frac{1 \times 50}{2 \times 50} = \frac{50}{100} = 50\ \%$$

$\frac{50}{100}$, c'est 0,50.
Donc, 0,50 des jetons sont jaunes.

50 % des jetons sont jaunes.

À ton tour

1. Représente chaque fraction à l'aide de matériel de base dix ou d'une grille de centièmes.
Écris le pourcentage et le nombre décimal correspondants.
a) $\frac{6}{100}$ **b)** $\frac{81}{100}$ **c)** $\frac{17}{50}$ **d)** $\frac{3}{10}$
e) $\frac{1}{50}$ **f)** $\frac{1}{5}$ **g)** $\frac{7}{20}$ **h)** $\frac{3}{4}$

2. Représente chaque nombre décimal à l'aide de matériel de base dix ou d'une grille de centièmes.
Écris la fraction et le pourcentage correspondants.
Rends chaque fraction irréductible.
a) 0,97 **b)** 0,03 **c)** 0,16 **d)** 0,5

3. Représente chaque pourcentage à l'aide de matériel de base dix ou d'une grille de centièmes.
Écris la fraction et le nombre décimal correspondants.
Rends chaque fraction irréductible.
a) 14 % **b)** 99 % **c)** 25 % **d)** 40 %

4. Quel pourcentage de chaque tout est coloré ?
Comment le sais-tu ?

a)
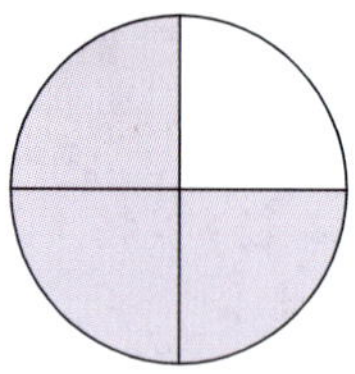

b)

c)
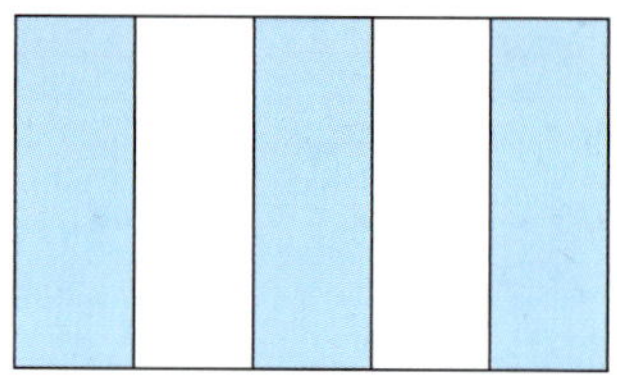

5. Quel pourcentage de chaque ensemble est coloré ?
Comment le sais-tu ?

a)
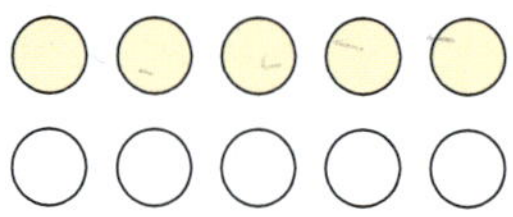

b)
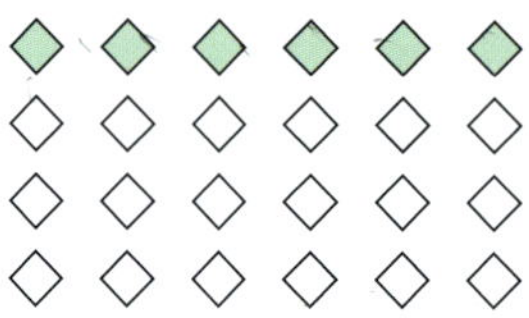

c)
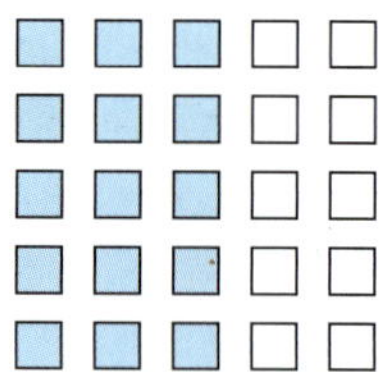

6. Chaque fraction est-elle plus grande que 50 % ou plus petite que 50 % ?
Explique comment tu le sais.
a) $\frac{7}{10}$ **b)** $\frac{3}{4}$ **c)** $\frac{11}{25}$ **d)** $\frac{6}{6}$

7. Luis utilise une calculatrice pour trouver un nombre décimal et un pourcentage équivalents à $\frac{1}{4}$.
Que fait-il, selon toi ?

8. Utilise les données du tableau.
Indique si chaque énoncé est vrai ou faux.
Explique comment tu le sais.

a) Les adultes et les personnes âgées forment plus de 50 % du public.

b) Les enfants et les adolescents forment $\frac{58}{100}$ du public.

c) Les adultes forment plus de $\frac{1}{4}$ du public.

d) Les adolescents et les adultes forment moins de 0,5 du public.

Le public

Groupe d'âge	Pourcentage
Enfants	13 %
Adolescents	45 %
Adultes	34 %
Personnes âgées	8 %

9. Monica construit ce solide avec des cubes emboîtables.
Elle construit 9 autres solides identiques.
Elle les place côte à côte pour former un carré.
Monica dit qu'elle peut écrire un pourcentage et un nombre décimal équivalents à $\frac{6}{10}$ et à $\frac{4}{10}$ pour décrire ce carré. A-t-elle raison ?
Explique ta réponse.

10. Ravi a eu 18 sur 20 à un test de mathématiques.
Karine a eu 85 % au test.
Qui a eu la meilleure note ?
Explique ta réponse.

11. Quel nombre est le plus petit ?
Quel nombre est le plus grand ?
Comment le sais-tu ?

10 % $\frac{1}{10}$ 0,01

12. Écris un pourcentage qui représente :

a) une petite quantité de quelque chose ;

b) presque le tout de quelque chose ;

c) un peu plus de $\frac{3}{4}$ de quelque chose ;

d) entre 0,25 et 0,50 de quelque chose.

Comment as-tu choisi chaque pourcentage ?

Réfléchis

Compare les fractions, les nombres décimaux et les pourcentages. Quelles sont les ressemblances ? Quelles sont les différences ?
Donne des exemples.

Joue avec les nombres

Stratégie numérique

Écris tous les facteurs premiers de chaque nombre.

- 1000
- 64
- 72
- 18

Estimer et trouver un pourcentage

Quel nombre représente le mieux la partie colorée de cette figure : $\frac{1}{4}$, $\frac{3}{10}$, $\frac{2}{5}$, $\frac{1}{2}$, $\frac{3}{5}$, $\frac{3}{4}$ ou 1 ?

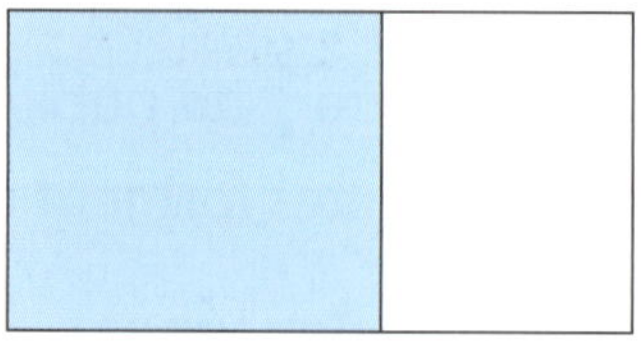

Explore

Tu as besoin d'un transparent d'un cercle de fractions avec des dixièmes. Ton enseignante ou ton enseignant va te remettre ces cercles.

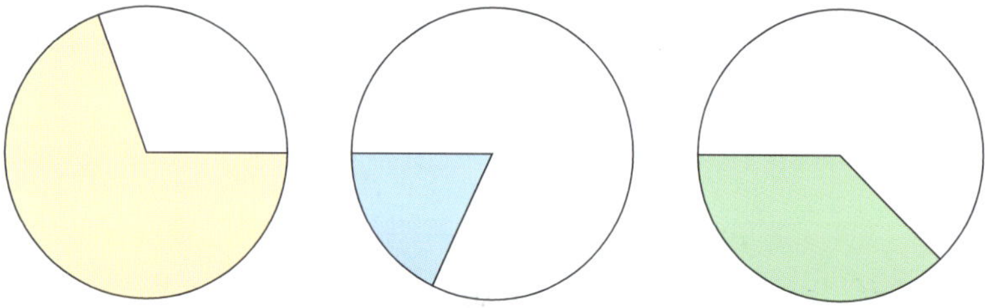

- Estime le pourcentage de chaque cercle qui est coloré. Note tes estimations. Place le transparent sur chaque cercle pour vérifier tes estimations.
- Quatre-vingts élèves ont nommé leur sport préféré lors d'un sondage. Le diagramme circulaire indique les résultats. Estime le pourcentage d'élèves qui ont nommé le hockey.

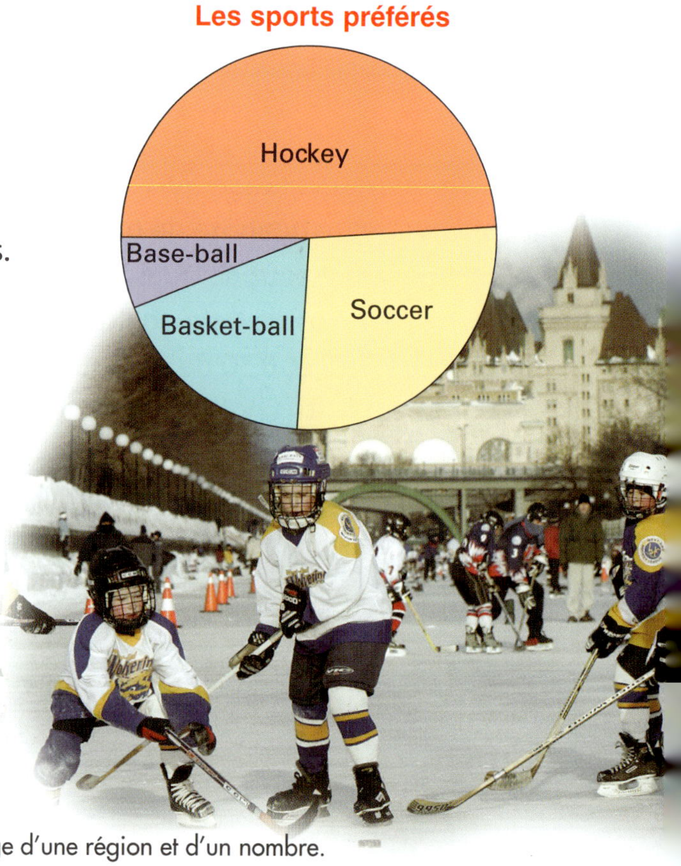

Qu'as-tu trouvé ?

Montre tes résultats aux élèves d'une autre équipe. Pour chaque sport, estime le pourcentage des élèves qui l'ont choisi. Comment sais-tu que tes réponses sont vraisemblables ?

Découvre

Tu peux résoudre des problèmes de pourcentages à l'aide des relations entre les fractions, les nombres décimaux et les pourcentages.

➤ Sylvie a une collection de 197 figurines de sport. Environ 25 % de ces figurines représentent des joueurs de hockey. Estime le nombre de figurines qui représentent des joueurs de hockey.

Arrondis 197 à 200.
Trouve 25 % de 200.

$25\ \% = \frac{25}{100}$

Trouve une fraction équivalente avec 200 au dénominateur.

$$\frac{25}{100} \overset{\times 2}{=} \frac{50}{200}$$

(×2 au numérateur et ×2 au dénominateur)

Donc, 25 % de 200 = 50
25 % de 197, c'est environ 50.

Environ 50 figurines représentent des joueurs de hockey.

➤ Parmi les 30 élèves de la classe de Louis, 14 prennent l'autobus scolaire. Estime le pourcentage d'élèves qui prennent l'autobus scolaire.

15, c'est $\frac{1}{2}$ de 30.
Donc, 14, c'est presque $\frac{1}{2}$ de 30.

Pense : *Pour cent* signifie « sur 100 ».
Trouve une fraction équivalente avec 100 au dénominateur.

$$\frac{1}{2} \overset{\times 50}{=} \frac{50}{100}, \text{ ou } 50\ \%$$

(×50 au numérateur et ×50 au dénominateur)

Près de 50 % des élèves prennent l'autobus scolaire.

➤ Jacy gagne 150 $ à pelleter la neige.
Il utilise 40 % de son argent pour acheter un lecteur de CD.
Quel est le prix de ce lecteur de CD ?

Le lecteur coûte 40 % de 150 $.
Voici 2 façons de trouver 40 % de 150 $:

$40\ \% = \frac{40}{100}$ ou $\frac{4}{10}$
Pour trouver $\frac{4}{10}$ de 150, trouve une fraction équivalente avec 150 au dénominateur.

$$\frac{4}{10} \overset{\times 15}{=} \frac{60}{150}$$

Donc, 40 % de 150 = 60
Le lecteur de CD coûte 60 $.

$40\ \% = \frac{40}{100}$, ou $\frac{4}{10}$
$\frac{1}{10}$ de $150 = \frac{150}{10} = 15$
Donc, $\frac{4}{10}$ de $150 = 4 \times 15$
$= 60$
Le lecteur de CD coûte 60 $.

À ton tour

1. Estime le pourcentage de chaque figure qui est coloré.
Montre ton travail.

a) 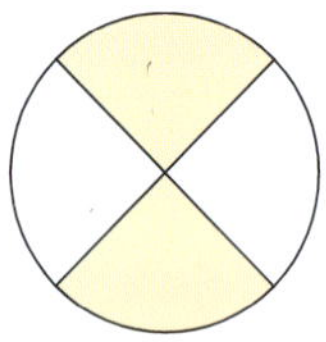

b) 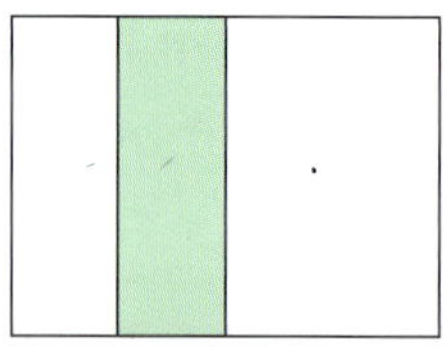

c) 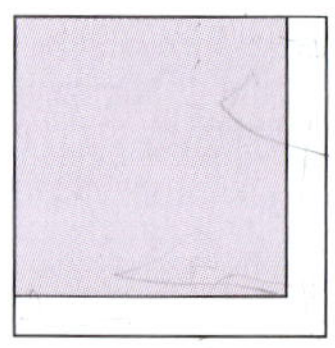

2. **a)** Quel pourcentage des jetons est vert ?
b) Quel pourcentage est jaune ?

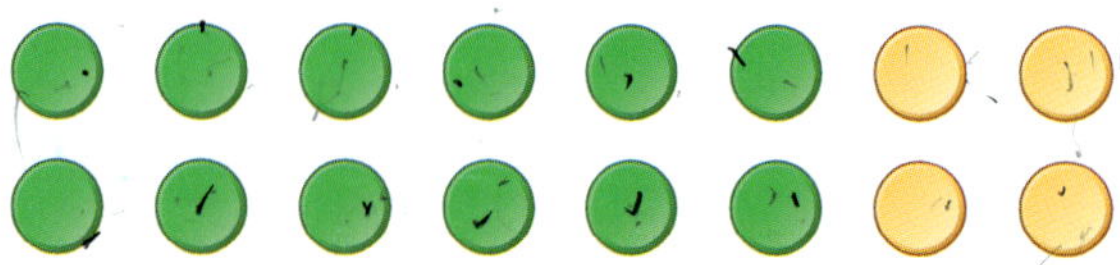

3. Fais une estimation.
a) 9 % de 80 **b)** 51 % de 140 **c)** 19 % de 75
d) 10 % de 62 **e)** 75 % de 104 **f)** 25 % de 47

4. Trouve chaque nombre.
a) 50 % de 20 **b)** 25 % de 60 **c)** 10 % de 80
d) 75 % de 200 **e)** 50 % de 400 **f)** 25 % de 8 $

5. Tina mène un sondage.
Elle découvre que 6 de ses camarades sur 23 suivent des cours de musique.
   a) Estime le pourcentage des camarades de Tina qui suivent des cours de musique.
   b) Estime le pourcentage de ses camarades qui ne suivent pas de cours de musique.

6. Shania fait un test de 24 questions à choix multiples.
Combien de questions doit-elle réussir pour avoir une note de 75 % ?
Explique comment tu le sais.

7. Mayumi a 60 cartes de sports.
Elle donne 30 % de ses cartes à Charlie.
Combien de cartes lui reste-t-il ?

8. L'équipe de hockey de Ramon a marqué 12 buts.
Ramon a marqué 25 % des buts.
Combien de buts Ramon a-t-il marqués ?

9. Aline a reçu 50 $ pour son anniversaire.
Elle dépense 30 % de son argent pour acheter un CD.
Peut-elle acheter un jeu d'ordinateur qui coûte 30 $, taxe incluse ?
Comment le sais-tu ?

10. Dix pour cent de 300, c'est 30.
Comment peux-tu trouver 90 % de 300 ?

11. a) Joseph a eu 45 sur 100 dans un test de mathématiques.
Écris cette note en pourcentage.
   b) Joseph a eu 80 % dans un test vrai ou faux de sciences.
Il a eu 20 bonnes réponses.
Combien y avait-il de questions dans le test ?

Réfléchis

Invente ton propre problème de pourcentage.
Résous ce problème. Montre ton travail.

Joue avec les nombres

Calcul mental

Trouve chaque produit à l'aide de $25 \times 25 = 625$.

- 26×25
- 25×27
- 24×26
- 25×50

LEÇON 9

Explorer les rapports

Cassie observe les oiseaux. Elle voit 6 pics maculés et 3 orioles du Nord perchés sur une clôture.

Cassie fait quelques comparaisons.

- Le nombre de pics maculés comparé au nombre d'orioles : 6 pics maculés pour 3 orioles
- Le nombre de pics maculés comparé au nombre d'oiseaux : 6 pics maculés sur 9 oiseaux

Cassie aurait pu comparer les oiseaux à l'aide de fractions. Quelle fraction des oiseaux sont des pics maculés ? Quelle fraction des oiseaux sont des orioles ?

Explore

Tu as besoin de douze jetons bicolores et d'un gobelet en papier.

➤ Place les douze jetons bicolores dans le gobelet. Brasse le gobelet et verse les jetons sur la table.

➤ Compare les jetons de toutes les façons que tu peux. Écris chaque comparaison.

Qu'as-tu trouvé ?

Montre tes réponses aux élèves d'une autre équipe. Dans quelle réponse compares-tu une partie de l'ensemble à une autre partie de l'ensemble ? Dans quelle réponse compares-tu une partie de l'ensemble au tout ?

Découvre

Martin a 4 lapins bruns et 4 lapins blancs.

Un **rapport** est une comparaison entre 2 quantités de même nature.

➤ Tu peux utiliser des rapports pour comparer le nombre de lapins bruns au nombre de lapins blancs.

Le rapport du nombre de lapins bruns au nombre de lapins blancs est 4 à 5. Tu écris 4 : 5.

Le rapport du nombre de lapins blancs au nombre de lapins bruns est 5 à 4, ou 5 : 4.

le rapport du nombre de lapins blancs au nombre de lapins bruns :

5 à 4 ou 5 : 4

Il s'agit de rapports de partie-à-partie.

Les nombres 4 et 5 sont les **termes du rapport.**
L'ordre est important dans un rapport. Un rapport de 5 à 4 est différent d'un rapport de 4 à 5.

➤ Tu peux aussi comparer les parties au tout.
Voici d'autres rapports pour comparer les nombres de lapins :

le rapport du nombre de lapins bruns au nombre total de lapins :

4 à 9 ou 4 : 9 ou $\frac{4}{9}$. Il s'agit d'un rapport de partie-à-tout.

le rapport du nombre de lapins blancs au nombre total de lapins :

5 à 9 ou 5 : 9 ou $\frac{5}{9}$. Il s'agit d'un rapport de partie-à-tout.

Un rapport qui compare une partie à un tout est une fraction. Pour lire un rapport comme $\frac{4}{9}$, dis « un rapport de 4 à 9 ».

À ton tour

1. Écris chaque rapport de 2 façons.
   a) le nombre de pommes comparé au nombre de poires

   b) le nombre de casquettes comparé au nombre de foulards

   c) le nombre de roses comparé au nombre de marguerites

2. Écris le rapport :
   a) du nombre de coccinelles au nombre de fourmis ;
   b) du nombre de fourmis au nombre de coccinelles ;
   c) du nombre de coccinelles au nombre total d'insectes ;
   d) du nombre de fourmis au nombre total d'insectes.

3. Écris chaque rapport de toutes les façons que tu peux. Compare :
   a) le nombre de billes rouges au nombre de billes vertes ;
   b) le nombre de billes vertes au nombre total de billes ;
   c) le nombre de billes vertes au nombre de billes rouges ;
   d) le nombre de billes rouges au nombre total de billes.

4. Madame Zsabo a 13 filles et 11 garçons dans sa classe. Écris le rapport :
   a) du nombre de filles au nombre de garçons ;
   b) du nombre de garçons au nombre de filles ;
   c) du nombre de garçons au nombre total d'élèves ;
   d) du nombre de filles au nombre total d'élèves.

5. Que compare chaque rapport ?
   a) 3 : 4 **b)** $\frac{4}{7}$ **c)** 3 à 7 **d)** 4 : 3

6. Fais 2 schémas pour représenter le rapport 3 : 5.
Explique chaque schéma.

7. Écris 4 rapports qui décrivent cette image.
Explique ce que tu compares dans chaque rapport.

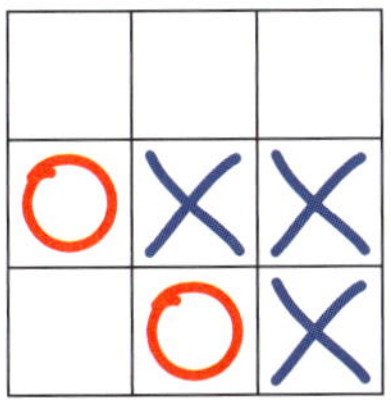

8. Écris un rapport qui compare :

a) le nombre de triangles au nombre de carrés ;
b) le nombre de carrés au nombre de rectangles ;
c) le nombre de triangles au nombre total de figures ;
d) le nombre de figures rouges au nombre de figures jaunes ;
e) le nombre de triangles jaunes au nombre de rectangles jaunes ;
f) le nombre de triangles rouges au nombre de carrés jaunes.

9. Écris tous les rapports que tu peux au sujet de la recette « Mélange montagnard ».
Explique ce que tu compares dans chaque rapport.

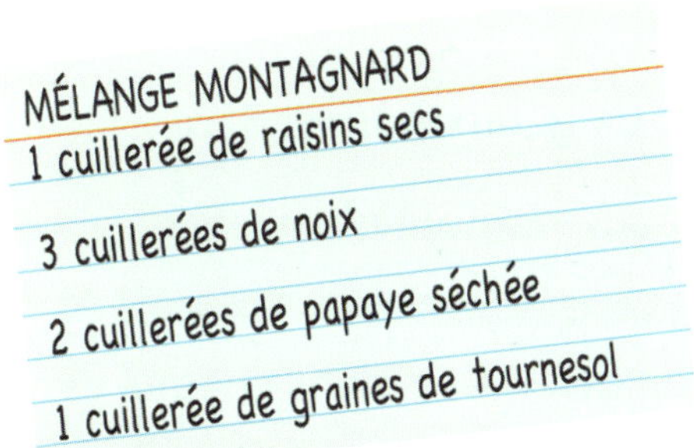

10. Explique comment tu peux déterminer le rapport du nombre d'élèves au nombre d'enseignantes et d'enseignants de ton école.

Réfléchis

Nomme les deux types de rapports.
Donne un exemple de chaque type.
Fais des schémas.

Joue avec les nombres

Spécialiste de la calculatrice

Trouve deux nombres qui ont une somme de 12,2 et un produit de 34,65.

LEÇON

10 Les rapports équivalents

Explore

De combien de façons peux-tu écrire chaque rapport ?

carrés rouges : carrés bleus
carrés rouges : tous les carrés
carrés bleus : tous les carrés

Qu'as-tu trouvé ?

Compare tes rapports avec ceux des élèves d'une autre équipe.
Quelles régularités remarques-tu dans les rapports ?
Écris d'autres rapports pour prolonger chaque suite.

Découvre

Kim aménage une platebande dans son jardin.
Elle plante 5 oeillets pour 3 géraniums.
Le rapport entre le nombre d'oeillets et le nombre de géraniums est 5 : 3.

Combien de géraniums Kim plante-t-elle pour chaque nombre d'oeillets ?

10 15 20

Écris le rapport du nombre d'oeillets au nombre de géraniums dans chaque cas.

Voici 2 façons de résoudre le problème :

➤ Représente les fleurs à l'aide de carreaux de couleur.
Les carreaux jaunes représentent les oeillets.
Les carreaux rouges représentent les géraniums.

- Commence avec 10 carreaux jaunes.

Pense : Pour 5 carreaux jaunes, il faut 3 carreaux rouges.
Place les carreaux jaunes en groupes de 5.
Tu peux former 2 groupes.
Donc, tu as besoin de 2 groupes de 3 carreaux rouges.

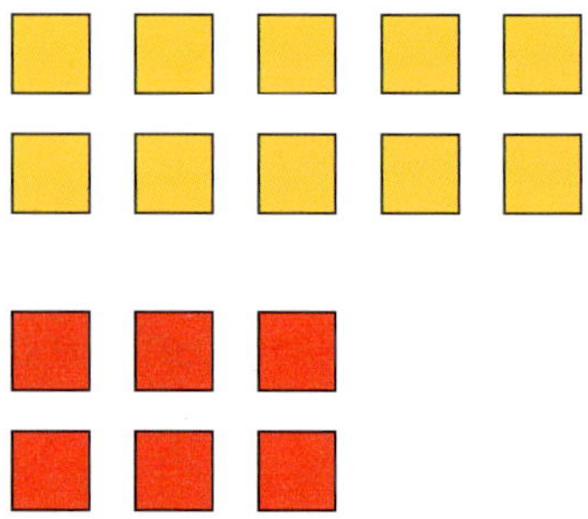

Tu as 6 carreaux rouges en tout.
Ils représentent 6 géraniums.
Le rapport du nombre d'oeillets au nombre de géraniums est 10 : 6.

- Ajoute un groupe de 5 carreaux jaunes.
  Tu as maintenant 15 carreaux jaunes.
  Ajoute un autre groupe de 3 carreaux rouges.
  Tu as maintenant 9 carreaux rouges.
  Ils représentent 9 géraniums.
  Le rapport du nombre d'oeillets au nombre de géraniums est 15 : 9.

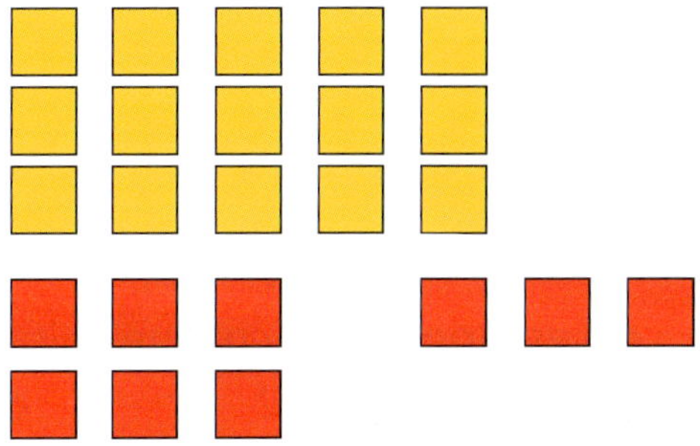

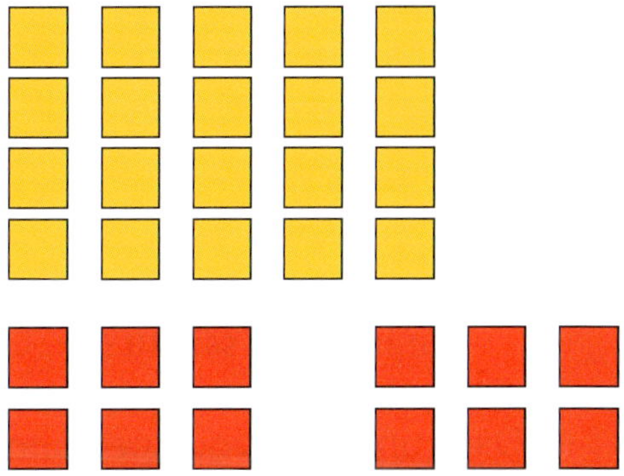

- Ajoute un groupe de 5 carreaux jaunes.
  Tu as maintenant 20 carreaux jaunes.
  Ajoute un autre groupe de 3 carreaux rouges.
  Tu as maintenant 12 carreaux rouges.
  Ils représentent 12 géraniums.
  Le rapport du nombre d'oeillets au nombre de géraniums est 20 : 12.

➤ Utilise un tableau et des régularités pour trouver les rapports.

Oeillets	Géraniums	Rapports
5	3	5 : 3
10	6	10 : 6
15	9	15 : 9
20	12	20 : 12

Il y a 5 oeillets pour 3 géraniums.

Pour obtenir 10 oeillets, multiplie 5 oeillets par 2.
Multiplie aussi 3 géraniums par 2. Tu as 6 géraniums.

Pour obtenir 15 oeillets, multiplie 5 oeillets par 3.
Multiplie aussi 3 géraniums par 3. Tu as 9 géraniums.

Pour obtenir 20 oeillets, multiplie 5 oeillets par 4.
Multiplie aussi 3 géraniums par 4. Tu as 12 géraniums.

Kim plante : 10 oeillets et 6 géraniums ;
15 oeillets et 9 géraniums ;
20 oeillets et 12 géraniums.

Voici les rapports du nombre d'oeillets au nombre de géraniums : 10 : 6, 15 : 9 et 20 : 12.
Chaque rapport est égal à 5 : 3.
Puisque ces rapports sont égaux, 5 : 3, 10 : 6, 15 : 9 et 20 : 12 sont des **rapports équivalents.**

À ton tour

1. Écris 2 rapports équivalents pour chaque rapport.

a) 3 : 1 **b)** 4 : 2 **c)** 1 : 2 **d)** 5 : 6 **e)** 3 : 5

f) 4 : 9 **g)** 7 : 8 **h)** 10 : 6 **i)** 1 : 1 **j)** 2 : 5

2. Écris un rapport équivalent dont l'un des termes est 20.

a) 4 : 5 **b)** 2 : 8 **c)** 7 : 4 **d)** 10 : 3

3. Les rapports de chaque paire sont-ils équivalents ? Explique comment tu le sais.

a) 7 à 14 et 1 à 2 **b)** 6 : 9 et 3 : 2 **c)** 1 à 10 et 4 à 40

4. Ce tableau indique le nombre de perles utilisées dans un collier.
Ginger veut faire un collier plus petit. Elle veut utiliser le même rapport entre le nombre de perles roses et de perles blanches.
Combien de colliers différents Ginger peut-elle faire ?
Comment le sais-tu ?

Couleur	Nombre
Rose	30
Blanc	35

5. Dans un jeu, chaque personne reçoit 5 cartes.
Remplis un tableau. Indique le nombre total de cartes distribuées s'il y a de 3 à 6 personnes qui jouent.
Écris chaque rapport entre le nombre de personnes et le nombre de cartes distribuées.

Nombre total de cartes distribuées	Nombre de personnes

6. Le rapport entre le nombre de joueuses et de joueurs de soccer et le nombre de ballons aux séances d'entraînement est 5 : 2.
Combien faut-il de ballons de soccer pour 20 joueuses et joueurs ?

7. La classe de Mme Olivieri fait un jeu en équipes.
Chaque équipe comprend le même nombre d'élèves.
Le rapport du nombre d'équipes au nombre d'élèves est 8 : 32.

a) Combien y a-t-il d'élèves dans la classe de Mme Olivieri ?

b) Combien y a-t-il d'élèves dans chaque équipe ?

8. Le mot « non » a un rapport voyelles à consonnes de 1 : 2.

a) Trouve 3 mots qui ont un rapport voyelles à consonnes de 2 : 3.

b) Choisis un rapport voyelles à consonnes. Trouve 3 mots qui ont ce rapport.

9. Le chef Blanc fait une vinaigrette. Il faut 4 parts d'huile pour 3 parts de vinaigre.
Le chef Blanc utilise 12 parts d'huile.
Combien de parts de vinaigre utilise-t-il ?

10. Une recette de salade de haricots demande 3 boîtes de haricots de Lima, 2 boîtes de haricots Pinto et 1 boîte de haricots communs.
Su Mei prépare cette salade pour une réunion familiale.
Elle utilise 9 boîtes de haricots de Lima.
   a) Combien de boîtes de haricots Pinto utilise-t-elle ?
   b) Combien de boîtes de haricots communs utilise-t-elle ?

11. Catherine fait du diabète.
Aux repas, elle doit estimer la masse de glucides qu'elle va manger en grammes. Elle s'injecte ensuite la quantité d'insuline requise.
Catherine a besoin de 1 unité d'insuline pour 15 g de glucides.
Le dîner de Catherine contient 60 g de glucides.
Combien d'unités d'insuline Catherine doit-elle s'injecter ?

12. Michelle fait du thé glacé. Elle utilise 3 tasses d'eau et 3 cuillerées de thé glacé en poudre.
Bart utilise 8 tasses d'eau et 5 cuillerées de thé en poudre.
Le thé glacé de Michelle et celui de Bart ont-ils la même force ?
Explique ta réponse.

13. Écris tous les rapports équivalents à 2 : 3 dont le deuxième terme est inférieur à 40.
Explique ton travail.

Réfléchis

Écris deux rapports équivalents.
Explique comment tu sais qu'ils sont équivalents.
Écris deux rapports qui ne sont pas équivalents.
Explique comment tu sais qu'ils ne sont pas équivalents.

Joue avec les nombres

Stratégie numérique

Trouve les 3 prochains termes de chaque suite.

- 3, 4, 6, 9, ...
- 94, 83, 72, 61, ...
- 5, 11, 23, 47, ...

Décris chaque régularité.

LEÇON

11 Explorer les taux

À quelle vitesse la voiture se déplace-t-elle ?
À cette vitesse, quelle distance va-t-elle parcourir en une demi-heure ? Quelle distance va-t-elle parcourir en 2 heures ?
Quelle est la signification du panneau routier ?

Explore

Tu as besoin d'une horloge ou d'une montre avec une trotteuse.

Prédis combien de triangles tu peux dessiner en 1 min.
Dessine le plus de triangles que tu peux en 1 min. Demande à ta ou à ton camarade de te chronométrer.
Compte les triangles.
Chronomètre 1 min pendant que ta ou ton camarade dessine des triangles.
Compare vos résultats.

À partir de ton résultat, prédis combien de triangles tu peux dessiner en 2 min, en 3 min et en 30 s.

Qu'as-tu trouvé ?

Montre tes résultats aux élèves d'une autre équipe.
Comment as-tu prédit le nombre de triangles que tu peux dessiner en 2 min, en 3 min et en 30 s ?
Quelles suppositions as-tu faites ?
Prédis combien de triangles tu peux dessiner en 1 h. Explique ta réponse.

 OBJECTIF | Exprimer deux quantités avec des unités différentes sous forme d'un taux.

Découvre

Ramona dessine 52 étoiles en 1 min.
Dis : « Ramona dessine à un taux de *52 étoiles par minute.* »
Écris : *52 étoiles/min.*

Voici d'autres taux :

- Une tortue se déplace à 0,2 km/h.
- La machine à bretzels produit 8 sacs de bretzels/min.
- Todd paie son essence 0,87 \$/L.
- Mon cactus pousse de 1,5 cm/an.

Un **taux** est un rapport qui compare deux choses avec des unités différentes. La vitesse de la tortue compare une distance en kilomètres à une durée en heures.

Tu peux résoudre des problèmes de taux à l'aide de dessins, de tableaux et de diagrammes.

➤ Juan tape 9 pages à l'ordinateur en 3 h.
Combien de pages peut-il taper en 5 h ?

Fais un dessin.
Juan tape 9 pages en 3 h.
En 1 h, il tape $\frac{9}{3}$ ou 3 pages.
Sa vitesse est de 3 pages/h.

Juan peut taper 5 × 3 ou 15 pages en 5 heures.

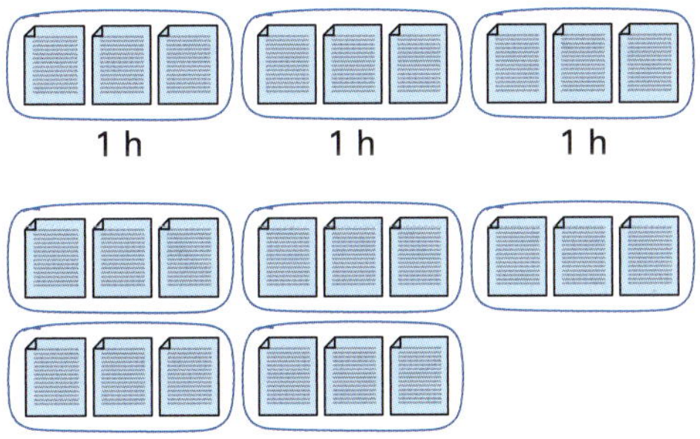

➤ Un épaulard se déplace à une vitesse moyenne de 50 km/h.
Quelle distance parcourt-il en 5 h ?

Construis un diagramme.
Situe des points qui représentent la distance parcourue :
100 km en 2 h, 200 km en 4 h, 300 km en 6 h.
Puis, trace une droite qui passe par l'origine et par ces points.

À partir du point qui correspond à 5 h sur l'axe du temps, trace une ligne verticale jusqu'à la droite qui relie les points.
Trace une ligne horizontale à partir du point de rencontre jusqu'à l'axe des distances.
Cette ligne coupe l'axe des distances au point correspondant à 250 km.

La baleine parcourt donc 250 km en 5 h.

Un épaulard qui se déplace à 50 km/h

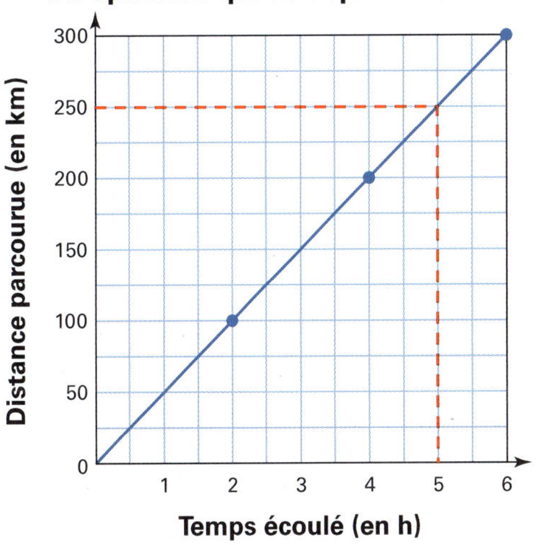

➤ Anita téléphone à sa tante en Écosse. Elle paie 0,95 $/min.
Anita reçoit une facture de 11,40 $.
Pendant combien de temps a-t-elle parlé à sa tante ?

Remplis un tableau.
Une minute coûte 0,95 $.
Additionne 0,95 $ pour chaque minute.
Prolonge le tableau. Arrête à 11,40 $.

Temps (en min)	1	2	3	4	5	6	7	8	9	10	11	12
Coût	0,95 $	1,90 $	2,85 $	3,80 $	4,75 $	5,70 $	6,65 $	7,60 $	8,55 $	9,50 $	10,45 $	11,40 $

Anita et sa tante ont parlé au téléphone pendant 12 min.

À ton tour

1. Écris chaque taux.
   a) La lecture rapide permet de lire 500 mots à la minute.
   b) Misha fait 13 tractions à la barre fixe en 1 min.
   c) Un guépard peut courir 70 km en 1 h.
   d) Un camion d'incendie utilise environ 200 L d'eau chaque minute pour combattre un incendie.

2. Mira parcourt 20 km à bicyclette en 2 h.
   À cette vitesse, quelle distance parcourt-elle en une heure ?
   Quelle distance parcourt-elle en une demi-heure ?

3. Jasmin fabrique 4 bracelets en 1 h.
   Combien de temps lui faut-il pour fabriquer 20 bracelets à cette vitesse ?

4. Un train se déplace à une vitesse moyenne de 80 km/h.
   Combien de temps lui faut-il pour parcourir 320 km ?

5. Ce diagramme indique la distance qu'un ouragan parcourt en 4 h.
   Quelle est la vitesse moyenne de l'ouragan, en kilomètres à l'heure ?

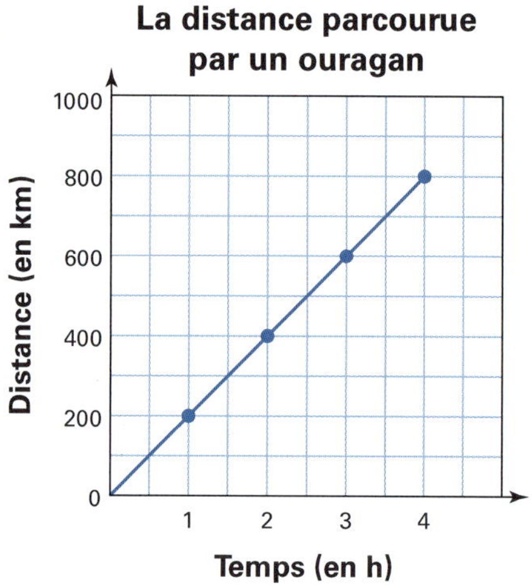

Ce diagramme et le diagramme de la page précédente sont des **diagrammes à ligne continue.**

6. Naja gagne 40 $ pour 5 h de travail.
Combien gagne-t-elle quand elle travaille 8 h ?

7. L'essence coûte 0,89 $/L.
Ali paie 18,69 $ pour remplir son réservoir.
Fais un tableau.
Combien de litres d'essence Ali a-t-elle achetés ?

8. Karina prend son pouls. Elle compte 21 battements en 15 s.
Construis un diagramme. À cette fréquence,
combien de battements Karine peut-elle compter :

a) en 30 s ? **b)** en 45 s ? **c)** en 1 min ?

9. Un escargot parcourt 12 m en 2 h.
Combien de temps lui faut-il pour parcourir 18 m
à cette vitesse ?

10. Ken a un entraînement de basket-ball de 90 min tous les 3 jours.

a) Combien de minutes Ken s'entraîne-t-il en 6 jours ?

b) Combien de jours faut-il pour que Ken s'entraîne 6 h ?

c) Peux-tu supposer que Ken s'entraîne 30 min par jour ?
Explique ta réponse.

11. Jacinthe fait 60 tractions à la barre fixe en 5 min.
Jamar fait 20 tractions à la barre fixe en 2 min.
Qui fait le plus de tractions par minute ?
Comment le sais-tu ?

12. Exprime la vitesse moyenne de chaque oiseau en kilomètres à l'heure.

a) Un aigle parcourt 90 km en 2 h.

b) Un hibou parcourt 19 km en une demi-heure.

c) Une oie armée de Gambie parcourt 9 km en 10 min.

Réfléchis

Donne 3 exemples de taux.
Explique ce que chaque taux signifie et
quand tu peux l'utiliser.

Joue avec les nombres

Stratégie numérique

Remplace □ par un nombre.
La somme doit être divisible
par 5 et par 11.

3 + 7 + 17 + 10 + □

Comment as-tu choisi
le nombre ?

LEÇON 12

La boîte à outils

Explore

Réponds à une question. Ta ou ton camarade doit répondre à l'autre.
Pense à voix haute quand tu choisis ta réponse.
Ta ou ton camarade doit entendre ton raisonnement.

Andréa a ces pièces de monnaie :
15 pièces de 1 ¢, 12 pièces de 10 ¢ et 8 pièces de 5 ¢.

1. Quelle fraction de ses pièces sont des pièces de 10 ¢ ?
   a) $\frac{12}{20}$ b) $\frac{12}{35}$
   c) $\frac{6}{17}$ d) $\frac{12}{27}$
2. Quel est le rapport entre le nombre de pièces de 1 ¢ et de pièces de 10 ¢ ?
   a) 15 : 8 b) 5 : 4
   c) 12 : 15 d) 3 : 7

Qu'as-tu trouvé ?

Montre ton travail aux élèves d'une autre équipe.
Quelles stratégies as-tu utilisées pour choisir ta réponse ?

Découvre

Voici des stratégies pour choisir la réponse d'une question à choix multiples :

Avant de commencer :

☑ Assure-toi de comprendre ce que tu dois faire.
Peux-tu prédire la réponse ?
Y a-t-il une seule bonne réponse ?
Où dois-tu écrire ta réponse ?

Des stratégies pour bien réussir

- Surmonte les difficultés.
- Vérifie et réfléchis.
- Concentre-toi sur le problème.
- Présente ton raisonnement.
- **Choisis une réponse.**
- Fais de ton mieux dans un test.
- Explique ta réponse.

 OBJECTIF | Explorer des stratégies pour répondre à des questions à choix multiples.

Savoir Réussir

Pour chaque question :

- ☑ Lis la question avec attention. Souligne les mots clés.
- ☑ Fais un dessin ou un calcul au besoin.
- ☑ Essaie de répondre à la question avant de lire les choix.
- ☑ Lis *tous* les choix.
- ☑ Quel choix est le plus proche de ta réponse ? C'est probablement la bonne réponse.
- ☑ Si tu as de la difficulté à choisir une réponse, relis chaque choix.
  - Raye les choix que tu rejettes.
  - Si deux choix semblent identiques, cherche une différence.

Organise ton temps et vérifie

- ☑ Garde les questions difficiles pour la fin.
- ☑ Si tu peux prédire, fais ta meilleure prédiction.
- ☑ Lis toutes les questions et tous les choix. Vérifie si tu as répondu à toutes les questions.

À ton tour

1. Quelle lettre correspond à la fraction $\frac{3}{5}$ sur cette droite numérique ?

2. Écris une question à choix multiples sur les fractions, les rapports ou les pourcentages d'un côté d'une fiche. Écris la réponse de l'autre côté. Échange ta fiche contre celle d'une ou d'un camarade. Réponds à la question que tu reçois.

Réfléchis

Quelle est ta stratégie préférée pour répondre à des questions à choix multiples ? Explique comment tu peux répondre aux questions.

Module 8 Montre ce que tu sais

LEÇONS

1 **1.** Écris 3 fractions équivalentes pour chaque fraction.

a) $\frac{3}{4}$ **b)** $\frac{3}{7}$ **c)** $\frac{18}{27}$ **d)** $\frac{20}{80}$

2. Rends chaque fraction irréductible.

a) $\frac{16}{32}$ **b)** $\frac{15}{20}$ **c)** $\frac{18}{45}$ **d)** $\frac{15}{50}$

2 **3.** Écris chaque nombre fractionnaire comme une fraction impropre.

a) $3\frac{1}{4}$ **b)** $7\frac{2}{3}$ **c)** $4\frac{1}{2}$ **d)** $2\frac{7}{8}$

4. Écris chaque fraction impropre comme un nombre fractionnaire.

a) $\frac{14}{5}$ **b)** $\frac{17}{8}$ **c)** $\frac{11}{3}$ **d)** $\frac{15}{6}$

1 2 **5.** Une classe commande des pizzas de 12 pointes chacune pour le dîner. Les élèves mangent 40 pointes.

a) Combien de pizzas les élèves ont-ils mangées ? Écris une fraction impropre et un nombre fractionnaire.

b) Combien de pizzas reste-t-il ? Écris une fraction irréductible.

3 **6.** Copie et complète ces énoncés. Utilise >, < ou =.

a) $\frac{3}{2}$ □ $1\frac{1}{2}$ **b)** $\frac{8}{5}$ □ $1\frac{7}{10}$ **c)** $\frac{25}{8}$ □ $2\frac{3}{4}$

7. Place les nombres par ordre croissant. Montre ton travail.

a) $\frac{9}{2}$, $2\frac{1}{6}$, $\frac{7}{3}$ **b)** $\frac{7}{2}$, $3\frac{1}{4}$, $\frac{15}{4}$ **c)** $\frac{35}{20}$, $1\frac{1}{4}$, $\frac{15}{10}$

4 5 **8.** Utilise des blocs-formes ou des cercles de fractions. Hanu mélange $\frac{1}{2}$ tasse de jus d'ananas et $\frac{1}{3}$ de tasse de soda pour faire une boisson aux fruits.

a) Quelle quantité de boisson aux fruits Hanu obtient-il ?

b) Hanu veut ajouter du jus d'orange pour avoir 1 tasse de boisson aux fruits. Quelle quantité de jus d'orange doit-il ajouter ?

5 **9.** Utilise des blocs-formes ou des cercles de fractions. La somme de deux fractions est $\frac{2}{3}$. Une de ces fractions est $\frac{1}{2}$. Quelle est l'autre fraction ?

LEÇONS

6 7 **10.** Utilise une grille de centièmes.

a) Colorie 14 % de la grille en vert, 45 % en jaune, 17 % en bleu et le reste en rouge.

b) Pour chaque partie colorée de la grille, écris la fraction irréductible équivalente.

c) Quel pourcentage de la grille est rouge ?

7 **11.** Conner a eu 23 sur 25 dans un test d'orthographe.
Rose a eu 88 % dans le test.
Qui a eu la meilleure note ? Comment le sais-tu ?

8 **12.** Annie économise 60 % de son argent de poche hebdomadaire. Elle dépense le reste.
Ses parents lui donnent 10 $ par semaine.
Combien d'argent Annie dépense-t-elle chaque semaine ?

13. Quel pourcentage de ces boutons est rouge ?

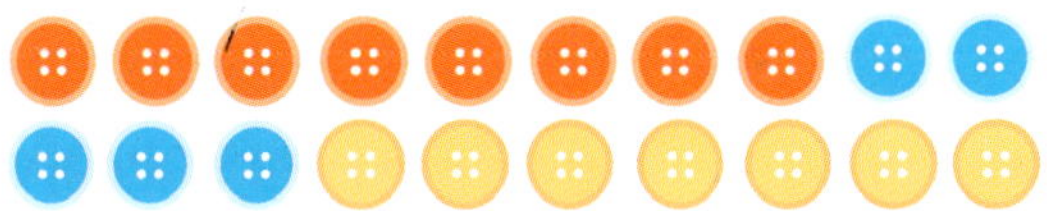

9 10 **14. a)** Écris tous les rapports que tu peux pour décrire les boutons de la question 13.
Explique la signification de chaque rapport.

b) Tu doubles le nombre de boutons de chaque couleur. Qu'est-ce que le rapport 40 : 16 décrit ?

11 **15.** Un serpent parcourt 36 m en 6 min.
Quelle distance parcourt-il en 9 min à cette vitesse ?

MODULE 8

Tes objectifs

- ✓ Rendre des fractions irréductibles.
- ✓ Établir la relation entre les nombres fractionnaires et les fractions impropres.
- ✓ Comparer et ordonner des nombres fractionnaires et des fractions.
- ✓ Explorer l'addition et la soustraction de fractions.
- ✓ Explorer les pourcentages.
- ✓ Établir la relation entre les pourcentages, les fractions et les nombres décimaux.
- ✓ Estimer et calculer des pourcentages.
- ✓ Résoudre des problèmes qui comprennent au moins deux étapes à l'aide de pourcentages.
- ✓ Faire des comparaisons à l'aide de rapports de partie-à-partie et de partie-à-tout.
- ✓ Explorer les rapports équivalents.
- ✓ Explorer les taux.
- ✓ Résoudre des problèmes qui comprennent des fractions, des pourcentages, des rapports et des taux.

Problème du module

Lis les étiquettes !

Au petit déjeuner, Robert aime manger un oeuf brouillé, une rôtie de pain de blé entier et 250 mL de lait au chocolat. Voici de l'information nutritionnelle sur ce petit déjeuner. Les pourcentages sont des pourcentages de l'apport quotidien recommandé.

Oeufs Information nutritionnelle Pour 1 gros oeuf (50 g)	
Calories	70
Matières grasses	5 g
Protéines	6 g
Calcium	2 %
Fer	2 %

Pain Information nutritionnelle Pour 2 tranches (90 g)	
Calories	210
Matières grasses	2,5 g
Protéines	8 g
Calcium	0 %
Fer	15 %

Lait au chocolat Information nutritionnelle Pour 250 mL	
Calories	160
Matières grasses	2,8 g
Protéines	8,6 g
Calcium	27 %

Attention : l'information nutritionnelle sur le pain concerne 2 tranches, mais Robert en mange 1 tranche.

1. Les enfants et les adolescents ont besoin d'environ 1 g de protéines par kilogramme de masse corporelle par jour.

a) Robert a une masse corporelle de 45 kg. Combien de grammes de protéines doit-il manger par jour ?

b) Combien de protéines y a-t-il dans son petit déjeuner, au gramme près ? Estime le pourcentage de l'apport quotidien recommandé que cela représente.

2. **a)** Trouve le nombre total de calories du petit déjeuner de Robert.
   b) Combien de matières grasses y a-t-il dans le petit déjeuner préféré de Robert, au gramme près ?
   c) Chaque gramme de matières grasses contient environ 9 calories. Environ combien de calories du petit déjeuner proviennent des matières grasses ?
   d) Selon les nutritionnistes, $\frac{1}{3}$ ou moins des calories que nous mangeons devraient provenir de matières grasses. Le petit déjeuner de Robert respecte-t-il cette règle ?

Liste de contrôle

Ton travail devrait montrer :
- ✓ des calculs exacts ;
- ✓ comment tu as estimé et calculé tes solutions ;
- ✓ l'utilisation de pourcentages pour résoudre des problèmes de la vie courante ;
- ✓ une description et une explication claires de ton raisonnement.

3. Les pourcentages de calcium indiqués sur les étiquettes se basent sur un apport quotidien recommandé de 1100 mg.
   a) Quel est le pourcentage total de calcium dans le petit déjeuner de Robert ?
   b) Environ quelle quantité de calcium y a-t-il dans son petit déjeuner ?

4. Les pourcentages de fer indiqués sur les étiquettes se basent sur un apport quotidien recommandé de 14 mg.
   a) Quel est le pourcentage total de fer dans le petit déjeuner de Robert ?
   b) Environ quelle quantité de fer y a-t-il dans son petit déjeuner ?

5. Choisis un petit déjeuner que tu aimes. Décris-le. Indique les portions. Copie l'information sur les calories, les matières grasses, les protéines, le calcium et le fer de l'étiquette de chaque produit. Réponds aux questions 1 à 4 pour ton petit déjeuner. Selon toi, ton petit déjeuner est-il bon pour la santé ? Explique ta réponse.

Retour sur le module

Quelle relation y a-t-il entre les fractions, les nombres décimaux et les pourcentages ? Donne des exemples.

Modules 1 à 8 Révision cumulative

Modules

1 **1.** Les deux premiers termes d'une suite récursive sont 2 et 5.
Quelle peut être la régularité ? Donne trois réponses.

2 **2.** Résous chaque équation. Explique pourquoi les réponses sont différentes.

a) $15 + 6 \div 3 =$ ____ **b)** $(15 + 6) \div 3 =$ ____

3. Il faut mettre des magazines dans des boîtes pour leur distribution.
Une personne peut remplir 45 boîtes en une heure.
Combien de personnes faut-il pour remplir 1200 boîtes par heure ?

3 **4.** **a)** À l'aide de cubes emboîtables, construis le solide représenté par ce développement.

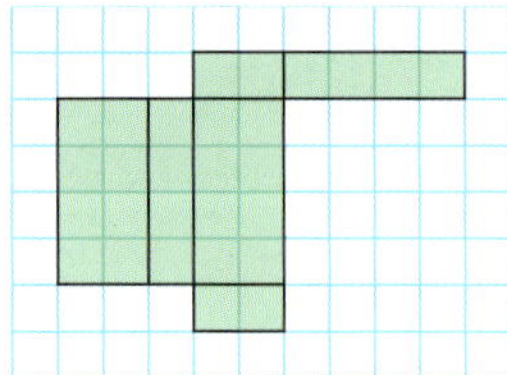

b) Dessine le solide sur du papier à points triangulé.

c) Dessine la vue de face, de dessus et de côté de l'objet.

4 **5.** Trouve chaque produit et chaque quotient.
Arrondis chaque réponse au millième près au besoin.

a) $7{,}5 \div 5$ **b)** $48 \times 0{,}001$ **c)** $24{,}31 \div 10$

d) $5{,}603 \times 3$ **e)** $29 \times 0{,}01$ **f)** $0{,}078 \div 4$

5 **6.** Ce tableau indique la production de truites au Canada en 2002.

Province	Ont.	T.-N.-L.	Sask.	Qc	N.-B.	N.-É.	C.-B.	Man.
Masse (en t)	4650	1600	914	850	550	434	100	16

a) Détermine la moyenne, la médiane et le mode des masses de truites produites.

b) Laquelle de ces trois mesures représente le mieux l'ensemble des masses ? Explique ta réponse.

7. Marie note les températures maximales prévues le premier jour du mois pendant 8 mois, en degrés Celcius.
Elle note également la température réelle.
Elle remplit un tableau.

a) Construis un nuage de points pour représenter ses données.

b) Le diagramme montre-t-il une tendance ? Explique ta réponse.

Maximum prévu (en °C)	10	9	13	15	17	17	22	23
Maximum réel (en °C)	8	12	10	14	17	20	21	25

6 **8.** Une boîte rectangulaire a 25 cm de longueur, 22 cm de largeur et 16 cm de hauteur.

a) Quel est le volume de cette boîte ? **b)** Quelle est son aire totale ?

Modules

7

9. Utilise du papier quadrillé à 1 cm.
Dessine un quadrilatère. Nomme-le ABCD.
Dessine un quadrilatère semblable à ABCD.
Nomme ce quadrilatère MNPQ.
Comment sais-tu que ABCD et MNPQ sont semblables ?

10. Décris l'ordre de symétrie de rotation du motif de ce carreau.

11. Quelles figures peux-tu utiliser pour former un dallage ?
Comment le sais-tu ?

a)  **b)** 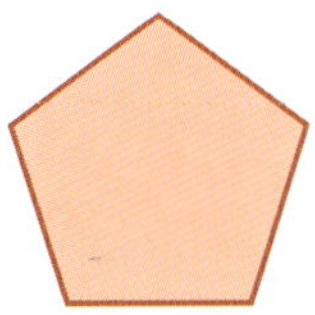 **c)** 

12. Choisis une figure de la question 11.
Utilise cette figure et des transformations pour créer un motif.
Explique ton travail.

8

13. Rends chaque fraction irréductible.

a) $\frac{25}{30}$ **b)** $\frac{12}{16}$ **c)** $\frac{8}{12}$ **d)** $\frac{21}{24}$

14. Effectue chaque addition ou soustraction.

a) $\frac{3}{5} + \frac{7}{10}$ **b)** $\frac{7}{8} - \frac{1}{4}$ **c)** $\frac{3}{4} + \frac{1}{2}$ **d)** $\frac{1}{4} + \frac{2}{3}$

15. Julie a 64 $. Elle dépense 25 % de son argent et économise le reste.
Combien d'argent Julie dépense-t-elle ?

16. Écris deux rapports équivalents pour chaque rapport.

a) 6 : 5 **b)** 4 : 10 **c)** 2 : 6 **d)** 5 : 3

17. Ingrid s'entraîne pour le marathon.
Elle boit 200 mL d'eau toutes les 15 min pour éviter la déshydratation. Ingrid va courir 90 min aujourd'hui.
Quelle quantité d'eau doit-elle apporter ?

MODULE

9 Le périmètre, l'aire et le volume

Faisons des cartes de souhaits

Les cartes de souhaits ont toutes sortes de formes et de grandeurs.

Il y en a pour toutes les occasions, ou presque !

Tes objectifs

- Mesurer et calculer le périmètre.
- Estimer, mesurer et calculer l'aire.
- Explorer la relation entre l'aire de rectangles, de parallélogrammes et de triangles.
- Élaborer une formule de l'aire d'un parallélogramme et une formule de l'aire d'un triangle.
- Élaborer des formules du volume et de l'aire totale d'un prisme triangulaire.
- Construire des polygones à partir des mesures du périmètre et de l'aire.

Mots clés

une variable

une base

une hauteur

- Quelles mesures dois-tu connaître pour fabriquer l'enveloppe d'une carte de souhaits ?
- Pourquoi faut-il connaître l'aire du papier utilisé pour calculer les coûts ?

LEÇON 1

Le périmètre

Comment peux-tu trouver le périmètre de ce carré ?
Rappelle-toi qu'une formule est une façon courte d'exprimer une règle.

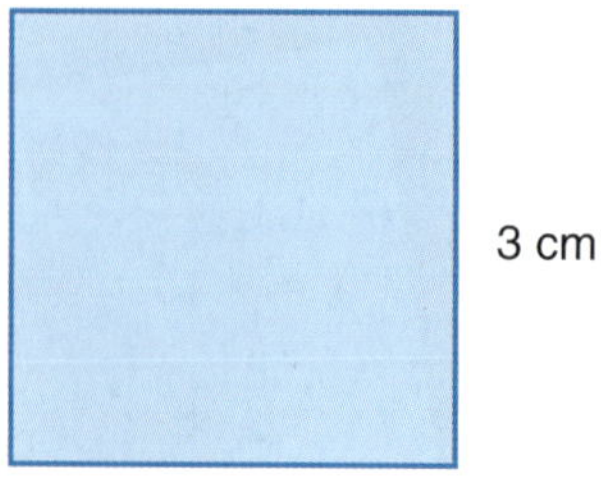

Explore

Tu as besoin de papier à points quadrillé et de papier à points triangulé.
Partage le travail avec tes camarades.

Dessine 15 polygones différents.
Il doit y avoir au moins :

- deux carrés,
- deux rectangles,
- deux parallélogrammes,
- deux losanges,
- deux triangles.

Trouve le périmètre de chaque polygone.
Pour quels polygones trouves-tu une façon courte de calculer le périmètre ?
Écris la façon courte sous la forme d'une formule.

Qu'as-tu **trouvé ?**

Montre tes formules aux élèves d'un autre groupe.
Compare les formules.
Discute des différences.
Pour quels types de polygones peux-tu écrire plus d'une formule ?
Explique ta réponse.

Découvre

Pour déterminer le périmètre d'un polygone, additionne les longueurs de ses côtés. Dans le cas de cet hexagone :

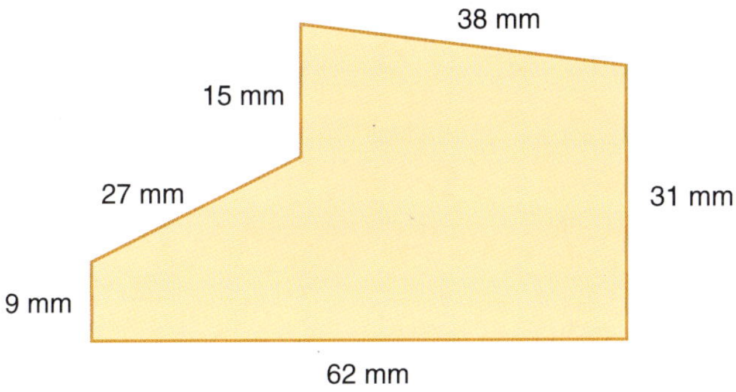

Périmètre $= 38 + 31 + 62 + 9 + 27 + 15$
$= 182$

Le périmètre de cet hexagone est de 182 mm.

Tu peux trouver une ou plusieurs façons courtes de calculer le périmètre de certains polygones.

➤ Un parallélogramme a deux paires de côtés congrus.

Voici une règle pour calculer le périmètre d'un parallélogramme :

Additionne les mesures d'un côté long et d'un côté court.
Multiplie la somme par 2.

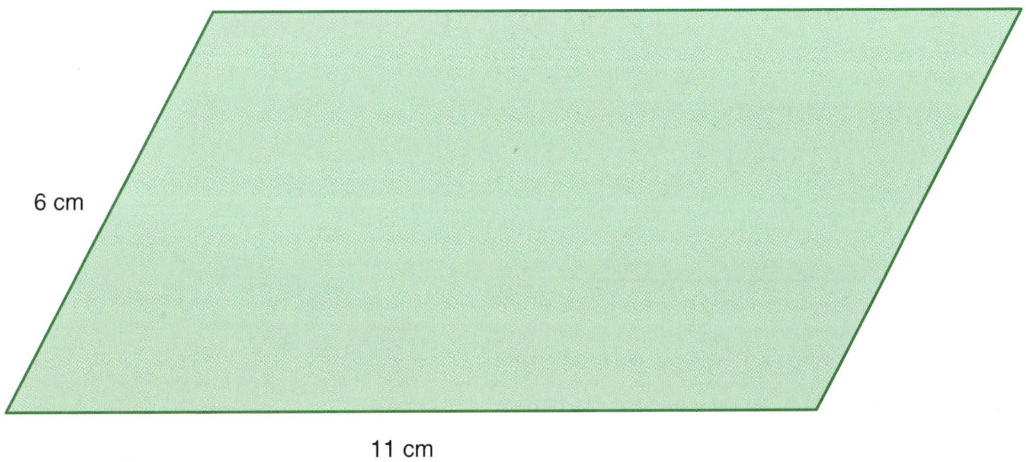

Formule :

Périmètre = (côté long + côté court) × 2

$P = (L + \ell) \times 2$
$= (11 + 6) \times 2$
$= 17 \times 2$
$= 34$

Le périmètre de ce parallélogramme est de 34 cm.

Utilise L pour représenter le côté long, ℓ pour le côté court et P pour le périmètre. Ce sont des **variables.**

À ton tour

1. Quelle unité utiliserais-tu pour mesurer le périmètre :
   a) d'un terrain de football ?
   b) du bureau de ton enseignante ou de ton enseignant ?
   c) d'une piscine ?
   d) du Manitoba ?
   e) d'un carreau de plancher ?
   Explique tes choix.

2. Mesure chaque parallélogramme. Puis, détermine son périmètre.
   Quelle unité de mesure utilises-tu ? Pourquoi ?
   Indique chaque périmètre dans une unité différente.

   a)

   b)
   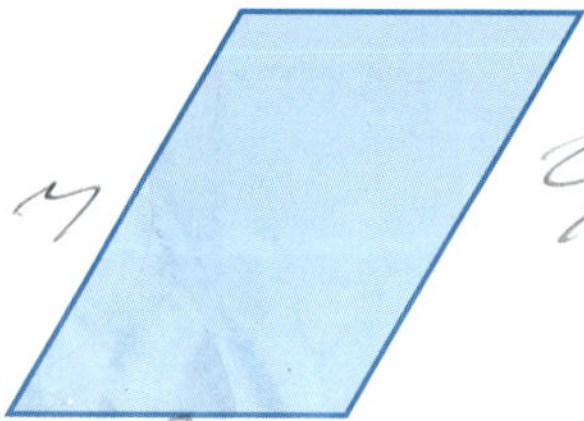

3. Examine les parallélogrammes de la question 2.
   Si leurs côtés longs mesurent 2 cm de plus, qu'arrive-t-il à chaque périmètre ?
   Explique ta réponse.

4. Détermine le périmètre de ce parallélogramme.

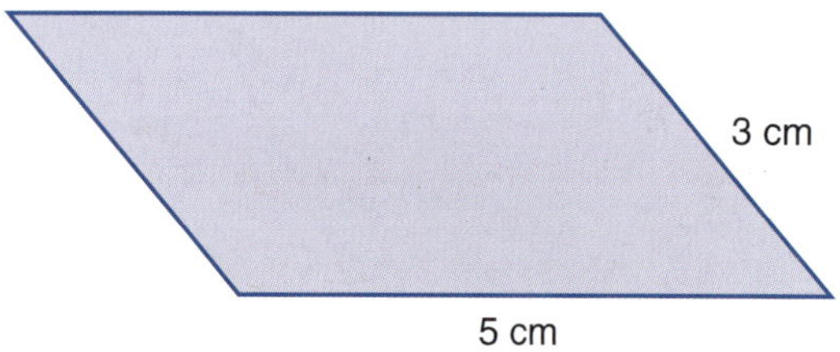

   Transforme le parallélogramme pour obtenir un périmètre de 20 cm. Décris ce que tu fais.
   Donne 2 réponses.

5. À la rubrique **Découvre,** tu as vu une formule du périmètre d'un parallélogramme.
   Écris une autre formule du périmètre d'un parallélogramme.
   Explique ton raisonnement.

Joue avec les nombres

Stratégie numérique

Chaque nombre est-il premier ou composé ? Comment le sais-tu ?

- 13
- 27
- 31
- 17
- 26

6. a) Trouve le périmètre de chaque polygone.

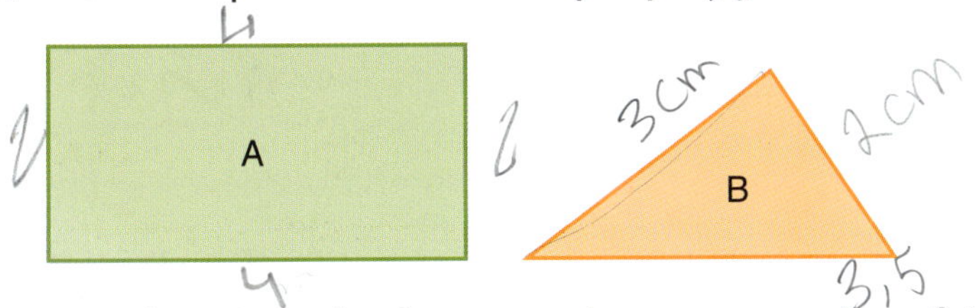

b) Tous les côtés de chaque polygone sont deux fois plus longs, qu'arrive-t-il à chaque périmètre ? Explique ta réponse.

7. Le périmètre d'un champ triangulaire est de 1,4 km. Quelle peut être la longueur de chaque côté ?

8. Ton enseignante ou ton enseignant va te remettre ces polygones réguliers.

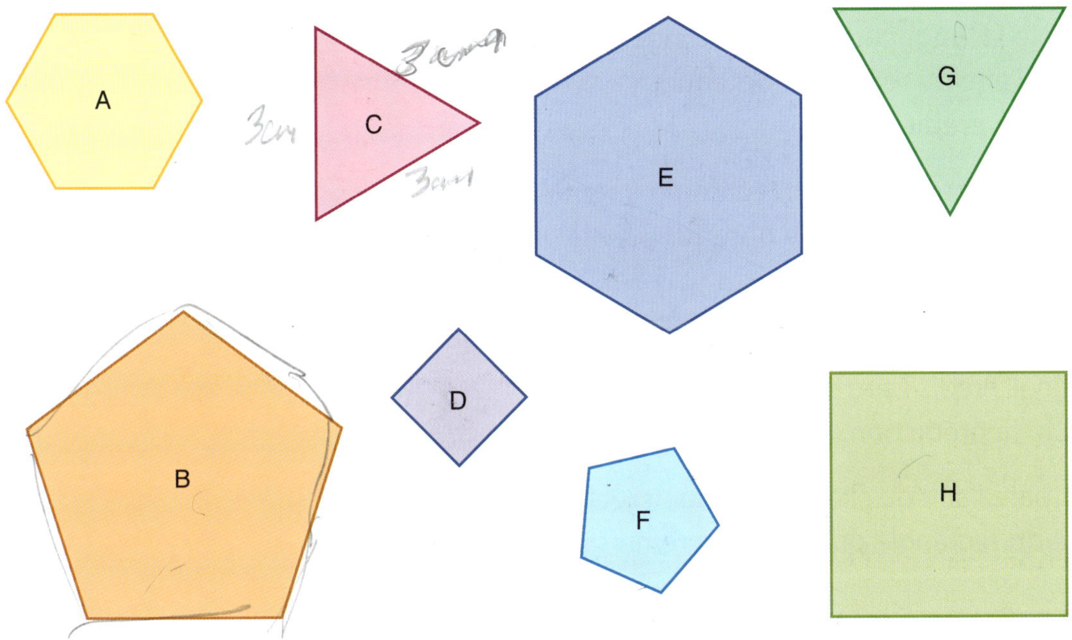

a) Calcule le périmètre de chaque polygone. Note-le.

b) Quelle est la relation entre le nombre de côtés d'un polygone régulier et son périmètre ? Écris une formule du périmètre d'un polygone régulier.

Réfléchis

Quelle est la relation entre la longueur des côtés d'une figure et son périmètre ? Donne des exemples.

À la maison

Choisis une pièce chez toi. Calcule le périmètre du plancher. Quelles unités de mesure as-tu utilisées ?

LEÇON 2

Explorer les rectangles

Explore

Tu as besoin de papier quadrillé à 1 cm.

➤ Dessine un rectangle de 2 cm sur 3 cm sur du papier quadrillé. Trouve l'aire de ce rectangle.

➤ Double la longueur de ton rectangle. Prédis l'aire du rectangle obtenu. Vérifie ta prédiction.

➤ Double la largeur de ton rectangle original. Prédis l'aire du rectangle obtenu. Vérifie ta prédiction.

➤ Double la longueur et la largeur de ton rectangle original. Prédis l'aire du rectangle obtenu. Vérifie ta prédiction.

➤ Compare l'aire de chaque nouveau rectangle avec l'aire du rectangle original. Que remarques-tu ?

Qu'as-tu trouvé ?

Montre ton travail aux élèves d'une autre équipe.
Décris les régularités que tu remarques.
Selon toi, qu'arrive-t-il à l'aire d'un rectangle quand la longueur triple ? Qu'arrive-t-il quand la largeur triple ? Qu'arrive-t-il quand la longueur et la largeur triplent ?

Découvre

Édouard construit une niche pour son chien.
Le plancher de la niche mesure 0,8 m sur 1,2 m.

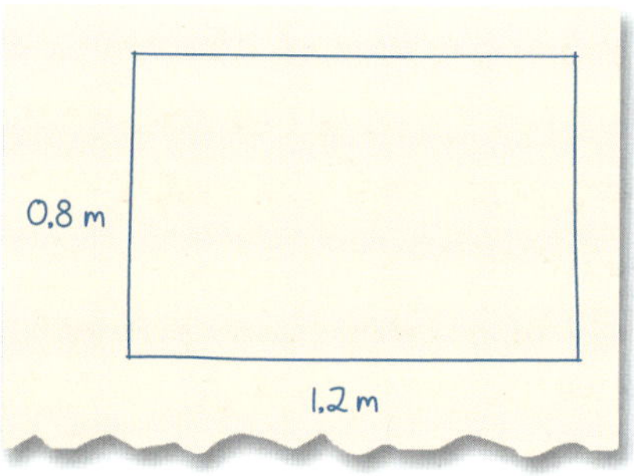

 OBJECTIF | Établir la relation entre la longueur des côtés et le périmètre et l'aire d'un rectangle.

➤ Utilise des formules pour trouver le périmètre et l'aire du plancher de la niche.

Périmètre = (côté long + côté court) × 2

$P = (L + \ell) \times 2$

$= (1,2 + 0,8) \times 2$

$= 2 \times 2$

$= 4$

Aire = longueur × largeur

$A = L \times \ell$

$= 1,2 \times 0,8$

$= 0,96$

Le périmètre du plancher de la niche est de 4 m.
L'aire est de 0,96 m^2.

➤ Écris l'aire du plancher de la niche en centimètres carrés.
Rappelle-toi que 1 m = 100 cm.

$A = (1,2 \times 100) \times (0,8 \times 100)$

$= 120 \times 80$

$= 9600$

L'aire du plancher de la niche est de 9600 cm^2.
Donc, 0,96 m^2 et 9600 cm^2 sont des aires égales.

Quand tu convertis une aire en mètres carrés en une aire en centimètres carrés, chaque dimension est multipliée par 100. Donc, l'aire est multipliée par 100 × 100, ou 10 000.

➤ Édouard double la largeur de la niche.
Compare le périmètre et l'aire du nouveau plancher avec le périmètre et l'aire du plancher original. Que remarques-tu ?

La largeur du nouveau plancher est de 2 × 0,8 m = 1,6 m.

$P = (L + \ell) \times 2$

$= (1,6 + 1,2) \times 2$

$= 2,8 \times 2$

$= 5,6$

$A = L \times \ell$

$= 1,6 \times 1,2$

$= 1,92$

Le périmètre du nouveau plancher est de 5,6 m.
L'aire est de 1,92 m^2.
Le périmètre du nouveau plancher dépasse de 5,6 m − 4 m = 1,6 m le périmètre du plancher original.
L'aire du nouveau plancher est de 1,92 m^2, c'est-à-dire 2 × 0,96 m^2.
Donc, l'aire du nouveau plancher est le double de l'aire du plancher original.

À ton tour

1. Quelle unité de mesure utiliserais-tu pour exprimer le périmètre et l'aire :
   a) d'un parc près de chez toi ?
   b) de la couverture de ton cahier ?
   c) du plancher de la bibliothèque de ton école ?
   d) du plafond du garde-robe de ta chambre ?
   e) du dessus d'une brosse à tableau ?
   Explique tes choix.

2. Trouve le périmètre et l'aire de chaque rectangle.
   Exprime chaque mesure dans deux unités.

a)

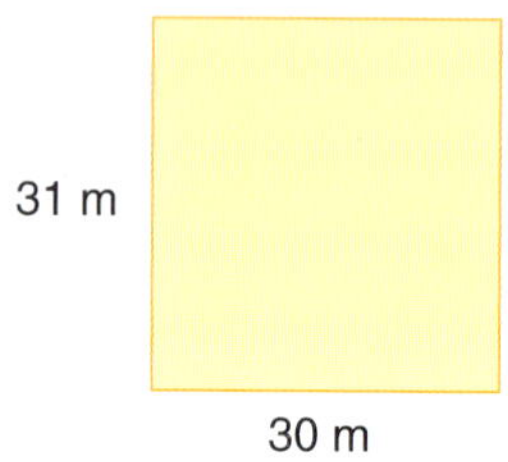

b)

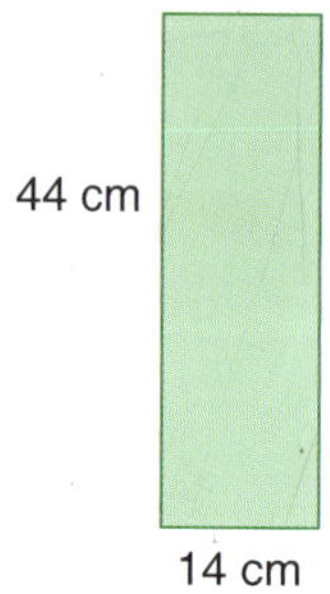

c)

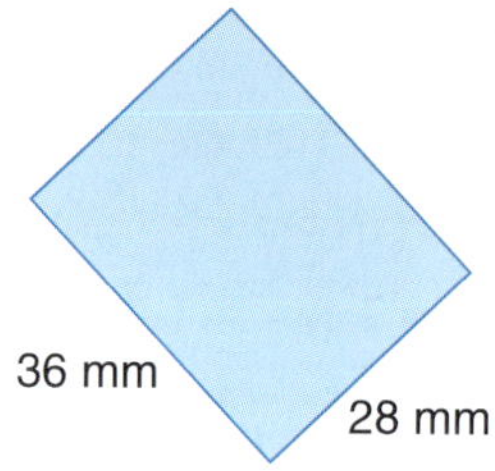

3. Pour chaque aire de la question 2, indique les facteurs et le produit.

4. Le rectangle A a une aire de 40 cm^2 et une longueur de 8 cm.
   L'aire du rectangle B est la moitié de l'aire du rectangle A.
   Les deux rectangles ont la même longueur.
   Quelle est la largeur du rectangle B ?

5. Quel rectangle a la plus grande aire ? Explique ta réponse.
   a) un rectangle avec une aire de 0,84 m^2
   b) un rectangle avec une aire de 8400 cm^2

Math +

Autour de toi

Nous utilisons des kilomètres carrés (km^2) ou des hectares (ha) pour exprimer les très grandes aires. Un hectare correspond à l'aire d'un carré avec des côtés de 100 m.
1 ha = 10 000 m^2

6. Un rectangle mesure 3 cm sur 5 cm.
Qu'arrive-t-il au périmètre de ce rectangle dans chaque cas ?
a) La largeur double.
b) La longueur double.
c) La longueur et la largeur doublent.
Montre ton travail.

7. Le périmètre d'un carré est de 20 cm.
Quelle est l'aire du carré ?
Comment le sais-tu ?

8. Léna utilise 34 m de clôture pour fermer un enclos rectangulaire dans sa cour.
Quelle peut être l'aire de l'enclos ?
Donne 3 réponses.

9. Une pièce carrée a une aire de 16 m^2.
Quel est le périmètre de cette pièce ?

10. Patricia confectionne des napperons rectangulaires.
L'aire d'un napperon est de 1200 cm^2.
Elle veut fixer une bordure tressée sur les côtés des napperons.
Quelle longueur de bordure faut-il pour chaque napperon ?
Y a-t-il plus d'une réponse ? Explique pourquoi.

Réfléchis

Qu'arrive-t-il au périmètre et à l'aire d'un rectangle quand tu multiplies sa longueur et sa largeur par un même nombre ?
Explique ta réponse à l'aide de dessins.

Joue avec les nombres

Stratégie numérique

Trouve chaque réponse.
Place les réponses par ordre croissant.

$3,57 \times 10$
$45,6 - 27,89$
$47,1 \div 3$
$9,83 + 2,77$

LEÇON 3

La boîte à outils

Explore

Christine a obtenu un certificat pour sa 4e année d'étude du saxophone. Elle veut l'encadrer avec un passe-partout de 5 cm de largeur.
Le certificat mesure 30 cm sur 25 cm.
Calcule l'aire de la vitre requise pour couvrir le certificat de Christine et le passe-partout.

Qu'as-tu trouvé ?

Montre ton travail aux élèves d'une autre équipe.
Décris la stratégie que tu as utilisée pour résoudre le problème.

Découvre

La boutique Sport et plus vend de l'équipement et des vêtements de planche à neige. L'intérieur de la boutique mesure 15 m sur 13 m. Le comptoir de caisse mesure 3 m sur 1 m. Une étagère mesure 11 m sur 2 m.
Il y a des carreaux sur le plancher autour du comptoir et de l'étagère. Quelle est l'aire de la partie du plancher qui est recouverte de carreaux ?

Comprends

Que sais-tu ?
- La boutique mesure 15 m sur 13 m.
- Le comptoir de caisse mesure 3 m sur 1 m. L'étagère mesure 11 m sur 2 m.
- Le plancher est recouvert de carreaux, sauf sous le comptoir et sous l'étagère.

Planifie

Quelle stratégie peux-tu utiliser pour résoudre ce problème ?
- Tu peux **faire un schéma.**
- Dessine l'intérieur de la boutique, le comptoir et l'étagère.
- Indique les dimensions sur le schéma.

Stratégies

- Fais un tableau.
- Utilise un modèle.
- Fais un schéma.
- Résous un problème plus simple.
- Travaille à rebours.
- Prédis et vérifie.
- Dresse une liste ordonnée.
- Cherche une régularité.
- Construis un diagramme.
- Utilise le raisonnement logique.

 OBJECTIF | Interpréter un problème et choisir une stratégie appropriée.

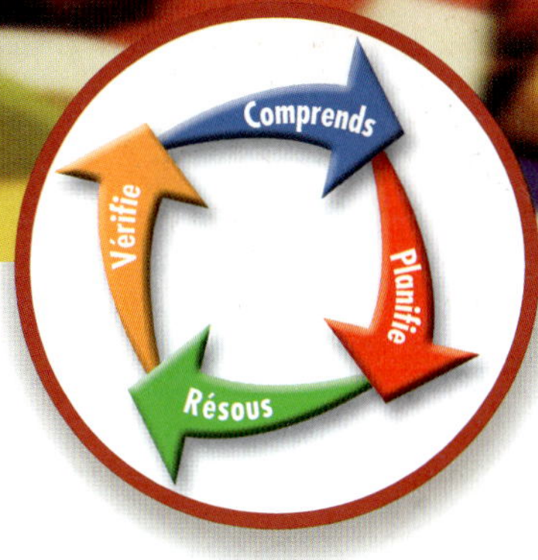

Calcule l'aire du plancher de la boutique.
Ensuite, calcule l'aire couverte par le comptoir et l'étagère.
Soustrais l'aire couverte par le comptoir et l'étagère de l'aire du plancher de la boutique.

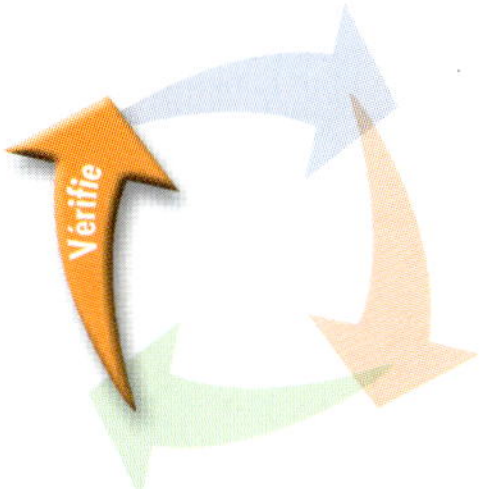

Vérifie ton travail.
Additionne l'aire de la partie du plancher recouverte de carreaux et l'aire couverte par le comptoir et l'étagère. La somme est-elle égale à l'aire du plancher de la boutique ?

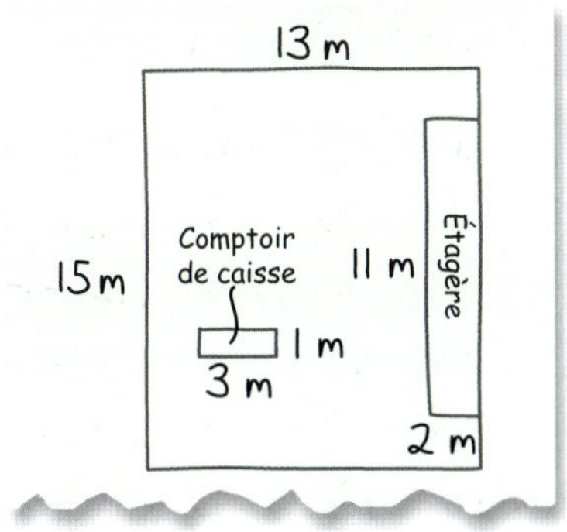

À ton tour

Choisis une des

Stratégies

1. Les Wong construisent une terrasse de dalles autour de leur piscine.
   La piscine est rectangulaire.
   Elle mesure 8 m sur 4 m.
   La terrasse entoure la piscine.
   Elle a une largeur de 2 m.
   a) Quelle est l'aire de la terrasse ?
   b) Quelle longueur de clôture faut-il pour entourer la terrasse ?

2. Le △ABC est scalène.
   Le côté AB mesure 7 cm de moins que le côté BC.
   Le côté AC mesure 4 cm de plus que le côté BC.
   Le périmètre du △ABC est de 48 cm.
   Quelle est la longueur de chaque côté ?

Réfléchis

Choisis un des problèmes de cette leçon.
Peux-tu résoudre ce problème *sans* faire de schéma ?
Explique ta réponse.

LEÇON

4 L'aire d'un parallélogramme

Quelles figures sont des parallélogrammes ?
Comment le sais-tu ?

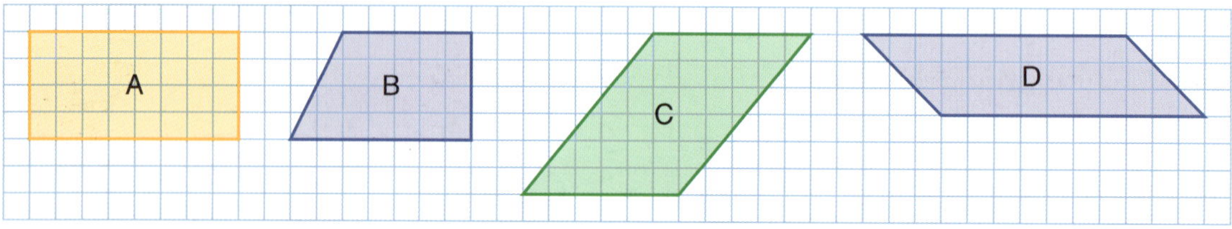

Explore

Tu as besoin de ciseaux et de papier quadrillé à 1 cm.

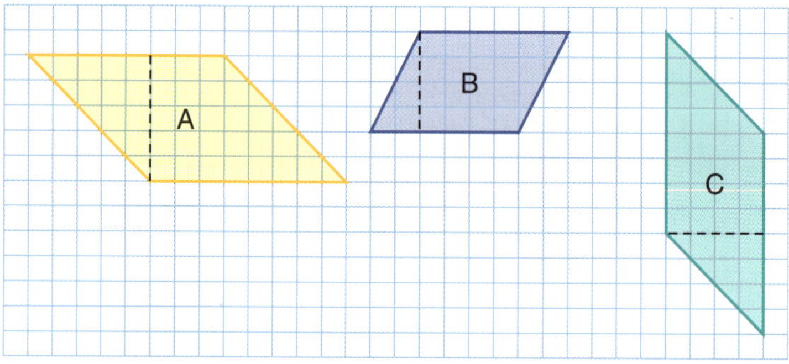

➤ Reproduis le parallélogramme A sur du papier quadrillé.
Estime son aire. Puis, calcule-la.

➤ Découpe le parallélogramme.
Coupe le long de la ligne pointillée.

➤ Forme un rectangle à l'aide des deux morceaux.
Quelle est l'aire de ce rectangle ?
Compare l'aire du rectangle avec l'aire du parallélogramme.
Que remarques-tu ?

➤ Refais l'activité pour les parallélogrammes B et C.

Qu'as-tu trouvé ?

Montre ton travail aux élèves d'une autre équipe.
Peux-tu former un rectangle avec tous les parallélogrammes si tu découpes et déplaces un morceau ? Explique ta réponse.
Quelle est la relation entre l'aire d'un parallélogramme et l'aire du rectangle obtenu ? Explique ta réponse.

Joue avec les nombres

Stratégie numérique

Nomme 5 nombres qui sont divisibles à la fois par 4 et par 6. Qu'est-ce que ces nombres ont en commun ?

 OBJECTIF | Élaborer une formule de l'aire d'un parallélogramme.

Découvre

Pour estimer l'aire de ce parallélogramme, compte les cases entières et les cases partielles qui représentent la moitié d'une case ou plus.

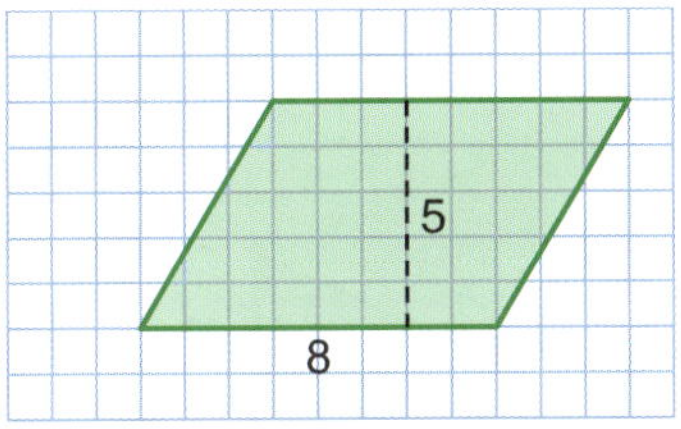

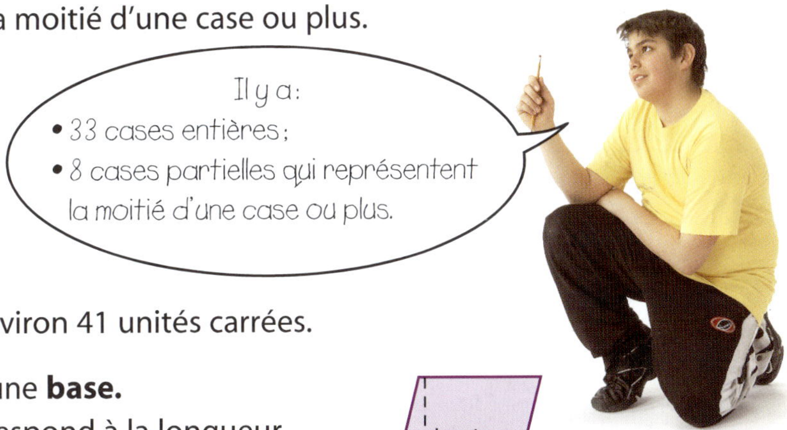

L'aire de ce parallélogramme est d'environ 41 unités carrées.

Tout côté d'un parallélogramme est une **base.**
La **hauteur** du parallélogramme correspond à la longueur du segment de droite qui relie deux côtés parallèles et qui est perpendiculaire à la base.

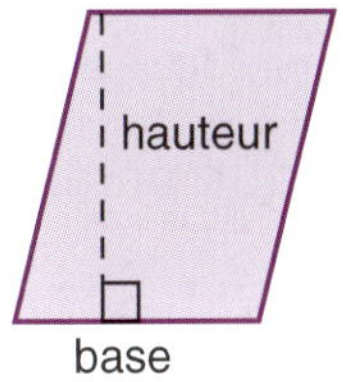

Un rectangle est un parallélogramme.
La longueur est la base. La largeur est la hauteur.
L'aire d'un parallélogramme est égale à l'aire d'un rectangle qui a la même base et la même hauteur.

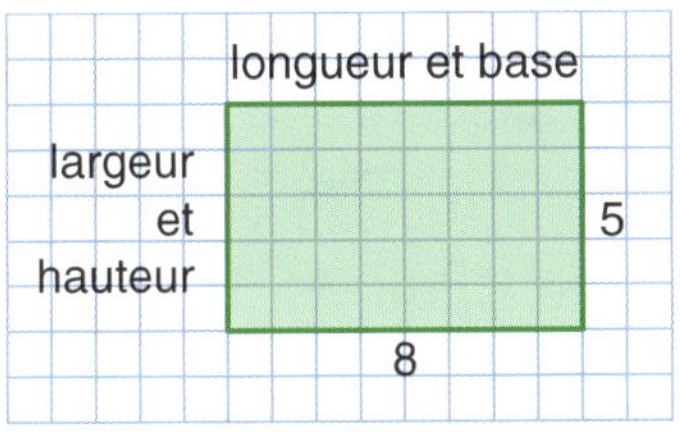

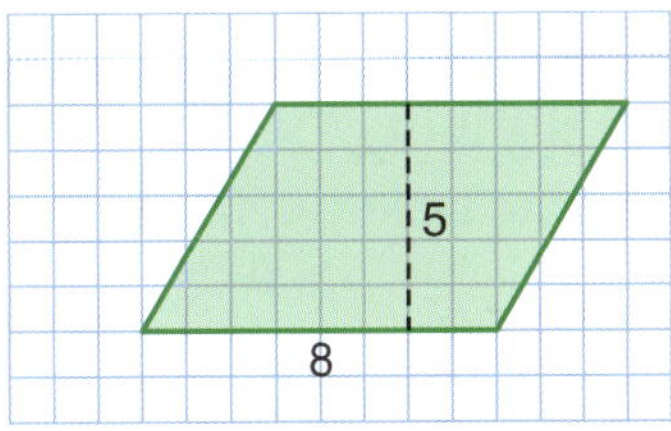

Écris *b* pour la base.
Écris *h* pour la hauteur.

Aire = base × hauteur
$A = b \times h$
$= 8 \times 5$
$= 40$
L'aire du rectangle est de 40 unités carrées.

Aire = base × hauteur
$A = b \times h$
$= 8 \times 5$
$= 40$
L'aire du parallélogramme est de 40 unités carrées.

À ton tour

1. Reproduis chaque parallélogramme sur du papier quadrillé à 1 cm.
Dessine un rectangle qui a la même base et la même hauteur.

a)

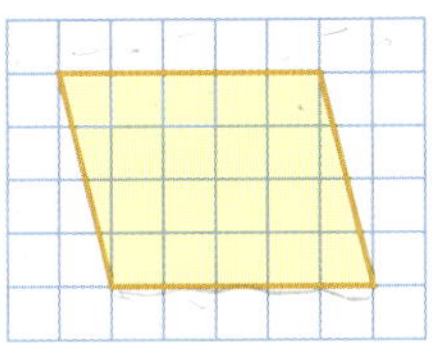

b)

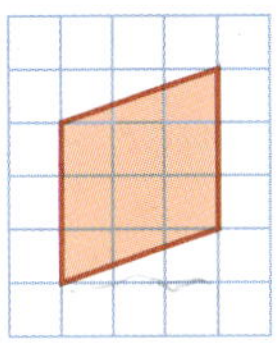

c)

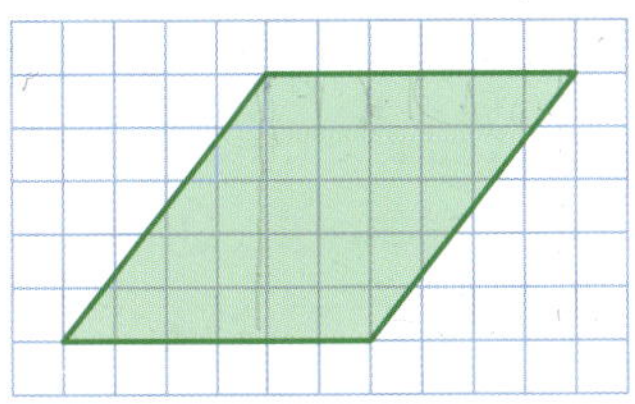

2. Estime l'aire de chaque parallélogramme. Puis, calcule-la.

a)
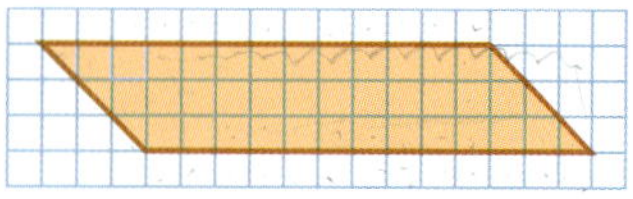

b)
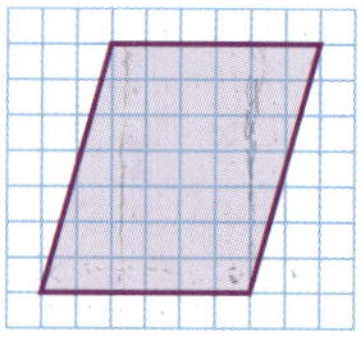

c)
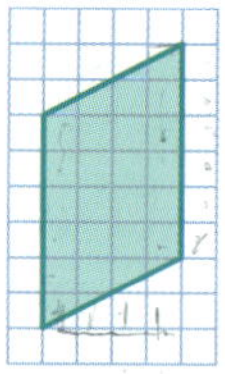

3. Calcule l'aire de chaque parallélogramme.

a)
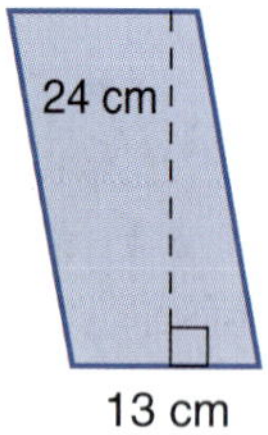

b)
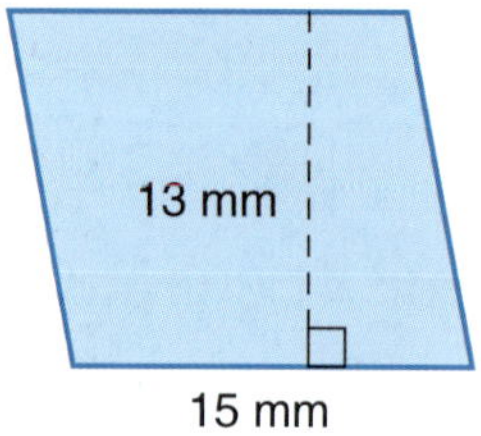

c)
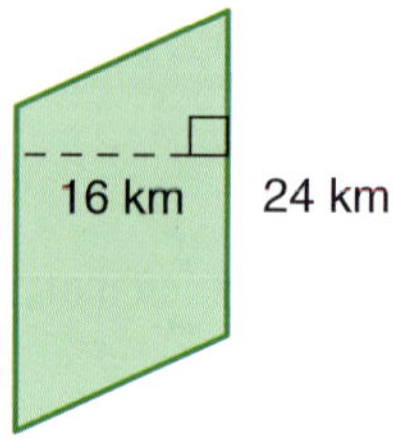

4. Pour chaque parallélogramme, indique la longueur de la base ou la hauteur.

a) Aire = 60 m^2

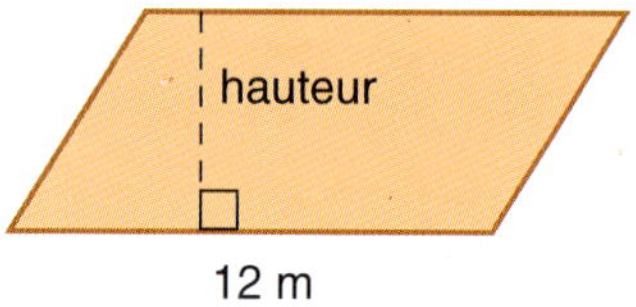

b) Aire = 6 mm^2

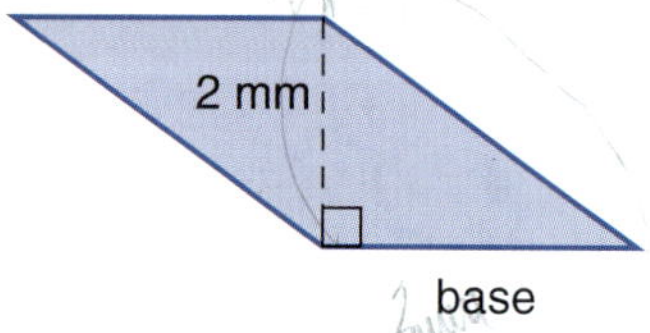

c) Aire = 30 cm^2

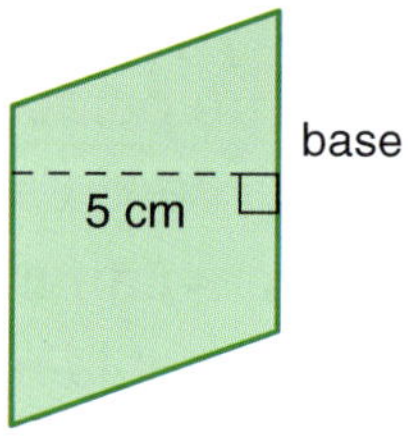

5. Quelle figure a la plus grande aire ? Quelle figure a la plus petite aire ?

a) un rectangle avec une base de 10 cm et une hauteur de 5 cm

b) un parallélogramme avec une base de 7 cm et une hauteur de 8 cm

c) un carré avec des côtés de 7 cm de longueur

6. Dessine un parallélogramme qui a une aire de 24 unités carrées.
De combien de façons peux-tu le faire ?
Explique ta réponse.

7. Martin dit que l'aire de ce parallélogramme est de 20 cm^2.
Explique l'erreur de Martin.

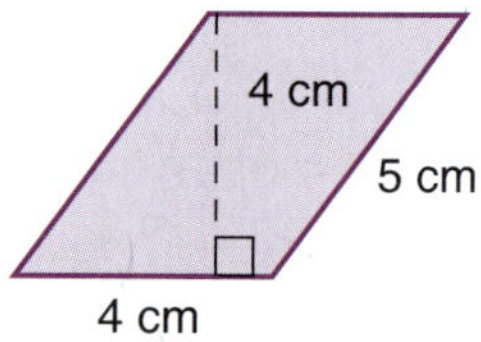

8. Quel parallélogramme a la plus grande aire ? Explique ton choix.

a) un parallélogramme avec une base de 15 cm et une hauteur de 6 cm

b) un parallélogramme avec une base de 15 cm et une longueur de côté de 6 cm

Réfléchis

Compare le calcul de l'aire d'un parallélogramme avec le calcul de l'aire d'un rectangle. Quelles sont les ressemblances ? Quelles sont les différences ?

LEÇON 5

Explorer les triangles et les rectangles

Explore

Tu as besoin de ciseaux et de papier quadrillé à 1 cm.

➤ Dessine un rectangle sur du papier quadrillé.
Calcule l'aire du rectangle. Note-la.

➤ Construis un triangle à l'intérieur du rectangle selon ces règles :
- au moins un côté du triangle coïncide avec un côté du rectangle ;
- le troisième sommet du triangle touche au côté opposé du rectangle.

Colorie le triangle.
Estime l'aire du triangle.

➤ Découpe le rectangle. Ensuite, découpe le triangle.
Couvre le triangle avec les morceaux non coloriés.
Quelle est l'aire du triangle ? Comment le sais-tu ?

➤ Refais l'activité 2 autres fois.
Place le côté du triangle sur un autre côté du rectangle.
Utilise des points différents pour le troisième sommet du triangle.

Qu'as-tu **trouvé ?**

Montre ton travail à une ou à un camarade.
Compare l'aire du rectangle avec l'aire du triangle à l'intérieur.
Que remarques-tu ? Explique ta réponse.

Découvre

Tout côté d'un triangle peut être sa base.
La hauteur d'un triangle est le segment de droite qui relie la base au sommet opposé et qui est perpendiculaire à la base.

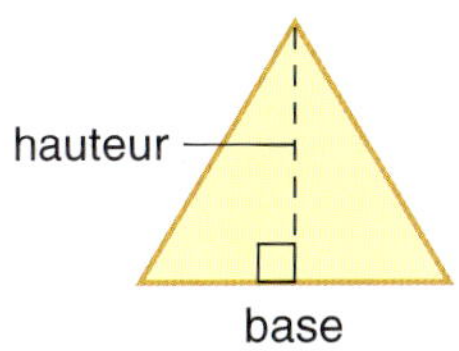

OBJECTIF | Établir la relation entre l'aire d'un triangle et l'aire d'un rectangle.

Voici une façon de trouver l'aire de ce triangle :

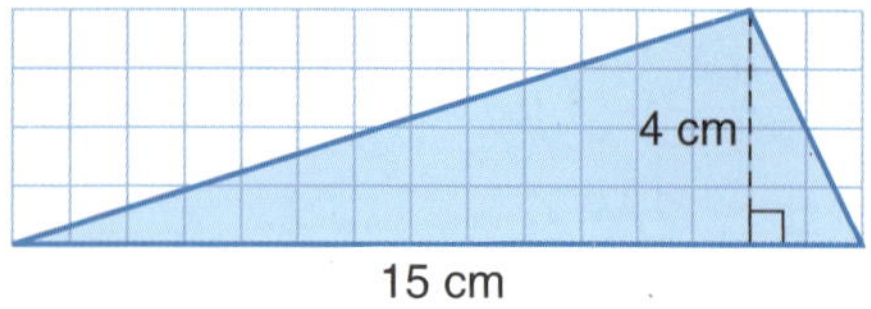

- Dessine un rectangle qui a la même base et la même hauteur.

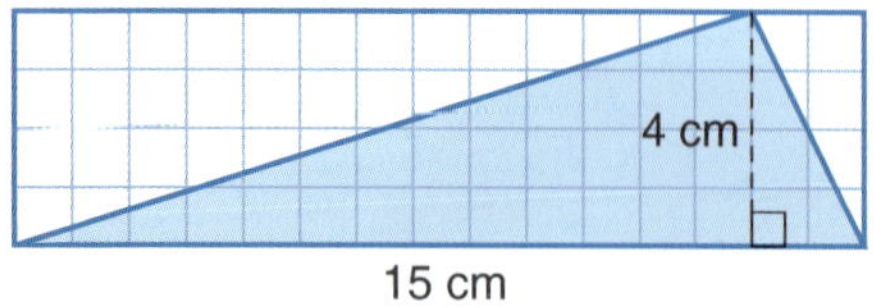

- Calcule l'aire du rectangle.
  Aire = 15 cm × 4 cm
  = 60 cm^2
- Tu peux déplacer les morceaux du rectangle à l'extérieur du triangle pour former un triangle congruent.

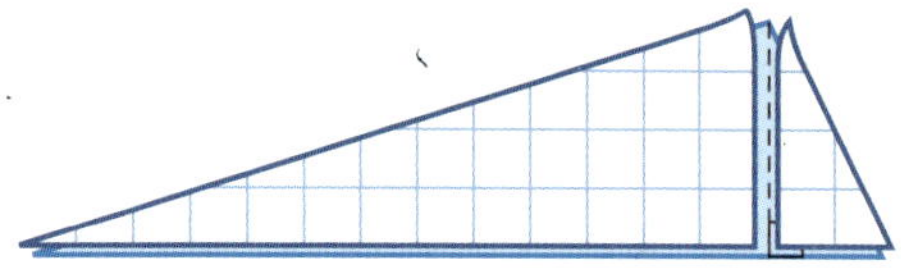

Des triangles congruents ont la même aire.
Donc, l'aire d'un triangle est la moitié de l'aire du rectangle.
La moitié de 60 est 30.
L'aire du triangle est de 30 cm^2.

L'aire d'un triangle est égale à la moitié de l'aire du rectangle qui a la même base et la même hauteur.

Écris une formule pour calculer l'aire d'un triangle :

Aire = (base × hauteur) ÷ 2
$A = (b \times h) \div 2$

À ton tour

1. Estime l'aire de chaque triangle. Puis, calcule-la.

a)
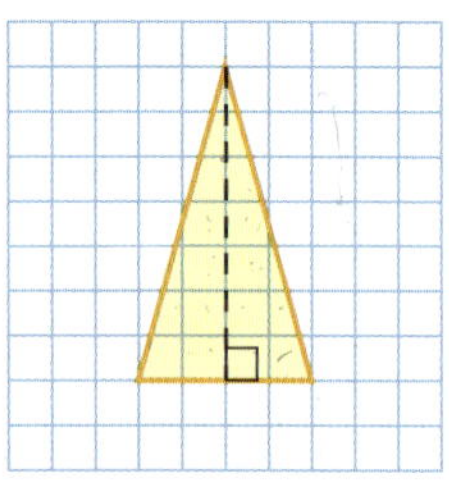

b)
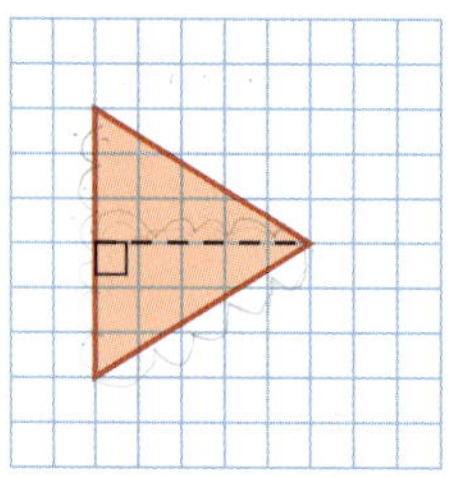

c)
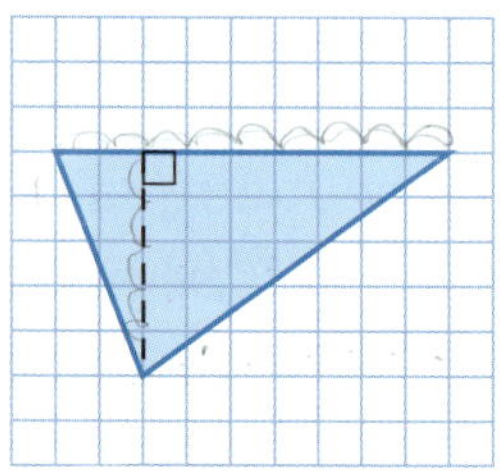

d)
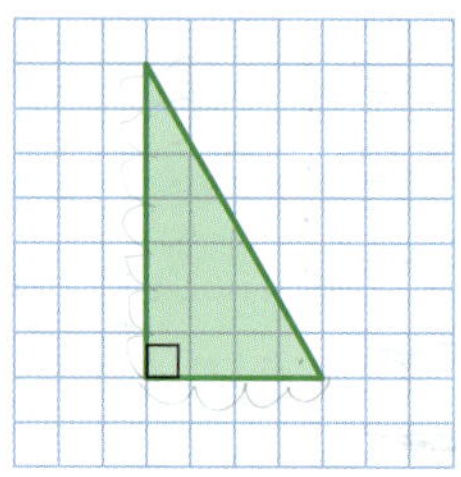

2. Quelle est l'aire de la voile de la planche à voile de Mathieu ?

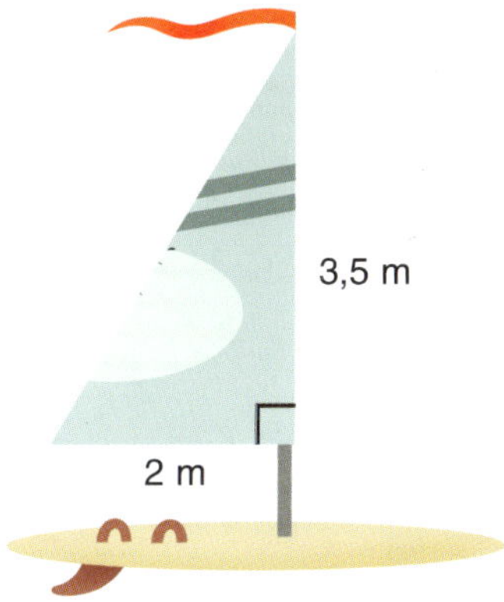

3. Chaque triangle a une aire de 12 m^2.
Trouve chaque base ou chaque hauteur.

a)

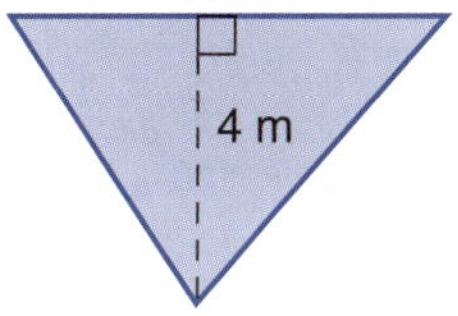

b)

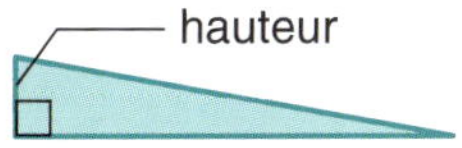

c)

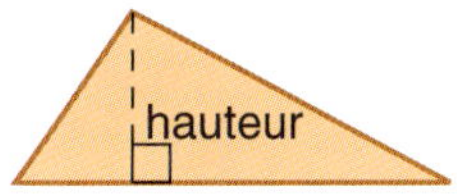

4. Utilise du papier quadrillé à 0,5 cm.
   a) Construis tous les triangles que tu peux avec une aire de 16 cm^2.
   b) Comment sais-tu que chaque triangle est différent ?
   c) As-tu construit tous les triangles possibles ? Explique ta réponse.

5. Quel triangle a la plus grande aire ? Comment le sais-tu ?
   a) Le triangle A a une base de 13 m et une hauteur de 5 m.
   b) Le triangle B a une base de 9 m et une hauteur de 8 m.

6. Un rectangle et un triangle ont la même aire.
Le rectangle mesure 6 m sur 8 m.
La base du triangle est de 8 m.
Quelle est la hauteur du triangle ? Comment le sais-tu ?

7. Un triangle a une aire de 21 cm^2.
Sa base mesure 7 cm de longueur.
Est-ce que tous les triangles qui ont une base de 7 cm ont une aire de 21 cm^2 ?
Explique ta réponse.

Réfléchis

Quelle est la relation entre l'aire des triangles et l'aire des rectangles ? Donne des exemples.

Joue avec les nombres

Stratégie numérique

Écris chaque nombre décimal en lettres et à la forme décomposée.

- 0,594
- 12,081
- 703,67
- 3,009
- 82,647

LEÇON 6

Explorer les triangles et les parallélogrammes

Explore

Tu as besoin de ciseaux, de ruban adhésif et de papier quadrillé à 1 cm.

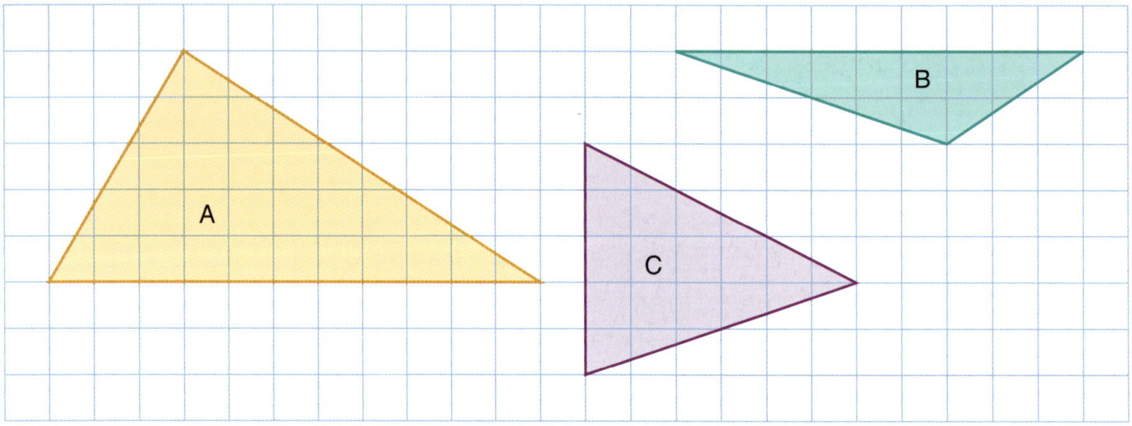

- Reproduis 2 fois le triangle A sur du papier quadrillé. Découpe tes 2 triangles.
- Forme un parallélogramme avec ces triangles. Détermine l'aire du parallélogramme. Quelle est l'aire du triangle A ?
- Refais l'activité pour les triangles B et C.

Qu'as-tu trouvé ?

Montre ton travail aux élèves d'une autre équipe.
As-tu construit le même parallélogramme chaque fois ?
Deux triangles congruents peuvent-ils toujours former un parallélogramme ? Explique ta réponse.
Quelle est la relation entre l'aire d'un triangle et l'aire du parallélogramme obtenu ? Explique ta réponse.

Joue avec les nombres

Stratégie numérique

Écris chaque mesure en mètres.

- 344 mm
- 1045 cm
- 1,872 km

 OBJECTIF | Établir la relation entre l'aire d'un triangle et l'aire d'un parallélogramme.

Découvre

Voici une façon de trouver l'aire de ce triangle :

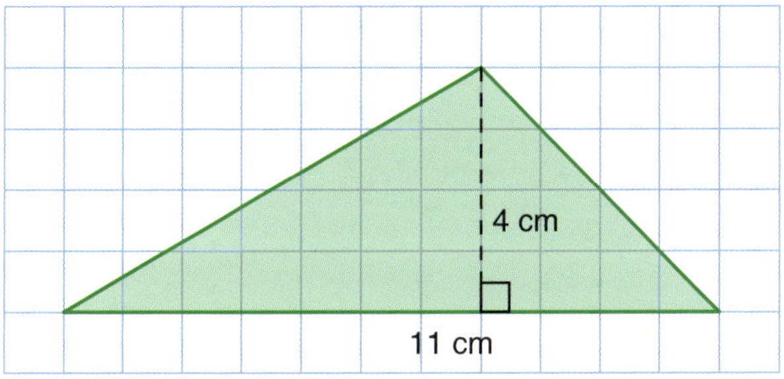

- Construis un triangle congruent.
  Découpe les deux triangles.
  Forme un parallélogramme avec les triangles.

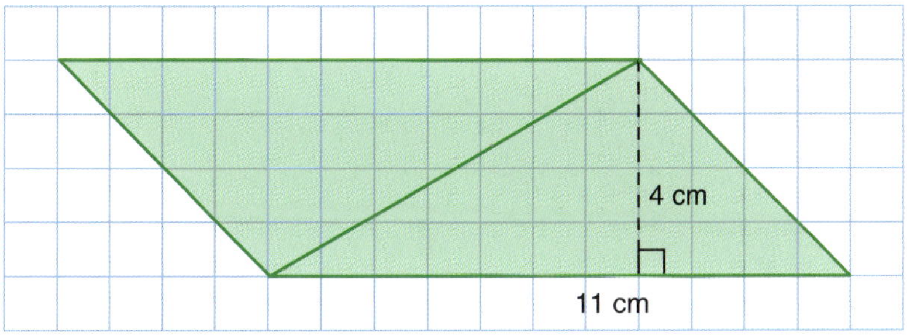

- Calcule l'aire du parallélogramme.
  $A = b \times h$
  $= 11 \times 4$
  $= 44$

- Le parallélogramme est formé de 2 triangles congruents.
  Donc, l'aire du triangle est égale à la moitié de l'aire du parallélogramme.
  La moitié de 44 est 22.

  L'aire du triangle est de 22 cm^2.

Utilise la formule pour trouver l'aire d'un triangle :

Aire = (base × hauteur) ÷ 2
ou $A = (b \times h) \div 2$

À ton tour

1. Reproduis chaque triangle sur du papier quadrillé à 1 cm.
   Dessine un parallélogramme qui a la même base et la même hauteur.

a)
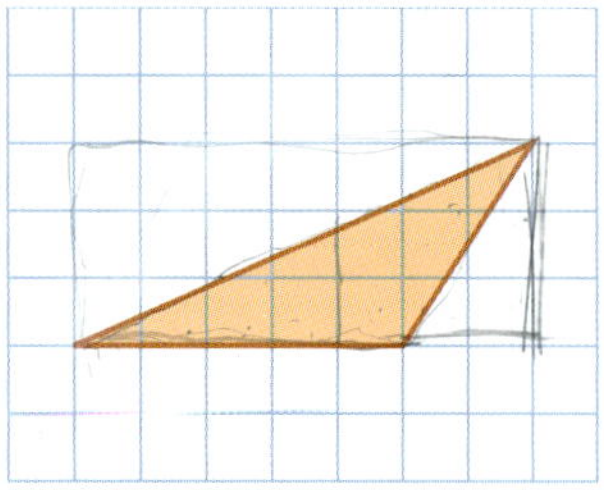

b)
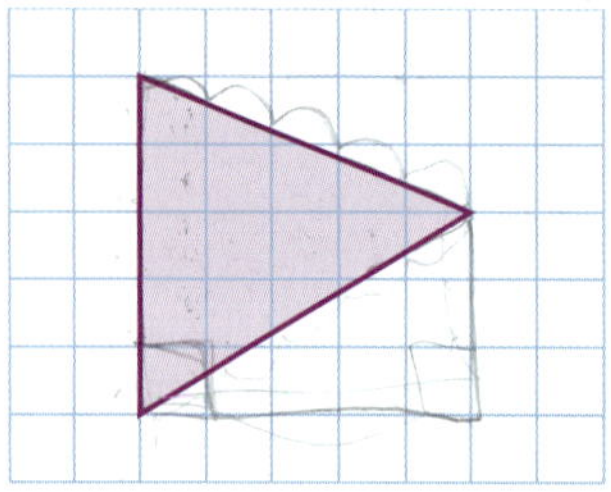

c)
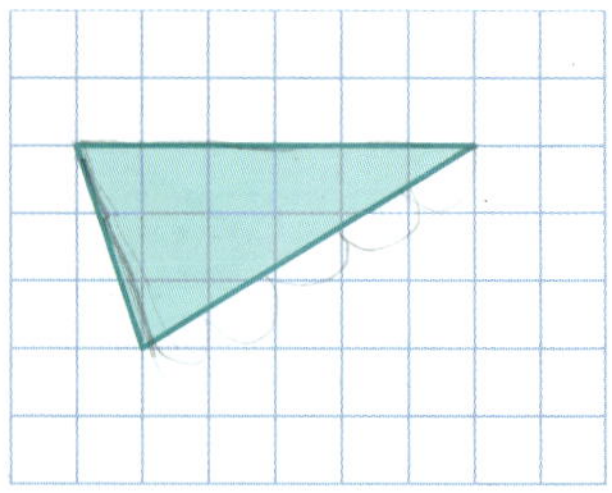

2. Trouve l'aire de chaque triangle.

a)
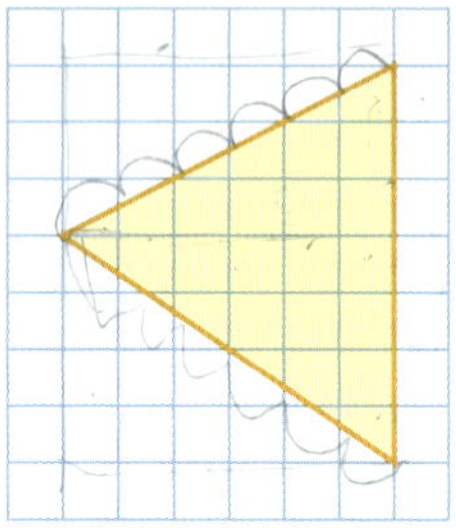

b)
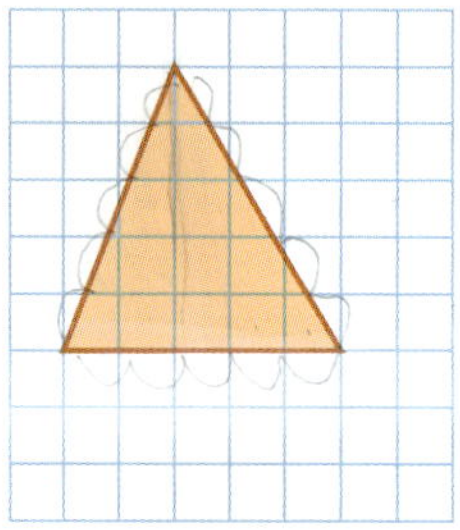

c)
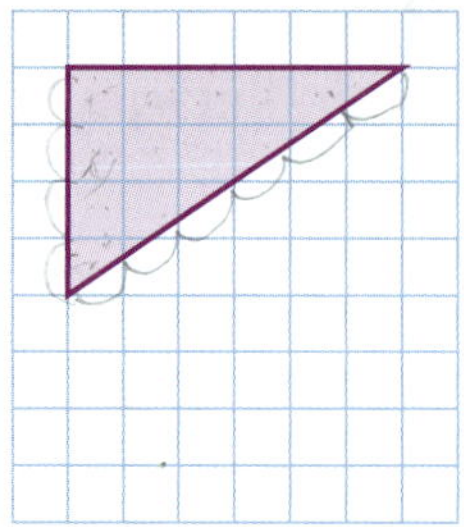

d)
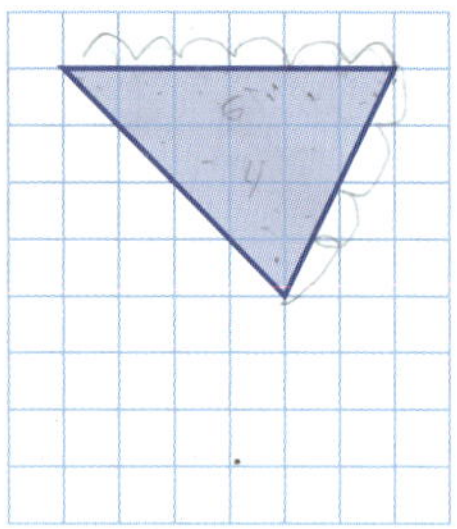

e)
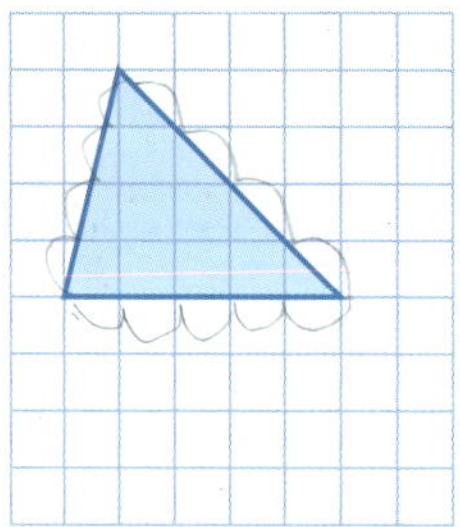

f)
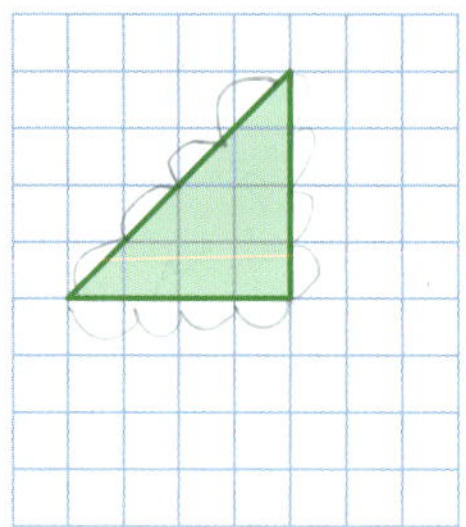

3. Trouve la base ou la hauteur de chaque triangle.

a) Aire = 18 cm^2
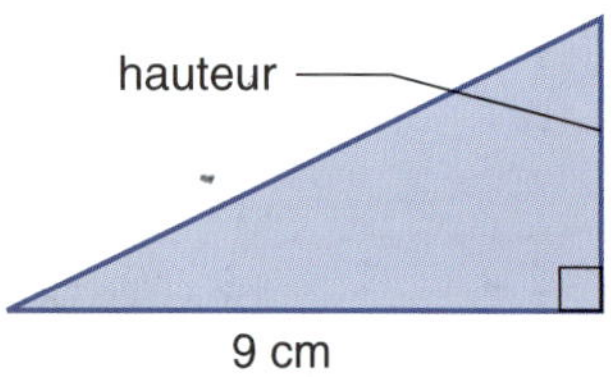

b) Aire = 32 m^2
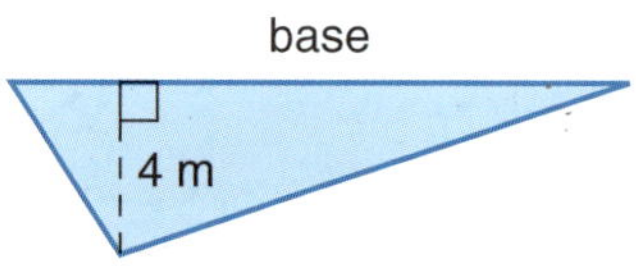

c) Aire = 480 mm^2
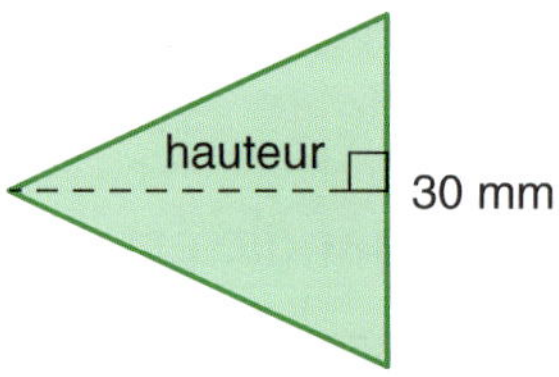

4. Marc conçoit une rampe de planche à roulettes.
   Il dessine la vue de côté.
   Quelle est l'aire de cette face de la rampe ?

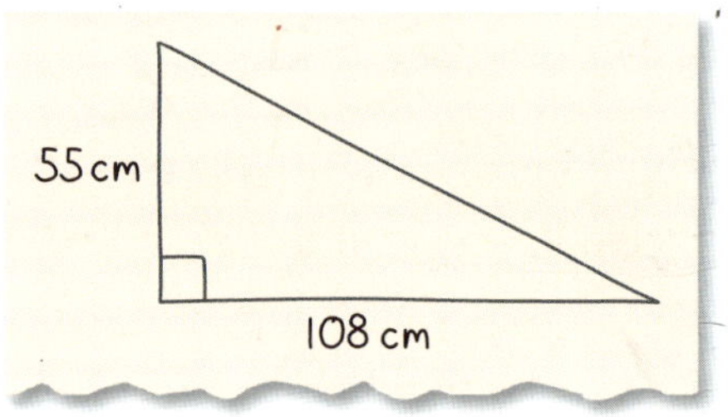

5. Construis un parallélogramme sur du papier quadrillé à 1 cm.
Trace une diagonale qui divise ce parallélogramme en 2 triangles.
Détermine l'aire de chaque triangle.

6. Sur du papier quadrillé à 1 cm, construis 3 triangles différents avec une base de 5 cm et une hauteur de 6 cm.
Trouve l'aire de chaque triangle.
Compare les aires. Que remarques-tu ? Explique ta réponse.

7. Sur du papier quadrillé à 1 cm, construis un triangle :
   a) avec une base de 12 cm et une hauteur de 4 cm ;
   b) avec une base de 6 cm et une hauteur de 4 cm ;
   c) avec une base de 12 cm et une hauteur de 2 cm ;
   d) avec une base de 6 cm et une hauteur de 2 cm.
Détermine l'aire de chaque triangle.
Compare la base, la hauteur et l'aire des 4 triangles.

8. Utilise du papier quadrillé à 1 cm.
Combien de triangles différents avec une base de 5 cm et une hauteur de 3 cm peux-tu construire ?
Construis chaque triangle.
Détermine l'aire de chaque triangle.

9. Détermine l'aire de ce triangle.
   a) La base du triangle double.
   Explique ce qui arrive à l'aire.
   b) La hauteur et la base du triangle original doublent.
   Explique ce qui arrive à l'aire.
   c) Selon toi, qu'arrive-t-il à l'aire du triangle quand la hauteur et la base triplent ? Explique ta réponse.
   Montre ton travail.

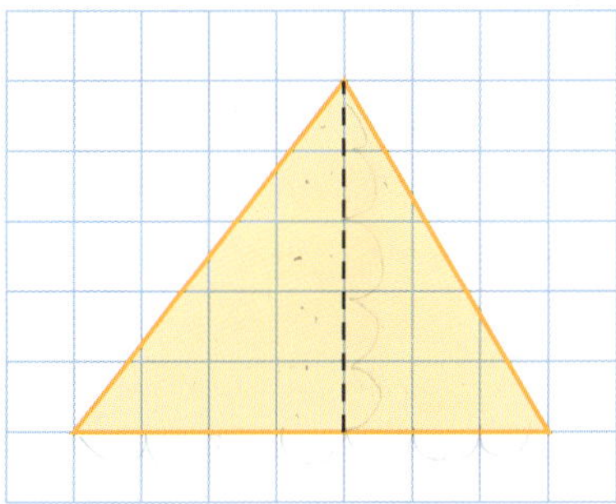

Réfléchis

Explique la relation entre l'aire d'un triangle et l'aire d'un parallélogramme. Donne des exemples.

LEÇON

7

Le volume d'un prisme triangulaire

Explore

Tu as besoin de pâte à modeler, de soie dentaire et d'une règle.

➤ Construis un prisme rectangulaire à l'aide de la pâte à modeler.
Mesure ses dimensions.
Calcule son volume.

➤ Avec la soie dentaire, coupe le prisme le long d'une diagonale d'une de ses bases. Tu obtiens deux prismes triangulaires congruents.
Quel est le volume de chaque prisme triangulaire ?
Comment le sais-tu ?

Qu'as-tu **trouvé ?**

Montre ton travail aux élèves d'une autre équipe.
Quelle est la relation entre le volume d'un prisme triangulaire et le volume du prisme rectangulaire ?
Ensemble, écrivez une formule du volume d'un prisme triangulaire.

Découvre

➤ Tu peux calculer le volume d'un prisme rectangulaire à l'aide d'une formule :

Volume d'un prisme rectangulaire = aire de la base × hauteur

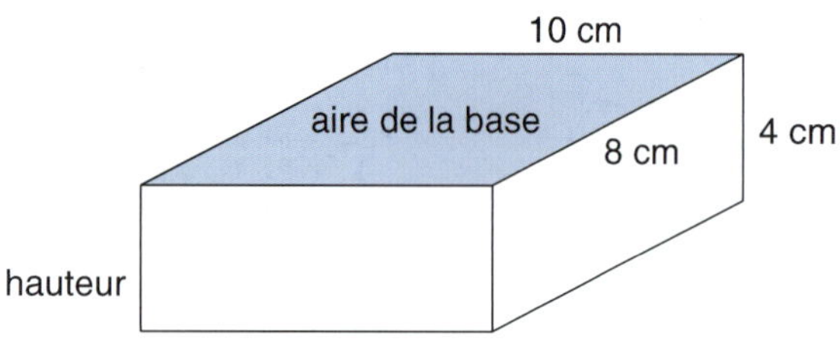

 OBJECTIF | Déterminer le volume d'un prisme triangulaire.

Si tu coupes un prisme rectangulaire le long d'une diagonale d'une base, tu obtiens 2 prismes triangulaires congruents.

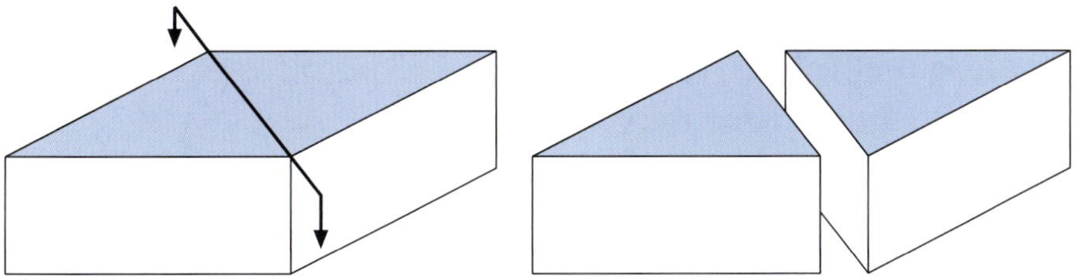

Ces prismes ont le même volume, puisqu'ils sont congruents. Donc, le volume d'un prisme triangulaire est égal à la moitié du volume du prisme rectangulaire.

L'aire de la base de chaque prisme triangulaire est égale à $\frac{1}{2}$ aire de la base du prisme rectangulaire.

Tu obtiens cette formule pour le volume d'un prisme triangulaire :

Volume d'un prisme triangulaire = aire de la base × hauteur

Utilise cette formule pour trouver le volume de n'importe quel prisme triangulaire.

Ce prisme triangulaire a 10 cm de hauteur.

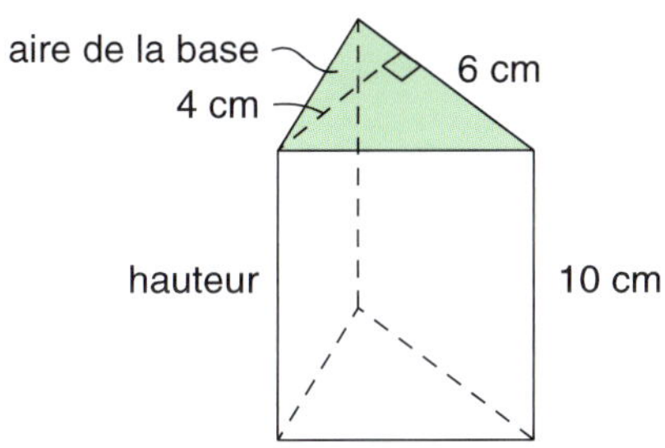

Sa face triangulaire a une base de 6 cm et une hauteur de 4 cm.

$$\begin{aligned}\text{Aire de la face triangulaire} &= (b \times h) \div 2 \\ &= (6 \times 4) \div 2 \\ &= 24 \div 2 \\ &= 12\end{aligned}$$

L'aire de la base du prisme est de 12 cm^2.

$$\begin{aligned}\text{Le volume du prisme triangulaire} &= \text{aire de la base} \times \text{hauteur} \\ &= 12 \times 10 \\ &= 120\end{aligned}$$

Le volume du prisme est de 120 cm^3.

Joue avec les nombres

Calcul mental

Quelle somme est plus élevée : 25 % de 30 $ ou 20 % de 35 $?

À ton tour

1. Chaque prisme rectangulaire est divisé en 2 prismes triangulaires congruents.
La coupe suit la diagonale montrée.
Tu connais le volume de chaque prisme rectangulaire.
Détermine le volume de chaque prisme triangulaire.

a)
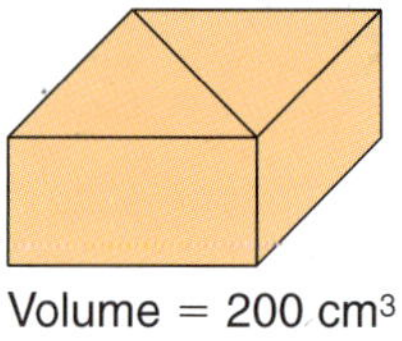

b)
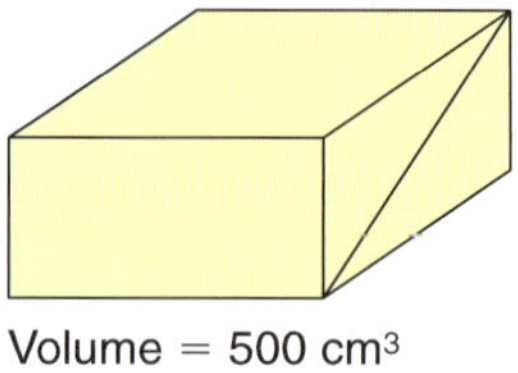

c)
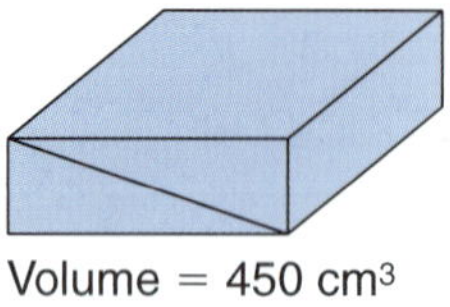

d)
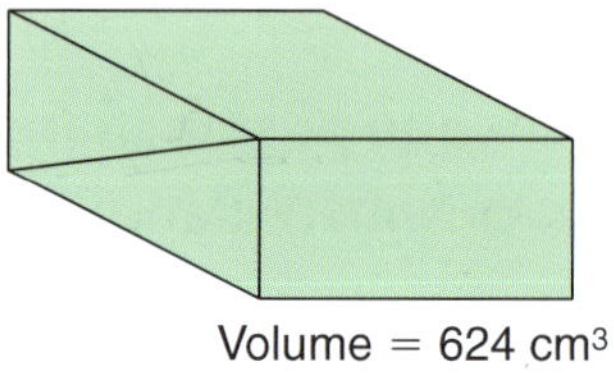

2. Estime le volume de chaque prisme triangulaire.
Vérifie ton estimation à l'aide d'un calcul.

a)
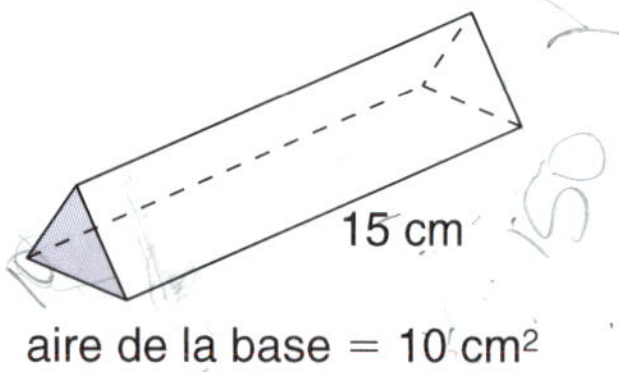

b)
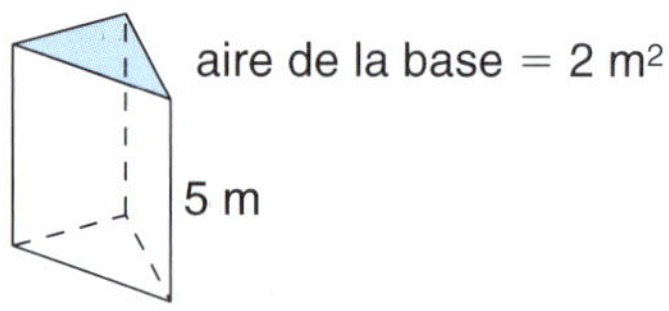

3. Trouve le volume de chaque prisme triangulaire.

a)
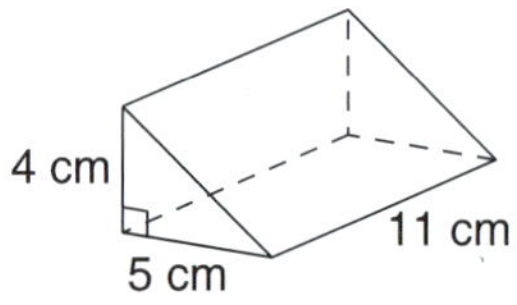

b)
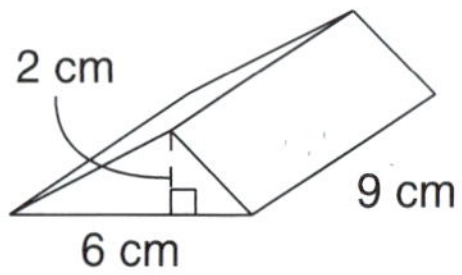

c)
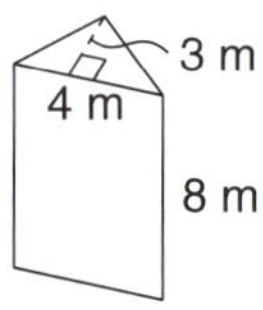

4. Un prisme triangulaire a une hauteur de 12 cm.
Chaque face triangulaire a une base de 4 cm et une hauteur de 7 cm.
   a) Détermine le volume du prisme.
   b) Double la hauteur du prisme.
   Qu'arrive-t-il au volume ?
   c) Double la base de la face triangulaire.
   Qu'arrive-t-il au volume ?
   d) Double la hauteur de la face triangulaire.
   Qu'arrive-t-il au volume ?
   e) Qu'arrive-t-il au volume si tu doubles les 3 dimensions des parties b), c) et d) ?

5. Une base d'un prisme triangulaire est un triangle rectangle.
Le volume du prisme est de 100 cm^3.
   a) Dessine ce prisme.
   b) Quelles peuvent être les dimensions du prisme ?
   Énumère les dimensions possibles de la hauteur du prisme, de la base de la face triangulaire et de la hauteur de la face triangulaire.
   c) Combien d'ensembles de dimensions peux-tu trouver ?
   Énumère tous les ensembles que tu trouves.

6. Dessine le développement d'un prisme sur du papier quadrillé. La base du prisme doit être un triangle rectangle.
Écris les dimensions sur ton dessin. Calcule le volume de ton prisme.

7. Utilise des blocs-formes. Un bloc-forme vert a un volume de 1 unité cube.
Voici une suite de blocs-formes verts :

La suite se prolonge.
Quel est le volume des blocs-formes de l'image 15 ? Comment le sais-tu ?

8. Deux prismes triangulaires ont une base triangulaire équilatérale.
Leurs dimensions sont indiquées sur les dessins à droite.
Combien de petits prismes peux-tu mettre dans le gros prisme ?

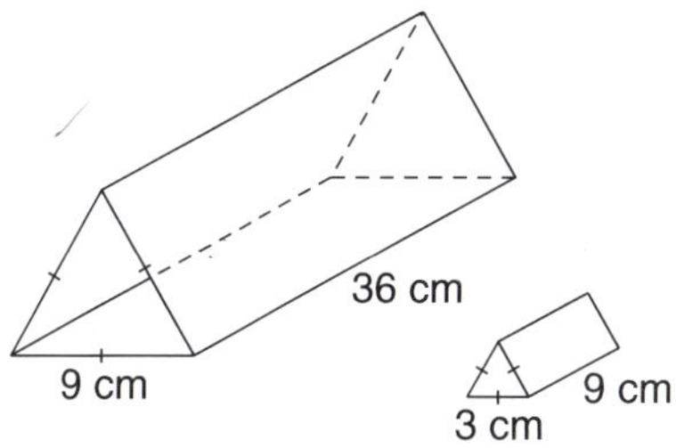

9. Une tablette de chocolat a la forme d'un prisme triangulaire de 10 cm de longueur. La base du prisme est un triangle isocèle rectangle. Ses côtés mesurent 5 cm, 5 cm et environ 7 cm.
Une employée met vingt tablettes de chocolat dans une boîte.
La boîte est un prisme rectangulaire. Quelles peuvent être les dimensions de la boîte ? Explique ton choix.

Réfléchis

Quelle est la relation entre le volume d'un prisme triangulaire et le volume d'un prisme rectangulaire ?
Explique-le à l'aide de dessins.

LEÇON

8 L'aire totale d'un prisme triangulaire

Tu sais comment trouver l'aire d'un rectangle.

$A = b \times h$

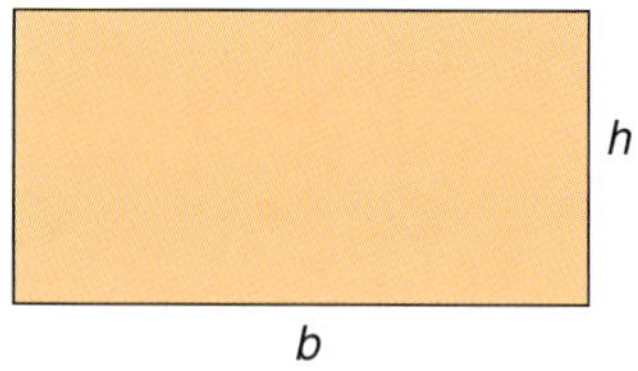

Tu sais comment trouver l'aire d'un triangle.

$A = (b \times h) \div 2$

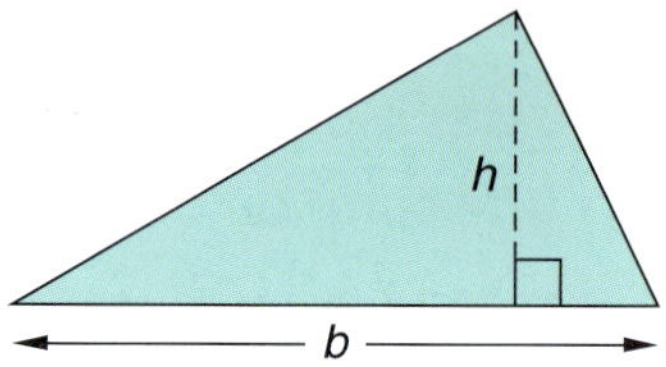

Tu vas utiliser ces mesures pour déterminer l'aire totale d'un prisme triangulaire.

Explore

Tu as besoin de papier quadrillé à 1 cm, de ciseaux et d'une règle.

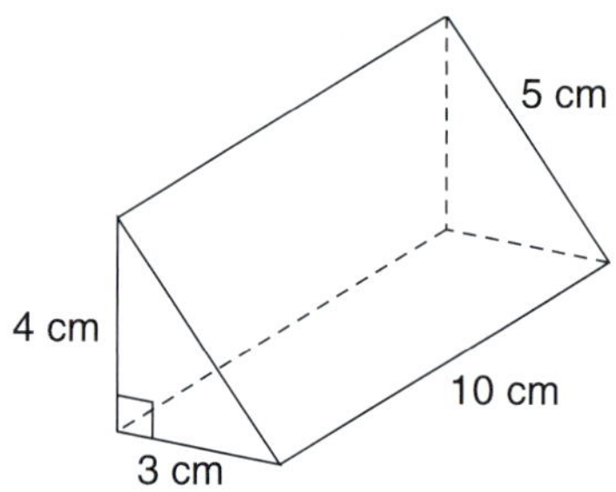

- Estime l'aire totale de ce prisme triangulaire.
- Construis un développement de ce prisme triangulaire. Utilise le développement pour trouver l'aire totale du prisme.
- Ton estimation est-elle proche de l'aire réelle ?

Qu'as-tu trouvé ?

Montre ton travail aux élèves d'une autre équipe.
Discute des stratégies que tu as utilisées pour trouver l'aire totale.
Comment peux-tu utiliser des faces congruentes pour faciliter le calcul ?
Explique ta réponse.

Découvre

Un prisme triangulaire a 5 faces.
Pour déterminer l'aire totale, calcule l'aire de chacune des 5 faces.
Puis, additionne les aires.

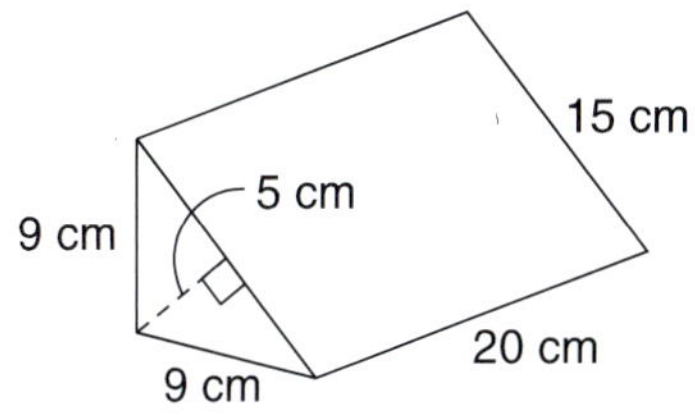

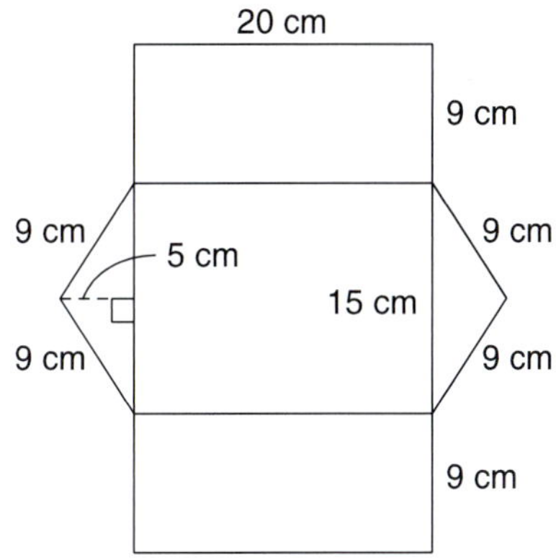

Les deux faces triangulaires sont congruentes.
Chaque triangle a une base de 15 cm.
La hauteur de chaque triangle est de 5 cm.
Donc, l'aire de chaque face triangulaire est de : $(b \times h) \div 2 = (15 \times 5) \div 2$
$= 37{,}5$

Il y a 2 faces triangulaires. Donc, leur aire combinée est de : $2 \times 37{,}5 \text{ cm}^2 = 75 \text{ cm}^2$

Il y a 3 faces rectangulaires.
La somme des aires est de : $9 \times 20 + 15 \times 20 + 9 \times 20 = 180 + 300 + 180$
$= 660$

L'aire combinée de toutes les faces du prisme triangulaire est de :
$75 \text{ cm}^2 + 660 \text{ cm}^2 = 735 \text{ cm}^2$
Donc, l'aire totale du prisme est de 735 cm^2.

Pour n'importe quel prisme triangulaire :
Aire totale = la somme de l'aire des 3 faces rectangulaires +
$2 \times$ l'aire de la base triangulaire

À ton tour

Utilise une calculatrice au besoin.

1. Estime l'aire totale de chaque prisme.
Puis, calcule-la.
Classe les prismes par ordre décroissant d'aire totale.

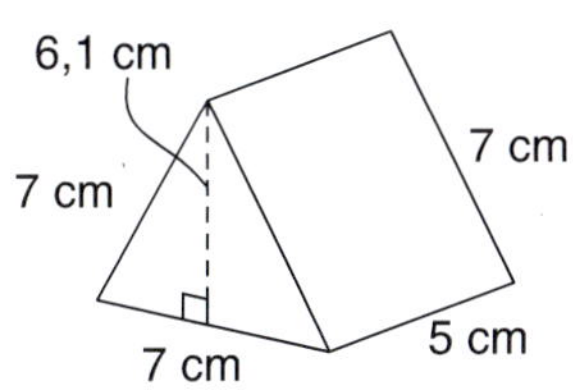

Prisme A

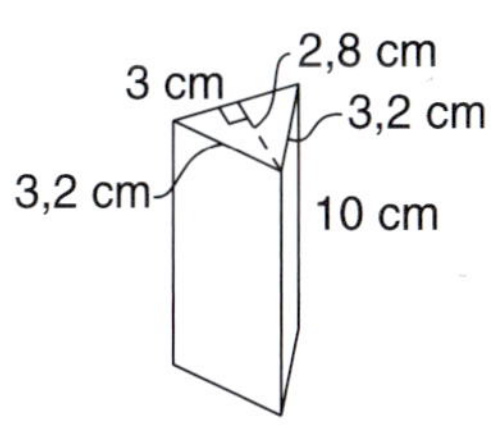

Prisme B

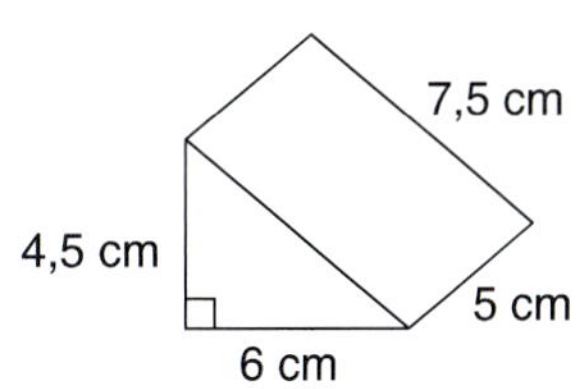

Prisme C

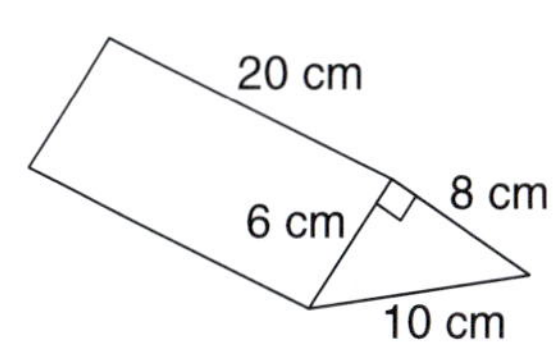

Prisme D

2. Trouve l'aire totale de chaque prisme triangulaire.

a) 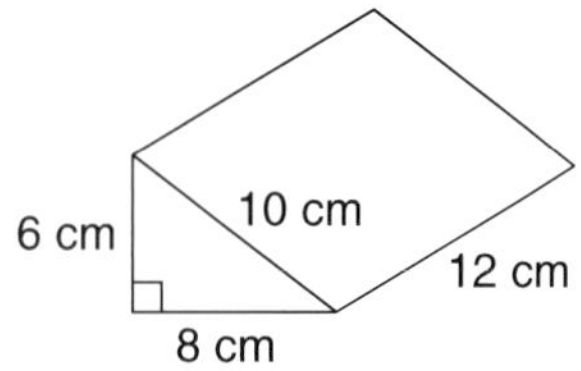

b) 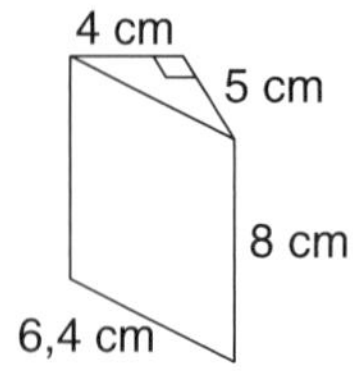

c) 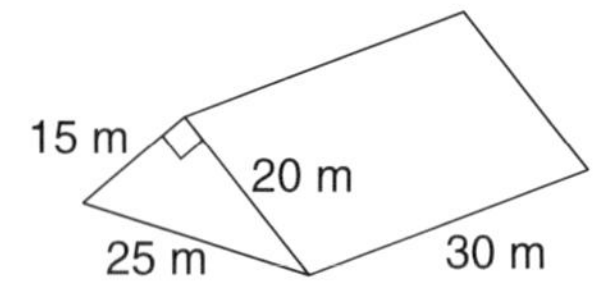

d) 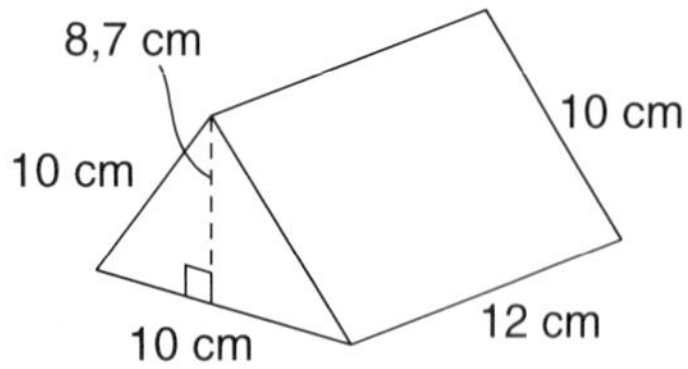

e) 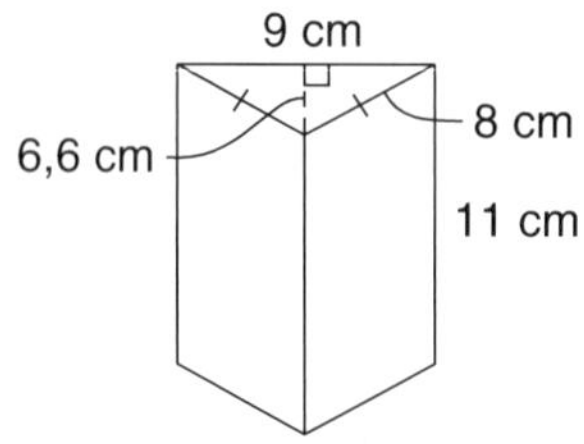

f) 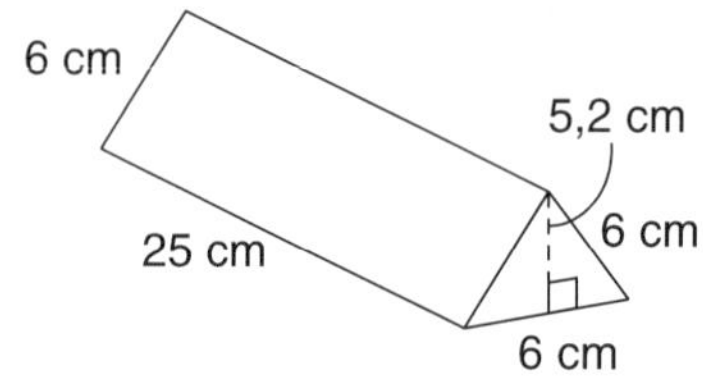

3. À la rubrique **Découvre,** tu as vu une formule de l'aire totale d'un prisme triangulaire.
Pense à une autre façon de calculer l'aire des 3 faces rectangulaires.
Écris une autre formule de l'aire totale à partir de tes idées.

4. Un prisme triangulaire a une longueur de 8 cm.
Quelle est l'aire totale de ce prisme si ses faces triangulaires ont ces dimensions ?

a) 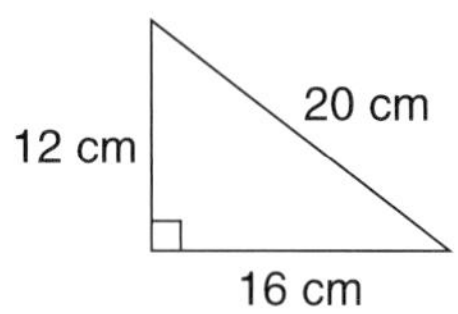

b) 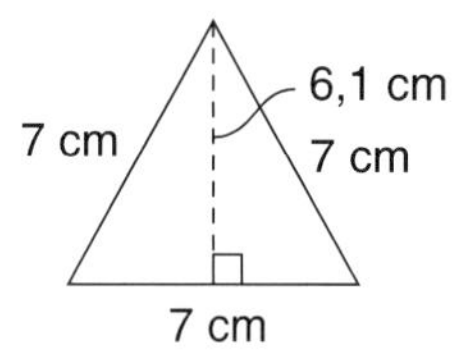

c) 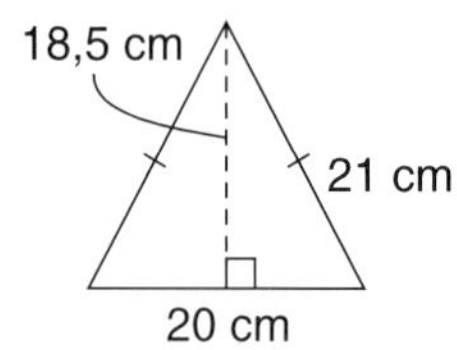

d) 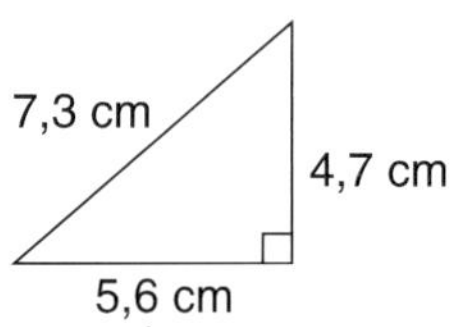

e) 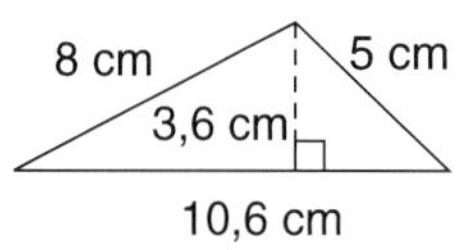

5. Tu veux construire un prisme triangulaire de 15 cm de longueur.
Tu veux lui donner la plus grande aire totale possible.
Lequel de ces triangles dois-tu choisir comme base ?
Explique ton choix.

a) 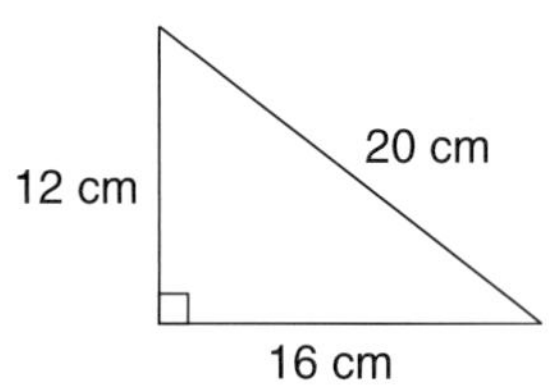

b) 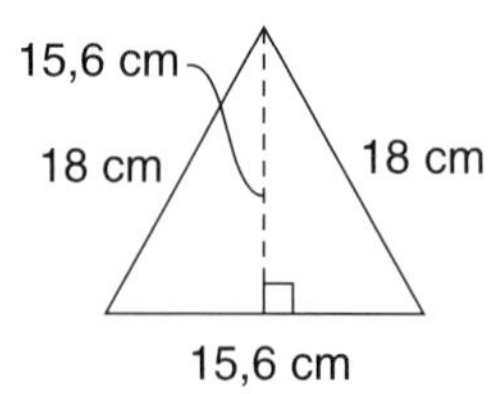

c) 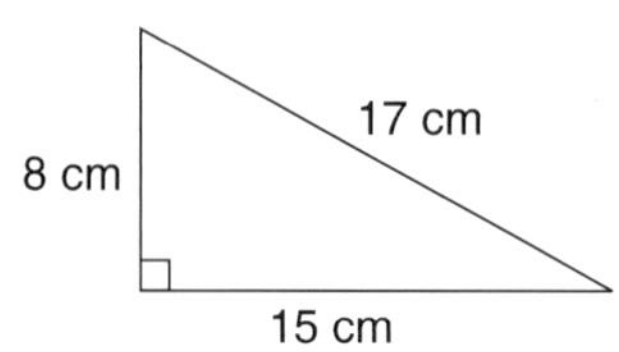

6. Un élève dit : « Si je double toutes les dimensions d'un prisme triangulaire, je double son aire totale. »
A-t-il raison ?
Explique ta réponse à l'aide de mots, de nombres et de dessins.

7. Ce triangle est l'une des bases d'un prisme triangulaire.
L'aire totale se situe entre 100 cm^2 et 150 cm^2.
Quelle peut être la longueur du prisme ?

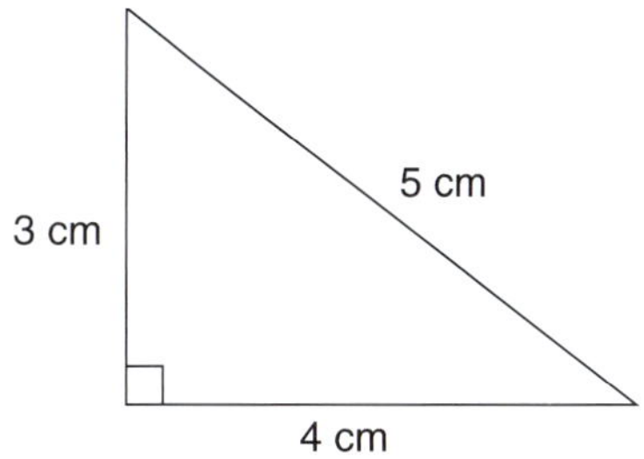

8. Les 3 faces rectangulaires d'un prisme triangulaire ont des aires de 30 cm^2, de 40 cm^2 et de 50 cm^2.
Les 2 faces triangulaires ont une aire combinée de 12 cm^2.
Quelles sont les dimensions du prisme triangulaire ?
Explique ton raisonnement à l'aide de dessins, de nombres et de mots.

9. Un prisme triangulaire a une aire totale d'environ 84 cm^2 et une longueur plus grande que 4,5 cm.
Indique la face triangulaire qui convient le mieux à ce prisme.
Explique ton choix.

a)

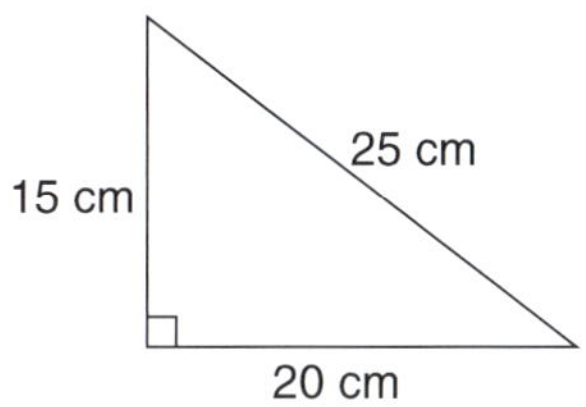

b)

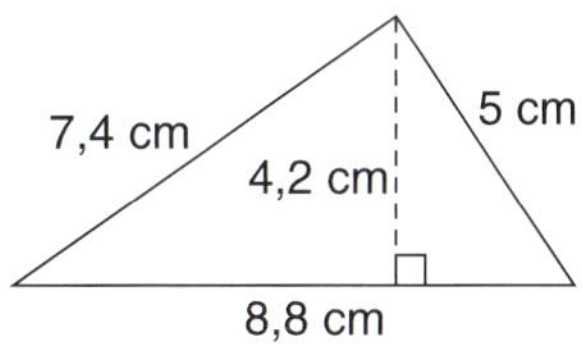

c)

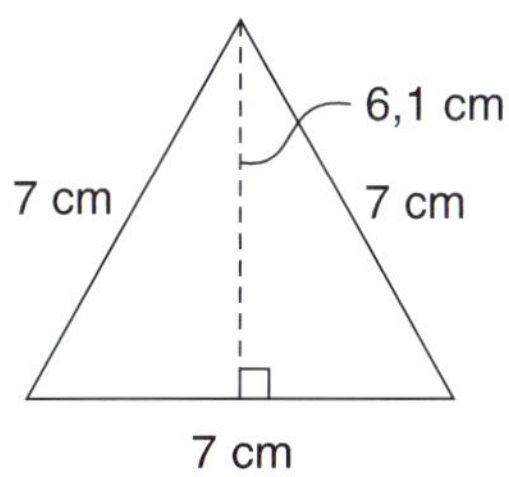

d)

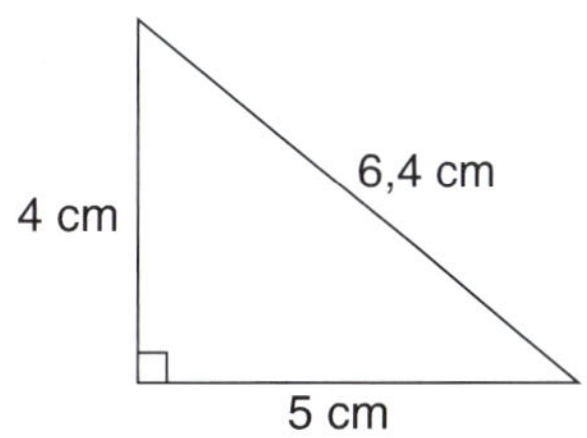

Réfléchis

Compare la stratégie qui sert à déterminer l'aire totale d'un prisme triangulaire avec celle qui sert à déterminer l'aire totale d'un prisme rectangulaire. Quelles sont les ressemblances ? Quelles sont les différences ?

Joue avec les nombres

Stratégie numérique

Trouve les facteurs communs des nombres de chaque paire.

- 40, 72
- 45, 63
- 50, 80
- 55, 132

LEÇON 9

Construire des polygones

Explore

Tu as besoin de papier quadrillé à 1 cm.

➤ Construis tous les rectangles avec un périmètre de 14 cm que tu peux. Leurs dimensions doivent être des nombres naturels. Combien peux-tu en construire ? Écris les dimensions.

➤ Construis tous les rectangles avec une aire de 16 cm^2 que tu peux. Leurs dimensions doivent être des nombres naturels. Combien peux-tu en construire ? Écris les dimensions.

➤ Construis des rectangles qui ont un périmètre de 20 cm et une aire de 24 cm^2. Leurs dimensions doivent être des nombres naturels. Combien peux-tu en dessiner ?

Qu'as-tu **trouvé ?**

Montre ton travail aux élèves d'une autre équipe.
Comment sais-tu que tu as trouvé tous les rectangles dans chaque cas ?
Comment as-tu déterminé les dimensions des rectangles ?

Découvre

➤ Tu peux construire plusieurs triangles avec une aire de 25 unités carrées.

 OBJECTIF | Construire des figures à partir des mesures du périmètre et de l'aire.

Ce tableau présente des longueurs possibles de base et de hauteur qui ont un produit de 50.

Base (en unités)	Hauteur (en unités)
1	50
2	25
5	10
10	5
25	2
50	1

Chacun de ces triangles a une aire de 25 unités carrées.

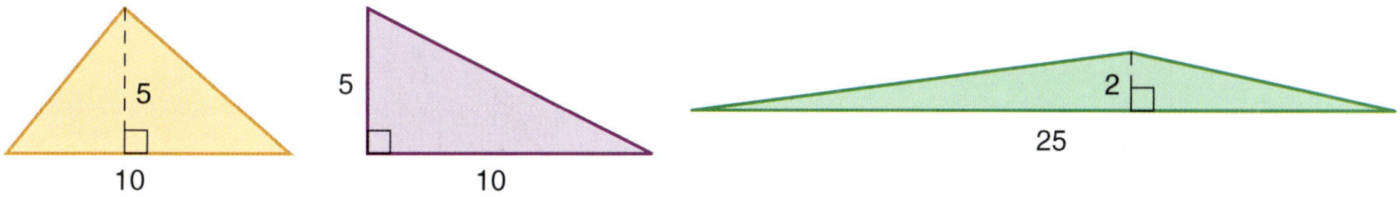

➤ Construis des parallélogrammes avec un périmètre de 12 unités.

Voici une formule du périmètre d'un parallélogramme :

Périmètre = (côté long + côté court) × 2

Quand le périmètre est de 12 unités, la somme du côté long et du côté court est de 6 unités.
Ce tableau montre des longueurs de côtés possibles.

Longueur du côté long (en unités)	Longueur du côté court (en unités)
5	1
4	2
3	3

Chacun de ces parallélogrammes a un périmètre de 12 unités.

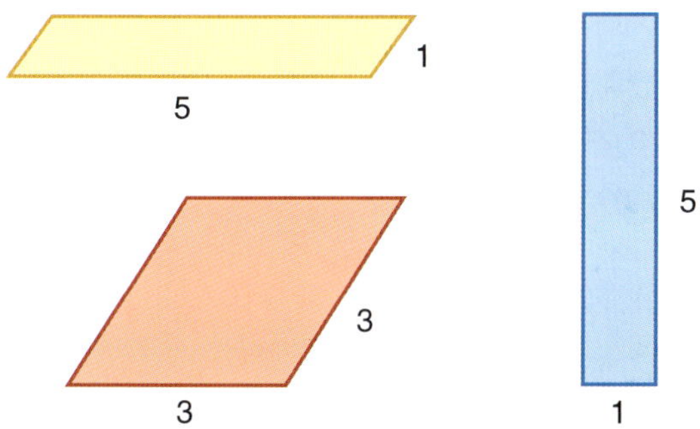

Rappelle-toi qu'un rectangle est un parallélogramme.

Joue avec les nombres

Calcul mental

Trouve chaque produit.

$3 \times 9 \times 10 \times 5$

$2 \times 18 \times 5 \times 3$

$6 \times 4 \times 5 \times 25$

Quelles stratégies as-tu utilisées ?

À ton tour

1. Associe chaque aire à la figure appropriée.
   Explique ton raisonnement.
   a) 32 unités carrées
   b) 36 unités carrées
   c) 20 unités carrées

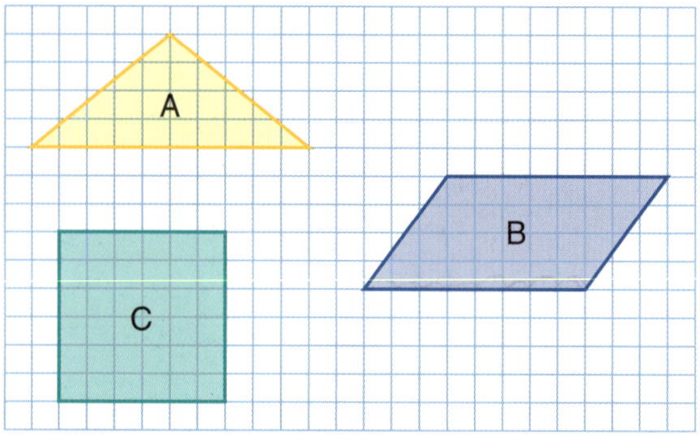

2. a) Dessine 2 parallélogrammes avec un périmètre de 26 unités.
   b) Dessine 2 parallélogrammes avec une aire de 26 unités carrées.
   c) Compare ton travail aux parties a) et b).
   Qu'as-tu fait de différent ?

3. Utilise un compas et une règle.
   Construis 2 triangles différents avec un périmètre de 22 cm.
   a) Comment détermines-tu les longueurs de côtés ?
   b) Comment sais-tu si une longueur de côté est impossible ?

4. Madhu conçoit un atelier d'une forme inhabituelle.
   Il est triangulaire.
   Le plancher a une aire de 7,4 m^2.
   a) Dessine des plans possibles de l'atelier de Madhu.
   b) Quel plan est le plus probable ? Pourquoi ?

5. Construis chaque figure sur du papier quadrillé à 1 cm.
   Dans quels cas peux-tu dessiner plus d'une figure ?
   Explique ta réponse.
   a) un carré avec un périmètre de 20 cm et une aire de 25 cm^2
   b) un rectangle avec un périmètre de 14 cm et une aire de 10 cm^2
   c) un parallélogramme avec un périmètre de 24 cm
   d) un parallélogramme avec une aire de 36 cm^2
   e) un triangle avec un périmètre de 9 cm
   f) un triangle avec une aire de 6 cm^2

Réfléchis

Décris comment tu peux dessiner un triangle à partir de son aire et de son périmètre. Donne des exemples.

Plombière ou plombier

Une plombière ou un plombier installe et répare les tuyaux qui transportent l'eau, le gaz naturel et la vapeur. Il lui faut lire et interpréter des dessins techniques pour planifier les tâches requises. Assembler des tuyaux selon les dessins techniques et utiliser le moins de tuyaux possible, c'est parfois tout un casse-tête !

La plombière ou le plombier choisit le type et les dimensions de tuyaux appropriés. Elle ou il calcule combien il en faut. Puis, elle ou il mesure, coupe, plie et relie les tuyaux à l'aide d'outils manuels ou électriques. Après l'installation, il reste à vérifier s'il y a des fuites.

Il faut détenir une licence pour exercer un métier en plomberie. Une plombière ou un plombier peut travailler pour une plomberie ou pour une entreprise qui requiert les services d'une plombière ou d'un plombier à temps plein. Elle ou il peut travailler à son propre compte et engager et former d'autres plombières et d'autres plombiers.

Module 9 Montre ce que tu sais

LEÇONS

1 **1.** Mesure ces polygones. Détermine leur périmètre.
Quelle unité de mesure as-tu utilisée ? Pourquoi ?

a)

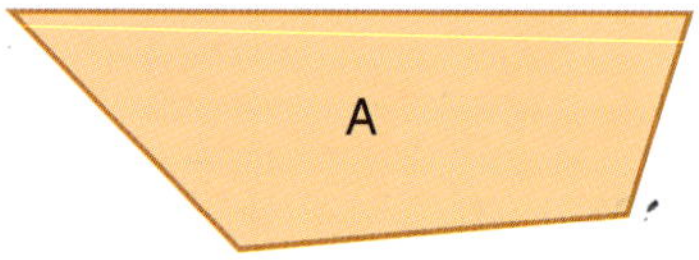

b)

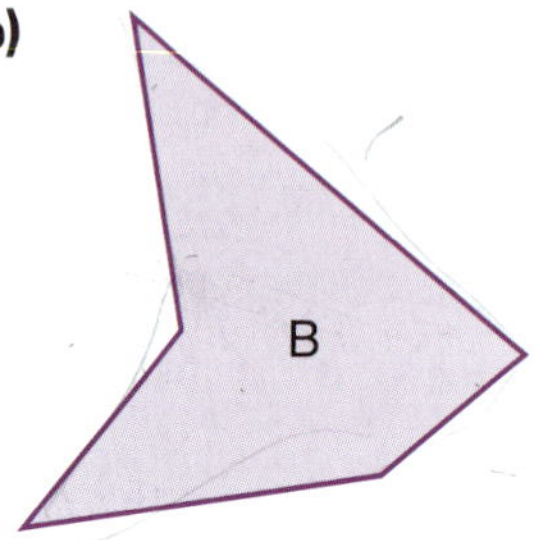

2. Calcule le périmètre d'un hexagone régulier si ses côtés mesurent 4,8 cm. Montre ton travail.

2 **3.** Tania prépare ce potager rectangulaire.

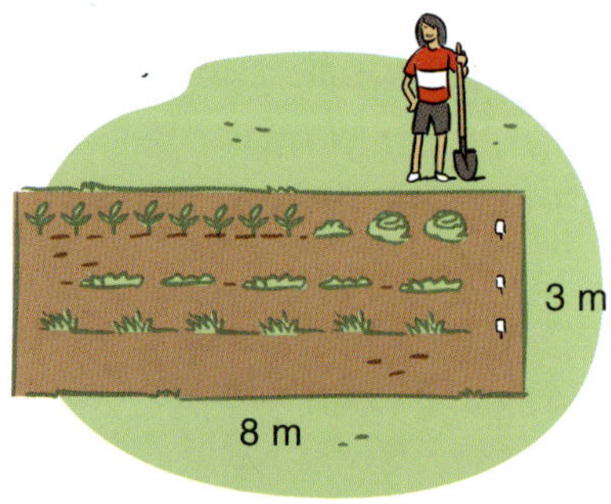

a) Calcule l'aire du potager en mètres carrés et en centimètres carrés.

b) Calcule le périmètre en mètres et en centimètres.

4 **4.** Pour chaque parallélogramme, indique une base et une hauteur. Puis, détermine l'aire.

a)

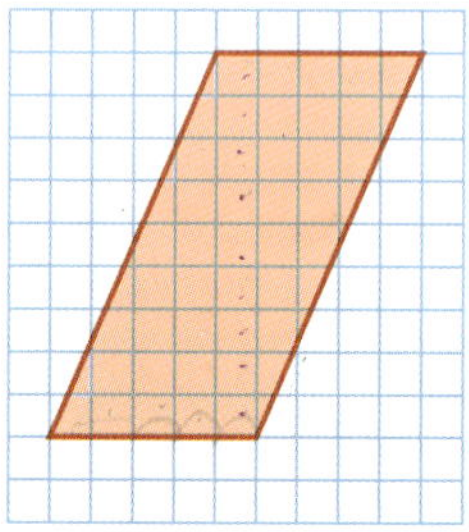

b)

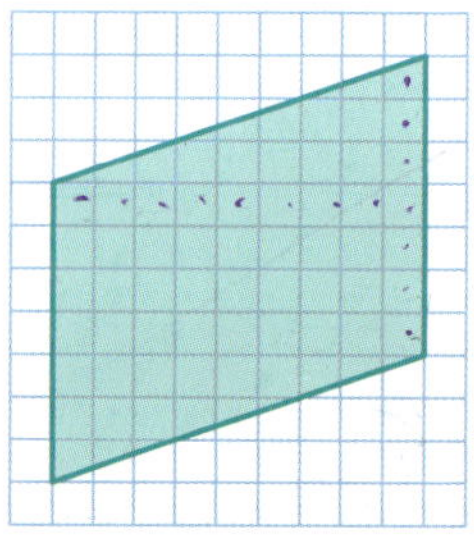

c)

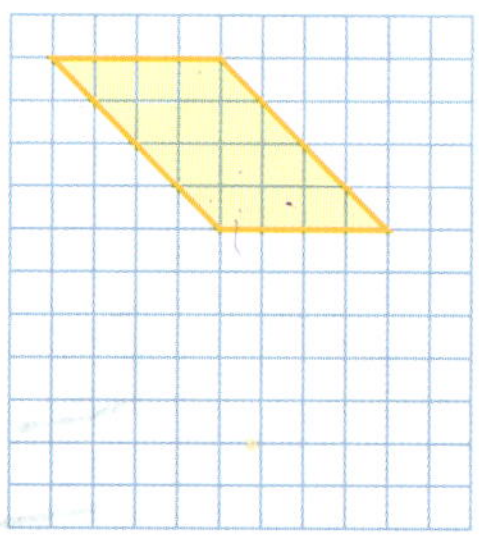

5. Quelle figure a la plus grande aire ?

a) un rectangle avec une base de 7 cm et une hauteur de 3 cm

b) un parallélogramme avec une base de 6 cm et une hauteur de 4 cm

5 **6.** Un rectangle et un triangle ont la même aire.
Le rectangle a une base de 5 cm et une hauteur de 4 cm.
Quelles peuvent être la base et la hauteur du triangle ?
Donne deux réponses.

LEÇONS

5 6

7. Détermine l'aire de chaque triangle.

a) 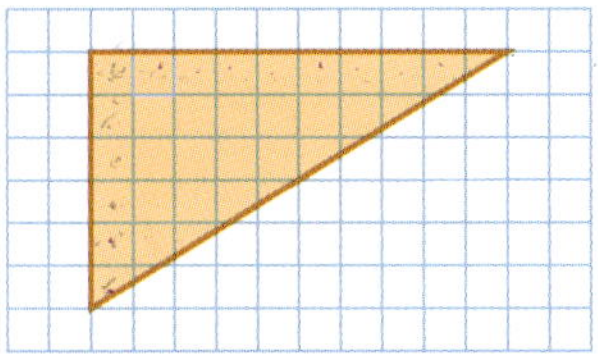

b) 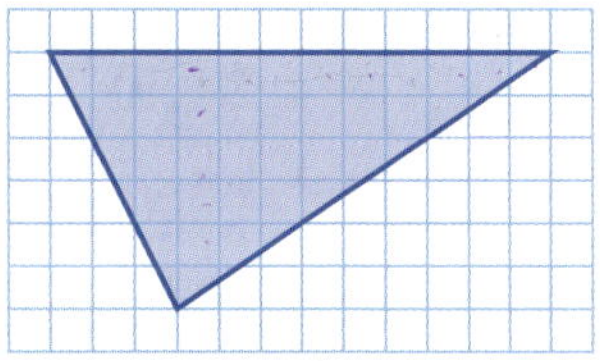

c) 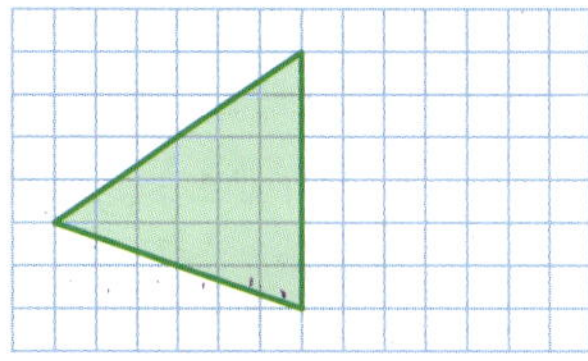

8. Dessine 3 triangles différents avec une aire de 32 cm^2.

9. Du mazout coule sur le sol durant le chargement d'un camion.
L'équipe de nettoyage trace un triangle autour de la flaque de mazout sur le sol.
La base du triangle est de 12 m. La hauteur est de 5 m.
Quelle est l'aire de la flaque de mazout ?

10. Une base d'un prisme triangulaire est un triangle rectangle.
Ce triangle a une base de 5 cm et une hauteur de 12 cm.
Le troisième côté du triangle mesure 13 cm.
Le prisme a 25 cm de longueur.

a) Dessine un développement du prisme. Calcule son aire totale.

b) Dessine le prisme. Calcule son volume.

c) Que peux-tu changer pour doubler le volume du prisme ? Explique ta réponse.

4 7

11. Construis un rectangle avec un périmètre de 18 cm et la plus petite aire possible.
La longueur et la largeur sont des nombres naturels de centimètres.
Quelle est l'aire du rectangle ?

9

12. Construis chaque figure.
Dans quels cas peux-tu construire plus d'une figure ?
Explique ta réponse.

a) un parallélogramme avec une aire de 12 cm^2

b) un triangle avec une aire de 3 cm^2

c) un rectangle avec un périmètre de 28 cm

d) un triangle avec un périmètre de 46 cm

e) un rectangle avec un périmètre de 36 cm et une aire de 77 cm^2

MODULE 9

Tes objectifs

- ✓ Mesurer et calculer le périmètre.
- ✓ Estimer, mesurer et calculer l'aire.
- ✓ Explorer la relation entre l'aire de rectangles, de parallélogrammes et de triangles.
- ✓ Élaborer une formule de l'aire d'un parallélogramme et une formule de l'aire d'un triangle.
- ✓ Élaborer des formules du volume et de l'aire totale d'un prisme triangulaire.
- ✓ Construire des polygones à partir des mesures du périmètre et de l'aire.

Problème du module

Faisons des cartes de souhaits

Tu as besoin d'une règle, de crayons ou de marqueurs de couleur, de papier quadrillé à 1 cm, de ciseaux et de ruban adhésif.

1. Conçois et fabrique une carte de souhaits et son enveloppe. Sur du papier quadrillé, fais une illustration pour la carte et l'enveloppe.
2. Quelle est l'aire de la carte ? Quelle est l'aire de l'enveloppe ? Quel est le périmètre de la carte ? Quel est le périmètre de l'enveloppe ?

Retour sur le module

Quelle est la relation entre les aires des rectangles, des parallélogrammes et des triangles ?
Quelle est la relation entre le périmètre d'une figure et la longueur de ses côtés ? Donne des exemples.

3. Tu as une feuille de papier rectangulaire de 28 cm sur 43 cm. Combien de cartes peux-tu découper dans cette feuille de papier ? Combien d'enveloppes peux-tu découper ?

4. Écris au sujet de ta création.
   - Comment as-tu choisi la forme de ta carte ? Comment as-tu choisi la forme de ton enveloppe ?
   - Comment as-tu choisi les dimensions de la carte ? Comment as-tu déterminé les dimensions requises de l'enveloppe ?

Liste de contrôle

Ton travail devrait montrer :

- ✓ une illustration appropriée pour une carte de souhaits sur du papier quadrillé ;
- ✓ le nombre de cartes et d'enveloppes qui tiennent dans une feuille de papier ;
- ✓ des calculs corrects de l'aire et du périmètre ;
- ✓ des explications claires de ta création et de ta démarche.

MODULE 10

Les régularités dans les nombres

Du camping dans les arbres !

Tes objectifs

- Représenter des régularités de diverses façons.
- Établir la relation entre des suites numériques et des régularités dans des diagrammes.
- Explorer les régularités en géométrie.
- Établir la relation entre la distance, la vitesse moyenne et le temps.
- Explorer les régularités à l'aide d'un ordinateur.
- Poser et résoudre des problèmes qui comprennent des régularités.

et la géométrie

Mots clés

- la formule d'Euler
- non adjacent

Francine planifie une expédition dans les arbres.

Le jour, les membres du groupe vont grimper aux arbres.

Le soir, ils vont dormir dans des hamacs suspendus aux arbres !

Le tableau suivant indique le coût de l'expédition.

Nombre de personnes	Coût (en $)
1	225
2	375
3	525
4	675

- Décris les régularités que tu remarques dans le tableau.
- Comment peux-tu représenter ces régularités d'une autre façon ?
- Douze personnes partent en expédition. Comment peux-tu trouver le coût total ?

LEÇON 1

Représenter des régularités

Quelles sont les ressemblances entre ces suites ?
Quelles sont les différences ?
Décris l'image 5 de chaque suite.

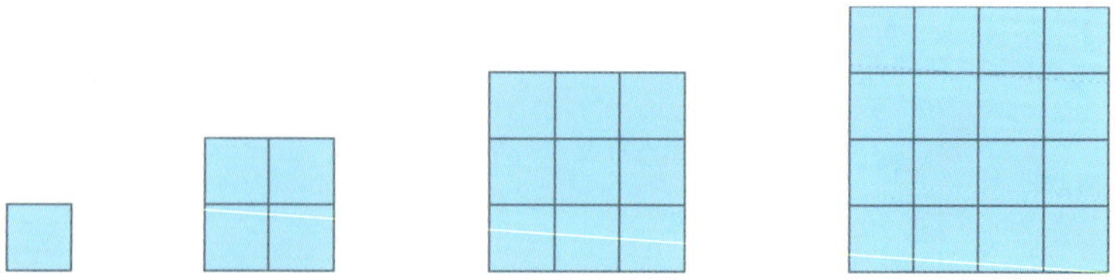

Image 1 Image 2 Image 3 Image 4

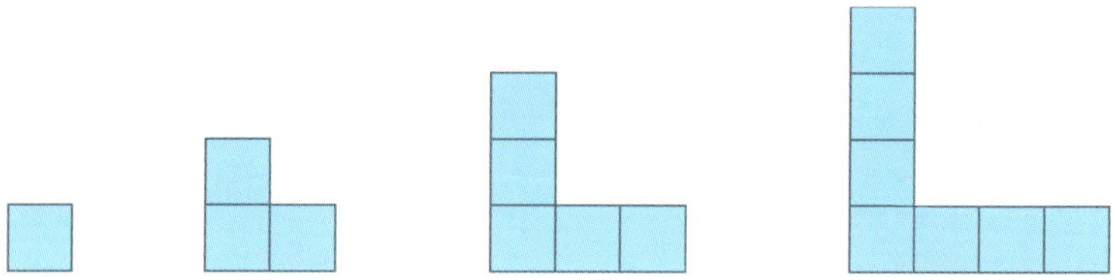

Image 1 Image 2 Image 3 Image 4

Explore

Tu as besoin de carreaux de couleur ou de carrés congruents et de papier quadrillé.

➤ Construis les 4 premières images d'une suite croissante à l'aide de carreaux de couleur.
Reproduis ta suite sur du papier quadrillé.

➤ Fais un tableau.
Note le numéro de chaque image et le nombre de carreaux.
Écris ces nombres sous forme d'un couple.

➤ Décris la régularité du nombre de carreaux dans une image.

➤ Représente ces données dans un diagramme.
Quelle relation y a-t-il entre ce diagramme et ta suite croissante ?

➤ À l'aide de ton diagramme, prédis le nombre de carreaux de l'image 10.

Numéro de l'image	Nombre de carreaux	Couple
1		

Qu'as-tu trouvé ?

Montre ton travail aux élèves d'une autre équipe.
À l'aide du tableau ou du diagramme, comment peux-tu vérifier si une image de la suite contient 100 carreaux ?

 OBJECTIF | Représenter des régularités à l'aide de carreaux, de tableaux et de diagrammes.

Découvre

Voici des façons de représenter une suite croissante :

➤ Représente la suite dans un quadrillage.

Image 1 Image 2 Image 3 Image 4 Image 5

➤ Remplis un tableau.

Numéro de l'image	Nombre de carreaux	Couple
1	2	(1, 2)
2	4	(2, 4)
3	6	(3, 6)
4	8	(4, 8)
5	10	(5, 10)

Le numéro de l'image est la première coordonnée. Le nombre de carreaux est la deuxième coordonnée.

➤ Trouve une régularité.
Selon le tableau, il y a 2 carreaux de plus chaque fois.

La régularité du nombre de carreaux dans une image est :
À partir du nombre 2, additionne 2 chaque fois.

Tu pourrais aussi dire : Le nombre de carreaux dans une image est le double du numéro de l'image.

➤ Construis un diagramme. Utilise les nombres du tableau.
Trace les axes, avec une étiquette et une échelle appropriées. Situe les points à (1, 2), (2, 4), (3, 6), (4, 8) et (5, 10) dans le diagramme.

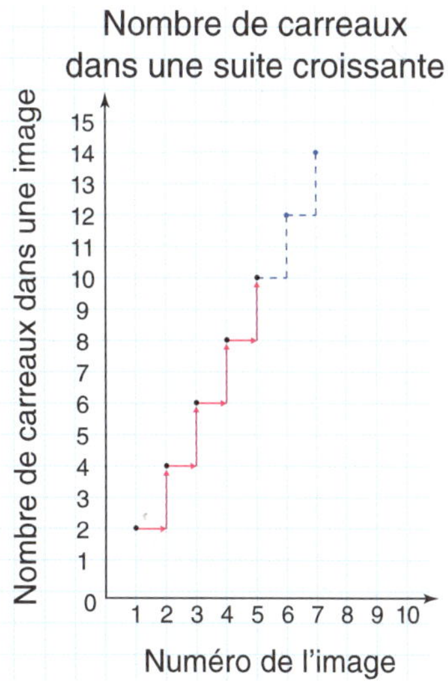

Pour trouver le nombre de carreaux dans l'image 7, prolonge le diagramme.
Déplace-toi de 1 case vers la droite et de 2 cases vers le haut à partir de (5, 10). Tu arrives à (6, 12).
Refais cette translation. Tu arrives à (7, 14).
L'image 7 contient 14 carreaux.

Ce diagramme est trop petit pour trouver le nombre de carreaux dans l'image 100.
Tu peux utiliser une régularité.
Le nombre de carreaux dans une image est le double du numéro de l'image.
Le nombre de carreaux dans l'image 100 est : $2 \times 100 = 200$

Pour aller d'un point à un autre, déplace-toi de 1 case vers la droite et de 2 cases vers le haut.

À ton tour

1. Utilise du papier quadrillé.
Pour chaque tableau :
- trouve une régularité ;
- colorie des cases dans un quadrillage pour représenter la régularité ;
- construis un diagramme.

a)

Numéro de l'image	Nombres de carrés
1	3
2	6
3	9
4	12
5	15

b)

Numéro de l'image	Nombre de carrés
1	5
2	6
3	7
4	8
5	9

2. Note chaque suite croissante dans un tableau.
Puis, représente la régularité dans un diagramme.

a) 

b)

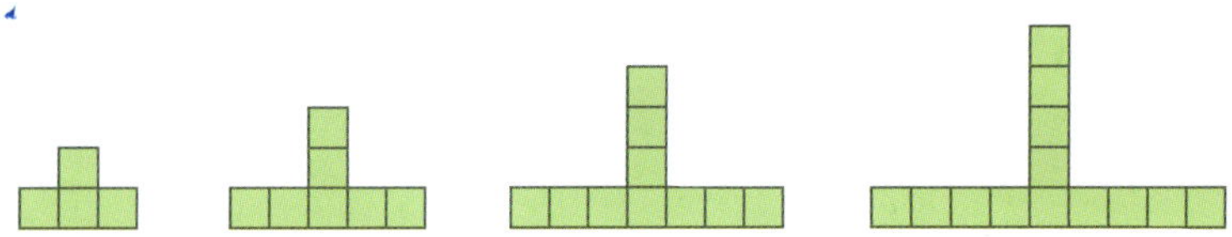

c)

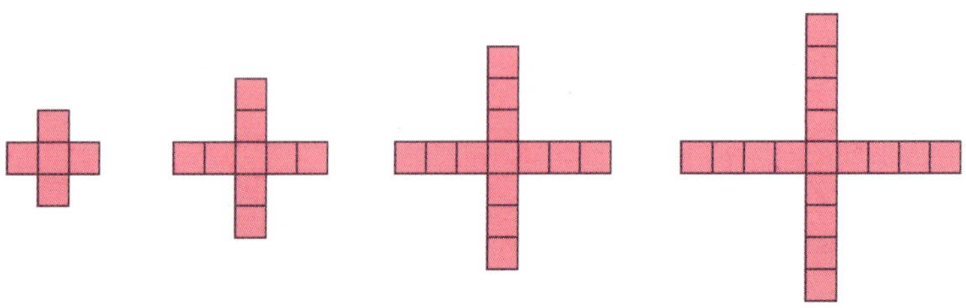

3. Utilise tes tableaux ou tes diagrammes de la question 2.
- **a)** Trouve le nombre de carreaux qu'il y a dans l'image 10.
- **b)** Trouve une régularité.

4. Pour chaque suite de la question 2, indique :
- **a)** l'image qui contient 25 carreaux. Comment le sais-tu ?
- **b)** l'image qui contient 37 carreaux. Comment le sais-tu ?
- **c)** s'il y a une image qui contient 40 carreaux. Explique ta réponse.

Joue avec les nombres

Stratégie numérique

Utilise les nombres 2, 3, 5 et 6 une seule fois. Place ces nombres pour obtenir le produit le plus proche de 1000.

□□
× □□

5. Voici les 4 premières images d'une suite croissante :

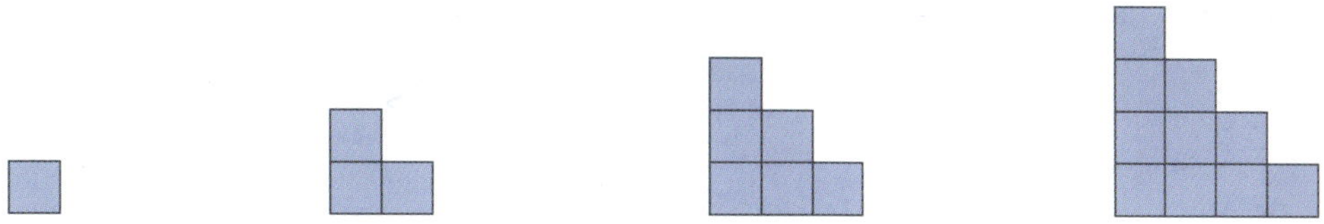

a) Dessine les 3 prochaines images sur du papier quadrillé.

b) Remplis un tableau pour les 7 premières images.
Note le numéro de l'image et le nombre de carrés.

c) Représente les données du tableau dans un diagramme.
Quand peux-tu utiliser ce diagramme pour trouver le nombre de carrés dans une image que tu n'as pas dessinée ?

6. Utilise du papier quadrillé.

a) Dessine une suite croissante à l'aide des données du tableau.
Prolonge la suite jusqu'à l'image 7.

b) Comment as-tu choisi la façon de dessiner la suite ?

Numéro de l'image	Nombre de carrés
1	4
2	8
3	12
4	16
5	20

7. Utilise du papier quadrillé.

a) Dessine une suite croissante à partir de ce diagramme.

b) Remplis un tableau.
Note le numéro de chaque image et le nombre de carrés.

c) Combien de carrés y a-t-il dans l'image 10 ?
Combien de carrés y a-t-il dans l'image 100 ?
Comment le sais-tu ?

d) Quelle image contient 31 carrés ?
Quelle image contient 57 carrés ?
Comment le sais-tu ?

e) Est-ce qu'une image contient 50 carrés ?
Explique ta réponse.

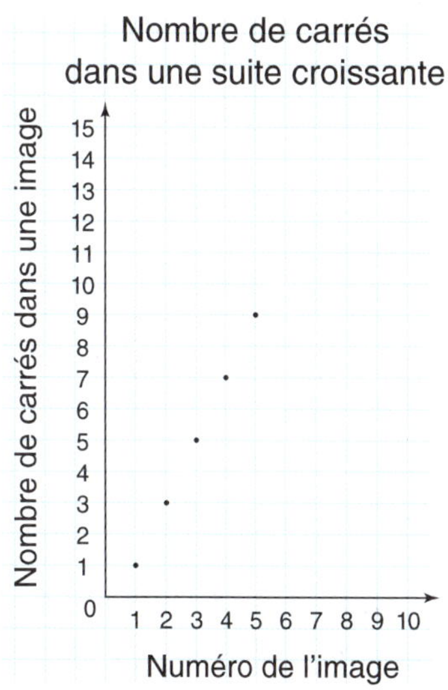

Réfléchis

Décris des façons de représenter une régularité.
Donne des exemples.

LEÇON 2

Établir la relation entre des diagrammes et des machines d'entrée-sortie

Ce tableau indique les nombres d'entrée et de sortie d'une machine à une opération.

Entrée	Sortie
2	8
3	12
4	16
5	20

Comment peux-tu déterminer l'opération et le nombre que la machine utilise ?

Explore

Tu as besoin de papier quadrillé.

➤ Travaille avec 3 camarades. Choisis une machine d'entrée-sortie différente de celles de tes camarades.

➤ Utilise les nombres d'entrée 2, 4, 6 et 8.
Trouve chaque nombre de sortie.
Note les nombres d'entrée et de sortie dans un tableau.

➤ Sur du papier quadrillé, représente les données de ton tableau dans un diagramme. Utilise la même échelle que tes camarades.
Commence à gauche. Décris comment tu peux aller d'un point au suivant.
Compare ton diagramme avec ceux de tes camarades.

Qu'as-tu trouvé ?

Montre ton travail aux élèves d'une autre équipe.
Quelles sont les ressemblances entre vos diagrammes ? Quelles sont les différences ?
Quelle relation y a-t-il entre les points dans un diagramme et les nombres du tableau d'entrée-sortie ?

Découvre

➤ Pour construire un diagramme correspondant à cette machine d'entrée-sortie :

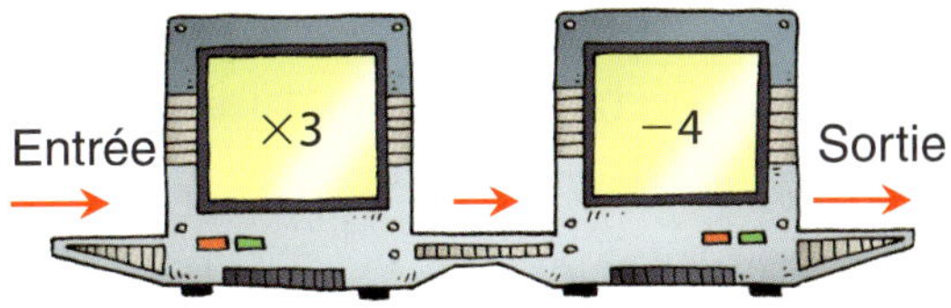

Remplis un tableau d'entrée-sortie. Choisis 5 nombres d'entrée.

Entrée	Sortie
2	2
3	5
4	8
5	11
6	14

Trace les axes d'un plan cartésien. Ajoute une étiquette et une échelle à chacun. Situe les points (2, 2), (3, 5), (4, 8), (5, 11) et (6, 14) dans le plan.

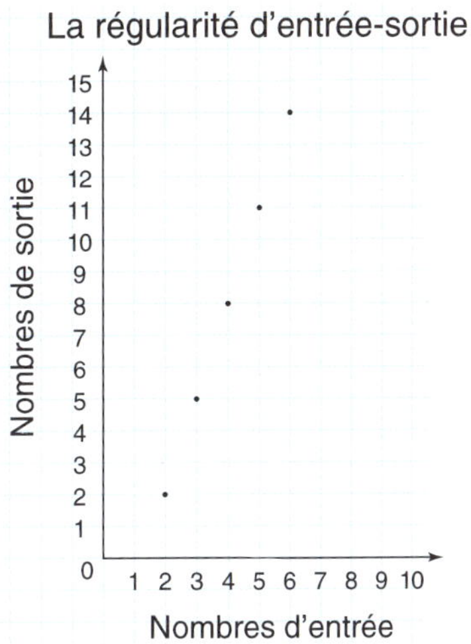

➤ Pour définir une machine d'entrée-sortie correspondant au diagramme de droite :

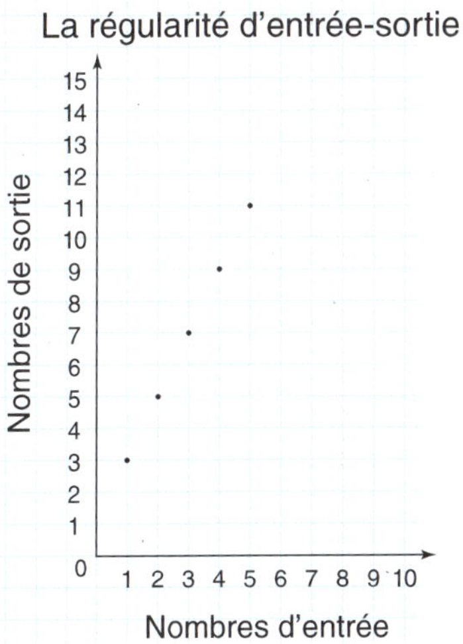

Note les nombres d'entrée et de sortie dans un tableau.

Entrée	Sortie
1	3
2	5
3	7
4	9
5	11

Les nombres de sortie augmentent de 2 chaque fois. Donc, les nombres d'entrée sont multipliés par 2 : $1 \times 2 = 2$
Mais le nombre de sortie correspondant à 1 est 3. Pour obtenir 3, il faut ajouter 1 à 2.
La machine d'entrée-sortie double le nombre d'entrée, puis elle additionne 1.

Cette machine d'entrée-sortie correspond aux données du diagramme.

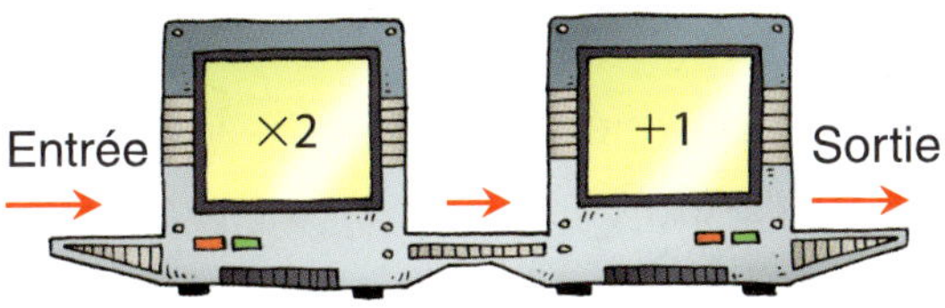

À ton tour

1. Chaque diagramme représente les nombres d'entrée et de sortie d'une machine.
Pour chaque diagramme :
- remplis un tableau d'entrée-sortie ;
- détermine l'opération et le nombre que la machine utilise.

a)

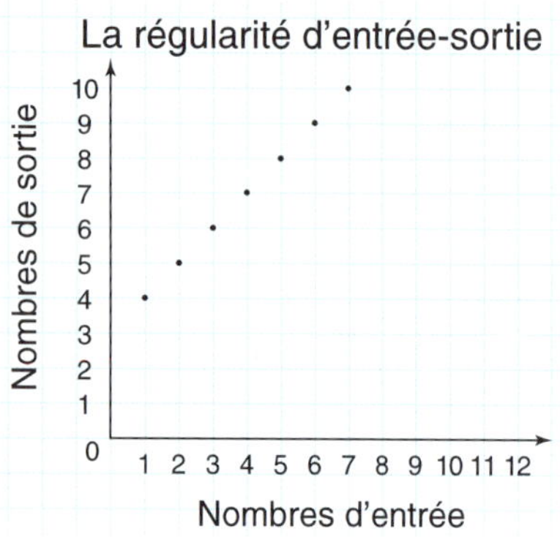

b)

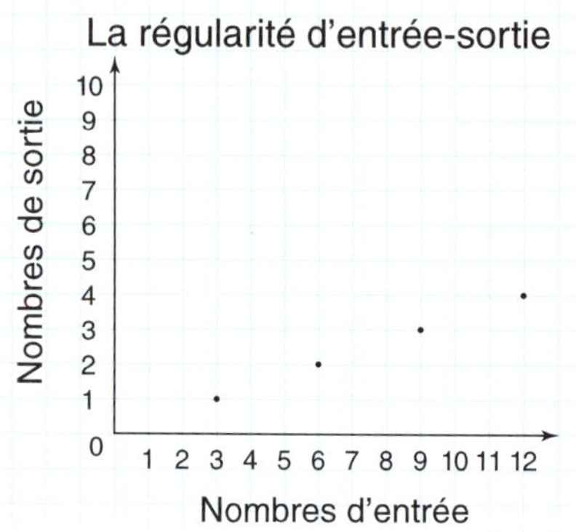

2. Construis un diagramme pour chaque machine. Compare les nombres d'entrée et de sortie. Utilise ces nombres d'entrée pour chaque machine :
3, 4, 5, 6, 7
Détermine le nombre de sortie quand le nombre d'entrée est 10 à l'aide de tes diagrammes.

a)

b)

3. Construis un diagramme pour comparer les nombres d'entrée et de sortie de cette machine.
Utilise ces nombres d'entrée : 3, 4, 5, 6, 7
Compare ce diagramme à tes diagrammes de la question 2.
Quelles sont les ressemblances ? Quelles sont les différences ?

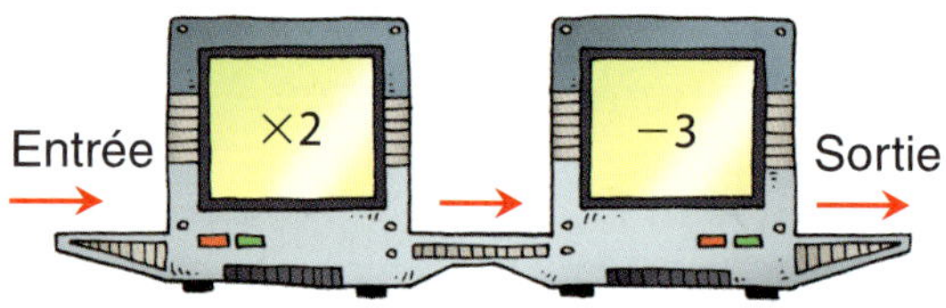

4. Voici 3 images d'une suite croissante :

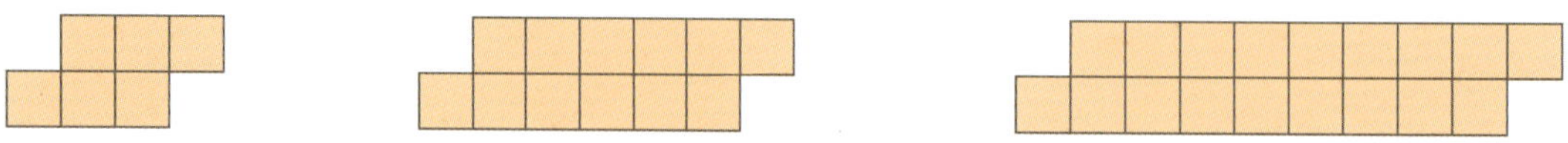

a) Dessine les images 4 et 5 sur du papier quadrillé.
b) Le numéro de l'image est le nombre d'entrée.
Le nombre de carrés est le nombre de sortie.
Dessine une machine d'entrée-sortie pour représenter cette suite.

5. Dessine les 5 premières images d'une suite croissante sur du papier quadrillé.
   a) Note ta suite dans un tableau.
   b) Construis un diagramme pour représenter ta suite.
   c) Le numéro de l'image est le nombre d'entrée. Le nombre de carrés dans l'image est le nombre de sortie. Dessine une machine d'entrée-sortie qui représente le diagramme en b).

6. Le diagramme suivant représente la relation entre la masse d'une boîte de livres et le nombre de livres dans la boîte.

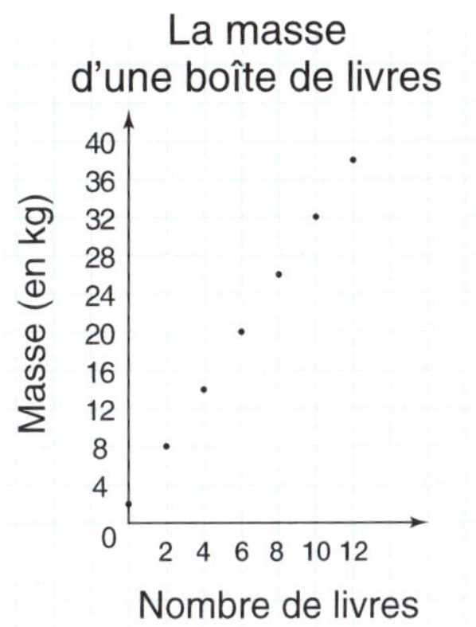

   a) Représente ces données dans un tableau.
   b) Dessine une machine d'entrée-sortie qui produit les nombres du tableau.

7. Une chandelle a 300 mm de hauteur.
   Sa hauteur diminue de 5 mm par minute quand la chandelle est allumée.
   a) Remplis un tableau pour indiquer la hauteur de la chandelle toutes les minutes pendant les 10 premières minutes.
   b) Construis un diagramme.
   c) Quelle est la hauteur de la chandelle après 30 min ?

Réfléchis

Tu examines un diagramme qui représente des nombres d'entrée et de sortie. Comment peux-tu déterminer l'opération et le nombre que la machine utilise ? La machine peut-elle utiliser plus d'une opération et plus d'un nombre ? Donne des exemples.

Joue avec les nombres

Calcul mental

Utilise ces nombres.

343 225 111 156 267 419

- Trouve les deux nombres qui ont la plus petite différence.
- Trouve deux nombres dont la somme a 0 unité.

LEÇON

3 Les régularités en géométrie

Explore

Ton enseignante ou ton enseignant va te remettre ces polygones.

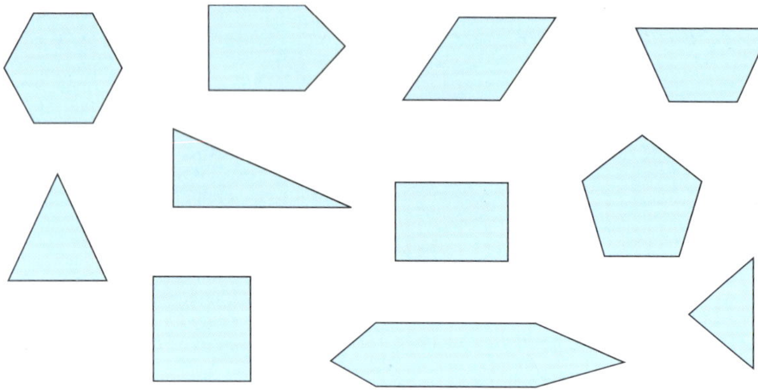

- Trace toutes les diagonales de chaque polygone.
- Note tes résultats dans un tableau comme celui-ci :

Nombre de côtés	Nombres de diagonales
3	

- Quelle régularité remarques-tu dans le tableau ?
  Prédis le nombre de diagonales dans un octogone à l'aide de la régularité.
  Vérifie ta prédiction.

Qu'as-tu trouvé ?

Montre ton travail aux élèves d'une autre équipe.
Quelle est la relation entre le nombre de côtés d'un polygone et le nombre de diagonales ?
Comment prédis-tu le nombre de diagonales dans un octogone ?

Découvre

Les régularités permettent de trouver d'autres relations en géométrie.

Ce tableau indique le nombre de faces, de sommets et d'arêtes de différents prismes.

Prisme	Faces	Sommets	Arêtes
Prisme triangulaire 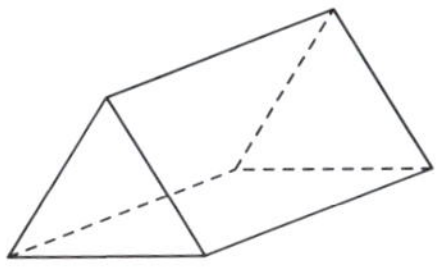	5	6	9
Prisme rectangulaire 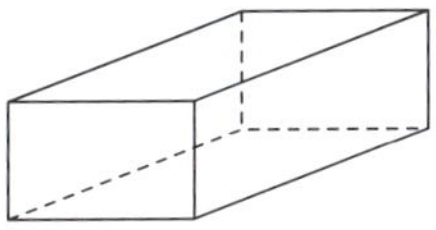	6	8	12
Prisme pentagonal 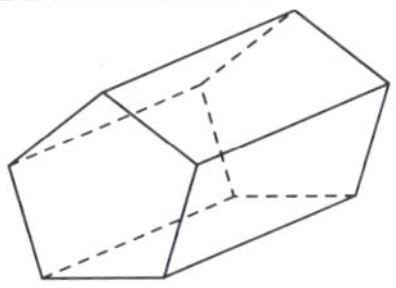	7	10	15
Prisme hexagonal 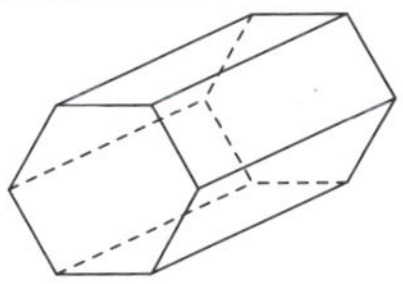	8	12	18

- Le nombre de faces plus le nombre de sommets est égal au nombre d'arêtes plus 2.
  Un prisme rectangulaire a 6 faces, 8 sommets et 12 arêtes.
  $6 + 8 = 12 + 2$

  Voici d'autres régularités des prismes :

- Le nombre de faces d'un prisme est égal au nombre de côtés de la base plus 2.
  Un hexagone a 6 côtés.
  Un prisme hexagonal a $6 + 2 = 8$ faces.
- Le nombre de sommets d'un prisme est le double du nombre de côtés de la base.
  Un triangle a 3 côtés.
  Un prisme triangulaire a $3 \times 2 = 6$ sommets.
- Le nombre d'arêtes d'un prisme est le triple du nombre de côtés de la base.
  Un pentagone a 5 côtés.
  Un prisme pentagonal a $5 \times 3 = 15$ arêtes.

Leonhard Euler a établi une formule qui décrit cette relation. C'est la **formule d'Euler.**

À ton tour

1. Tu as besoin de pyramides.

Pyramide à base	Nombre de faces	Nombre de sommets	Nombre d'arêtes
triangulaire			
rectangulaire			
pentagonale			
hexagonale			

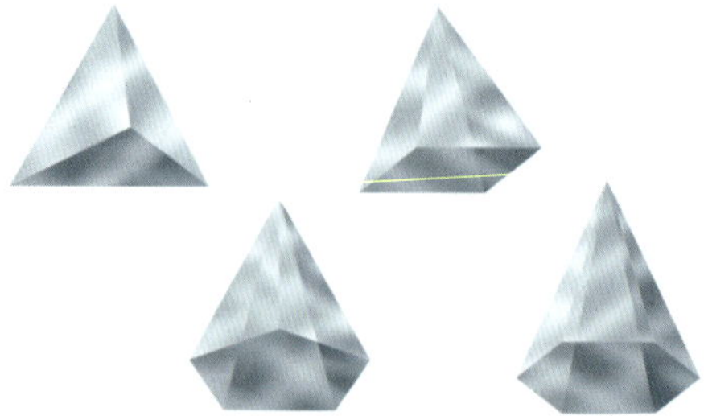

a) Copie le tableau et remplis-le.

b) Décris les régularités que tu remarques.

c) Compare les régularités des pyramides avec les régularités des prismes. Que remarques-tu ?

2. Voici une suite croissante.

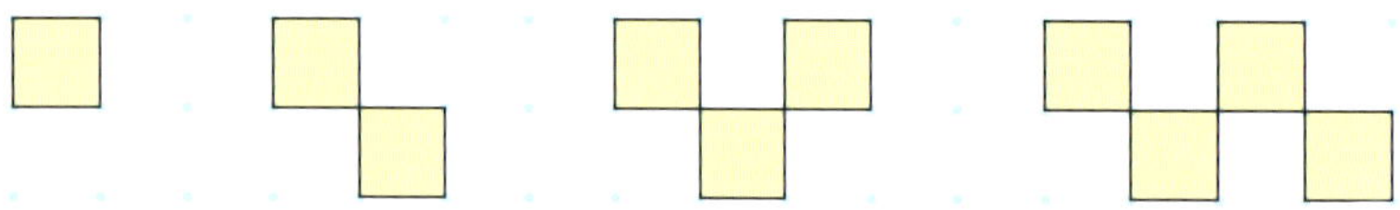

Image 1 Image 2 Image 3 Image 4

a) Dessine les 3 prochaines images sur du papier à points quadrillé.

b) Copie le tableau. Remplis-le pour 7 images.

c) Décris la relation entre le nombre de sommets et le numéro de l'image.

d) Décris la relation entre le nombre de côtés et le numéro de l'image.

Numéro de l'image	Nombre de sommets	Nombre de côtés
1		

3. Cette suite est formée de cure-dents.

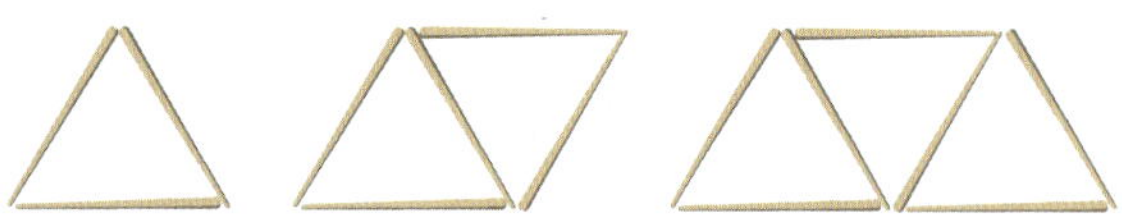

a) Décris la relation entre le nombre de triangles et le nombre de cure-dents.

b) Décris la relation entre le nombre de triangles et le périmètre d'une image.

Joue avec les nombres

Calcul mental

Trouve chaque produit.

$2,5 \times 10$	$6,432 \times 10$
$2,5 \times 100$	$6,432 \times 100$
$2,5 \times 1000$	$6,432 \times 1000$
$2,5 \times 10\,000$	$6,432 \times 10\,000$

4. Voici des polygones et les diagonales que tu peux tracer à partir d'un sommet :

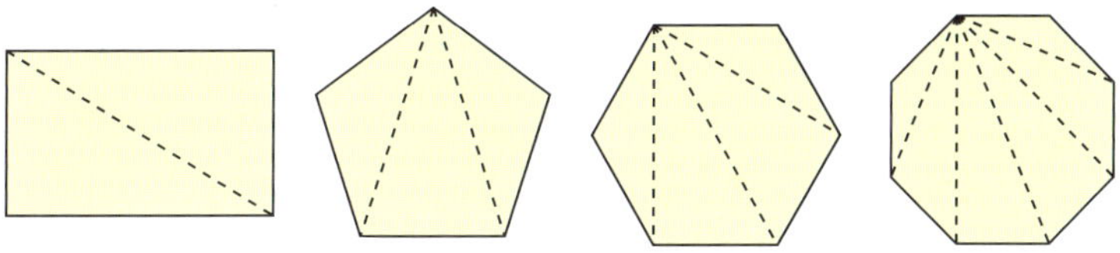

Nombre de côtés	Nombre de diagonales	Nombre de triangles

a) Copie le tableau et remplis-le.
b) Décris la relation entre le nombre de côtés d'un polygone et le nombre de triangles formés par les diagonales à partir d'un sommet.
c) Prédis le nombre de triangles formés dans un polygone à 10 côtés et dans un polygone à 20 côtés.

5. a) Sur du papier quadrillé à 0,5 cm, dessine des rectangles qui ont une aire de 36 cm^2 chacun.
Note la longueur et la largeur de ces rectangles dans un tableau.
b) Représente les données du tableau dans un diagramme.
Décris le diagramme.

Math +

Autour de toi

L'ethnomathématique est l'étude de la relation entre les mathématiques et la culture d'un peuple.

Gloria Gilmer étudie les régularités dans les coiffures afro-américaines. Elle s'intéresse aux différents motifs géométriques, entre autres les suites et les dallages, dans les chevelures tressées.

Réfléchis

Comment les régularités t'aident-elles à décrire des relations en géométrie ?

Ingénieure ou ingénieur en biométrie

La biométrie est la mesure et l'analyse de caractéristiques du corps humain. Elle étudie entre autres les empreintes digitales, l'iris, la voix, le visage et les dimensions des mains. Même les jumeaux identiques ont des empreintes digitales et des iris différents. Il y a souvent des appareils de biométrie dans les films d'action et de science-fiction.

Une ingénieure ou un ingénieur en biométrie met au point des appareils de reconnaissance des caractéristiques physiques. Elle ou il conçoit aussi des logiciels pour convertir et emmagasiner les données sous forme numérique. Des appareils biométriques assurent déjà la sécurité dans les aéroports et dans certains parcs thématiques, comme Walt Disney World. Cette technologie pourrait bientôt rendre les mots de passe et les cartes d'accès inutiles.

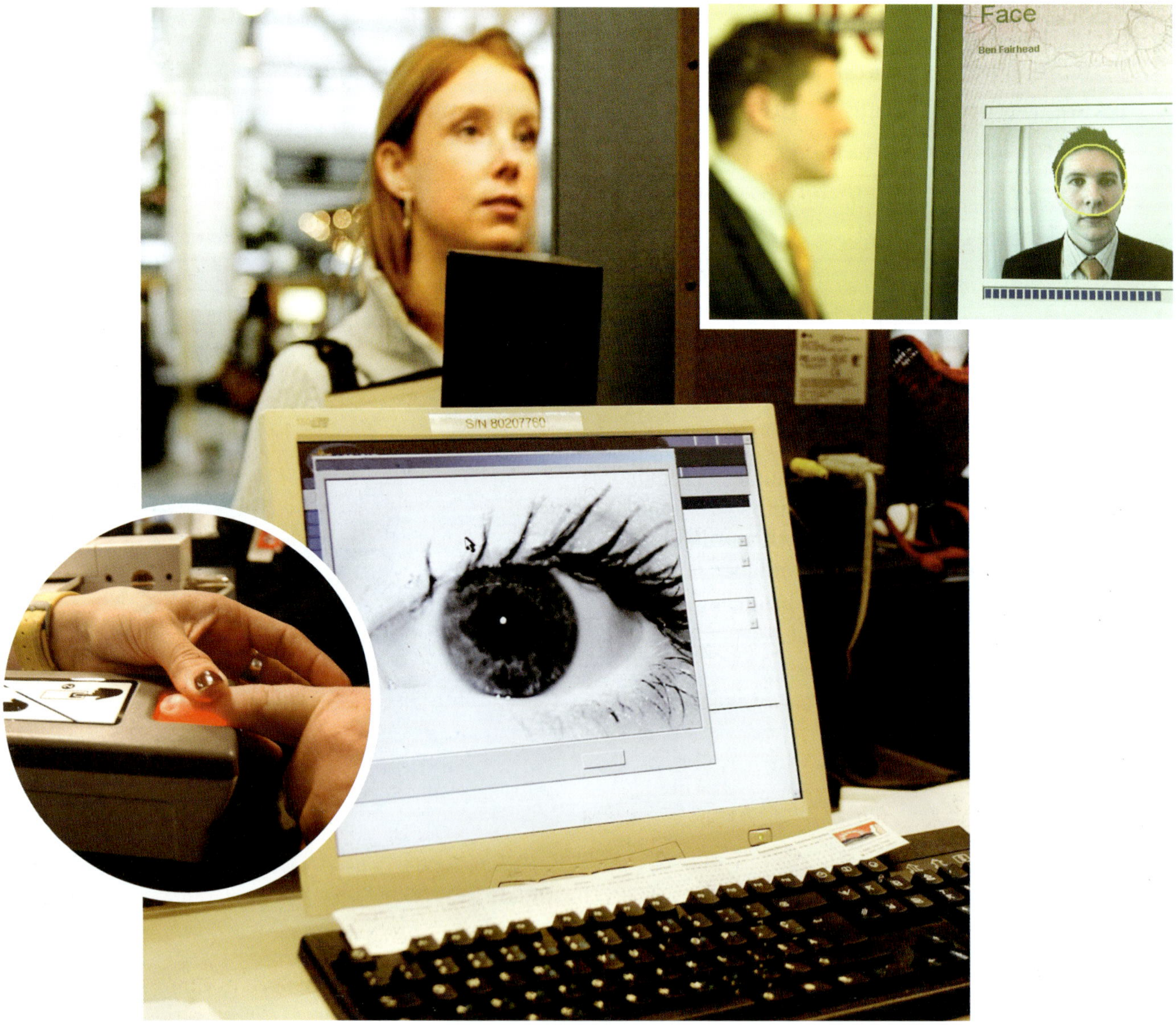

LEÇON 4

Établir la relation entre la distance, la vitesse moyenne et le temps

Explore

Tu as besoin d'un chronomètre, d'un mètre à ruban ou d'un mètre rigide, de ruban-cache et de papier quadrillé.

Mesure 5 m, 10 m, 15 m et 20 m sur le sol. Fais une marque à chaque distance.

- Marche d'un pas lent et régulier. Parcours 5 m. Ta ou ton camarade te chronomètre à la seconde près. Refais la même chose pour 10 m, 15 m et 20 m. Marche à la même vitesse chaque fois. Note les temps et les distances dans un tableau.
- Inversez les rôles. Refais l'activité. Chronomètre ta ou ton camarade pendant qu'elle ou il parcourt les mêmes distances, mais d'un pas plus rapide.
- Construis un diagramme pour chaque ensemble de données. Inscris le temps sur l'axe horizontal et la distance sur l'axe vertical. Utilise la même échelle dans les deux diagrammes. Quelles sont les ressemblances entre les deux diagrammes ? Quelles sont les différences ?

Qu'as-tu trouvé ?

Montre ton travail aux élèves d'une autre équipe. Décris les régularités que tu remarques dans les tableaux. Quel est l'effet d'une variation de la vitesse sur l'apparence d'un diagramme qui compare la distance et le temps ? Explique ta réponse.

Joue avec les nombres

Calcul mental

Quel nombre ne fait pas partie de cette suite numérique ? Pourquoi ?

6, 12, 18, 24, 48, 96

OBJECTIF | Explorer les relations entre la distance, la vitesse moyenne et le temps.

Découvre

Samantha parcourt 90 km par heure.
Le tableau indique la distance totale parcourue selon le temps écoulé.

Temps (en h)	Distance (en km)
0	0
1	90
2	180
3	270
4	360
5	450

➤ Tu peux représenter ces données dans un diagramme à ligne continue.

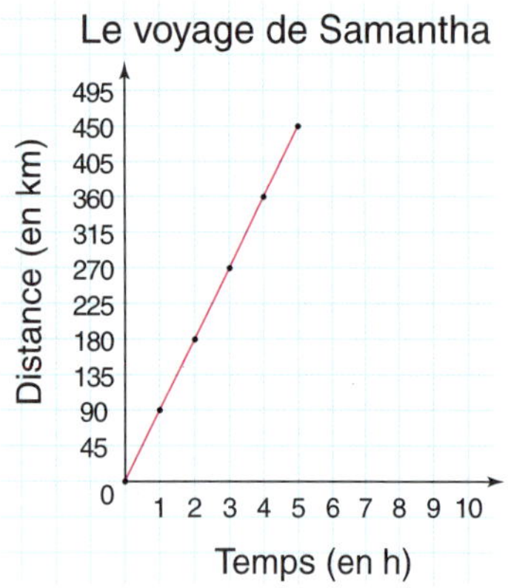

Il peut y avoir des distances plus courtes et des fractions d'heure. Donc, relie les points adjacents par un segment de droite.

➤ Les nombres d'heures sont les nombres d'entrée.
Les distances sont les nombres de sortie.

Les nombres d'entrée augmentent de 1 chaque fois.
Les nombres de sortie augmentent de 90 chaque fois.

Chaque nombre de sortie est le produit de 90 et du nombre d'entrée.
Une machine d'entrée-sortie qui multiplie par 90 donne les nombres du tableau.

Samantha parcourt 90 km par heure.
Elle se déplace à une vitesse moyenne de 90 km/h.

Il y a une relation entre la distance, la vitesse moyenne et le temps.
La distance parcourue est le produit de la vitesse moyenne et du temps :

Distance = vitesse moyenne × temps

Par exemple : $360 = 90 \times 4$

À ton tour

Tu as besoin de papier quadrillé.

1. Pour chaque tableau :
- construis un diagramme à ligne continue ;
- dessine une machine d'entrée-sortie ;
- détermine la vitesse moyenne.

a)

Temps (en s)	Distance (en m)
0	0
1	4
2	8
3	12
4	16
5	20

b)

Temps (en s)	Distance (en m)
0	0
1	50
2	100
3	150
4	200
5	250

2. Des élèves marchent 5 km afin d'amasser de l'argent pour un organisme.
Zachary a une vitesse moyenne de 1 m/s.
Yasmin a une vitesse moyenne de 1,5 m/s.
Fabien a une vitesse moyenne de 2 m/s.

a) Copie ce tableau. Remplis-le pour chaque élève, pour les 10 premières secondes.

b) Construis un diagramme à ligne continue pour chaque élève. Utilise la même échelle chaque fois.

c) Compare tes diagrammes en b).

Temps (en s)	Distance (en m)

3. John part en excursion.
Il marche à une vitesse moyenne de 5 km/h.

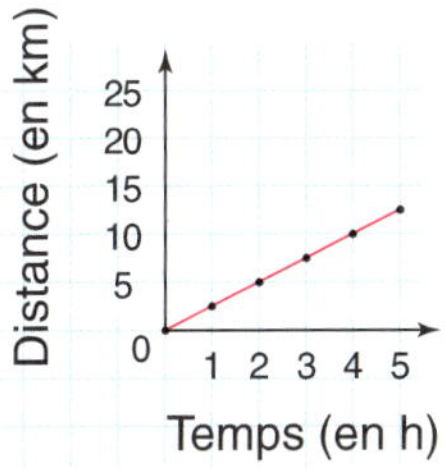

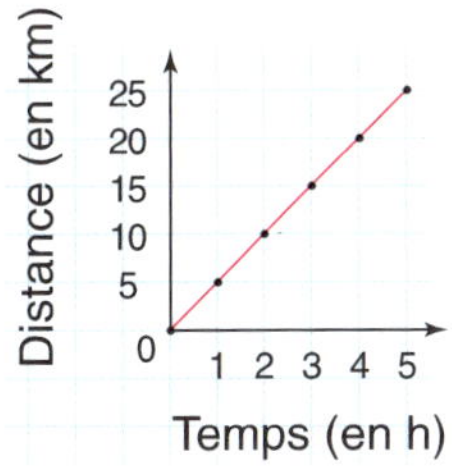

a) Quel diagramme représente l'excursion de John ?
Comment le sais-tu ?

b) Quelle est la vitesse moyenne dans l'autre diagramme ?
Comment l'as-tu trouvée ?

4. Casey veut visiter un ami qui habite à 320 km de chez lui.
Il pense rouler à une vitesse moyenne de 80 km/h.
Combien de temps lui faudra-t-il pour se rendre chez son ami ?

5. Sonia court à une vitesse moyenne de 2 m/s.
Gabrielle court à une vitesse moyenne de 3 m/s.
Les filles font une course.
Gabrielle laisse Sonia partir 10 m en avant.
   a) Copie ce tableau. Remplis-le pour les 10 premières secondes.

Temps (en s)	Distance de Gabrielle (en m)	Distance de Sonia (en m)
0	0	10
1	3	12

   b) Représente toutes les données dans le même diagramme.
   c) Quand Gabrielle dépasse-t-elle Sonia ?
   Comment le sais-tu ?

6. Voici 3 façons de calculer le coût d'une course en taxi :
   - 2,50 $ par course + 2,00 $ par kilomètre ;
   - 15,00 $ par course + 0,10 $ par kilomètre ;
   - 0,25 $ par kilomètre.

   a) Copie ce tableau. Remplis-le jusqu'à 5 km pour chaque façon.

Distance (en km)	Coût (en $)

   b) Construis un diagramme pour chaque façon.
   c) Tu conduis un taxi. De quelle façon calcules-tu le coût d'une course ? Explique ton choix.

Réfléchis

Que signifie le terme *vitesse moyenne* ?
Donne des exemples.

À la maison

À ton prochain trajet en voiture, mesure le temps qu'il faut pour parcourir 2 km à différentes vitesses. Compare tes résultats en ville avec tes résultats sur l'autoroute.

Explorer les régularités à l'aide du logiciel *AppleWorks*

TECHNOLOGIE

Travaille avec une ou un camarade.

Utilise le logiciel *AppleWorks.*
Tu vas explorer l'effet de la variation de la vitesse moyenne sur la distance parcourue dans un temps donné. Suis ces étapes.

1. Ouvre une nouvelle feuille de calcul dans *AppleWorks.*

2. Pour **entrer les données :**
Clique sur la cellule A1 pour la sélectionner.
Tape : Temps (en h).
Appuie sur la touche Entrée.
Inscris les heures de 1 à 5 dans les cellules A2 à A6. Clique sur la cellule B1 pour la sélectionner. Tape : Distance (en km).
Appuie sur la touche Entrée.
Clique sur la cellule B2 pour la sélectionner.
La distance est le produit de la vitesse moyenne et du temps.
Tape cette formule : =A2*55. Appuie sur la touche Entrée.

   Tu as entré une formule qui sert à calculer un produit.
La feuille de calcul multiplie le temps de la cellule A2 par la vitesse moyenne de 55 km/h. Le produit s'affiche dans la cellule B2.

   Pour **copier la formule :**
Clique sur la cellule B2 pour la sélectionner.
Clique sur : Édition, puis clique sur : Copier Ctrl+C.
Clique sur la cellule B3 pour la sélectionner.
Clique sur : Édition, puis clique sur : Coller Ctrl+V.
Refais l'étape précédente pour les cellules B4 à B6.

3. Pour **formater la feuille de calcul :**
Clique sur la cellule A1 pour la sélectionner.
Clique sur : Format, puis clique sur : Style ▸.
Clique sur : Gras Ctrl+B.
Refais ces étapes pour la cellule B1.

OBJECTIF | Explorer les relations entre la distance, la vitesse moyenne et le temps à l'aide d'une feuille de calcul.

4. Pour **changer la largeur des colonnes :**
Clique sur la cellule A1.
Tiens le bouton de la souris enfoncé et fais glisser le curseur jusqu'à la cellule B1.
Relâche le bouton de la souris.
Clique sur : Format ,
puis clique sur : Largeur de colonne... .
Tape 85 pt comme largeur de colonne.
Clique sur : OK .

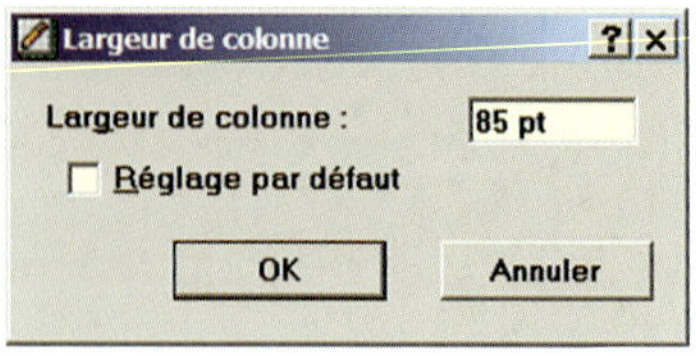

5. Pour **sélectionner les cellules A2 à B6 :**
Clique sur la cellule A2.
Tiens le bouton de la souris enfoncé et fais glisser le curseur jusqu'à la cellule B6. Relâche le bouton de la souris.

6. Pour **construire un diagramme à ligne continue :**
Clique sur : Feuille , puis clique sur : Créer un graphique Ctrl+M .
Choisis l'option Types , puis clique sur 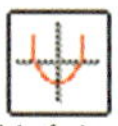 .
Linéaire cartésien
Assure-toi qu'aucune option n'est sélectionnée.

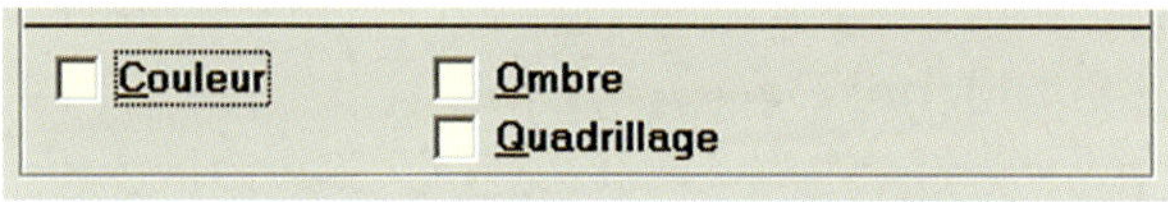

Pour **donner un titre au diagramme :**
Choisis l'option Intitulés .
Clique à la droite de Titre.
Tape : La distance parcourue.
Assure-toi que l'option Légende n'est pas sélectionnée.

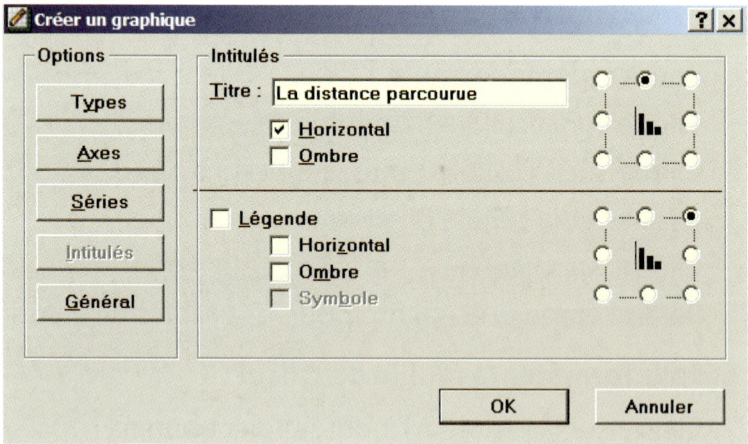

Pour **définir les axes :**
Choisis l'option Axes .
Clique sur : Axe X .
Tape l'étiquette de l'axe : Temps (en h). Entre ces paramètres :

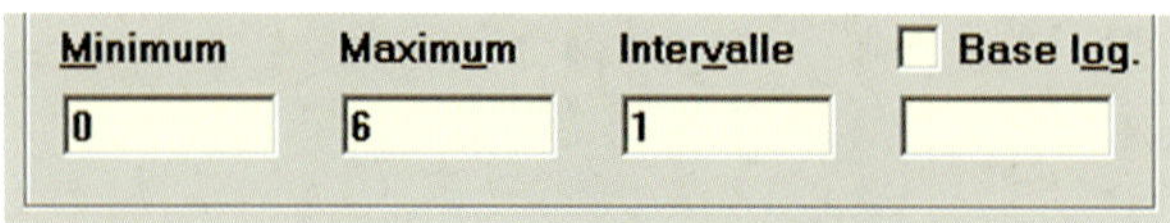

Clique sur : ◉ Axe Y .
Tape l'étiquette de l'axe : Distance (en km).
Entre ces paramètres :

Minimum	Maximum	Intervalle	☐ Base log.
0	500	50	

Clique sur : OK .

7. Pour **déplacer le diagramme :**
Clique sur le diagramme. Tiens le bouton de la souris enfoncé.
Fais glisser le diagramme jusqu'à l'endroit désiré.
Relâche le bouton de la souris.

8. Pour **imprimer le diagramme :**
Clique sur : Fichier , puis clique sur : Imprimer Ctrl+P .
Clique sur : OK .

9. Pour **sauvegarder le diagramme :**
Clique sur : Fichier , puis clique sur : Enregistrer sous... Maj+Ctrl+S .
Donne un nom à ton fichier.
Clique ensuite sur : OK .

10. Observe l'effet sur la distance parcourue si la vitesse moyenne est de 100 au lieu de 55.
Clique sur la cellule B2 pour la sélectionner.
Tape cette formule : =A2*100.
Appuie sur la touche Entrée .
Copie la nouvelle formule de la cellule B2. Colle-la dans les cellules B3 à B6.
Qu'est-ce qui change dans le diagramme ?

11. Refais l'étape 10 avec différentes vitesses moyennes.

Réfléchis

Comment une feuille de calcul t'aide-t-elle à explorer les relations entre la distance, la vitesse moyenne et le temps ?

LEÇON

5

La boîte à outils

Explore

Comment t'assures-tu de faire de ton mieux dans un test ?

- Fais un remue-méninges.
- Pense à ce que tu peux faire avant et pendant le test.
- Note tes idées dans un tableau.

Qu'as-tu trouvé ?

Montre ton tableau aux élèves d'une autre équipe.
Discute de tes stratégies pour réussir un test.

Découvre

Voici des stratégies qui peuvent t'aider dans un test :

Prépare-toi !

- ✓ Renseigne-toi sur le contenu du test.
- ✓ Révise tes notes et ton manuel. Résous des problèmes.
- ✓ Pense aux stratégies utiles dans les tests précédents.
- ✓ Pense à tes points forts pour garder ton calme et ton assurance.
- ✓ Étudie les questions difficiles avec quelqu'un.
- ✓ Dors bien. Prends un bon petit déjeuner.
- ✓ Prépare ton matériel.

Des stratégies pour bien réussir

- Surmonte les difficultés.
- Vérifie et réfléchis.
- Concentre-toi sur le problème.
- Présente ton raisonnement.
- Choisis une réponse.
- **Fais de ton mieux dans un test.**
- Explique ta réponse.

OBJECTIF | Faire de son mieux dans un test.

Savoir réussir

Quand tu reçois le test

- ✓ Écoute les consignes avec attention.
- ✓ Détermine la durée du test.
- ✓ Lis les consignes.
  Pose des questions si tu ne comprends pas.
- ✓ Examine tout le test.
- ✓ Garde ton calme et ton assurance.

Réponds aux questions

- ✓ Lis les questions avec attention.
- ✓ Réponds aux questions qui semblent faciles.
- ✓ Omets les questions difficiles. Réponds-y à la fin.
- ✓ Maintiens ton rythme. Ne t'attarde pas sur une question difficile.
- ✓ Pense aux stratégies appropriées selon le type de questions.

Quand tu as répondu à toutes les questions

- ✓ Prends le temps qui reste pour vérifier ton travail.
  Pour chaque question, demande-toi :
  - *Est-ce que j'ai répondu à la question ?*
  - *Est-ce que j'ai oublié quelque chose ?*
  - *Ma réponse est-elle vraisemblable ? (A-t-elle du sens ?)*

À ton tour

1. Lis les stratégies de la section **Découvre.**
   a) Lesquelles de ces stratégies utilises-tu ?
   b) Lesquelles oublies-tu souvent ? Lesquelles sont difficiles ?

2. Choisis une ou deux stratégies. Élabore un plan pour t'exercer à utiliser ces stratégies. Voici un exemple :

Pour faire de mon mieux dans un test, j'applique la stratégie ____________

Mes actions pour atteindre mon but	Qui m'aide	Comment je sais que je m'améliore

Réfléchis

Décris les actions que tu peux faire pour t'améliorer dans les tests.

Module 10 Montre ce que tu sais

LEÇONS

1

1. Dessine 5 images d'une suite croissante sur du papier à points triangulé.
   a) Remplis un tableau. Note le numéro de chaque image et le nombre de triangles.
   b) Représente ta suite dans un diagramme.
   c) À l'aide de ton diagramme, détermine le nombre de triangles dans l'image 10.
   d) Est-ce qu'une image a 20 triangles ? Est-ce qu'une image a 30 triangles ? Comment le sais-tu ?

2. Utilise du papier quadrillé.
   a) Dessine une suite croissante qui correspond à ce diagramme. Comment fais-tu pour dessiner ta suite ?
   b) Remplis un tableau. Note le numéro de chaque image et le nombre de carrés.
   c) Quelle image contient 48 carrés ? Quelle image contient 88 carrés ? Comment le sais-tu ?
   d) Est-ce qu'une image contient 60 carrés ? Est-ce qu'une image contient 100 carrés ? Comment le sais-tu ?

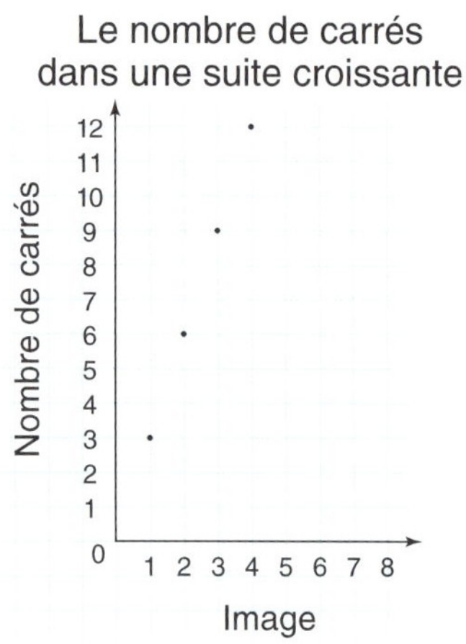

2

3. a) Remplis un tableau pour cette machine d'entrée-sortie.

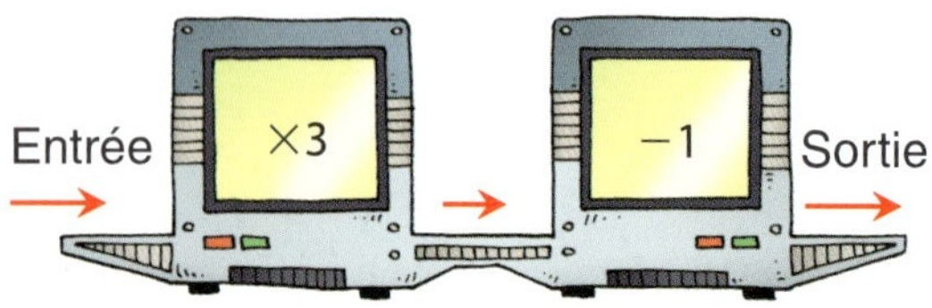

   b) Représente les données dans un diagramme.
   c) À l'aide du diagramme, détermine le nombre de sortie quand le nombre d'entrée est 12.

4. Ce diagramme indique les nombres d'entrée et de sortie d'une machine d'entrée-sortie.
   a) Dessine la machine d'entrée-sortie.
   b) Quel est le nombre d'entrée quand le nombre de sortie est 30 ?
   c) Quel est le nombre de sortie quand le nombre d'entrée est 10 ?

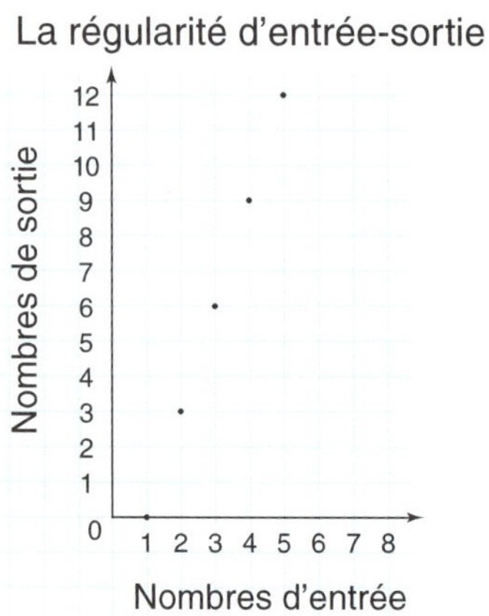

3

5. Utilise du papier quadrillé à 0,5 cm.
Dessine le plus possible de rectangles avec un périmètre de 20 cm.
 a) Détermine l'aire de chaque rectangle.
 Note la largeur et l'aire de chaque rectangle dans un tableau.
 b) Représente ces données dans un diagramme. Relies-tu les points du diagramme ?
 Explique ta réponse.
 c) Décris le diagramme.
 Un rectangle a un périmètre de 20 cm. Sans le dessiner, comment peux-tu déterminer sa largeur et son aire à l'aide du diagramme ?

4

6. Utilise les données du tableau.
 a) Construis un diagramme.
 b) Dessine une machine d'entrée-sortie.
 c) Détermine la vitesse moyenne.

Temps (en s)	Distance (en m)
1	22
2	44
3	66
4	88
5	110

7. Jonathan court 27 km en 3 h.
Quelle est sa vitesse moyenne ?

8. Kelly veut visiter son cousin.
Son cousin habite à 540 km de chez elle.
Kelly pense conduire à une vitesse moyenne de 90 km/h.
Combien de temps lui faut-il pour aller chez son cousin ?

MODULE 10

Tes objectifs

- ✓ Représenter des régularités de diverses façons.
- ✓ Établir la relation entre des suites numériques et des régularités dans des diagrammes.
- ✓ Explorer les régularités en géométrie.
- ✓ Établir la relation entre la distance, la vitesse moyenne et le temps.
- ✓ Explorer les régularités à l'aide d'un ordinateur.
- ✓ Poser et résoudre des problèmes qui comprennent des régularités.

Problème du module

Du camping dans les arbres !

Tu as besoin :
- d'une corde ;
- d'un mètre rigide ou d'un mètre à ruban ;
- de papier quadrillé.

Les personnes qui grimpent aux arbres utilisent de nombreux noeuds.
Elles font toujours un noeud d'arrêt au bout de la corde.
Un noeud d'arrêt empêche la personne de tomber.
Voici des noeuds qui peuvent servir de noeuds d'arrêt :

Noeud simple

Noeud d'arrimeur

Noeud en huit

Partie 1

- Mesure la longueur de la corde. Note-la.
- Choisis un noeud d'arrêt. Fais un noeud dans la corde. Mesure la nouvelle longueur de la corde. Note-la.
- Fais jusqu'à 5 noeuds dans la corde. Fais le même noeud chaque fois. Mesure la longueur de la corde après chaque nouveau noeud. Note-la.

Partie 2

- Construis un diagramme. Compare le nombre de noeuds avec la longueur de la corde. Décris les régularités que tu remarques.
- Fais des prédictions à partir de ton diagramme. Vérifie chaque prédiction. Explique les différences entre tes prédictions et les résultats obtenus.

Partie 3

- Choisis un autre noeud d'arrêt ou utilise une corde plus grosse ou plus petite. Explore la relation entre le nombre de noeuds et la longueur de la corde.
- Présente tes découvertes par écrit.

Liste de contrôle

Ton travail devrait montrer :

- ☑ des mesures notées avec précision ;
- ☑ un diagramme bien construit, avec des échelles, des étiquettes et un titre adéquats ;
- ☑ une description claire des régularités et des relations découvertes ;
- ☑ une explication logique de tes découvertes.

Retour sur le module

Décris par écrit les façons de représenter des régularités. Donne des exemples.

MODULE 11

La probabilité

Une rencontre avec des extra-terrestres !

Tes objectifs

- Utiliser le vocabulaire de la probabilité.
- Représenter des probabilités par des fractions et des pourcentages.
- Compter les résultats possibles à l'aide de diagrammes en arbre.
- Réaliser des expériences de probabilité.
- Comparer les résultats d'expériences avec les prédictions.
- Résoudre des problèmes à l'aide de la probabilité.

Beaucoup de films ont pour thème les extra-terrestres. Pense à *E.T. l'extra-terrestre* et à *La Guerre des étoiles.*

Les scientifiques cherchent des traces de vie dans l'espace. Ils vérifient s'il y a de l'oxygène et de l'eau à l'état liquide sur d'autres planètes. En 2005, la sonde Mars Express a transmis des images d'une mer glacée sur Mars. Donc, il y a peut-être déjà eu de l'eau à l'état liquide sur Mars.

C'est un pas en avant dans la recherche de la vie sur Mars !

Indique si chaque énoncé est *certain, très probable, probable, peu probable, très peu probable* ou *impossible.*

- Il y a de la vie sur Mars.
- L'atmosphère de la Terre contient de l'oxygène.
- S'il y a de l'oxygène et de l'eau à l'état liquide sur une planète, il y a de la vie.
- Si les extra-terrestres existent, ils ressemblent aux êtres humains.

Mots clés

- des probabilités expérimentales
- des probabilités théoriques
- une chance

LEÇON 1

Décrire des probabilités

Selon une légende, un chevalier reçoit deux sacs. Chaque sac contient seulement des pépites d'or, seulement des pierres ou un mélange des deux. Le chevalier peut garder un des sacs. Pour chaque sac, le chevalier peut tirer 10 fois un objet, le regarder, puis le remettre dans le sac. Comment est-ce utile pour choisir le sac qui contient le plus d'or ?

Dans la rubrique **Explore,** tu vas représenter cette situation à l'aide de sacs en papier et de jetons.

Explore

Ton enseignante ou ton enseignant va te remettre 2 sacs en papier nommés A et B.
Chaque sac contient seulement 10 jetons jaunes, seulement 10 jetons bleus ou 10 jetons bleus et jaunes.
Les jetons jaunes représentent les pépites d'or.
Les jetons bleus représentent les pierres.

➤ Tire un jeton du sac A.
Note sa couleur et remets-le dans le sac.
Fais cette étape 10 fois en tout.
Examine tes résultats. Décris la probabilité de tirer un jeton jaune du sac A à l'aide d'un mot et d'une fraction.

➤ Refais l'activité pour le sac B.

➤ À partir de ton expérience, quel sac choisirais-tu ? Pourquoi ?

➤ Ouvre les sacs.
As-tu fait le bon choix ? Explique ta réponse.

 OBJECTIF | Utiliser des mots et des fractions pour décrire des probabilités.

Qu'as-tu trouvé ?

Montre tes résultats aux élèves d'autres équipes.
Comment ton expérience t'aide-t-elle à choisir un sac ?
Certaines équipes ont écrit des fractions différentes pour des sacs qui contiennent la même combinaison de jetons jaunes et bleus. Pourquoi ?

Découvre

Une probabilité décrit les chances qu'un événement se produise.
Tu as écrit des fractions à la rubrique **Explore.**
Ces fractions sont des **probabilités expérimentales.**
Elles se basent sur les résultats d'une expérience.

$$\text{Probabilité expérimentale} = \frac{\text{nombre d'essais qui produisent le résultat}}{\text{nombre d'essais}}$$

Tu peux établir des probabilités sans réaliser d'expérience.
Ce sont des **probabilités théoriques.**
Quand tous les résultats sont également probables,

$$\text{Probabilité théorique} = \frac{\text{nombre de résultats favorables}}{\text{nombre de résultats possibles}}$$

Les élèves de la classe de Sergio construisent un diagramme pour représenter leurs sports préférés.
Puis, ils mettent leur nom dans un chapeau.

Sergio tire un nom sans regarder.

Le diagramme indique qu'il y a 30 élèves dans la classe.

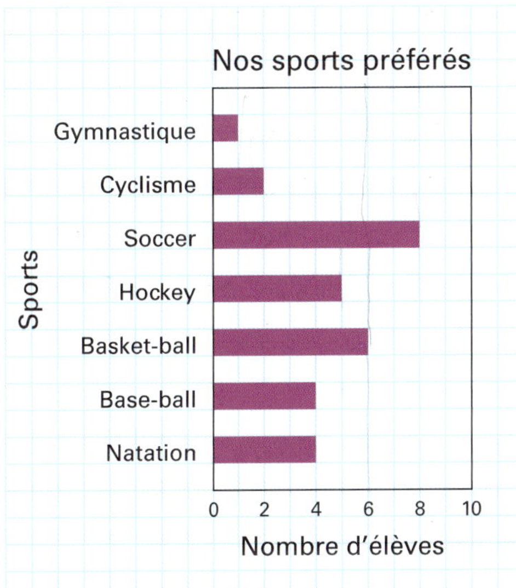

- Il est très peu probable que la personne choisie préfère la gymnastique.
  Seulement 1 personne sur 30 préfère la gymnastique.
  La probabilité de choisir une personne qui préfère la gymnastique est de $\frac{1}{30}$.

- Il est très probable que la personne choisie préfère un sport d'équipe.
  Huit personnes préfèrent le soccer, 5 préfèrent le hockey, 6 préfèrent le basket-ball et 4 préfèrent le base-ball.
  $8 + 5 + 6 + 4 = 23$
  Vingt-trois personnes sur 30 préfèrent un sport d'équipe.
  La probabilité de choisir une personne qui préfère un sport d'équipe est de $\frac{23}{30}$.
- Il est certain que la personne choisie est dans la classe de Sergio.
  Les 30 élèves sont dans sa classe.
  La probabilité de choisir une personne dans la classe de Sergio est de $\frac{30}{30}$ ou 1.
- Il est impossible que la personne choisie préfère le golf.
  Personne dans la classe ne préfère le golf.
  La probabilité de choisir une personne qui préfère le golf est de $\frac{0}{30}$ ou 0.

À ton tour

1. Les élèves de la classe d'Anne construisent un diagramme pour représenter leurs films d'animation préférés.

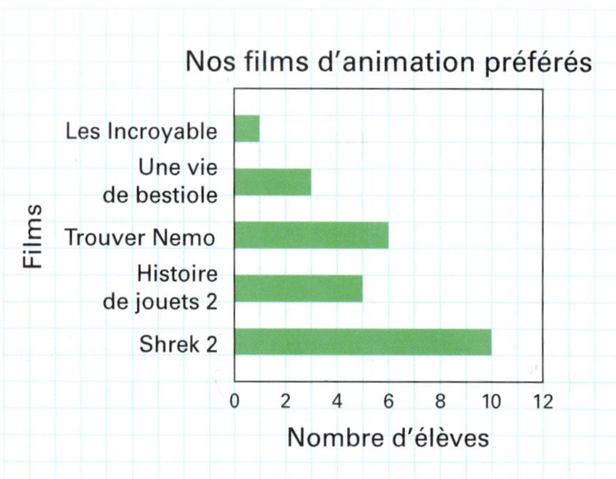

a) Combien d'élèves ont choisi chaque film ?

b) Combien d'élèves y a-t-il dans la classe d'Anne ?

c) Les élèves mettent le titre de leur film préféré dans un sac.
Anne tire un titre sans regarder.
Quelle est la probabilité qu'Anne tire *Shrek 2 ?* Quelle est la probabilité qu'Anne tire *Les Incroyable ?* Quelle est la probabilité qu'Anne tire *Mulan ?*

2. Jamar et Yvonne jouent à un jeu avec cette roulette.
Jamar obtient un point si la flèche s'arrête sur un secteur vert ou bleu.
Yvonne obtient un point si la flèche s'arrête sur un secteur rouge ou jaune.
Le jeu est-il équitable ?
Explique comment tu le sais.

3. Tu mets des jetons dans un sac. Puis, tu tires 1 jeton du sac. Pour chaque résultat, décris les jetons que tu mets dans le sac à l'aide de dessins ou de mots. Comment détermines-tu le nombre de jetons de chaque couleur ?
   a) Il est certain que le jeton tiré est rouge.
   b) Il est également probable de tirer un jeton rouge et un jeton bleu.
   c) Il est plus probable de tirer un jeton vert qu'un jeton rouge, mais moins probable de tirer un jeton vert qu'un jeton jaune.
   d) Il est probable, mais pas certain, de tirer un jeton bleu.

4. Un jeu de cartes contient 52 cartes réparties en 4 groupes : coeur, carreau, pique et trèfle. Mêle les cartes et tire 1 carte au hasard. Décris la probabilité de chaque événement à l'aide de mots et de fractions. Puis, ordonne les événements par ordre décroissant de probabilité.
   a) Tirer une carte de coeur.
   b) Tirer une carte noire.
   c) Tirer un valet de pique.
   d) Tirer un 8.
   e) Tirer une figure rouge.

Réfléchis

Que signifie l'énoncé « un événement est possible, mais très improbable » ?
Donne des exemples.

Joue avec les nombres

Stratégie numérique

Écris chaque fraction comme un pourcentage.

- $\frac{1}{5}$
- $\frac{13}{100}$
- $\frac{3}{10}$
- $\frac{7}{20}$

LEÇON

2 Les probabilités et les pourcentages

Tu as décrit des probabilités à l'aide d'expressions comme *probable* et *peu probable.*
Tu as aussi utilisé des fractions.
Une autre façon de décrire une probabilité consiste à utiliser un pourcentage.

Explore

À l'animalerie, Guan-yin achète 100 biscuits pour son chien, Ping-Ping.
Elle achète 75 biscuits au boeuf, 15 au fromage et 10 au poulet.
Quand elle arrive à la maison, Guan-yin secoue le sac et tire un biscuit.

- Quelle est la probabilité que Guan-yin tire un biscuit au fromage ?
- De combien de façons peux-tu énoncer cette probabilité ?
- Quelle est la probabilité qu'elle tire un biscuit au boeuf ? Écris la probabilité d'au moins 3 façons différentes.

Qu'as-tu trouvé ?

Compare tes énoncés de probabilité avec ceux d'autres élèves.
De combien de façons avez-vous énoncé les probabilités ?
Ces façons sont-elles toutes équivalentes ?
Comment le sais-tu ?
Ensemble, écrivez la probabilité d'autres événements possibles liés aux biscuits pour chien.

Joue avec les nombres

Calcul mental

Trouve chaque somme.
Décris les stratégies que tu as utilisées.

14 + 25 + 36
39 + 17 + 33
75 + 48 + 25

Découvre

Samuel achète plusieurs sortes de nourriture en boîte pour son chat.
Sur une étagère, il y a 14 boîtes au poisson, 2 boîtes au poulet et 4 boîtes au boeuf.

Samuel prend une boîte sur l'étagère sans regarder.

➤ Quelle est la probabilité qu'il prenne une boîte de nourriture au poulet ?

Il y a 20 boîtes de nourriture pour chat sur l'étagère.

- Décris la probabilité à l'aide de mots :
  Il y a seulement 2 boîtes de nourriture au poulet sur 20 boîtes.
  Donc, il est peu probable de prendre une boîte au poulet.
- Décris la probabilité à l'aide d'une fraction :
  Il y a 2 boîtes de nourriture au poulet sur 20 boîtes.
  La probabilité de prendre une boîte au poulet est de $\frac{2}{20}$ ou $\frac{1}{10}$.
- Décris la probabilité à l'aide d'un nombre décimal :
  La probabilité de prendre une boîte au poulet est de $\frac{1}{10}$ ou 0,1.
- Décris la probabilité à l'aide d'un pourcentage :
  Pour convertir $\frac{2}{20}$ en un pourcentage, trouve une fraction équivalente avec 100 au dénominateur.

$$\frac{2}{20} \overset{\times 5}{=} \frac{10}{100}$$, ou 10 %

Nous utilisons souvent le mot **chance** avec une probabilité exprimée en pourcentage.

Les chances de prendre une boîte au poulet sont de 10 %.

➤ Quelle est la probabilité que Samuel prenne une boîte de nourriture au poisson ?

Il y a 14 boîtes de nourriture au poisson.
C'est plus que la moitié du nombre total de boîtes.
Donc, il est probable que Samuel prenne une boîte au poisson.
La probabilité de prendre une boîte au poisson est de $\frac{14}{20}$ ou $\frac{7}{10}$ ou 0,7.

Pour convertir cette fraction en un pourcentage, trouve une fraction équivalente avec 100 au dénominateur.

$$\frac{14}{20} \overset{\times 5}{=} \frac{70}{100}$$, ou 70 %

Samuel a 70 % de chances de prendre une boîte au poisson.

À ton tour

1. Examine cette roulette.
Des secteurs ont des rayures, des secteurs ont des pois et des secteurs sont unis. La flèche tourne.
Décris la probabilité de chaque événement à l'aide d'une fraction, d'un nombre décimal et d'un pourcentage.

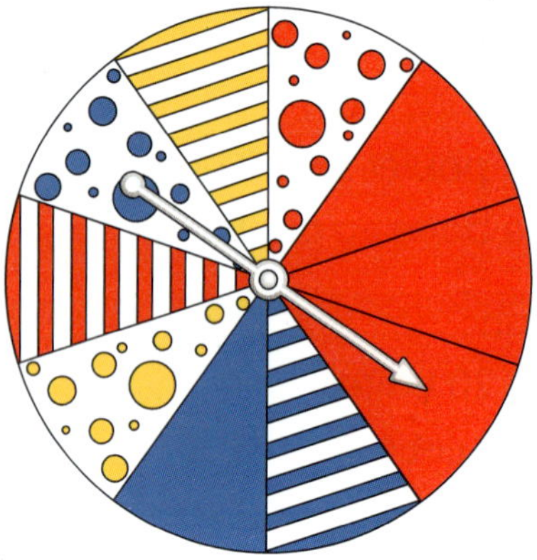

a) La flèche s'arrête sur un secteur à pois bleus.
b) La flèche s'arrête sur un secteur à rayures.
c) La flèche s'arrête sur un secteur jaune uni.
d) La flèche s'arrête sur un secteur rouge.

2. Jenna et Vijay mettent 50 carreaux de couleur dans un sac.
Il y a 25 carreaux verts, 10 carreaux rouges, 5 carreaux jaunes et 10 carreaux bleus.
Une personne tire un carreau sans regarder.

Jenna dit :

Vijay dit :

Qui a raison ? Explique ton raisonnement.

3. Dessine une roulette.
Colorie-la selon les probabilités suivantes : 40 % de chances d'obtenir un secteur bleu, 30 % de chances d'obtenir un secteur rouge, 20 % de chances d'obtenir un secteur vert et 10 % de chances d'obtenir un secteur jaune.
Explique comment tu as divisé la roulette en secteurs et comment tu as déterminé les couleurs des secteurs.

4. Ève anime un jeu à la foire de son école.
Elle met 20 poissons en plastique dans un bassin.
Un poisson a une marque. La marque est visible seulement quand le poisson est hors de l'eau.
Le but du jeu est de pêcher un poisson. Si le poisson n'a pas de marque, tu gagnes un petit prix.
Si le poisson a une marque, tu gagnes un gros prix.
Ève remet le poisson à l'eau chaque fois.

a) Décris la probabilité de chaque événement à l'aide de mots, de fractions, d'un nombre décimal et d'un pourcentage.
- Tu gagnes un petit prix.
- Tu gagnes un gros prix.
- Tu gagnes quelque chose.
- Tu ne gagnes rien.

b) Jouerais-tu si cela coûtait 2 $? Explique ta réponse.

5. Thanh a 20 crayons feutres dans un étui.
Il a 6 crayons bleus, 5 crayons rouges, 2 crayons jaunes, 3 crayons verts, 2 crayons bruns, 1 crayon violet et 1 crayon noir.
Thanh tire un crayon de son étui sans regarder.
Écris un pourcentage pour décrire la probabilité de chaque événement.

a) Thanh tire un crayon feutre jaune ou vert.
b) Thanh tire un crayon feutre bleu ou rouge.
c) Thanh tire un crayon feutre de couleur.
d) Thanh tire un crayon feutre gris.
e) Thanh tire un crayon feutre violet.

6. Thomas a un sac de 200 bonbons.
Il prend un bonbon sans regarder.
Il a 25% de chances de prendre un bonbon à la cerise.
Combien de bonbons à la cerise y a-t-il dans le sac ?
Explique ton raisonnement.

Réfléchis

Quelqu'un te dit : « Il y a 90 % de chances que je t'accompagne au cinéma demain. »
Que signifie :
« 90 % de chances » ?

À la maison

Chaque soir pendant une semaine, trouve les prévisions météo pour le lendemain.
Écris les probabilités de précipitations.
Écris s'il y a des précipitations le lendemain.
Selon toi, les prévisions de la semaine étaient-elles exactes ?
Explique ta réponse.

LEÇON

3 Les diagrammes en arbre

Les événements que tu as explorés jusqu'à maintenant comportent une action, comme tirer une carte ou faire tourner la flèche d'une roulette. Certains événements comportent plusieurs actions.

Explore

Jordan achète des boîtes de jus et des pointes de pizza pour une fête.
Il achète un même nombre de boîtes de jus de pomme, d'orange, de cerise, de raisin et de canneberge. Il achète un même nombre de pointes de pizza au pepperoni, végétarienne et au fromage.

- Combien de combinaisons d'une sorte de jus et d'une sorte de pizza y a-t-il à la fête ?
- Carla arrive la première. Elle prend une boîte de jus et une pointe de pizza sans regarder.
  Quelle est la probabilité qu'elle prenne un jus d'orange et une pointe de pizza végétarienne ?

Qu'as-tu **trouvé ?**

Compare ta méthode pour trouver toutes les combinaisons de jus et de pizza avec celle des élèves d'une autre équipe.
Y a-t-il une méthode plus efficace qu'une autre ?
Explique ta réponse.
Comment as-tu déterminé la probabilité que Carla prenne une boîte de jus d'orange et une pointe de pizza végétarienne ?

Joue avec les nombres

Stratégie numérique

Écris chaque pourcentage comme une fraction et un nombre décimal.

75 %
20 %
3 %
95 %

 OBJECTIF | Dresser la liste des résultats et déterminer les probabilités théoriques à l'aide d'un diagramme en arbre.

Découvre

Quand un événement comporte deux ou plusieurs actions, un diagramme en arbre est utile pour trouver et compter les résultats possibles.

➤ La classe de Ramon organise une journée de randonnée.
Chaque élève prépare un mélange de céréales, de fruits et autres pour l'excursion.
Il faut choisir un ingrédient dans chacune des trois listes suivantes.
Combien de mélanges différents Ramon peut-il préparer ?

Liste A	*Liste B*	*Liste C*
noix de coco	raisins secs	brisures de chocolat
flocons d'avoine	abricots secs	graines de tournesol
riz soufflé		

Ramon construit un diagramme en arbre pour dresser la liste de toutes les combinaisons possibles :

- noix de coco
  - raisins secs
    - brisures de chocolat — noix de coco, raisins secs, brisures de chocolat
    - graines de tournesol — noix de coco, raisins secs, graines de tournesol
  - abricots secs
    - brisures de chocolat — noix de coco, abricots secs, brisures de chocolat
    - graines de tournesol — noix de coco, abricots secs, graines de tournesol
- flocons d'avoine
  - raisins secs
    - brisures de chocolat — flocons d'avoine, raisins secs, brisures de chocolat
    - graines de tournesol — flocons d'avoine, raisins secs, graines de tournesol
  - abricots secs
    - brisures de chocolat — flocons d'avoine, abricots secs, brisures de chocolat
    - graines de tournesol — flocons d'avoine, abricots secs, graines de tournesol
- riz soufflé
  - raisins secs
    - brisures de chocolat — riz soufflé, raisins secs, brisures de chocolat
    - graines de tournesol — riz soufflé, raisins secs, graines de tournesol
  - abricots secs
    - brisures de chocolat — riz soufflé, abricots secs, brisures de chocolat
    - graines de tournesol — riz soufflé, abricots secs, graines de tournesol

Ramon peut préparer 12 mélanges différents.

➤ Ramon met un doigt sur la liste sans regarder pour choisir les ingrédients.
Quelle est la probabilité que son mélange contienne des raisins secs et des brisures de chocolat ?

Les 12 combinaisons sont également probables.
Trois combinaisons contiennent des raisins secs et des brisures de chocolat.
La probabilité que le mélange contienne des raisins secs et des brisures de chocolat est de $\frac{3}{12}$ ou $\frac{1}{4}$.
En pourcentage, il y a 25 % de chances que le mélange de Ramon contienne des raisins secs et des brisures de chocolat.

À ton tour

Construis un diagramme en arbre pour répondre à chaque question.

1. Aisha fait des boucles d'oreille pour ses amies.
Elle a un panier rempli de perles de verre jaunes, orange et roses.
Elle a le même nombre de perles de chaque couleur.
Elle met 2 perles sur chaque boucle d'oreille.
   a) Décris les boucles d'oreille qu'Aisha peut fabriquer.
   b) Aisha prend les perles dans son panier sans regarder.
   Quelle est la probabilité qu'une boucle d'oreille ait 2 perles roses ?

2. Stéphane et Mansa lancent une pièce de 1 ¢, une pièce de 5 ¢, puis une pièce de 10 ¢.
   a) Quels sont les résultats possibles ?
   b) Stéphane obtient un point si 2 ou 3 pièces tombent du côté face.
   Mansa obtient un point si 1 ou 2 pièces tombent du côté pile.
   Ce jeu est-il équitable ?
   Si tu réponds non, comment peux-tu le modifier pour le rendre équitable ?

3. Claire se prépare pour un bal costumé.
Elle va porter son habit de clown ou son tutu.
Sur sa tête, elle peut mettre un casque de hockey, une perruque punk ou un sombrero.
Comme chaussures, elle a le choix entre des palmes de natation, des pantoufles en forme de monstre ou des chaussures à talons hauts.

a) Combien de costumes à 3 pièces Claire peut-elle créer ?

b) Tous les choix de costumes sont également probables.
Quelle est la probabilité que le costume de Claire comprenne un tutu ?

4. Hyo Jin achète une nouvelle voiture.
Elle peut choisir entre 5 couleurs de peinture : noir, bleu, rouge, argent ou or. Elle peut choisir entre 2 couleurs d'intérieur : gris ou noir.

a) Énumère toutes les combinaisons de couleurs pour la peinture et l'intérieur.

b) Hyo Jin met un doigt sur la liste au hasard pour choisir les couleurs.
Quelle est la probabilité qu'elle achète une voiture argent ou noire avec un intérieur gris ?

5. Une foire propose un jeu. Tu dois faire tourner 2 grosses roulettes comme celles-ci.
Si tu obtiens une étoile et un bonhomme sourire au même tour, tu gagnes un prix.
Quelle est la probabilité que tu gagnes un prix à ton premier tour ?

Réfléchis

Comment sais-tu que tu as trouvé tous les résultats possibles d'un événement qui comporte plusieurs actions ?

Math +

Autour de toi

Les jeux de foire ont souvent un lien avec la probabilité. Tu peux devoir faire une prédiction ou accomplir une tâche pour gagner un prix. Souvent, le prix que tu as le plus de chances de gagner vaut moins que le coût du jeu. Pour gagner un gros prix, tu dois jouer plusieurs fois et faire des échanges, ou avoir beaucoup de chance.

LEÇON 4

La boîte à outils

Explore

Tu as besoin de cette roulette.
Si tu fais tourner la flèche 24 fois, combien de fois vas-tu obtenir chaque couleur ? Explique ton raisonnement.
Fais tourner la flèche 24 fois. Note ce qui se produit.
Décris tes découvertes.

Qu'as-tu **trouvé ?**

Décris tes découvertes à une ou à un camarade.
Quelle partie de ton explication rend tes découvertes plus claires ?

Découvre

Voici des façons d'expliquer ton raisonnement :

Décris ton idée :

Imagine que la personne n'a jamais vu le problème. Donne des détails. Utilise le vocabulaire du problème. Utilise des expressions liées à la réflexion, comme *j'ai remarqué, cela m'a surpris, je pense/j'ai pensé que, je me demande si.*

Des stratégies pour bien réussir

- Surmonte les difficultés.
- Vérifie et réfléchis.
- Concentre-toi sur le problème.
- Présente ton raisonnement.
- Choisis une réponse.
- Fais de ton mieux dans un test.
- Explique ta réponse.

 OBJECTIF | Explique sa réponse.

Explique ton raisonnement :

Dis **comment** tu sais que quelque chose est vrai.
Défends ton idée.
Fournis des preuves de tes affirmations.
Utilise des expressions qui font voir une réflexion et des formulations de cause à effet comme : *parce que..., ce qui veut dire que..., en conséquence, si tu... alors...*

Donne des exemples :

Donne des exemples pour rendre ton idée plus claire. Inclus des dessins ou des diagrammes annotés. Si tu as fait des tableaux ou des calculs, présente-les.

À ton tour

1. Fabrique une roulette à trois secteurs différente de la roulette de la rubrique **Explore.**
   Colorie les secteurs en rouge, en bleu et en jaune.
   Refais l'activité de la rubrique **Explore** avec ta roulette.

2. Compare ta roulette avec celle d'une ou d'un camarade. Prédis ce qui arrivera si vous faites tourner la flèche de chaque roulette une fois.
   Explique ta prédiction. Faites tourner la flèche pour vérifier.

Réfléchis

Décris deux choses importantes quand tu expliques ta réponse à une personne qui n'a pas fait l'exercice.

LEÇON 5

Réaliser des expériences

Mélanie échappe une cuillère. Selon toi, la cuillère a-t-elle plus de chances de tomber à l'endroit, plus de chances de tomber à l'envers ou des chances égales de tomber à l'endroit ou à l'envers ? Tu vas réaliser une expérience pour le découvrir.

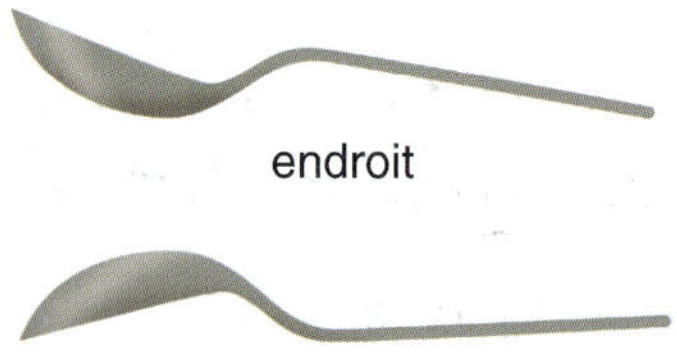

Explore

Tu as besoin d'un sac et de 10 cuillères en plastique.

➤ Mets 10 cuillères en plastique dans un sac. Secoue le sac, puis laisse tomber les cuillères par terre. Compte les cuillères à l'envers et les cuillères à l'endroit. Note tes résultats. Suppose que tu laisses tomber 100 cuillères. Prédis le nombre de cuillères à l'endroit selon tes résultats pour 10 cuillères.

➤ Réalise l'expérience 9 fois de plus. C'est comme laisser tomber 100 cuillères. Note tes résultats chaque fois. Additionne les résultats.

Compare ta prédiction avec tes résultats. Que remarques-tu ? Utilise les résultats de tes 10 essais. Prédis le nombre de cuillères qui tomberont à l'endroit si tu laisses tomber 1000 cuillères.

Qu'as-tu trouvé ?

Combine tes résultats avec ceux des élèves d'autres groupes.
Combien de cuillères avez-vous laissé tomber en tout ?
Au besoin, laissez tomber d'autres cuillères pour obtenir un total de 1000 cuillères.
Combien de cuillères sont tombées à l'endroit ?
Compare ces résultats avec ta prédiction. Que remarques-tu ?

 OBJECTIF | Réaliser des expériences et comparer les résultats avec les prédictions.

Découvre

Tu ne sais pas si les résultats de l'expérience des cuillères sont également probables.
Tu ne peux donc pas calculer la probabilité théorique.
Tu peux calculer la probabilité expérimentale.

Dans certaines situations, tu peux déterminer les probabilités théoriques et expérimentales.

Karine et Maxime lancent une pièce de monnaie et font tourner la flèche d'une roulette avec des secteurs congruents numérotés de 1 à 5.
Quelle est la probabilité d'obtenir le résultat « face et 3 » ?

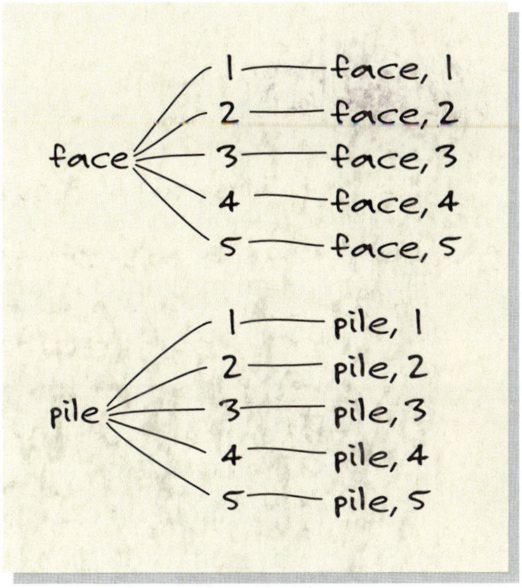

➤ Détermine la probabilité théorique.
Karine et Maxime construisent un diagramme en arbre pour compter tous les résultats possibles.

Il y a 10 résultats possibles.
Tous ces résultats sont également probables.
Seulement 1 des résultats est « face et 3 ».
La probabilité théorique d'obtenir le résultat « face et 3 » est de $\frac{1}{10}$ ou 10 %.

➤ Détermine la probabilité expérimentale d'obtenir le résultat « face et 3 ».
Karine et Maxime font tourner la flèche et lancent la pièce de monnaie 100 fois.
Ils obtiennent le résultat « face et 3 » 8 fois.
La probabilité expérimentale d'obtenir le résultat « face et 3 » en 100 essais est de $\frac{8}{100}$ ou 8 %.

- Karine prédit qu'en 1000 essais, elle va obtenir le résultat « face et 3 » : $\frac{1}{10} \times 1000 = \frac{1000}{10}$ ou 100 fois

Karine et Maxime combinent leurs résultats avec ceux d'autres élèves. En 1000 essais, ils ont obtenu le résultat « face et 3 » 110 fois.
C'est une probabilité expérimentale de $\frac{110}{1000}$ ou 11 %.

La probabilité expérimentale est proche de la probabilité théorique de 10 %.

Le résultat prédit est proche du résultat réel.

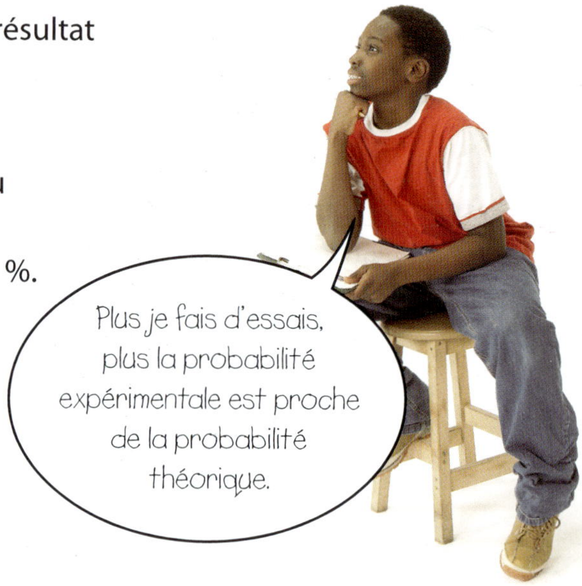

À ton tour

Travaille avec une ou un camarade. Termine les expériences.

1. Nina et Allegra mettent 35 carreaux rouges et 15 carreaux jaunes dans un sac. Sans regarder, elles tirent un carreau du sac, notent sa couleur et le remettent dans le sac. Elles font la même chose 100 fois.

a) Quelle est la probabilité théorique de tirer un carreau rouge ?

b) Prédis combien de fois Nina et Allegra vont tirer un carreau rouge.

Nina et Allegra tirent un carreau rouge du sac 58 fois.

c) Selon les résultats de Nina et d'Allegra, quelle est la probabilité expérimentale de tirer un carreau rouge ?

d) Nina dit : « Je crois que nous avons fait une erreur. » Es-tu d'accord ? Pourquoi ?

e) Réalise l'expérience. Note tes résultats.
Quelle est la probabilité expérimentale de tirer un carreau rouge selon tes résultats ?

2. Ton enseignante ou ton enseignant va te remettre une grande roulette vierge à 5 secteurs et un trombone. Colorie les secteurs en rouge et en bleu.

a) Quelle est la probabilité théorique que la flèche s'arrête sur un secteur rouge ?
Quelle est la probabilité théorique qu'elle s'arrête sur un secteur bleu ?

b) Prédis combien de fois la flèche va s'arrêter sur chaque couleur en 100 essais.

c) Fais tourner la flèche 100 fois. Note les résultats.
Calcule les probabilités expérimentales.

d) Prédis combien de fois la flèche va s'arrêter sur chaque couleur en 200 essais.

e) Trouve deux élèves qui ont colorié leur roulette comme la tienne.
Combinez vos résultats pour avoir 200 essais.
Tes prédictions sont-elles proches des résultats réels ?

3. Utilise un octaèdre numéroté de 1 à 8.
Le résultat est le nombre sur la face du bas de l'octaèdre.

a) Quelle est la probabilité théorique d'obtenir un 2 ?
Quelle est la probabilité théorique d'obtenir un nombre impair ?
b) Lance l'octaèdre 100 fois. Note les résultats.
c) Quelle est la probabilité expérimentale d'obtenir un 2 ?
Quelle est la probabilité expérimentale d'obtenir un nombre impair ?
d) Combine tes résultats expérimentaux avec ceux d'autres élèves pour avoir 400 essais.
Quelles sont les probabilités expérimentales ?

4. Zoé et Ammon jouent à un jeu.
Ils font tourner les flèches de ces roulettes.
Si les deux flèches s'arrêtent sur un nombre impair, Zoé gagne ; sinon, Ammon gagne.

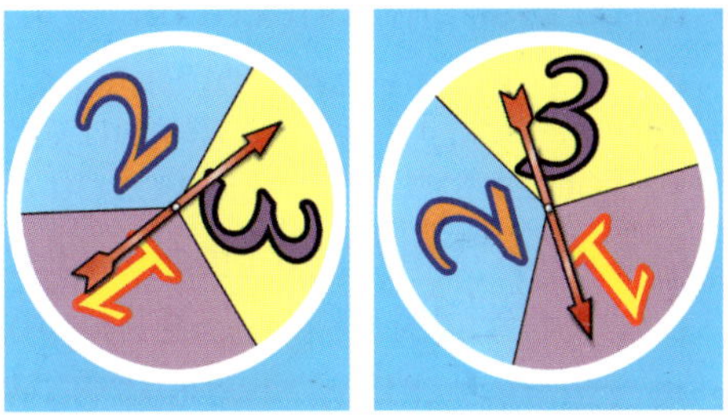

a) Qui a plus de chances de gagner la partie ?
Comment le sais-tu ?
b) Utilise deux roulettes comme celles-ci.
Joue au moins 30 parties.
Obtiens-tu les résultats que tu as prédits ?
Explique ta réponse.
c) Comment peux-tu rendre ce jeu équitable ?
Essaie le jeu avec tes nouvelles règles.
Le jeu est-il maintenant équitable ? Explique ta réponse.

5. Tu lances une pièce de monnaie plusieurs fois.
Tu obtiens face 5 fois de suite.
a) Est-ce que cela signifie que tu as fait une erreur dans ton expérience ?
b) Quelle est la probabilité d'obtenir pile au prochain lancer ? Explique ton raisonnement.

Réfléchis

Quelle est la différence entre la probabilité expérimentale et la probabilité théorique ? Sont-elles parfois identiques ? Sont-elles toujours différentes ? Donne des exemples.

Joue avec les nombres

Stratégie numérique

Dans une classe de 6e année, il y a 11 garçons et 15 filles.
Écris le rapport du nombre :
- de garçons au nombre de filles ;
- de filles au nombre d'élèves ;
- d'élèves au nombre de garçons.

Module 11 Montre ce que tu sais

LEÇONS

1 **1.** Alana, Laurel, Gabriella, Reid, Emma, Gita et Maas écrivent leur prénom sur un bout de papier. Ils mettent les bouts de papier dans un chapeau. Une personne tire un prénom du chapeau sans regarder. Décris la probabilité théorique de chaque événement à l'aide d'une fraction. Ensuite, place les événements par ordre décroissant de probabilité.

a) Le prénom commence par un « G ».

b) Le prénom ne commence pas par une voyelle.

c) Le prénom se termine par un « a ».

d) Le prénom contient un « e ».

e) Le prénom contient un « z ».

2. La Fondation des maladies du coeur amasse des fonds par une loterie. Elle vend deux cent cinquante-cinq mille billets. La probabilité de gagner un prix est d'environ 1 sur 5.

a) Quelle est la probabilité de ne rien gagner ?

b) Ton ami dit : « Si j'achète 5 billets, je suis certain de gagner un prix ! » Ton ami a-t-il raison ? Explique ta réponse.

2 3 **3.** Un club de soccer fait tirer un panier-cadeau. Les membres du club vendent 300 billets. La personne qui a le premier billet tiré gagne le panier-cadeau. Écris chaque probabilité comme une fraction et un pourcentage.

a) Amélie a acheté 3 billets. Quelle est la probabilité qu'elle gagne le panier-cadeau ?

b) Le père d'Ayub a acheté 12 billets. Quelle est la probabilité qu'il gagne le panier-cadeau ?

c) La mère d'Alexa a acheté 30 billets. Quelle est la probabilité qu'elle gagne le panier-cadeau ?

3 **4.** Nicolas veut acheter une tenue d'entraînement. Il y a des maillots bleu marine, rouges, blancs et gris. Il y a des pantalons blancs, gris et bleu marine.

a) Construis un diagramme en arbre pour montrer toutes les tenues que Nicolas peut acheter.

b) Quelle fraction des tenues ont un maillot et un pantalon de la même couleur ?

LEÇONS

1 3 5

5. Bernard et Christian inventent un jeu avec ces roulettes.
Chaque personne choisit un nombre.
À tour de rôle, chaque personne fait tourner les deux flèches.
Si la somme des deux nombres correspond au nombre choisi, la personne marque un point.

a) Quelles sont les sommes possibles ?
b) Quelle est la probabilité théorique que la somme soit 10 ?
Quelle est la probabilité théorique que la somme soit 6 ?
c) Tu vas jouer une partie.
Quel nombre vas-tu choisir ? Pourquoi ?
d) Utilise deux roulettes comme celles-ci.
Joue au moins 20 parties.
Chaque fois, utilise le nombre que tu as choisi en c).
Quelle est la probabilité expérimentale d'obtenir cette somme ?

2 5

6. Jessica et Saima lancent un décaèdre régulier.
Il a 10 faces numérotées de 0 à 9.

a) Quelle est la probabilité théorique d'obtenir un 3 ?
b) Quelle est la probabilité théorique d'obtenir un nombre impair ?
c) En 100 essais, combien de fois obtiendras-tu un 3 ? Combien de fois obtiendras-tu un nombre impair ? Explique ton raisonnement.
d) Saima lance le décaèdre 100 fois.
Elle obtient 3 seize fois.
Quelle est la probabilité expérimentale de Saima d'obtenir un 3 ?
Compare cette probabilité expérimentale avec la probabilité théorique. Que remarques-tu ?

5

7. Hassan et Éric lancent une pièce de monnaie.
Ils obtiennent face 6 fois de suite.
Éric dit : « Je pense que le jeu n'est pas équitable avec cette pièce. »
a) Selon toi, qu'est-ce qu'Éric veut dire ?
b) Es-tu d'accord avec Éric ?
Explique ton raisonnement.

MODULE 11

Tes objectifs

- ✓ Utiliser le vocabulaire de la probabilité.
- ✓ Représenter des probabilités par des fractions et des pourcentages.
- ✓ Compter les résultats possibles à l'aide de diagrammes en arbre.
- ✓ Réaliser des expériences de probabilité.
- ✓ Comparer les résultats d'expériences avec les prédictions.
- ✓ Résoudre des problèmes à l'aide de la probabilité.

Problème du module

Une rencontre avec des extra-terrestres !

Il est très peu probable que tu rencontres des extra-terrestres, mais cela pourrait arriver ! Réponds aux questions à l'aide de ton imagination et de tes connaissances.

Un après-midi, une formation de vaisseaux spatiaux survolent la cour de ton école.

Quand les vaisseaux atterrissent, tu vois de petits visages dans les hublots. Chaque visage est vert ou violet, il a 3, 5 ou 8 yeux et il a la forme d'un triangle ou d'un hexagone.

1. Combien y a-t-il de types de visages ?
Explique ton raisonnement à l'aide d'un tableau ou d'un diagramme en arbre.

2. Quarante élèves et dix enseignantes et enseignants sortent accueillir les extra-terrestres. Tu fais partie du groupe.
Qui va s'approcher des vaisseaux spatiaux ?
Pour le décider, chaque personne met son prénom dans un chapeau. Puis, quelqu'un tire un prénom.
Quelle est la probabilité de chaque résultat ?
a) La personne choisie est une ou un élève.
b) Tu es la personne choisie.

Les extra-terrestres s'amusent avec une roulette et un dé. Le dé est numéroté de 1 à 6. La roulette a 4 secteurs congruents, numérotés de 1 à 4.

Voici les règles de leur jeu : Écris un nombre de 0 à 5, puis lance le dé et fais tourner la flèche.
Soustrais le plus petit nombre obtenu du plus grand.

Tu gagnes si la différence est égale au nombre que tu as écrit.

Liste de contrôle

Ton travail devrait montrer :

- ✓ des réponses précises exprimées à l'aide de mots, de fractions ou de pourcentages au besoin ;
- ✓ tous les tableaux, les diagrammes et les calculs que tu as utilisés ;
- ✓ un bon usage du vocabulaire de la probabilité ;
- ✓ une explication vraisemblable de tes solutions.

3. Joue de nombreuses fois.
Chaque fois, note les nombres et leur différence.
Calcule la probabilité expérimentale d'obtenir chaque différence.

4. **a)** Énumère toutes les différences possibles.
b) Détermine la probabilité théorique d'obtenir chaque différence.

5. Les extra-terrestres t'invitent à jouer.
Le prix est un voyage sur leur planète !
a) Tu veux gagner le voyage.
Quel nombre choisis-tu ? Pourquoi ?
b) Tu ne veux pas gagner le voyage.
Quel nombre choisis-tu ? Pourquoi ?

Retour sur le module

Pense à deux jeux que tu aimes et qui utilisent la probabilité.
Décris les façons dont la probabilité influence le résultat.
Quels sont les autres facteurs qui influencent le résultat ?

Problème multidomaine

L'école de vol

Tu as besoin de papier quadrillé, de ciseaux, de trombones, de ruban adhésif, d'un mètre à ruban et d'un chronomètre.

Partie 1

➤ Fabrique 2 avions de papier. Ta ou ton camarade en fabrique 2 aussi. Pour chaque avion, utilise seulement 1 feuille de papier quadrillé. Tu peux te servir de ciseaux, de trombones et de ruban adhésif.

Partie 2

➤ Numérote les avions de ton équipe de 1 à 4. Trace une ligne de départ. Lance les 4 avions. Ta ou ton camarade chronomètre les vols. Ensemble, mesurez la distance parcourue. Inversez les rôles et faites un 2e essai. Fais 4 essais pour chaque avion. Note tes résultats dans un tableau.

	Distance (en cm)				Temps (en s)			
Numéro de l'avion	Essai 1	Essai 2	Essai 3	Essai 4	Essai 1	Essai 2	Essai 3	Essai 4
1								
2								

Partie 3

➤ Calcule la distance moyenne parcourue par chaque avion.
Détermine la durée moyenne du vol de chaque avion.
Représente ces données dans un même diagramme.
Quel avion a la plus grande vitesse moyenne ? Comment le sais-tu ?

➤ Calcule la vitesse moyenne de chaque avion.
L'avion le plus rapide est-il différent des autres avions ? Explique ta réponse.
L'avion qui a volé le plus loin est-il différent des autres avions ?
Explique ta réponse.

Montre ton travail

Fais un résumé de ton travail.
Utilise des dessins, des nombres et des mots.

Va plus loin

À partir de tes observations, fabrique le « meilleur avion de papier ». Évalue la distance et la vitesse de ton nouvel avion. Compare cet avion avec les autres avions. Note tes conclusions.

Modules 1 à 11 Révision cumulative

Modules

1 **1.** Quels nombres sont divisibles par 3 ? Quels nombres sont divisibles par 6 ? Comment le sais-tu ?

a) 2682 **b)** 1001 **c)** 741 **d)** 4260

2. Indique la régularité de chaque suite.
Écris les 2 prochains termes. Trouve le 12e terme.

a) 3, 9, 21, 45, 93, …

b) 500, 483, 466, 449, 432, …

2 **3.** Est-ce que 63 est un nombre premier ? Est-ce que 101 est un nombre premier ? Comment le sais-tu sans trouver leurs facteurs ?

4. Jeanne gagne 15 $ quand elle déneige une entrée.
La semaine dernière, elle a déneigé 7 entrées.
Ensuite, elle a acheté 3 affiches à 6 $ chacune.
Quelle expression représente l'argent qu'il reste à Jeanne ? Explique ta réponse.

a) $7 \times (15 - 3) \times 6$ **b)** $7 \times 15 + 3 \times 6$ **c)** $7 \times 15 - 3 \times 6$

5. Ce tableau indique la population du centre-ville de Brampton par groupes d'âge en 2001.

a) Quelle était la population totale en 2001 ?

b) Combien de personnes de 20 à 39 ans y avait-il de plus que de personnes de 40 à 59 ans ?

La population du centre-ville de Brampton en 2001

Groupe d'âge	Population
0 à 19 ans	1065
20 à 39 ans	1605
40 à 59 ans	1455
60 ans et plus	1105

3 **6.** À l'aide d'une règle, d'un rapporteur et d'un compas, construis un quadrilatère ABCD où :
$m\,\overline{AB} = 90$ mm $m\,\overline{AC} = 45$ mm $m\,\overline{BD} = 40$ mm $m\,\overline{CD} = 50$ mm $m\,\angle CAB = 65°$

7. Quels dessins sont des développements ? Pour chaque développement, nomme le solide représenté. Si un dessin n'est pas un développement, explique comment tu peux le modifier pour obtenir un développement.

a)

b)

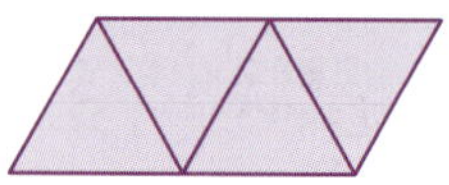

c)

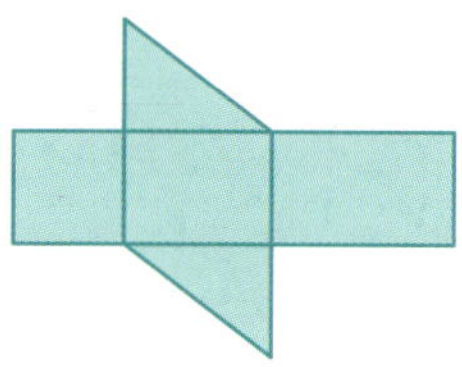

Modules

4

8. Utilise des nombres décimaux.

Arrondis chaque nombre à la dizaine de million près.

a) 678 537 299 **b)** 4 009 682 **c)** 20 099 879

9. Copie ces énoncés.
Écris un nombre décimal avec des millièmes pour rendre chaque énoncé vrai.

a) 5,38 < □ **b)** □ > 0,019 **c)** □ < 3,04

10. Un hexagone régulier a des côtés de 0,01 m de longueur.
Quel est le périmètre de cet hexagone ?
Exprime ta réponse en 2 unités de mesure différentes.

5

11. Ce diagramme indique les causes du déboisement de la forêt tropicale humide.

a) Quelle est la principale cause du déboisement ? Comment le sais-tu ?

b) Quelle cause entraîne environ deux fois plus de déboisement que l'agriculture commerciale ?

Les causes du déboisement de la forêt tropicale humide

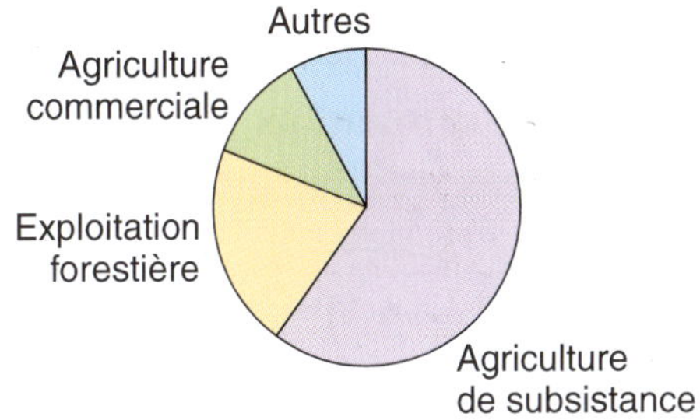

12. Ce tableau indique la production canadienne de canola de 2000 à 2004.
Détermine la moyenne et la médiane de la production de canola produit de 2000 à 2004.

Année	Production (en milliers de tonnes)
2000	7203
2001	5017
2002	4407
2003	6771
2004	7728

6

13. Écris chaque heure selon l'affichage sur 24 h.

a) Sandra a des leçons de natation à 5 h 30 du soir.

b) Alaiyah dîne à 1 h 15 de l'après-midi.

c) Stéphane se lève à 7 h 25 du matin.

d) La semaine, Pascale se couche à 9 h 15 du soir.

14. Un prisme rectangulaire a un volume de 80 cm^3.
La hauteur du prisme est de 5 cm.
Quelles peuvent être les dimensions de sa base ?
Donne 2 réponses.

7

15. Reproduis la figure et l'axe de réflexion dans un quadrillage. Fais subir une réflexion à la figure par rapport à l'axe de réflexion. Ensuite, fais subir à l'image par réflexion une translation de 5 cases vers le bas. Quelles sont les coordonnées de l'image finale ?

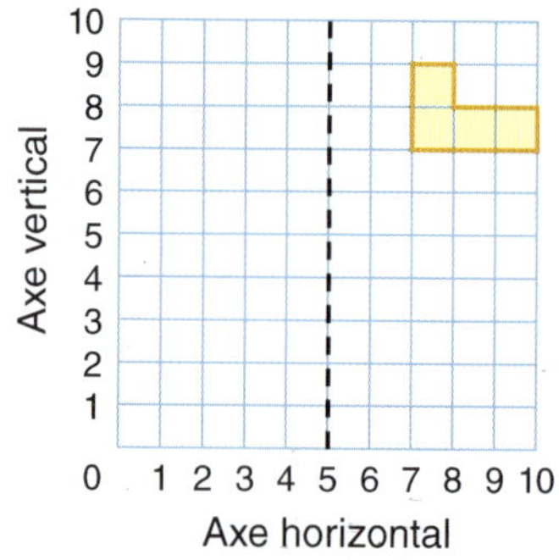

16. Regarde ta réponse à la question 15.
Imagine que tu fais d'abord subir la translation à la figure, puis que tu fais subir à l'image une réflexion par rapport à l'axe de réflexion. Quelles seraient les coordonnées de l'image finale ?

17. Sur du papier à points quadrillé, dessine un motif avec 4 axes de symétrie. Comment as-tu dessiné ton motif ?

8

18. Écris deux paires de fractions qui ont la somme ou la différence indiquée.

a) La somme est $\frac{2}{3}$.

b) La différence est $\frac{1}{8}$.

c) La différence est $\frac{3}{5}$.

19. **a)** Représente la région colorée par une fraction, un nombre décimal et un pourcentage.

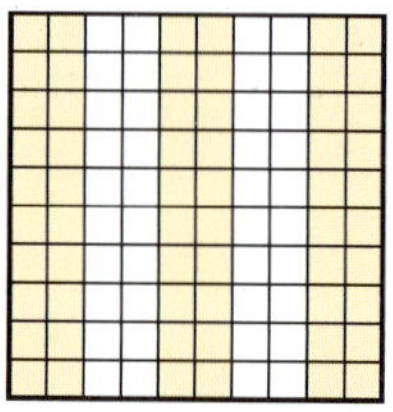

b) Écris tous les rapports que tu peux pour décrire ce quadrillage.

9

20. Une base d'un prisme triangulaire est un triangle rectangle.
Les côtés de ce triangle mesurent 5 cm, 12 cm et 13 cm.
Le prisme a 20 cm de hauteur.

a) Quel est le volume du prisme ?

b) Dessine un développement du prisme.
Écris les dimensions du prisme sur le développement.

c) Quelle est l'aire totale du prisme ?

Modules

9 **21.** Détermine l'aire :

a) d'un parallélogramme avec une base de 12 cm et une hauteur de 7 cm ;

b) d'un triangle avec une base de 16 cm et une hauteur de 9 cm.

22. Sur du papier quadrillé à 1 cm, construis :

a) un rectangle avec un périmètre de 40 cm et une aire de 91 cm^2 ;

b) un parallélogramme avec une aire de 45 cm^2.

10 **23.** Voici une suite croissante formée d'hexagones réguliers :

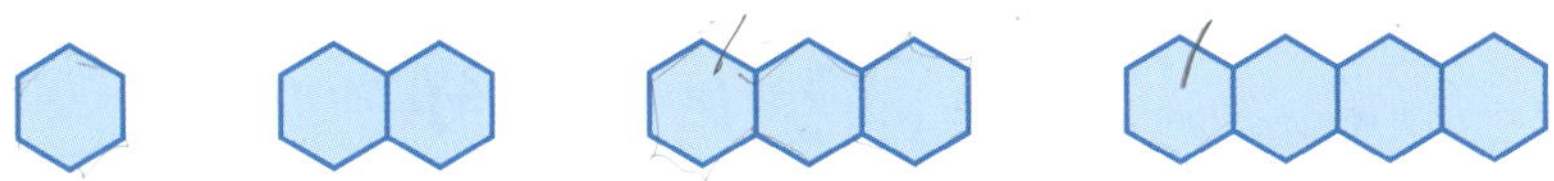

a) Remplis un tableau. Écris le numéro de chaque image et son périmètre.

b) Représente les données du tableau dans un diagramme.

c) Quelle image a un périmètre de 30 unités ? Quelle image a un périmètre de 42 unités ?

d) Est-ce qu'une image a un périmètre de 60 unités ? Est-ce qu'une image a un périmètre de 70 unités ? Explique tes réponses.

11 **24.** Mets des carreaux de couleur dans un sac en papier. Tu dois avoir 25 % de chances de tirer un carreau bleu, 40 % de chances de tirer un carreau rouge, 15 % de chances de tirer un carreau vert et 20 % de chances de tirer un carreau jaune. Combien de carreaux de chaque couleur dois-tu mettre dans le sac ?
Donne trois réponses.

25. Sophie lance un dé numéroté de 1 à 6 cent fois. Elle note ses résultats dans un tableau des effectifs.
Une camarade examine les résultats de Sophie. Elle dit : « Au prochain tour, il est peu probable que le résultat soit 1. Il est probable que le résultat soit 4. »
Es-tu d'accord avec la camarade de Sophie ? Explique ta réponse.

Nombre	Pointage
1	II
2	卌 卌 卌 III
3	卌 卌 卌
4	卌 卌 卌 卌 卌 卌 I
5	卌 卌 卌 I
6	卌 卌 卌 III

Glossaire illustré

Légende	adj. : adjectif	f. : féminin	m. : masculin	pl. : pluriel	v. : verbe

Aire (f.) : La surface couverte par une figure ou une région. L'aire se mesure en unités carrées, par exemple les centimètres carrés et les mètres carrés.

Aire totale (f.) : La somme des aires de toutes les faces d'un solide.

Angle (m.) : Deux demi-droites qui se rencontrent forment un angle. Ce sont les côtés de l'angle. L'angle est représenté par un arc de cercle.

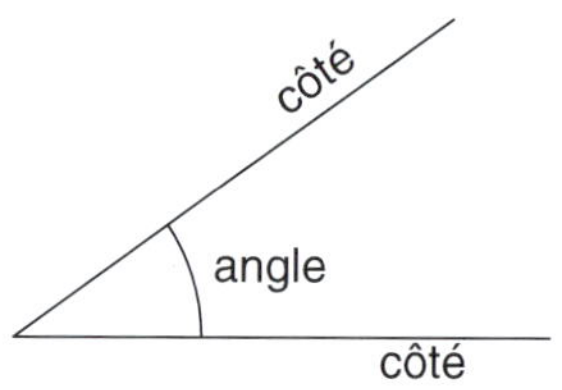

Angle aigu (m.) : Un angle qui mesure moins de 90°. ∠ABC est aigu.

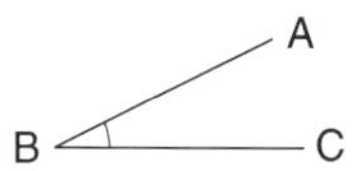

Angle droit (m.) : Un angle qui mesure 90°.

Angle obtus (m.) : Un angle qui mesure plus de 90° et moins de 180°.

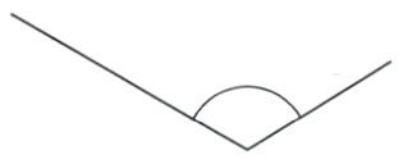

Angle plat (m.) : Un angle qui mesure 180°.

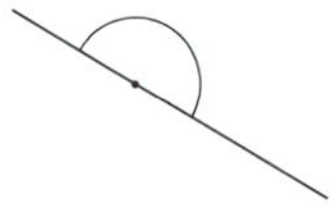

Angle rentrant (m.) : Un angle qui mesure plus de 180° et moins de 360°.

Angles correspondants (m. pl.) : Des angles de même mesure qui occupent la même position relative dans des figures congruentes.

Arête (f.) : La ligne de rencontre de 2 faces d'un solide.

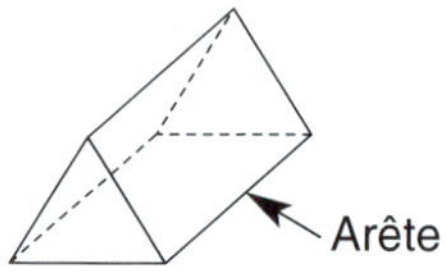

Arrondir (v.) : Estimer un nombre à une certaine valeur de position. Arrondi au millier près, 397 482 donne 398 000.

Axe (m.) : Une droite numérique qui longe un diagramme. Dans un diagramme, il faut nommer les données que chaque axe représente.

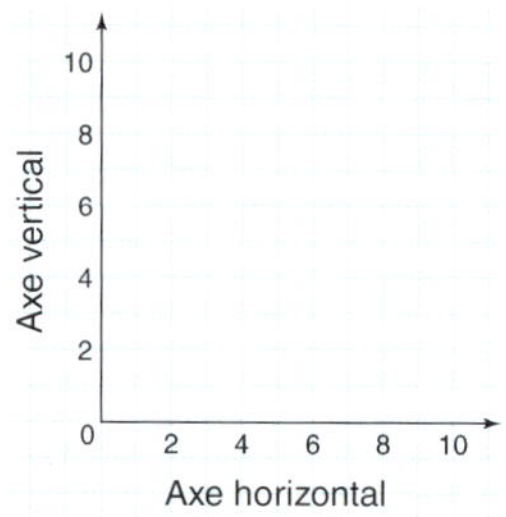

Axe de réflexion (m.) : La droite par rapport à laquelle une figure subit une réflexion. Voir aussi *réflexion.*

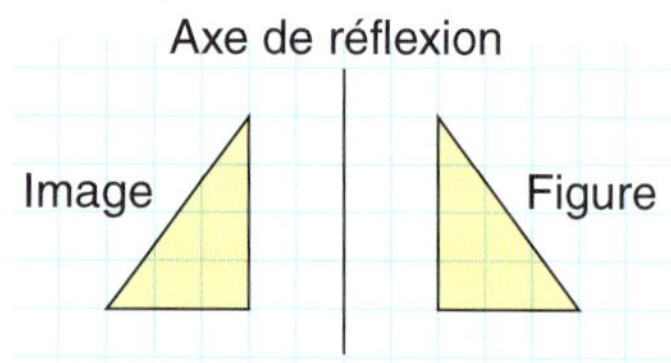

Axe de symétrie : Voir *symétrie axiale.*

Base (f.) : La face d'un solide ou le côté d'un polygone qui sert de point de départ pour en mesurer la hauteur.

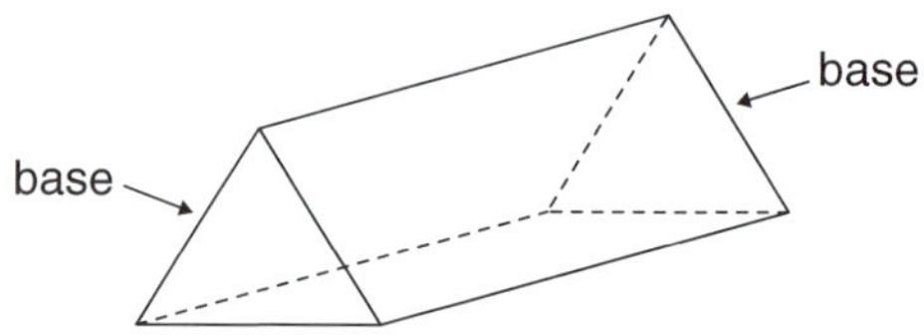

Biais (m.) :

1. Un diagramme qui comporte un biais représente les données pour qu'elles soient perçues d'une certaine façon.
2. Un échantillon qui comporte un biais n'est pas vraiment représentatif de la population.

Capacité (f.) : La quantité de substance qu'un récipient peut contenir.

Carré (m.) : Un quadrilatère dont tous les côtés sont congrus et dont tous les angles mesurent 90°.

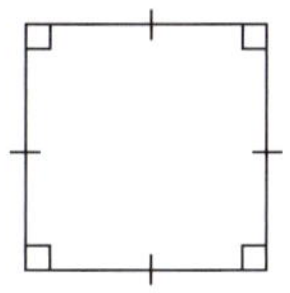

Centième (m.) : Le nom d'une partie d'un tout divisé en 100 parties égales. Un centième s'écrit $\frac{1}{100}$ ou 0,01.

Centimètre (m.) : Une unité de mesure de la longueur. 1 cm = 0,01 m

Centre de rotation (m.) : Voir *rotation.*

Cerf-volant (m.) : Un quadrilatère qui a 2 paires de côtés adjacents congrus.

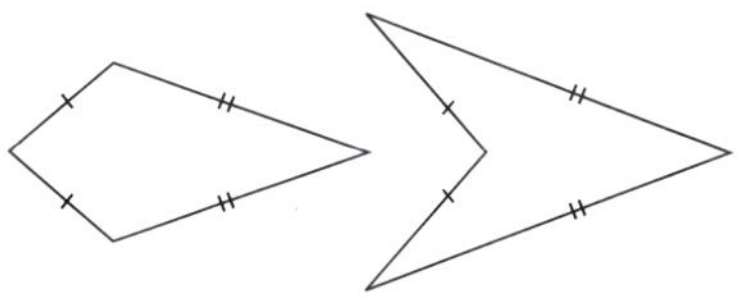

Circonférence (f.) : La mesure du contour d'un objet circulaire.

Combinaison (f.) : Une sélection d'éléments de différents groupes qui forment un plus petit groupe. Par exemple, si tu as un short vert, un short blanc, un chandail vert et un chandail blanc, tu obtiens ces combinaisons :

Shorts	Chandails	Combinaisons
vert	vert	vert, vert
	blanc	vert, blanc
blanc	vert	blanc, vert
	blanc	blanc, blanc

Congruent (adj.) : Se dit de figures qui ont la même taille et la même forme, mais pas nécessairement la même orientation.

Coordonnées (f. pl.) : Les nombres d'un couple qui indiquent l'emplacement d'un point dans un plan cartésien.

Côtés correspondants (m. pl.) : Des côtés de même mesure qui occupent la même position relative dans des figures congruentes.

Couple (m.) : Deux nombres ordonnés qui décrivent un emplacement dans un plan cartésien. Le premier nombre indique la distance horizontale à partir de l'origine. Le deuxième nombre indique la distance verticale à partir de l'origine. (6, 3) est un couple.

Cube (m.) : Un solide qui a 6 faces carrées congruentes.

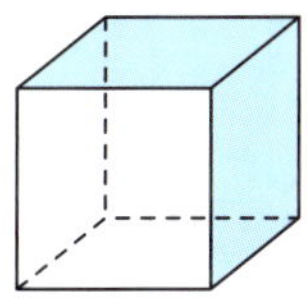

Dallage (m.) : Un motif qui est formé de copies congruentes d'une ou de plusieurs figures et qui ne comporte ni espaces ni chevauchements.

Décaèdre (m.) : Un solide à 10 faces.

Décagone (m.) : Un polygone à 10 côtés.

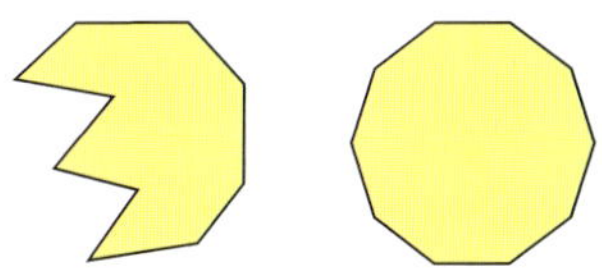

Décimètre (m.) : Une unité de mesure de la longueur. 1 dm = 0,1 m et 1 dm = 10 cm

Déduction (f.) : Une conclusion qui suit un raisonnement.

Déduire (v.) : Tirer une conclusion par le raisonnement.

Degré (m.) :

1. Une unité de mesure d'un angle. Le symbole du degré est « ° ».

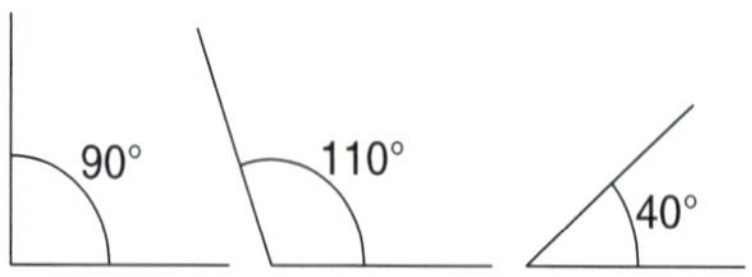

2. Une unité de mesure de la température. Le symbole du degré Celsius est « °C ».

Dénominateur (m.) : La partie d'une fraction qui indique le nombre de parties égales dans un tout. Le dénominateur est le nombre du bas dans une fraction.

Déplacement d'eau (m.) : Le volume d'eau déplacé par un objet mis dans l'eau. Ce cube crée un déplacement d'eau de 50 mL.

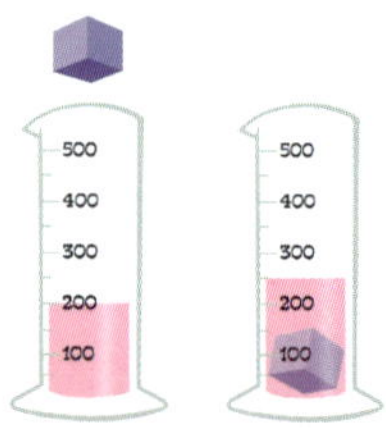

Dessin isométrique (m.) : Le dessin d'un objet sur du papier à points triangulé. Ce dessin donne l'impression de voir trois dimensions.

Développement (m.) : Une figure qui montre toutes les faces d'un solide en un seul morceau. Cette figure forme le solide quand tu la plies.

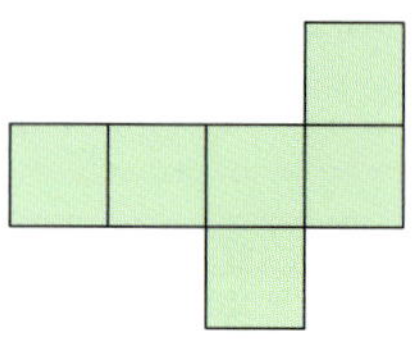

Diagonale (f.) : Un segment de droite qui relie 2 sommets opposés d'une figure, mais qui n'est pas un côté.

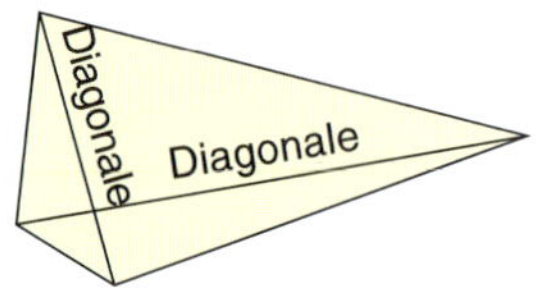

Diagramme à bandes (m.) : Un diagramme qui représente les données à l'aide de bandes verticales ou horizontales.

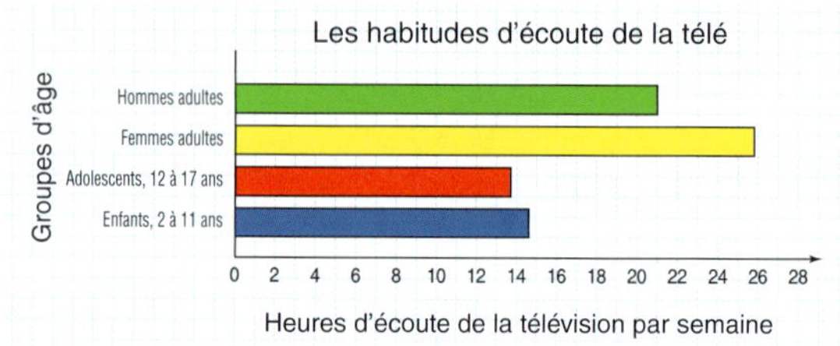

Diagramme à ligne brisée (m.) : Un diagramme qui représente des données à l'aide de points reliés par des segments de droite pour montrer une tendance. Par exemple, l'auditoire de la radio a augmenté de 1998 à 1999 et a diminué de 1999 à 2003 selon le diagramme qui suit.

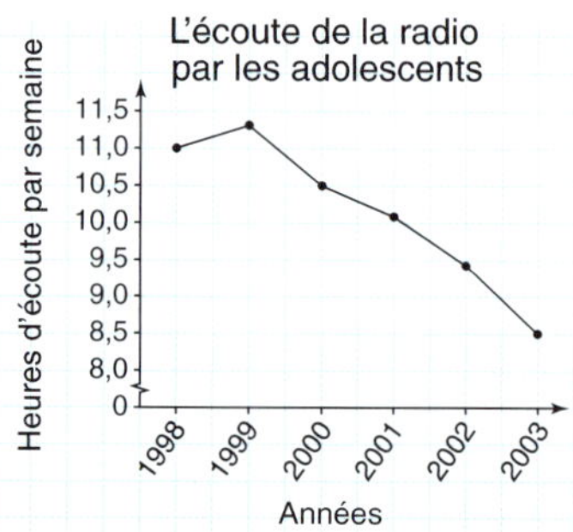

Diagramme à ligne continue (m.) : Dans ce type de diagramme, tous les points de la ligne ont une signification. Par exemple, l'ouragan a parcouru 300 km en 1,5 h selon le diagramme qui suit.

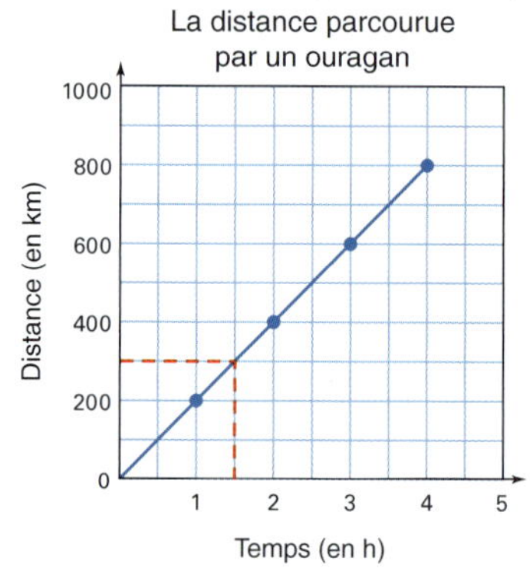

Diagramme circulaire (m.) : Un diagramme qui représente les données dans un cercle divisé en secteurs. Il permet de représenter les parties d'un tout ou d'un groupe.

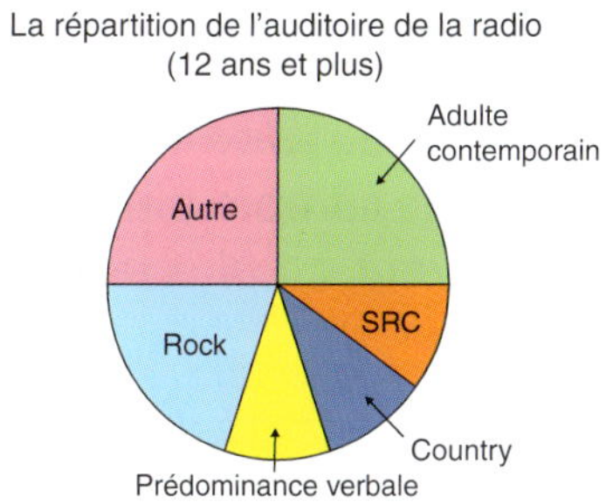

Diagramme en arbre (m.) : Un diagramme qui représente toutes les possibilités quand il y a plus d'un choix possible. Deux lancers d'une pièce de monnaie donnent 4 résultats possibles.

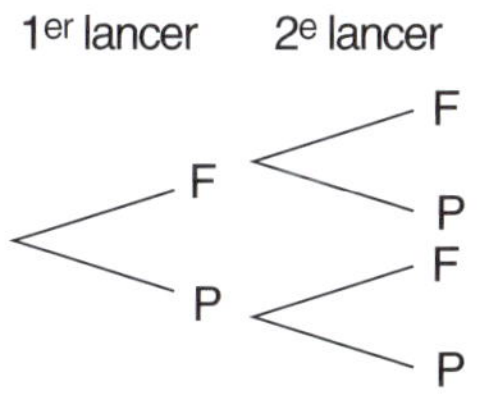

Différence (f.) : Le résultat d'une soustraction.

Dimension linéaire (f.) : La longueur, la largeur, la profondeur, la hauteur et l'épaisseur.

Dimensions (f. pl.) :

1. Les mesures d'une figure ou d'un solide. Un rectangle a 2 dimensions : la longueur et la largeur. Un cube a 3 dimensions : la longueur, la largeur et la hauteur.
2. Le nombre de rangées et le nombre de colonnes dans un groupement.

Dividende (m.) : Un nombre qui est divisé par un autre nombre.

Diviseur (m.) : Un nombre qui divise un autre nombre.

Dixième (m.) : Le nom d'une partie d'un tout divisé en 10 parties égales. Un dixième s'écrit $\frac{1}{10}$ ou 0,1.

Dodécaèdre (m.) : Un solide à 12 faces.

Données (f. pl.) : Des renseignements recueillis au cours d'un sondage ou d'une expérience.

Droite numérique (f.) : Une droite qui présente des nombres par ordre croissant. Sur cette droite, l'intervalle entre deux nombres consécutifs est partout le même.

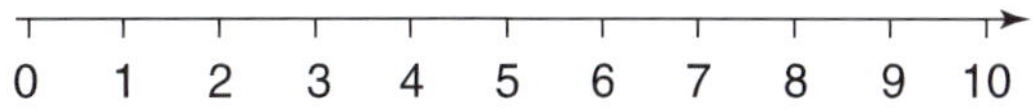

Durée (f.) : Le temps qui s'écoule entre le début et la fin d'un événement.

Échantillon (m.) : Un petit groupe choisi dans une population. Les gens qui mènent des sondages utilisent souvent des échantillons.

Échelle (f.) :

1. Les nombres le long des axes d'un diagramme montrent l'échelle utilisée pour représenter les données.
2. Le dessin d'un objet est à l'échelle si le dessin et l'objet sont semblables. Le dessin est plus grand ou plus petit que l'objet, mais il a la même forme.

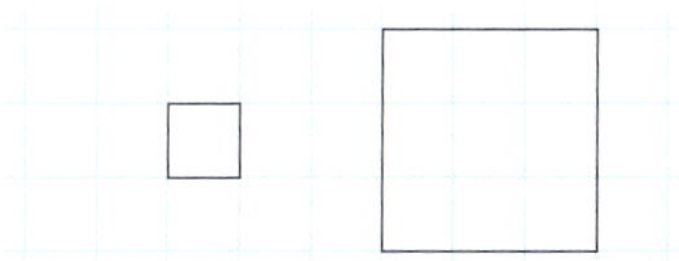

Également probables (adj. pl.) : Se dit de résultats qui ont des chances égales de se produire. Si tu lances une pièce de monnaie, il est également probable que tu obtiennes face ou pile.

Énoncé mathématique (m.) : Une expression qui comprend des nombres et des opérations.

Équation (f.) : Expression d'égalité où il manque un terme.

Équivalents (adj. pl.) : Se dit de nombres qui ont la même valeur.
$\frac{2}{3}$ et $\frac{6}{9}$ sont des fractions équivalentes.
2 : 3 et 6 : 9 sont des rapports équivalents.
4,5 et 4,50 sont des nombres décimaux équivalents.

Estimation (f.) : Un résultat qui est proche d'une quantité ou d'une valeur, mais qui n'est pas exact.

Étendue (f.) : L'écart entre le plus petit nombre d'un ensemble et le plus grand. Pour trouver l'étendue, soustrais le plus petit nombre du plus grand nombre.

Expérience (f.) : Dans le domaine de la probabilité, un test ou un essai qui permet d'étudier une idée.

Expression d'égalité (f.) : Un énoncé mathématique qui utilise le symbole « = » pour montrer que deux éléments représentent la même quantité. Par exemple, $5 + 2 = 7$ est une expression d'égalité.

Face (f.) : Un côté d'un solide.

Facteur (m.) : Un nombre multiplié à un autre pour obtenir un produit.

Figure régulière (f.) : Voir *polygone régulier.*

Figures semblables (f. pl.) : Des figures sont semblables si elles ont la même forme. Les figures semblables peuvent avoir des tailles différentes. Voici deux hexagones semblables.

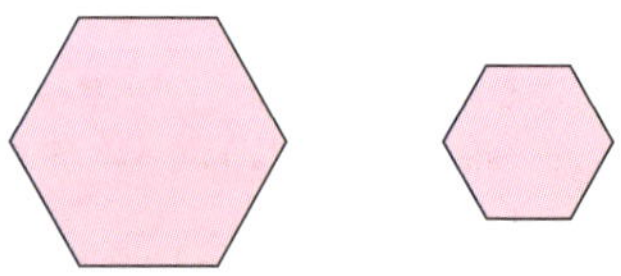

Flèche de translation (f.) : Voir *translation.*

Formule (f.) : Une façon courte d'exprimer une règle.

Formule d'Euler (f.) : Dans un polygone, le nombre de faces plus le nombre de sommets est égal au nombre d'arêtes plus 2. La formule d'Euler décrit cette relation.

Fraction impropre (f.) : Une fraction qui représente un nombre plus grand qu'un tout. Par exemple, $\frac{3}{2}$ est une fraction impropre.

Fraction irréductible (f.) :

1. Un rapport dont les termes ont un seul facteur commun, le nombre 1.
2. Une fraction dans laquelle le numérateur et le dénominateur ont un seul facteur commun, le nombre 1.

Fraction propre (f.) : Une fraction qui représente un nombre plus petit que 1. Son numérateur est plus petit que son dénominateur.

Gramme (m.) : Une unité de mesure de la masse. 1000 g = 1 kg

Hauteur (f.) : La distance perpendiculaire entre la base d'une figure ou d'un solide et le côté ou le sommet opposé.

Hexagone (m.) : Un polygone à 6 côtés.

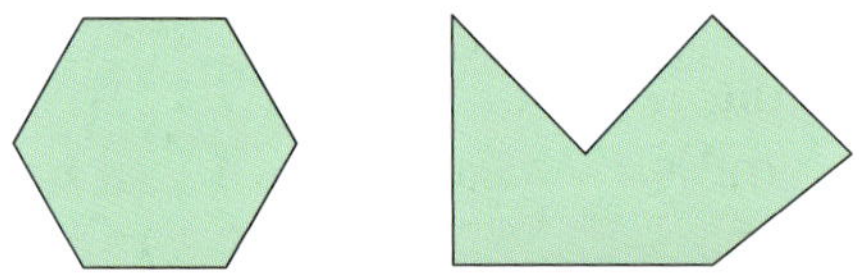

Image (f.) : La figure qui est le résultat d'une transformation géométrique.

Improbable (adj.) : Se dit d'un événement qui a peu de chances de se produire, mais qui n'est pas impossible.

Icosaèdre (m.) : Un solide à 20 faces.

Jeu équitable (m.) : Un jeu dans lequel toutes les personnes ont des chances égales de gagner.

Kilogramme (m.) : Une unité de mesure de la masse. 1 kg = 1000 g

Kilomètre (m.) : Une unité de mesure des longues distances. 1 km = 1000 m

Légende (f.) : Voir *pictogramme.*

Litre (m.) : Une unité de mesure de la capacité d'un récipient. 1 L = 1000 mL

Losange (m.) : Un quadrilatère dont tous les côtés sont congrus et dont les côtés opposés sont parallèles.

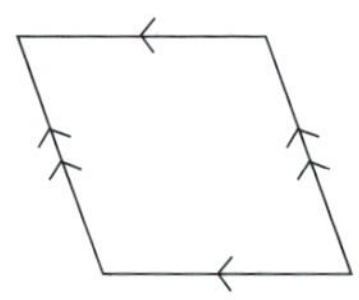

Machine d'entrée-sortie (f.) : Une machine qui effectue une opération sur un nombre (l'entrée) pour produire un autre nombre (la sortie).

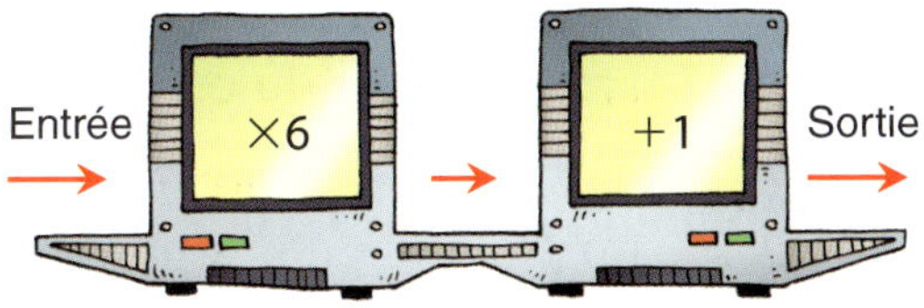

Masse (f.) : La quantité de matière dans un objet. La masse se mesure en milligrammes, en grammes, en kilogrammes ou en tonnes.

Médiane (f.) : La valeur au centre d'une suite ordonnée de nombres. Quand l'ensemble comporte un nombre pair de données, la médiane est la moyenne des deux nombres du milieu. Par exemple, les deux nombres du milieu de l'ensemble 11, 12, 14, 15 sont 12 et 14. La médiane est 13.

Mètre (m.) : Une unité de mesure de la longueur. 1 m = 100 cm

Milliard (m.) : Mille millions.

Millième (m.) : Le nom d'une partie d'un tout divisé en 1000 parties égales. Un millième s'écrit $\frac{1}{1000}$ ou 0,001.

Milligramme (m.) : Une unité de mesure de la masse. 1000 mg = 1 g

Millilitre (m.) : Une unité de mesure de la capacité. 1000 mL = 1 L ; 1 mL = 1 cm^3

Millimètre (m.) : Une unité de mesure de la longueur. 1 mm = 0,1 cm ; 10 mm = 1 cm

Million (m) : Mille milliers.

Mode (m.) : Le nombre qui apparaît le plus souvent dans un ensemble. Dans l'ensemble 8, 6, 10, 4, 7, 6, 9, 6, le mode est 6.

Moyenne (f.) : Un nombre qui représente un ensemble de nombres. Pour trouver la moyenne, additionne les nombres de l'ensemble, puis divise la somme par la quantité de nombres dans l'ensemble. Par exemple, la somme des nombres de l'ensemble 12, 15, 10, 11 est 48. Il y a 4 nombres dans l'ensemble. La moyenne est 48 ÷ 4 = 12.

Multiple (m.) : Pour obtenir un multiple d'un nombre, multiplie ce nombre par un autre. Par exemple, 10, 15 et 20 sont des multiples de 5, car 5 × 2 = 10, 5 × 3 = 15 et 5 × 4 = 20.

Multiple commun (m.) : Un nombre qui est un multiple de deux ou plusieurs nombres. Le nombre 6 est un multiple commun de 2 et de 3.

Multiplication (f.) : Une opération qui montre la relation entre des facteurs et leur produit.

Nombre composé (m.) : Un nombre qui a au moins trois facteurs. Le nombre 8 est un nombre composé. Ses facteurs sont 1, 2, 4 et 8.

Nombre de Fibonacci (m.) : Un nombre de la suite de Fibonacci.

Nombre décimal (m.) : Une façon d'écrire une fraction ou un nombre fractionnaire. Le nombre fractionnaire $3\frac{2}{10}$ correspond au nombre décimal 3,2.

Nombre entier (m.) : Tout nombre naturel et son opposé. Par exemple, 2 et son opposé, −2, sont des nombres entiers. Le nombre zéro est aussi un nombre entier, mais il n'est ni positif ni négatif.

Nombre fractionnaire (m.) : Un nombre qui a une partie entière et une partie fractionnaire. Par exemple, $3\frac{1}{2}$ est un nombre fractionnaire.

Nombre périodique (m.) : Un nombre à virgule qui comporte une suite répétitive après la virgule. Par exemple, 0,333 3... est un nombre périodique.

Nombre premier (m.) : Un nombre naturel qui a exactement deux facteurs, lui-même et 1. Les nombres 7, 13, 19 et 23 sont des nombres premiers.

Nombres compatibles (m. pl.) : Des paires de nombres qui sont faciles à calculer.

Nuage de points (m.) : Un diagramme qui représente les données par des points dans un plan cartésien.

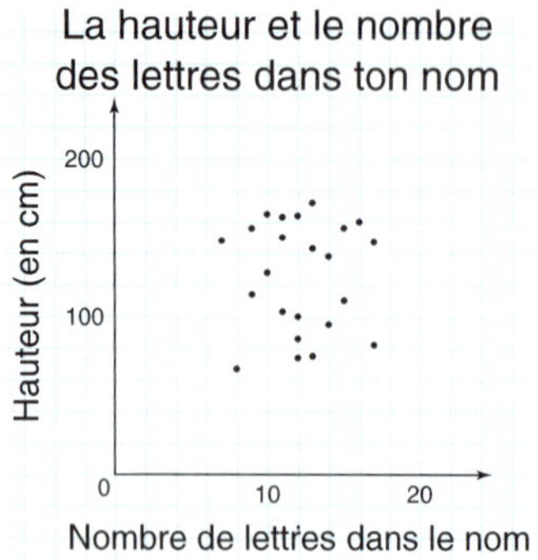

Numérateur (m.) : La partie d'une fraction qui indique combien de parties égales d'un tout il faut compter. Le numérateur est le nombre du haut dans une fraction. Dans la fraction $\frac{2}{3}$, le numérateur est 2. Il faut compter 2 tiers d'un tout.

Octogone (m.) : Un polygone à 8 côtés.

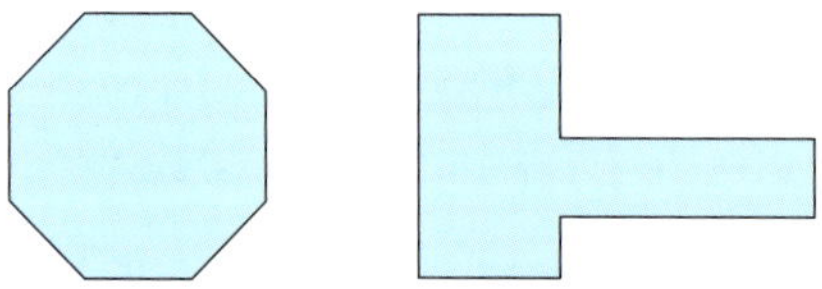

Opération (f.) : Un calcul effectué sur un nombre ou sur une quantité. L'addition, la soustraction, la multiplication et la division sont des opérations.

Opération inverse (f.) : Une opération qui annule une autre opération. L'addition et la soustraction sont des opérations inverses.

Origine (f.) : Le point de rencontre des axes dans un plan cartésien.

Palindrome (m.) : Un mot, une phrase ou un nombre identiques quand tu les lis de gauche à droite et de droite à gauche. Le mot « radar » et le nombre 636 sont des palindromes.

Parallèles (adj. pl.) : Se dit de droites qui ont toujours la même distance entre elles.

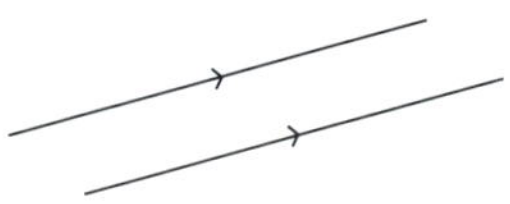

Parallélogramme (m.) : Un quadrilatère qui a 2 paires de côtés opposés parallèles.

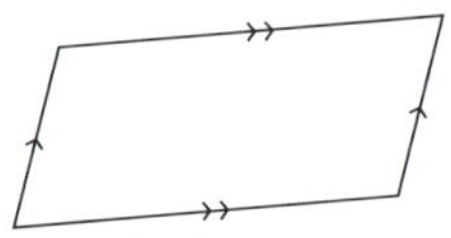

Périmètre (m.) : La mesure du contour d'une figure. Le périmètre est la somme des longueurs des côtés d'une figure.

Perpendiculaires (adj. pl.) : Se dit de droites qui se coupent à angle droit.

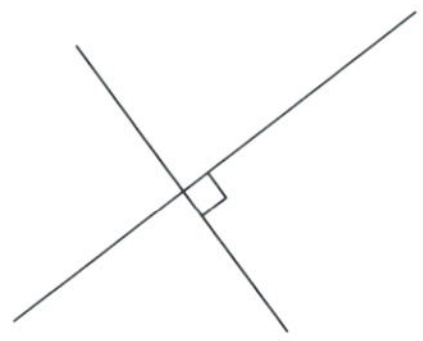

Pictogramme (m.) : Un diagramme qui représente des données à l'aide d'images ou de symboles. Chaque image ou symbole peut représenter plus d'un objet. Une légende indique ce que chaque image représente.

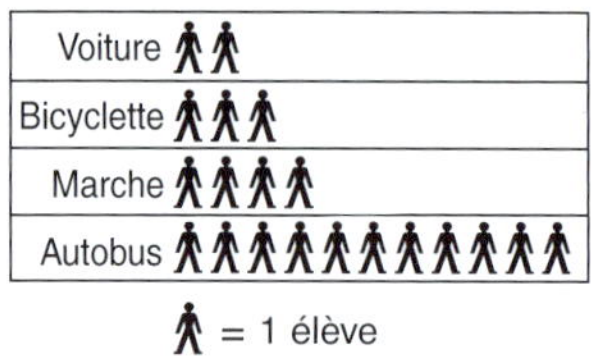

Plan cartésien (m.) : Un quadrillage bordé d'une droite numérique verticale et d'une droite numérique horizontale qui se coupent à angle droit au point (0, 0).

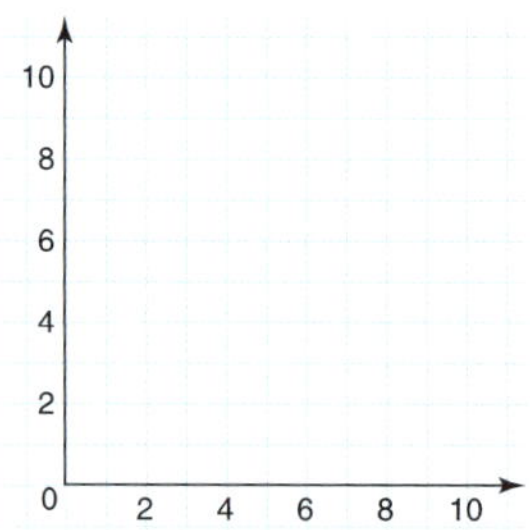

Polygone (m.) : Une figure fermée composée d'au moins 3 segments de droite. Le nom d'un polygone indique le nombre de ses côtés. Par exemple, un pentagone est un polygone à 5 côtés.

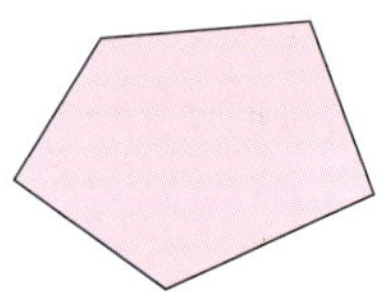

Polygone concave (m.) : Un polygone qui a au moins un angle de plus de 180°.

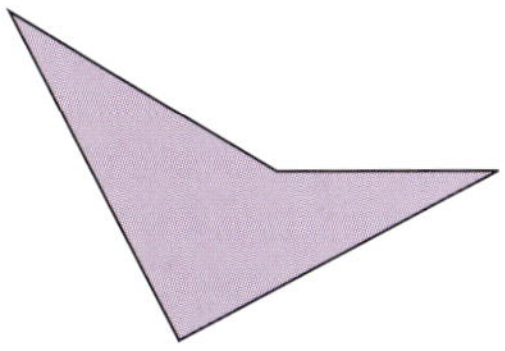

Polygone convexe (m.) : Un polygone dont tous les angles mesurent moins de 180°.

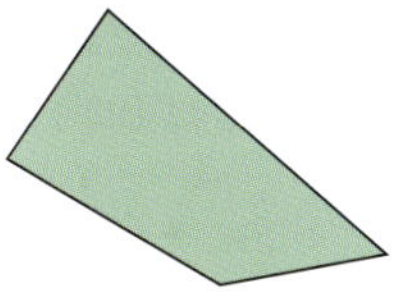

Polygone irrégulier (m.) : Un polygone dont les côtés ou les angles ne sont pas tous congrus. Voici deux hexagones irréguliers.

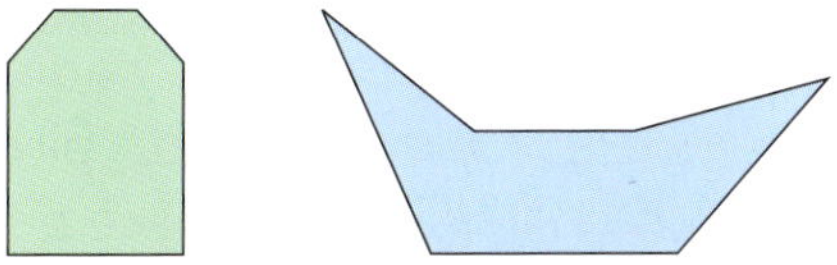

Polygone régulier (m.) : Un polygone dont tous les côtés et tous les angles sont congrus. Voici un hexagone régulier.

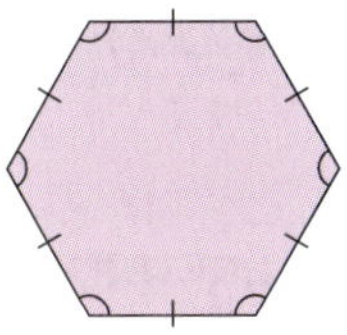

Population (f.) : Le groupe formé de toutes les personnes ou de toutes les choses à l'étude.

Pourcentage (m.) : Le nombre de parties sur cent. Dans une fraction avec 100 au dénominateur, par exemple $\frac{31}{100}$, le pourcentage correspond au numérateur.

Prédiction (f.) : Tu fais une prédiction quand tu estimes les chances ou la probabilité qu'un événement se produise.

Prisme (m.) : Un solide à 2 bases.

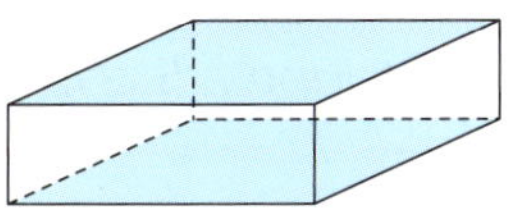

Prisme rectangulaire

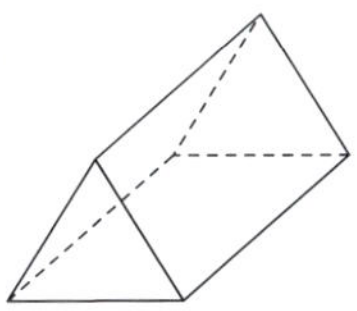

Prisme triangulaire

Probabilité (f.) : Les chances qu'un événement se produise. Voir *probabilité expérimentale* et *probabilité théorique.*

Probabilité expérimentale (f.) : La probabilité d'un événement déterminée à l'aide de l'observation ou de l'expérimentation.

Probabilité théorique (f.) : La probabilité déterminée à l'aide de méthodes de calcul, sans expérimentation.

Probable (adj.) : Se dit d'un événement qui a des chances de se produire, mais qui n'est pas certain.

Produit (m.) : Le résultat d'une multiplication.

Pyramide (f.) : Un solide à 1 base.

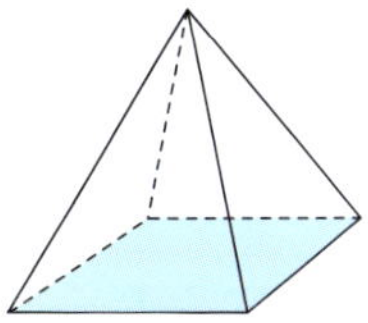

Pyramide à base rectangulaire

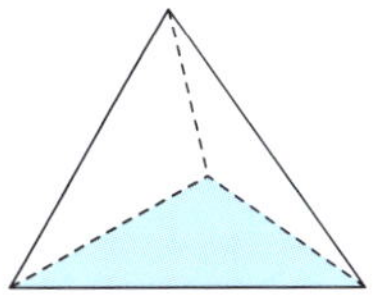

Pyramide à base triangulaire

Quadrilatère (m.) : Un polygone à 4 côtés.

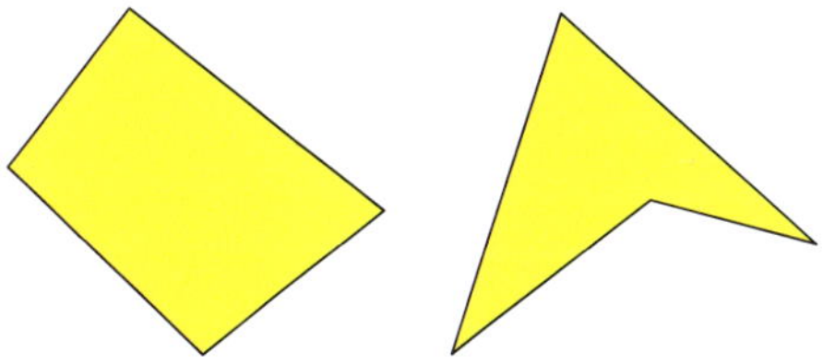

Quadrillage (m.) : Voir *plan cartésien.*

Quotient (m.) : Le résultat d'une division.

Rapport (m.) : Une comparaison entre deux quantités de même nature.

Rapporteur (m.) : Un instrument qui sert à mesurer les angles en degrés.

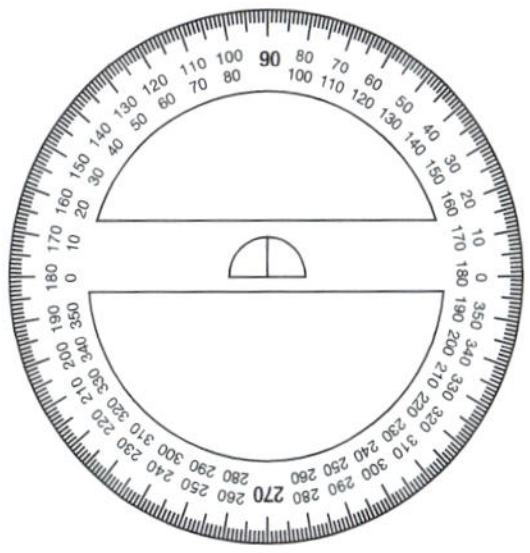

Rectangle (m.) : Un quadrilatère qui a 2 paires de côtés opposés congrus et 4 angles droits.

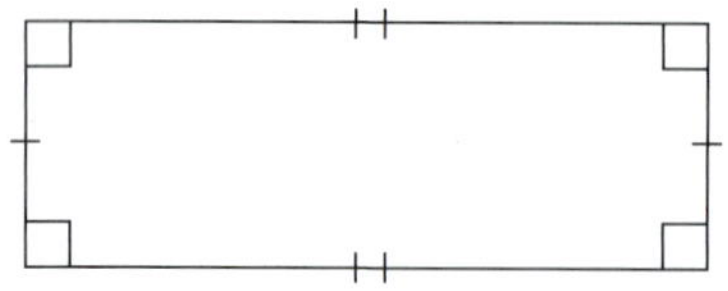

Réflexion (f.) : Une transformation géométrique qui consiste à rabattre une figure par rapport à un axe de réflexion et qui permet d'obtenir une image congruente.

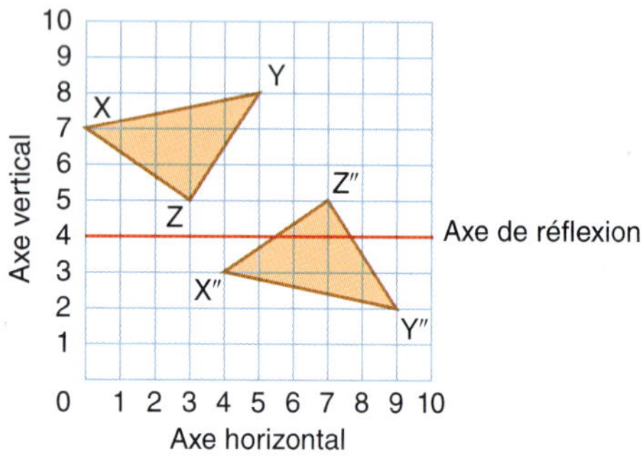

Régularité (f.) : La règle qui définit une suite. La régularité de la suite 1, 2, 4, 8, 16, ... est : à partir de 1, multiplier par 2 chaque fois.

Reste (m.) : Le nombre d'unités en trop quand un nombre ne divise pas exactement un autre nombre.

Résultat (m.) : Ce qui se produit au moment d'un événement ou d'une expérience. Par exemple, quand tu lances une pièce de monnaie, il y a deux résultats possibles : pile ou face.

Rotation (f.) : Une transformation géométrique qui consiste à faire tourner une figure autour d'un centre de rotation.

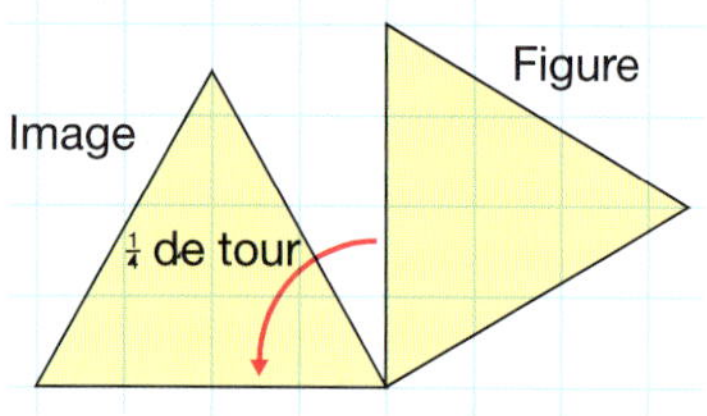

Seconde (f.) : Une petite unité de temps. Il y a 60 secondes dans 1 minute.

60 s = 1 min

Secteur (m.) : Une partie d'un cercle comprise entre deux rayons.

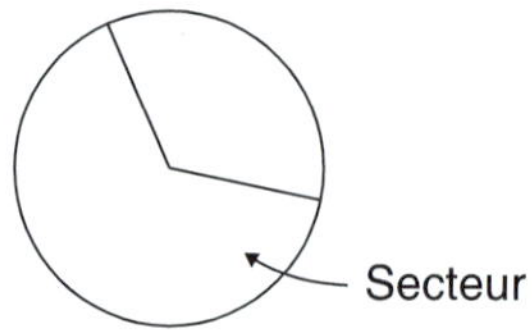

Sens des aiguilles d'une montre (m.) : Les aiguilles d'une horloge tournent de gauche à droite. Elles tournent dans le sens des aiguilles d'une montre.

Sens inverse des aiguilles d'une montre (m.) : Se dit d'une rotation dans la direction opposée à celle des aiguilles d'une montre.

Situer (un point) (v.) : Repérer un emplacement dans un plan cartésien à partir de ses coordonnées et le marquer d'un point.

Solide (m.) : Un objet qui a une longueur, une largeur et une hauteur. Les solides ont des faces, des arêtes, des sommets et des bases. Certains solides sont nommés selon le nombre et la forme de leurs bases.

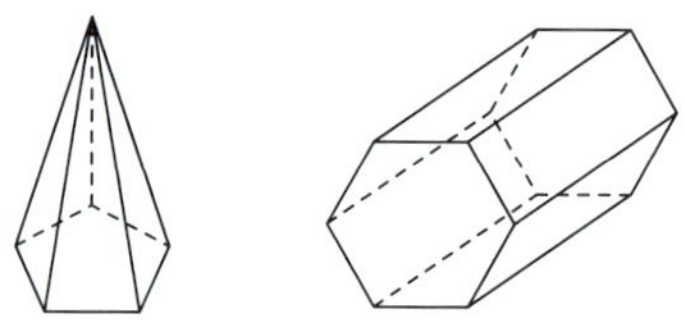

Pyramide à base pentagonale

Prisme hexagonal

Somme (f.) : Le résultat d'une addition. La somme de 5 et de 2 est 7, ou 5 + 2 = 7.

Sommet (m.) :

1. Le point de rencontre de deux côtés d'une figure.
2. Le point de rencontre de deux ou de plusieurs arêtes d'un solide.

Sondage (m.) : Une étude qui consiste à recueillir des données. Tu peux mener un sondage pour connaître le parfum de crème glacée préféré de tes camarades. Voir aussi *biais*.

Suite croissante (f.) : Une suite où chaque image ou chaque terme est plus grand que le précédent.

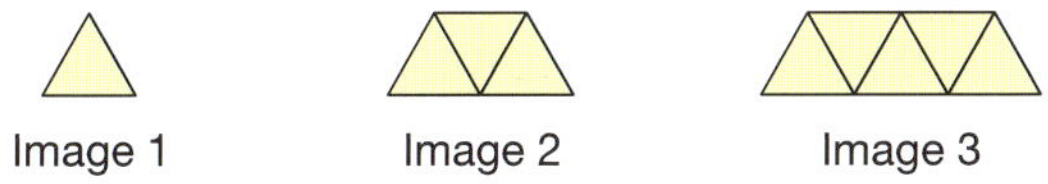

1, 3, 8, 10, 15, 17, 23, ...

Suite de Fibonacci (f.) : 1, 1, 2, 3, 5, 8, 13, ...

Dans cette suite, chaque nombre, à l'exception des deux premiers, est la somme des deux nombres qui le précèdent.

Suite récursive (f.) : Une suite dans laquelle il suffit d'appliquer la régularité à un terme pour trouver le suivant.

Suite répétitive (f.) : Une suite qui comporte une partie répétitive. La partie répétitive est la plus petite partie de la suite qui se répète.

Symétrie axiale (f.) : La propriété d'une figure qui se divise en deux parties congruentes. Si tu plies une figure le long de son axe de symétrie, les parties coïncident.

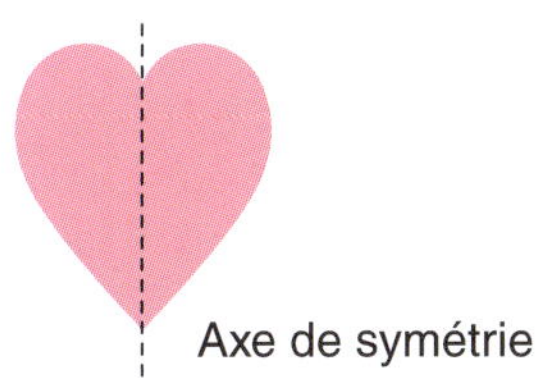

Symétrie de rotation (f.) : La propriété d'une figure qui coïncide avec elle-même après une rotation de moins d'un tour complet. Ce carré a une symétrie de rotation d'ordre 4.

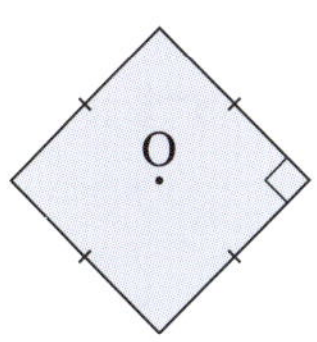

Taux (m.) : Une comparaison de quantités mesurées à l'aide d'unités différentes. Par exemple, 50 km/h est un taux.

Terme (m.) :

1. Un élément d'une suite numérique. Le nombre 4 est le troisième terme de cette suite : 1, 2, 4, 8, 16, ...
2. Chacun des deux nombres d'un rapport.

Tonne (f.) : Une unité utilisée pour mesurer de très grandes masses. 1 t = 1000 kg

Transformation géométrique (f.) : La translation, la réflexion et la rotation sont des transformations géométriques.

Translation (f.) : Une transformation géométrique où chaque point d'une figure se déplace de la même distance, dans la même direction et dans le même sens. Une flèche de translation relie les points correspondants de la figure et de son image. Voici une figure qui a subi une translation de 6 cases vers la gauche et de 2 cases vers le haut.

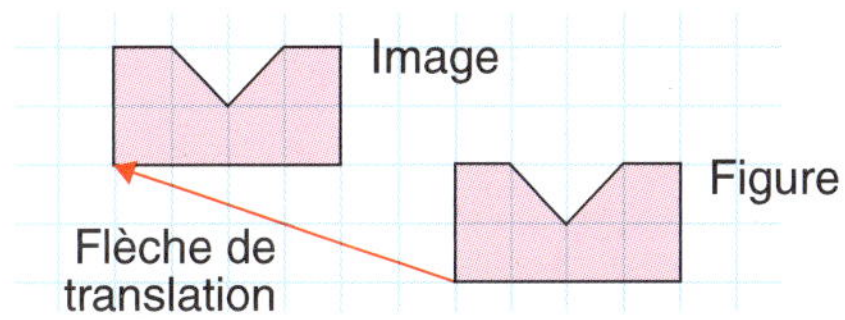

Trapèze (m.) : Un quadrilatère qui a au moins 1 paire de côtés parallèles.

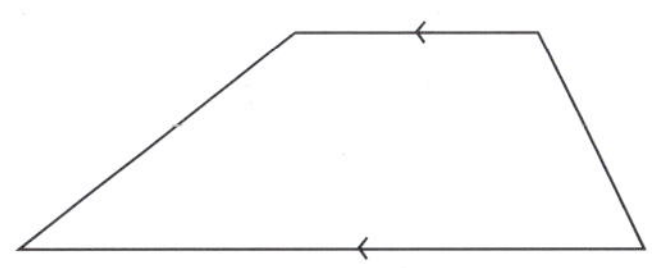

Triangle acutangle (m.) : Un triangle dont tous les angles mesurent moins de 90°. Tous ses angles sont aigus. Le △DEF est acutangle.

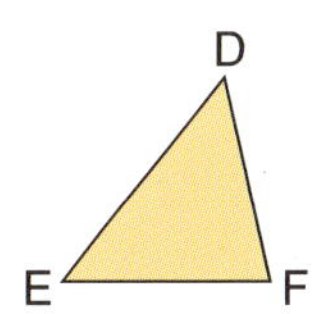

Triangle équilatéral (m.) : Un triangle dont tous les côtés sont congrus.

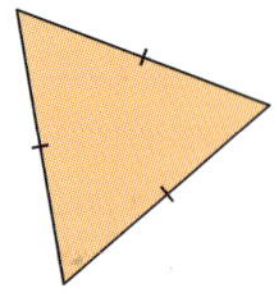

Triangle isocèle (m.) : Un triangle qui a 2 côtés congrus.

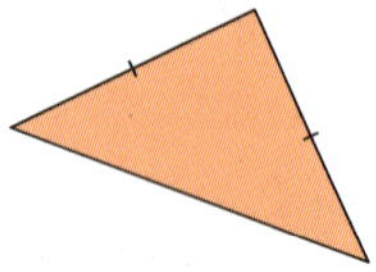

Triangle obtusangle (m.) : Un triangle qui a un angle de plus de 90° et de moins de 180°.

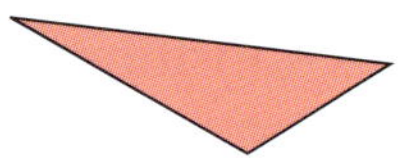

Triangle rectangle (m.) : Un triangle qui a un angle droit.

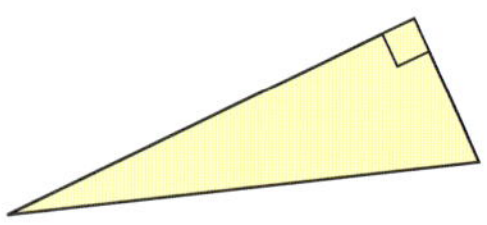

Triangle scalène (m.) : Un triangle qui n'a aucun côté congru.

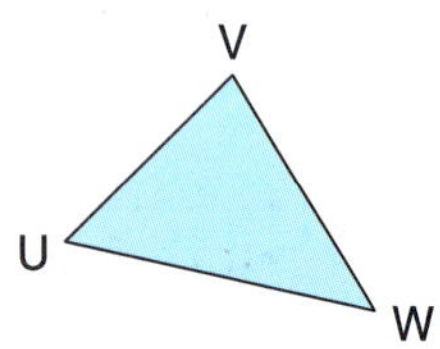

Trillion (m.) : Mille milliards ou un million de millions.

Unité carrée (f.) : Une unité de mesure de l'aire.

Unité cube (f.) : Une unité de mesure du volume et de la capacité.

Unité de mesure conventionnelle (f.) : Le mètre, le mètre carré, le mètre cube, le kilogramme et la seconde sont des unités de mesure conventionnelles.

Unité de mesure linéaire (f.) : Une unité utilisée pour mesurer une dimension linéaire.

Unités SI (Système international d'unités) (f. pl.) : Façon conventionnelle d'exprimer les valeurs de temps, de date, de masse, de volume et d'autres quantités.

Virgule décimale (f.) : Le signe qui sépare la partie entière de la partie fractionnaire dans un nombre décimal. Quand tu lis le nombre décimal 3,2, dis « trois *et* deux dixièmes » ou « trois *virgule* deux ».

Vitesse (f.) : Une mesure de la rapidité avec laquelle un objet se déplace.

Vitesse moyenne (f.) : Une mesure de la rapidité avec laquelle un objet se déplace en moyenne.

Volume (m.) : La quantité d'espace occupé par un objet. Le volume se mesure en centimètres cubes (cm^3). 1 cm^3 = 1 mL

Index

Sources

Sources des photographies

Couverture : Thomas Kitchin et Victoria Hurst/firstlight.ca ; p. 2 Ian Crysler ; p. 3 Ian Crysler ; p. 4 Topical Press Agency/Getty Images ; p. 7 Ian Crysler ; p. 8 Ian Crysler ; p. 10 Photographie reproduite avec l'aimable autorisation de Eric Hancock ; p. 13 Ian Crysler ; p. 16 Ian Crysler ; p. 17 Ian Crysler ; p. 20 Philip et Karen Smith/Photodisc/Getty Images ; p. 21 Collection Corel *Divers and Diving ;* p. 22 (haut) Photographie reproduite avec l'aimable autorisation de www.alpenregion.ch ; p. 22 (bas) Ian Crysler ; p. 23 Ian Crysler ; p. 24 Ian Crysler ; p. 25 Ian Crysler ; p. 28 Volker Steger/Photo Researchers Inc. ; p. 29 (haut) Rob Rowan/Progressive Image/CORBIS ; p. 29 (bas) Ian Crysler ; p. 30 (arrière-plan) Photos.com select/Index Stock Imagery ; p. 30 (médaillon) Lynn M. Stone/Nature Picture Library ; p. 31 AbleStock/Index Stock Imagery ; p. 33 Ian Crysler ; p. 35 Ian Crysler ; p. 36 Ian Crysler ; p. 37 CAMR/A.B. Dowsett/ Photo Researchers, Inc. ; p. 38 (haut) John Cancalosi/Nature Picture Library ; p. 38 (bas) Ian Crysler ; p. 40 Sexto Sol/Photodisc/ Getty Images ; p. 41 (haut) Japan Age fotostock/firstlight.ca ; p. 41 (bas) Michael Freeman/CORBIS ; p. 42 Photodisc/Getty Images ; p. 43 design pics/firstlight.ca ; p. 44 (gauche) Digital Vision Ltd. ; p. 44 (droite) Valerie Giles/Photo Researchers Inc. ; p. 45 Ian Crysler ; p. 50 Frank Siteman/Photo Edit, Inc. ; p. 52 Photographie reproduite avec l'aimable autorisation de Canadian Stamp Auctions Ltd., Montréal (Québec), Canada ; p. 53 Ian Crysler ; p. 55 Ian Crysler ; p. 57 Michelle D. Bridwell/ Photo Edit, Inc. ; p. 58 Ian Crysler ; p. 59 (haut) Presse canadienne/ Charles Dharapak ; p. 59 (bas) Michael S. Yamashita/CORBIS ; p. 59 (bandeau) creatas/firstlight.ca ; p. 59 (médaillon) Photodisc/ Getty Images ; p. 61 Ian Crysler ; p. 62 Paul Beard/Photodisc/ Getty Images ; p. 63 Presse canadienne/Boris Spremo ; p. 65 Ian Crysler ; p. 68 Ian Crysler ; p. 72 Wolfgang Kaehler ; p. 73 Ian Crysler ; p. 75 CORBIS ; p. 78 Bach/zefa/CORBIS ; p. 78 (médaillon) M. Jepp/zefa/Masterfile Corporation ; p. 79 Ian Crysler ; p. 85 Ian Crysler ; p. 88 Cen Lu/Maxx Images ; p. 90 Ian Crysler ; p. 91 Ian Crysler ; p. 92 Ian Crysler ; p. 93 Ian Crysler ; p. 100 Collection Corel *Lighthouses ;* p. 102 Ian Crysler ; p. 105 Photodisc/Getty Images ; p. 108 Ian Crysler ; p. 109 Ian Crysler ; p. 110 (haut) Chris Lisle/CORBIS ; p. 110 (bas) Ian Crysler ; p. 111 Ian Crysler ; p. 112–113 Janet Foster/Masterfile ; p. 113 (médaillon) Steve Watts/Canadian Geographic. Avec l'autorisation de William Big Bull ; p. 114 (gauche) Photographie reproduite avec l'aimable autorisation de Yann Pindeler ; p. 114 (droite) Steven E. Wilson, spécimen de la collection du MDEQ Office of Geological Survey ; p. 115 Ian Crysler ; p. 116 Getty Images ; p. 117 Ian Crysler ; p. 120 Robinson, James/Animaux Animaux/Sciences de la Terre ; p. 121 Panstock/firstlight.ca ; p. 125 Reuters/CORBIS ; p. 125 (médaillon) AFP/Getty Images ; p. 125 (bandeau) Presse canadienne/Associated Press AP/Koji Sasahara ; p. 131 (haut) Kindra Clineff/Index Stock Imagery ; p. 131 (bas) Ian Crysler ; p. 132 (haut) David Young-Wolff/Photo Edit, Inc. ; p. 132 (bas) Presse canadienne/Dreamworks/ Photographie reproduite avec l'aimable autorisation de Everett Strevt ; p. 133 Ian Crysler ; p. 134 Ian Crysler ; p. 136 Photographie reproduite avec l'aimable autorisation de l'école secondaire Manurewa, en Nouvelle-Zélande, en collaboration avec RNZFB Guide Dog Services ; p. 138 Bettman/CORBIS ; p. 139 Collection Corel *Caves ;* p. 140 Ian Crysler ; p. 142 (haut) Collection Corel *American National Parks ;* p. 142 (bas) Presse canadienne/Ron Poling ; p. 143 Ian Crysler ; p. 144 Ian Crysler ; p. 146 Ian Crysler ; p. 147 Photographie reproduite avec l'aimable autorisation de Joe McIver, www.joesworld.ca ; p. 148 Ian Crysler ; p. 150 Merlin D. Tuttle, Bat Conservation International ; p. 151 (haut) Presse canadienne STRPA/Gareth Coplay ; p. 151 (bas) Presse canadienne STRCOC/Jean-Baptiste Benavent ; p. 153 Ian Crysler ; p. 155 Presse canadienne/Jonathan Hayward Strjoh ; p. 156 Ian Crysler ; p. 158 Ian Crysler ; p. 159 Ian Crysler ; p. 161 Eric Hosking/Photo Researchers, Inc. ; p. 162 Presse canadienne/Adrian Wyld ; p. 163 Digital Vision Ltd. ; p. 166–167 Ian Crysler ; p. 172 Ian Crysler ; p. 173 Ian Crysler ; p. 175 Presse canadienne/ Brantford Expositor/Brian Thompson ; p. 176 Ian Crysler ; p. 178 Ian Crysler ; p. 180 Collection Corel ; p. 181 Presse canadienne/André Forget/COC ; p. 185 Photographie reproduite avec l'aimable autorisation de North of Superior Tourism ; p. 186 (haut) Brian Summers/firstlight.ca ; p. 186 (bas) Ian Crysler ; p. 187 Leonard de Selva/CORBIS ; p. 188 (arrière-plan) Presse canadienne/*Edmonton Sun*/Darryl Dyck ; p. 188 (médaillon) Michael Newman/Photo Edit Inc. ; p. 189 Ian Crysler ; p. 190 Ian Crysler ; p. 192 Ian Crysler ; p. 196 Ian Crysler ; p. 198 Ian Crysler ; p. 201 Minden Pictures/ firstlight.ca ; p. 202 Ian Crysler ; p. 203 Photodisc/Getty Images ; p. 204–205 (arrière-plan) James Lauritz/Digital Vision Ltd. ; p. 204 (médaillon en haut) Mike Randolph/Masterfile Corporation ; p. 204 (médaillon en bas) Photo Link/Photodisc/ Getty Images ; p. 205 (médaillon en haut) Lawrence Manning/ CORBIS ; p. 205 (bas) James Lauritz/Digital Vision Ltd. ; p. 207 Ian Crysler ; p. 208 Presse canadienne/Ryan Remiorz ; p. 209 Ian Crysler ; p. 210 Ian Crysler ; p. 212 Collection Corel *Cruise Ships ;* p. 213 Ian Crysler ; p. 215 Ian Crysler ; p. 220 Ian Crysler ; p. 224 Ian Crysler ; p. 225 Ian Crysler ; p. 226 Plain Pictures/firstlight.ca ; p. 228 Ian Crysler ; p. 230 Brand X/firstlight.ca ; p. 232 Ian Crysler ; p. 235 Photocanada.com ; p. 236 Bayne Stanley/firstlight.ca ; p. 236 (médaillon) Royalty-Free CORBIS ; p. 236 (bandeau) Digital Vision Ltd. ; p. 237 Ian Crysler ; p. 238 Robert Holmes/CORBIS ; p. 238 (médaillon) Presse canadienne WFP/Ken Gigliotti ; p. 239 Collection Corel *Bears ;* p. 240 Collection Corel *Nesting Birds ;* p. 241 Ian Crysler ; p. 244 Royalty-Free CORBIS ; p. 244–245 musée Tyrell/Buddy Mays/CORBIS ; p. 245 (centre) Collection Corel *Wilderness ;* p. 245 (droite) Photodisc/Getty Images ; p. 246–247 (arrière-plan) Collection Corel *World Landmarks ;* p. 247 (médaillon à gauche) fotos and photos/Index Stock, Inc. ; p. 247 (médaillon à droite) Photodisc/ Getty Images ; p. 248 Ian Crysler ; p. 250 Ian Crysler ; p. 255 Photodisc/Getty Images ; p. 256 Ian Crysler ; p. 260 (haut) Superstock/Maxx Images ; p. 260 (bas) Ian Crysler ; p. 261 Ian Crysler ; p. 265 Jose Luis Pelaez Inc./CORBIS ; p. 267 (de gauche à droite) Aspen Stock/Maxx Images ; Aspen Stock/ Maxx Images ; Aspen Stock/Maxx Images ; S. Solum/PhotoLink/ Photodisc/Getty Images ; Aspen Stock/Maxx Images ; p. 268 Ian Crysler ; p. 269 Ian Crysler ; p. 270 Ian Crysler ; p. 271 Ian Crysler ; p. 272 Photodisc/Getty Images ; p. 273 Dave Starrett ; p. 275 Ian Crysler ; p. 276 Tom Wagner/CORBIS SABA ; p. 276 (médaillon) Fred Prouser/Reuters/CORBIS ; p. 276 (bandeau et médaillon) Douglas Kirkland/CORBIS ; p. 277 Ian Crysler ; p. 282 (haut) Kevin Welsh/Maxx Images ; p. 282 (bas à gauche) Kevin Welsh/Maxx Images ; p. 282 (bas au centre) Kevin Welsh/ Maxx Images ; p. 282 (bas à droite) Barry Winker/Maxx Images ;

p. 283 Ian Crysler ; p. 284 Ian Crysler ; p. 285 Ian Crysler ; p. 288 Ian Crysler ; p. 291 Ian Crysler ; p. 292 Ian Crysler ; p. 294 Ian Crysler ; p. 295 Ian Crysler ; p. 298 (gauche) Mitch Kezar/Stone/Getty Images ; p. 298 (centre) William Taufic/CORBIS ; p. 298 (droite) Spencer Grant/Photo Edit, Inc. ; p. 300 Ian Crysler ; p. 301 Ian Crysler ; p. 303 Melaine Acevedo/Botanica/Picture Arts ; p. 304 Ian Crysler ; p. 307 Ian Crysler ; p. 308 Mary Ellen McQuay/firstlight.ca ; p. 309 Ian Crysler ; p. 311 (haut) Mike Agliolo/Photo Researchers, Inc. ; p. 311 (bas) Ian Crysler ; p. 312 Ian Crysler ; p. 316 Presse canadienne/Tom Hanson ; p. 317 Ian Crysler ; p. 320 Ian Crysler ; p. 325 Ian Crysler ; p. 327 Ian Crysler ; p. 328 Ian Crysler ; p. 331 Ian Crysler ; p. 332 Ian Crysler ; p. 333 Ian Crysler ; p. 336 Ian Crysler ; p. 340–341 Ian Crysler ; p. 342 Ian Crysler ; p. 345 Ian Crysler ; p. 346 Ian Crysler ; p. 347 (haut) Ian Crysler ; p. 347 (bas) Photodisc/Getty Images ; p. 348 Photodisc/Getty Images ; p. 353 Ian Crysler ; p. 355 Ian Crysler ; p. 356 Ian Crysler ; p. 359 Ian Crysler ; p. 362 Ian Crysler ; p. 370 Ian Crysler ; p. 373 Dave Thompson/Life File/Getty Images ; p. 373 (bandeau) Photodisc/firstlight.ca ; p. 376–377 Ian Crysler ; p. 378–379 Genevieve Summers, www.dancingwithtrees.com ; p. 378 (médaillon) TCJ – John Gathright ; p. 379 (médaillon) www.dancingwithtrees.com ; p. 380 Ian Crysler ; p. 381 Ian Crysler ; p. 388 Ian Crysler ; p. 389 Bettman/CORBIS ; p. 391 (gauche) Photographie reproduite avec l'aimable autorisation de Gloria F. Gilmer, Ph.D. ; p. 391 (droite) Photodisc/Getty Images ; p. 392 (arrière-plan) Presse canadienne/Chuck Stoody ; p. 392 (médaillon à gauche) Ramin Talaie/CORBIS ; p. 392 (médaillon à droite) Peter MacDiarmid/Reuters/CORBIS ; p. 393 Ian Crysler ; p. 396 (haut) CORBIS/firstlight.ca ; p. 396 (bas) Ian Crysler ; p. 397 Presse canadienne/Ryan Remiorz ; p. 400 Ian Crysler ; p. 401 Ian Crysler ; p. 404 Ian Crysler ; p. 405 Genevieve Summers, www.dancingwithtrees.com ; p. 406–407 Agence spatiale européenne/Science Photo Library ; p. 410 Ian Crysler ; p. 411 Ian Crysler ; p. 415 Ian Crysler ; p. 417 Ian Crysler ; p. 419 Digital Vision Ltd. ; p. 420 Ian Crysler ; p. 421 Ian Crysler ; p. 422 Ian Crysler ; p. 423 Ian Crysler ; p. 424 Ian Crysler ; p. 425 Ian Crysler ; p. 427 Ian Crysler ; p. 430 Ian Crysler ; p. 431 Ian Crysler

Sources des illustrations

Steve Attoe
Francois Escalmel
Philippe Germain
Stephen MacEachern
Steve Mack
Dave Mazierski
Paul McCusker
Allan Moon
NSV Productions
Dusan Petriçic
Michel Rabagliati
Paul Rivoche
Carl Wiens

Le logiciel *Cybergéomètre* est la version française de *The Geometer's Sketchpad. The Geometer's Sketchpad* est une marque de commerce de Key Curriculum Press, Inc.

AppleWorks est une marque d'Apple Computer, Inc., déposée aux États-Unis et ailleurs.